Umwelthaftung und Unternehmerfreiheit

D1666292

Europäische Hochschulschriften

Publications Universitaires Européennes
European University Studies

Reihe II
Rechtswissenschaft

Série II   Series II
Droit
Law

Bd./Vol. 3501

PETER LANG

Frankfurt am Main · Berlin · Bern · Bruxelles · New York · Oxford · Wien

Bettina Gerlitz

Umwelthaftung und Unternehmerfreiheit

PETER LANG
Europäischer Verlag der Wissenschaften

Die Deutsche Bibliothek - CIP-Einheitsaufnahme

Gerlitz, Bettina:

Umwelthaftung und Unternehmerfreiheit / Bettina Gerlitz. -
Frankfurt am Main ; Berlin ; Bern ; Bruxelles ; New York ;
Oxford ; Wien : Lang, 2002
(Europäische Hochschulschriften : Reihe 2,
Rechtswissenschaft ; Bd. 3501)
Zugl.: Heidelberg, Univ., Diss., 2001
ISBN 3-631-38268-5

Gedruckt auf alterungsbeständigem,
säurefreiem Papier.

D 16
ISSN 0531-7312
ISBN 3-631-38268-5
© Peter Lang GmbH
Europäischer Verlag der Wissenschaften
Frankfurt am Main 2002
Alle Rechte vorbehalten.

Printed in Germany 1 2 3 4 5 7

www.peterlang.de

Vorwort

Die Arbeit untersucht den Einfluß von Umwelthaftungsnormen auf die grundrechtlich geschützte Unternehmerfreiheit. Von den seit den 80-er Jahren diskutierten privatwirtschaftlichen Instrumenten des Umweltschutzes sind insbesondere gegen die auf nationaler sowie internationaler bzw. europarechtlicher Ebene vorgestellten Umwelthaftungsnormen Bedenken dahingehend erhoben worden, durch verschärfte Haftungsregelungen unternehmerische Initiativen zu behindern. Die Untersuchung konzentriert sich neben der Darstellung bestehender und projektierter Haftungstatbestände auf zwei Themenbereiche: die durch das Grundgesetz geschützte Unternehmerfreiheit und die Grundrechtsrelevanz der Gefährdungshaftung.

Anliegen der Arbeit ist es nicht, die politische Entscheidung, in welchem Umfang Industrie und Wirtschaft Belastungen im Dienste des Umweltschutzes auferlegt werden, dürfen vorwegzunehmen. Es sollen vielmehr die im Grundgesetz verbürgten Freiheiten für die unternehmerisch Tätigen herausgearbeitet werden, die dieser politischen Entscheidung äußerste Schranken setzen.

Die Arbeit wurde im Wintersemester 2001 von der Juristischen Fakultät der Ruprechts-Karls-Universität Heidelberg als Dissertation angenommen.

Ich danke meinem Doktorvater, Herrn Prof. Dr. Ulrich Beyerlin für die Betreuung der Arbeit, für die Gewährung des wissenschaftlichen Freiraums und die Unterstützung bei Auswahl und Bearbeitung des Themas. Herr Prof. Dr. Dr. h.c. Rüdiger Wolfrum war so freundlich, die Mühe des Zweitgutachtens auf sich zu nehmen.

Mein ganz besonderer Dank gilt meiner Mutter und meinem Mann, die mich jederzeit vorbehaltlos unterstützt haben.

Danken möchte ich allen, die das Entstehen der Arbeit durch Informationen, Anregungen, Kritik und Ermutigung gefördert haben.

Heidelberg, im Sommer 2002

Inhaltsverzeichnis

§ 2 Deutsches Haftungsrecht mit umwelthaftungsrechtlicher Relevanz de lege ferenda

§ 4 Konvention des Europarats über die zivilrechtliche Haftung für Schäden aus umweltgefährlichen Aktivitäten (Convention on Civil Liability for Damage Resulting from Activities Dangerous to the Environment)

13

Teil 2: Vereinbarkeit der vorgestellten Regelungen mit den grundrechtlich geschützten Wirtschaftsfreiheiten

§ 6 Bestimmung des Schutzbereichs der wirtschaftlichen Freiheiten

§ 7 Eingriff in die wirtschaftlichen Freiheiten

Abkürzungsverzeichnis

BEUC	Bureau Européen des Unions de Consommateurs
CEFIC	European chemical Industry Council
EEB	European Environmental Bureau
HdUR	Handwörterbuch des Umweltrechts
ICC	International Chamber of Commerce
RIAA	United Nations Reports of International Arbitral Awards
ZgesVersW	Zeitschrift für die gesamte Versicherungswirtschaft

Für die übrigen verwendeten Abkürzungen wird auf das Abkürzungsverzeichnis von *Kirchner*, Abkürzungsverzeichnis der Rechtssprache verwiesen.

Einleitung

Seit Beginn der Thematisierung des Umweltschutzes wird befürchtet, daß verstärkte Maßnahmen zum Schutz der Umwelt Nachteile für die gewerbliche Wirtschaft mit sich bringen und den betroffenen Unternehmen durch Umweltschutzmaßnahmen Wettbewerbs- und Standortnachteile entstehen.

Nachdem lange Zeit vor allem öffentlich-rechtliche Regelungen zur Durchsetzung von umweltpolitischen Vorstellungen im Mittelpunkt standen, sind seit den 80er-Jahren privatwirtschaftliche Instrumente als Mittel des Umweltschutzes in der Diskussion. Das Haftungsrecht wird hier vielfach als besonders vorteilhaft angesehen, da erhofft wird, daß sich die hinter einer Schadensersatzforderung stehenden individuellen Interessen und die Belange des Umweltschutzes gegenseitig verstärken.

Die neuere Rechtssetzung im Haftungsrecht wird national und international von der Formulierung von Gefährdungshaftungstatbeständen bestimmt. Die Verschuldenshaftung bleibt zwar als grundlegendes Prinzip erhalten, wird jedoch vor allem in den Bereichen des Anlagen- und Technikrechts zunehmend durch Gefährdungshaftungstatbeständen ergänzt. Die Nähe des Umweltrechts zu diesen Rechtsgebieten läßt es zwangsläufig erscheinen, daß alle wesentlichen Haftungsentwürfe im Bereich des Umwelthaftungsrechts der Gefährdungshaftung folgen.

Gegenüber dem zivilrechtlichen Umweltschutzinstrument der Umwelthaftung sind Bedenken dahingehend erhoben worden, daß neue, "verschärfte" Haftungsregelungen die unternehmerischen Initiativen behindern könnten. Prägnant wird in einem Aufsatz von DIEDERICHSEN die Frage gestellt: "Industriegefährdung durch Umweltgefährdungshaftung?" [1]

Die Entscheidung, in welchem Umfang Industrie und Wirtschaft Belastungen im Dienste des Umweltschutzes auferlegt werden, ist zunächst politischer Natur. Die im Grundgesetz verbürgten Freiheiten für die unternehmerisch Tätigen setzen hier nur äußerste Schranken.

Die Untersuchung konzentriert sich neben der Darstellung bestehender und projektierter Haftungstatbestände auf zwei Themenbereiche: die durch das Grundgesetz geschützte Unternehmerfreiheit und die Grundrechtsrelevanz der Gefährdungshaftung.
Der erste Teil der Arbeit beschäftigt sich mit der Darstellung des bestehenden Haftungsrechts auf deutscher sowie auf europäischer bzw. internationaler Ebene

---

[1]   *Diederichsen*, PHI 1990, 78 ff.

sowie der projektierten Regelungskomplexe im Bereich der Umwelthaftung. Hierbei wird festzustellen sein, daß trotz der Vielfalt der Vorschläge diese auf einige Haftungstypen beschränkt und somit einer Systematisierung zugänglich sind.

Der zweite Teil der Arbeit trägt den Bedenken gegen eine Haftungsverschärfung im Umweltbereich Rechnung und untersucht, ob die vorgeschlagenen Regelungen mit den grundrechtlich geschützten wirtschaftlichen Freiheiten der potentiellen Schadensverursacher vereinbar sind. Gegenstand einer juristischen Untersuchung können nur die rechtlich geschützten Interessen sowohl der potentiellen Schädiger als auch der Geschädigten sein. Die Frage, ob die Belastung unternehmerisch Tätiger mit weiteren Haftungsrisiken politisch oder ökonomisch sinnvoll ist, kann hier nicht geklärt werden. Maßstab für die Bewertung der Tatbestände sind somit ausschließlich die die unternehmerische Freiheit schützenden Grundrechte.

Der Begriff der wirtschaftlichen Freiheiten ist noch weitgehend unbestimmt. Die Arbeit bemüht sich deshalb zunächst um eine Konkretisierung des Schutzbereichs der vom Grundgesetz gewährten wirtschaftlichen Freiheiten. Die Grundrechte, insbesondere Art. 2 Abs. 1, 9, 12, 14 GG, bieten den unternehmerischen Freiheiten Schutz. Eine eingehende Systematisierung und Differenzierung bei der Schutzbereichszuordnung der einzelnen Grundrechte ist Voraussetzung, um beurteilen zu können, ob ein Eingriff in den Schutzbereich wirtschaftlicher Handlungsfreiheit vorliegt.

Die Rechtsprechung hat sich bislang lediglich mit Eingriffen in Freiheits- und Eigentumsrechte durch Tatbestände der Verschuldenshaftung auseinandergesetzt. Die Tatbestände der Gefährdungshaftung stellen vordergründig ein Paradoxon dar, da mangels des Verschuldenserfordernisses die Tatbestände als intensivere Belastung empfunden werden, anderseits die Rechtsordnung das mit der Gefährdungshaftung belegte Handeln grundsätzlich als rechtmäßig klassifiziert. Dies läßt Zweifel aufkommen, ob überhaupt ein Grundrechtseingriff vorliegt.

Die Beantwortung dieser Frage wird einen Rekurs sowohl auf die zivilrechtlichen Vorüberlegungen zu den Haftungsfunktionen und die den verschiedenen Haftungsarten zugrunde liegenden Gerechtigkeitsvorstellungen als auch auf die wirtschaftswissenschaftlichen Überlegungen der ökonomischen Analyse des Rechts erfordern.
Wird ein Grundrechtseingriff durch die Statuierung von Haftungstatbeständen bejaht, ist im Anschluß zu untersuchen, ob der Eingriff innerhalb der Schranken des Grundrechts liegt, der Eingriff also gerechtfertigt ist. Dies erfordert eine

Abwägung zwischen den Interessen von wirtschaftlich Tätigen, Geschädigten und den Belangen der Allgemeinheit an einer intakten Umwelt.

Diesen Widerspruch aufzulösen sowie Kriterien für einen adäquaten Ausgleich zu finden, soll Anliegen der Arbeit sein.

Teil 1: Regelungen im Bereich des Umwelthaftungsrechts de lege lata und de lege ferenda

§ 1 Deutsches Haftungsrecht mit umweltrechtlicher Relevanz de lege lata

Haftungsnormen werden in Verschuldens, Gefährdungs- und Aufopferungshaftungstatbestände untergliedert. Zentrale Haftungstatbestände sind die §§ 823 ff. BGB. Die schuldhafte Schadensverursachung durch Verletzung eines der Rechtsgüter des § 823 Abs. 1 BGB oder eines Schutzgesetzes im Sinne des § Abs. 2 BGB führen zur deliktischen Einstandspflicht. Verkehrs(sicherungs)-pflichten und Schutzgesetze stellen einen direkten Bezug zu den Normen des Umweltrechts her[1]. Aufgrund des oft schwierigen Verschuldensnachweises sind zur Ergänzung der Verschuldenshaftung Gefährdungshaftungstatbestände eingeführt worden. Zu diesen Tatbeständen zählen im Bereich des Umwelthaftungsrechts das 1990 verabschiedete Umwelthaftungsgesetz sowie § 22 WHG. Aber auch Normen des Produkthaftungsgesetzes können Ausgleich für Umweltschäden gewähren. Alle nationalen oder internationalen Vorschläge zum Ausbau des Umwelthaftungsrechts gehen den Weg der Gefährdungshaftung[2]. Normen der Aufopferungshaftung bieten Ausgleich für Schäden, die der Betroffene zwar nicht abwehren, deren kompensationslose Aufbürdung ihm jedoch nicht zugemutet werden kann. Zu ihnen zählen der § 906 BGB sowie der § 14 S. 2 BImschG. Ihre Anwendung ist jedoch auf den Bereich nachbarschaftlichen Zusammenlebens beschränkt, so daß von einer Darstellung hier abgesehen wird. Das bestehende Haftungssystem wird nur dargestellt, soweit sich für den Ausgleich von Umweltschäden Besonderheiten ergeben.

A. Verschuldenshaftung

I. § 823 Abs. 1 BGB

§ 823 Abs. 1 BGB ist der zentrale Haftungstatbestand des deutschen Deliktsrechts. Derjenige, der vorwerfbar eines der in § 823 Abs. 1 BGB aufgeführten Rechte oder Rechtsgüter eines anderen widerrechtlich verletzt, ist zum Ersatz des daraus entstandenen Schadens verpflichtet. Das Handeln des Schädigers muß für die Verletzung des Rechtsguts, ebenso wie die Verletzung des Rechts-

---

[1]   Vgl. unten § 1 A I 3 und II.

[2]   Eine Ausnahme bildet lediglich das italienische Gesetz Nr. 349 vom 8. Juli 1986. Dieses ist mittlerweile jedoch überholt, da Italien die Konvention des Europarats über die zivilrechtliche Haftung für Schäden aus umweltgefährlichen Aktivitäten gezeichnet hat. Diese sieht Gefährdungshaftungstatbestände vor. Vgl. unten § 4.

guts für den Eintritt des Schadens kausal sein. Besonderheiten ergeben sich bei einer Haftung für Umweltschäden insbesondere im Bereich von Rechtswidrigkeit und Verschulden. Hier ist vor allem der Einfluß öffentlich-rechtlicher Genehmigungen, Vorschriften und technischer Sicherheitsstandards auf die Haftung von Bedeutung. Jedoch ergeben sich auch im Schadensrecht und bei der Konkretisierung der geschützten Rechtsgüter und Rechte umweltspezifische Probleme.

1. Geschützte Rechtsgüter und Rechte

Die Verpflichtung zum Schadensersatz nach § 823 Abs. 1 BGB ist davon abhängig, daß der Schaden in der Verletzung eines der genannten Rechte oder Rechtsgüter[3] besteht oder durch eine solche Verletzung als weitere Folge hervorgerufen wird.

a) Verletzung des Lebens, von Körper oder Gesundheit

Verletzung des Lebens eines anderen bedeutet Tötung eines Menschen. Da die Rechtsfähigkeit mit dem Tod endet, können Ansprüche nur noch für Dritte entstehen (§§ 844 ff. BGB).

Als **Körperverletzung** ist jeder nicht ganz unerhebliche physische Eingriff in die körperliche Unversehrtheit anzusehen[4]. Eine Verletzung der **Gesundheit** liegt vor bei einer Verursachung einer nicht völlig unerheblichen Störung der inneren Lebensvorgänge, gleichviel ob sie körperlicher, geistiger oder seelischer Natur ist[5]. Der Unterschied zwischen einer Verletzung des Körpers und einer Verletzung der Gesundheit wird darin gesehen, daß die erste jeden äußeren Eingriff in die körperliche Unversehrtheit, die zweite jede Verursachung einer Störung der inneren Lebensvorgänge bedeutet[6].

Körperschäden können durch unfallartige Geschehensabläufe, insbesondere durch Explosionen, oder aber auch durch Kraftfahrzeugunfälle aufgrund von

---

[3]   Rechtsgüter sind das Leben, die körperliche Unversehrtheit, Gesundheit und Freiheit. Namentlich genannt als geschütztes Recht ist lediglich das Eigentum. Von der Rechtsprechung sind jedoch eine Vielzahl weiterer Rechte als "sonstige Rechte" im Sinne des § 823 Abs. 1 BGB anerkannt. Zur Unterscheidung zwischen Rechtsgut und Recht vgl. *Medicus*, SchuldR II § 137 I, Rdnr. 777.

[4]   *Medicus*, SchuldR II, § 137 II, Rdnr. 779.

[5]   RGZ 85, 335; 162, 321; BGHZ 8, 243, 248; Staudinger/ *Schäfer*, BGB, § 823 Rdnr. 24.

[6]   Staudinger/ *Schäfer*, BGB, § 823 Rdnr. 13.

Lärm, Rauch oder immissionsbedingter Straßenglätte verursacht werden[7]. Störungen der Gesundheit können durch Immissionen oder dem Umgang mit umweltgefährlichen Produkten verursacht werden. Die bisher entschiedenen Fälle betrafen unter anderem die Lieferung gesundheitsschädlichen Wassers[8], die Verunreinigung eines Brunnens durch das Vergraben von Abraum[9], die Ablagerung von Fäkalien im Wassereinzugsgebiet[10], Gesundheitsschädigungen durch Geruchsimmissionen[11] und Störungen der Gesundheit durch den Kontakt mit umweltgefährlichen Holzschutzmitteln[12].

Der Begriff der Gesundheitsstörung ist im Bereich der Umweltschäden problematisch, da die ganz überwiegende Meinung eine Gesundheitsverletzung nur bei medizinisch diagnostizierbaren Störungen der körperlichen oder geistigen Lebensvorgänge annimmt. Nicht erfaßt werden bloße Beeinträchtigungen des allgemeinen Wohlbefindens ohne Krankheitswert[13]. Die Grenze zwischen medizinisch erheblichen und medizinisch unerheblichen Beeinträchtigungen ist insbesondere bei immissionsbedingten Dauerbelastungen auf niedrigem Niveau und bei Lärmbelästigungen schwierig zu ziehen. Trotz mehrerer höchstrichterlicher Entscheidungen bleibt unklar, in welchen Fällen eine Gesundheitsbeeinträchtigung aufgrund von Lärmbelästigungen anzunehmen ist[14]. Die Grenze von einer bloßen Beeinträchtigung des seelischen Wohlbefindens zu einer echten Verletzung der Gesundheit wird herkömmlicherweise dann als überschritten angesehen, wenn es sich um objektiv feststellbare Störungen physiologischer Abläufe im menschlichen Organismus handelt, die nach Größe, Heftigkeit und Dauer über die Grenze der Unbedeutsamkeit hinausgehen und zu einer medizinisch diagnostizierbaren Gesundheitsschädigung führen[15].

Gegen diese Beschränkung des Begriffs der Gesundheitsverletzung auf organische Schäden werden erhebliche Bedenken erhoben. Am weitestgehenden ist der Vorschlag, den Gesundheitsbegriff der Weltgesundheitsorganisation (WHO) in das deutsche Haftungsrecht zu übernehmen. Danach umfaßt der Begriff Gesundheit das gesamte körperliche, geistige und soziale Wohlbefinden[16]. Dieser

[7] Vgl. BGH NJW 1973, 713; OLG Köln VersR 1967, 872; OLG Hamm VersR 1986, 922.
[8] BGHZ 17, 191.
[9] BGH VersR 56, 793.
[10] BGH LM, BGB, § 276 (ci) Nr. 15.
[11] BGHZ 97, 97, 102.
[12] Zuletzt LG Ansbach VuR 1990, 35, 38.
[13] Vgl. MünchKomm/ *Mertens*, BGB, § 823 Rdnr. 75; Soergel/ *Zeuner*, BGB, § 823 Rdnr. 19.
[14] Vgl. BGH WM 1970, 1292, 1293; BGH JZ 1956, 613; BGH MDR 1971, 37; BGH BB 1970, 1279.
[15] Staudinger/ *Schäfer*, BGB, § 823 Rdnr. 26.
[16] BT-Drs. VI/2868, S. 28.

Gesundheitsbegriff liegt auch dem Bundesimmissionsschutzgesetz zugrunde[17]. Für das Haftungsrecht ist diese Definition jedoch ungeeignet. Sie beschreibt einen Idealzustand, der in Wirklichkeit kaum erreicht werden kann, so daß es zu einer uferlosen Ausweitung des Haftungstatbestands des § 823 Abs. 1 BGB kommen würde[18]. Andere wollen eine Gesundheitsverletzung dann annehmen, wenn ein von der Regel abweichender Zustand herbeigeführt worden ist, der das Befinden des Betroffen merklich beeinträchtigt[19]. Praktikabel erscheint, die Schwelle der Gesundheitsverletzung bei Schlafstörungen durch Lärmbelästigungen auf Folgen geringeren Ausmaßes, wie Nervosität oder Übermüdung zu senken[20].

Trotz einiger an § 1 BGB ausgerichteter begriffsjuristischer Bedenken ist mittlerweile allgemein anerkannt, daß es für eine Gesundheitsverletzung im Sinn des § 823 Abs. 1 BGB nicht nötig ist, daß der Geschädigte bei der Vornahme der Verletzungshandlung schon geboren oder auch nur gezeugt war[21]. Somit werden auch Veränderungen des Erbmaterials und Einwirkungen auf den Embryo erfaßt.

b) Freiheit

§ 823 BGB sanktioniert weiterhin die Verletzung der körperlichen Bewegungsfreiheit[22]. Eine solche Verletzung der Freiheit würde beispielsweise bei einem behördlich erzwungenen Ausgangsverbot für die Nachbarn eines Chemiewerks nach einem Störfall, bei dem giftige Gase freigesetzt werden, vorliegen.

c) Eigentum

Eine Verletzung des Eigentums kann in der Verletzung der Sachsubstanz, des Sachgebrauchs oder in der Beeinträchtigung oder Entziehung des Eigentumsrechts liegen. Eine **Verletzung der Sachsubstanz** liegt in der Zerstörung, Beschädigung oder Verunstaltung einer Sache[23]. Die **Verletzung des Sachgebrauchs** greift in die dem Eigentümer nach § 903 BGB gegebene Dispositions-

---

[17] *Lummert/ Thiem*, Rechte des Bürgers zur Verhütung und zum Ersatz von Umweltschäden, Bericht 3/80 des Umweltbundesamts, S. 145.

[18] *Medicus*, JZ 1986, 778, 782.

[19] *Berg*, NJW 1970, 515, Anm. zu BGH NJW 1969, 2286.

[20] BGH MDR 1971, 37; vgl. auch *Medicus*, JZ 1986, 778, 783; *Diederichsen/ Scholz*, WiVerw 1984, 23, 30.

[21] BGHZ 8, 243; BGHZ 58, 48; Staudinger/ *Schäfer*, BGB, § 823 Rdnr. 29 ff.; MünchKomm/ *Mertens*, BGB, § 823 Rdnr. 78; *Medicus*, SchuldR II § 137 Rdnr. 782.

[22] Statt aller Staudinger/ *Schäfer*, BGB, § 823 Rdnr. 44.

[23] MünchKomm/ *Mertens*, BGB, § 823 Rdnr. 96.

freiheit, mit der Sache nach Belieben zu verfahren, ein. Ein solcher Eingriff liegt in erster Linie bei einer Behinderung, Erschwerung oder dem Entzug des Gebrauchs vor[24]. Die **Begründung fremder Rechte** oder der **Entzug eines Eigentumsrechts** kommt aufgrund von Rechtsscheinvorschriften oder durch hoheitliche Maßnahmen in Betracht. Bei der Verletzung des Eigentums durch Umweltschäden spielen derartige Verletzungen des Eigentums keine Rolle.

Diese klassische Einteilung der Eigentumsverletzungen[25] will MERTENS um eine **vierte Gruppe** erweitern. Da sich bei der Beeinträchtigung von Grundstücken durch Immissionen Substanzbeeinträchtigungen und Gebrauchsbeeinträchtigungen nicht immer scharf voneinander abgrenzen lassen, will er Verletzungen des Grundstückseigentums durch Immissionen und nachbarliche Beeinträchtigungen als eine besondere Gruppe der Eigentumsverletzungen hervorheben[26]. Immissionen, die nach den nachbarrechtlichen Vorschriften (§§ 906 ff. BGB) vom Eigentümer geduldet werden müssen, sollen keine Eigentumsverletzung darstellen[27]. Dieser Vorschlag ist jedoch abzulehnen. Die §§ 906 ff. sind entscheidend für die Rechtswidrigkeit der Verletzungshandlung[28]. Der Vorschlag von MERTENS vermischt systemwidrig Elemente des Tatbestandes mit denen der Rechtswidrigkeit. Für das Vorliegen einer Eigentumsverletzung kann nicht entscheidend sein, ob sie vom Eigentümer zu dulden ist oder nicht.

Die von der Rechtsprechung bisher anerkannten Fälle einer **Substanzverletzung** im Bereich der Umwelthaftung sind vielfältig. Substanzverletzungen sind unter anderem die zweckentfremdende Verfestigung des Bodens[29], die Verschmutzung einer Hausfassade durch übermäßige Zufuhr von Rauch und Ruß[30], die Verseuchung des Erdreichs durch auslaufendes Öl[31], die Vernichtung von Bienenvölkern durch Hüttenrauch[32], oder durch das Giftstreuen auf dem eigenen Grundstück[33], die Vernichtung von Fischbeständen durch das Einleiten von Abwässern in Fischteiche[34], die Zerstörung eines Bachbetts[35], Lackschäden an

---

[24] MünchKomm/ *Mertens*, BGB, § 823 Rdnr. 112.
[25] Staudinger/ *Schäfer*, BGB, § 823 Rdnr. 50; RGRK/ *Steffen*, § 823 Rdnr. 19; Soergel/ *Zeuner*, BGB, § 823 Rdnr. 29.
[26] MünchKomm/ *Mertens*, BGB, § 823 Rdnr. 85.
[27] MünchKomm/ *Mertens*, BGB, § 823 Rdnr. 121.
[28] Vgl. unten § 1 A 2.
[29] OLG Düsseldorf VersR 1974, 439.
[30] BGH DB 1964, 65; MDR 1978, 748.
[31] BGH VersR 1972, 274; zu Ölschäden vgl. *Appel/ Schlamann*, VersR 1973, 933.
[32] RGZ 159, 68.
[33] BGHZ 16, 366, 371.
[34] BGH NJW 1976, 291; zur Konkurrenz mit § 22 WHG vgl. BGHZ 55, 180, 182.
[35] BGHZ 63, 176, 180.

Kraftfahrzeugen durch Industrieabgase[36], Gebäudeschäden durch Erschütterungen[37], die durch die Luftverschmutzung bewirkte Oxydation von in Beton eingebettetem Armierungsstahl sowie die Überschwemmung von Grundstücken durch die fehlerhafte Anlage oder mangelhafte Wartung von Wasserläufen[38]. Rechtsprechungsbeispiele für eine **Verletzung des Sachgebrauchs** sind beispielsweise die Räumung des Nachbargrundstücks bei einem Großbrand[39], die Gebrauchsminderung eines Grundstücks durch störende Geräusche und Gerüche sowie ein Veräußerungsverbot von möglicherweise kontaminiertem Gemüse[40]. Keine Eigentumsverletzung aufgrund einer Beeinträchtigung des Sachgebrauchs, sondern bloße Vermögensschäden sind Verkaufseinbußen durch die (unbegründete) Angst vor kontaminiertem Gemüse[41] sowie die Gebrauchsminderung eines Grundstücks durch eine gefährliche Anlage in der Nachbarschaft

Bei einigen Fallgruppen bereitet die Annahme einer Eigentumsverletzung Schwierigkeiten. An erster Stelle steht hierbei die Problematik der **Gebäudekontaminationen**. Dabei sind mehrere Fallvarianten zu unterscheiden. Unproblematisch ist der Fall, in dem in ein bereits bestehendes Gebäude ein umweltgefährliches Produkt (z. B. ein Holzschutzmittel) nachträglich eingebracht worden ist. Hier ist allein die Frage zu entscheiden, ob es sich um eine Substanzverletzung oder um eine Beeinträchtigung des Sachgebrauchs handelt. Da die behandelten Holzteile, geht man von dem Fall des Einbringens eines umweltgefährlichen Holzschutzmittels aus, weder in ihrer Substanz, noch in ihrem Aussehen geschädigt sind, liegt es näher, eine Gebrauchsbeeinträchtigung anzunehmen, da die behandelten Holzteile wegen der von ihnen ausgehenden Gesundheitsgefahren für den Menschen unbrauchbar geworden sind. Die Fälle, in denen andere gesundheitsschädliche Produkte in bereits bestehende Gebäude eingebracht wurden, sind nicht anders zu beurteilen.

Problematischer ist jedoch der Fall, in dem umwelt- und/oder gesundheitsgefährdende Produkte beim Bau des Gebäudes verwandt worden sind. Hier wird argumentiert, daß der Eigentümer nie mangelfreies Eigentum erworben habe und insofern keine Eigentumsverletzung vorliegen könne. Dagegen wird jedoch eingewandt, daß das Einbringen der gesundheits- bzw. umweltgefährlichen Produkte eine Verletzung des Eigentums an dem bis zum Zeitpunkt der Kontaminierung mangelfreien Neubau bedeute. Für diese Argumentation spricht, daß der Bauherr mit dem Fortschreiten des Baus nach den §§ 946, 94 BGB Eigentümer

---

[36] BGHZ 92, 143.
[37] BGHZ 66, 70; BGH WM 1977, 788.
[38] Vgl. u. a. RGZ 106, 283; BGH LM § 823 Db Nr. 14; BGH VersR 1972, 693.
[39] BGH NJW 1977, 2264, a. A.: RGZ 50, 225,
[40] BGH NJW 1979, 707 (Fischfutterfall).
[41] MünchKomm/ *Mertens*, BGB, § 823 Rdnr. 113.

der jeweils vollendeten Gebäudeteile wird. Gegen diese Sichtweise bestehen jedoch erhebliche systematische Bedenken. Die Erstellung eines mangelfreien Werkes ist Gegenstand der vertraglichen Verpflichtung des Werkunternehmers. Erfüllt dieser diese Verpflichtung nicht, ist die Pflichtverletzung mit den Mitteln des Vertragsrechts zu korrigieren. Die deliktsrechtliche Lösung führt überdies zu inadäquaten Ergebnissen, da der Umfang der Haftung entscheidend davon abhängt, zu welchem Zeitpunkt die kontaminierten Teile in das Gebäude eingebracht worden sind.

Die dritte Fallvariante betrifft den Erwerb eines kontaminierten Hauses. Auch hier hat der Eigentümer nie mangelfreies Eigentum erworben. Auch dieser Fall ist mit den Regeln des Vertragsrechts zu lösen. Die Errichtung eines kontaminierten Hauses könnte lediglich eine Verletzung des Eigentums am Grundstück darstellen. Schließt die Bebauung mit dem kontaminierten Gebäude eine andere Grundstücksnutzung aus, so ist die Dispositionsfreiheit des Eigentümers verletzt. Zu ersetzen sind jedoch nur der Abriß und die Beseitigung des unbewohnbaren Bauwerks.

Nach früher herrschender Meinung erstreckte sich das Eigentum an einem Grundstück auch auf das sich darunter befindliche **Grundwasser**. Nachdem das Bundesverfassungsgericht in seiner Naßauskiesungsentscheidung[42] das Grundwasser einer öffentlich-rechtlichen Benutzungsordnung unterstellt und somit dem Herrschaftsbereich des Grundeigentümers entzogen hat, wurde vielerorts befürchtet, daß der zivilrechtliche Haftungsschutz des Eigentümers erheblich reduziert werde. Jede Grundwasserbeeinträchtigung, die sich auf die Oberflächennutzbarkeit auswirkt, stellt jedoch eine Eigentumsverletzung dar. Erfaßt ist der Fall, daß ein Dritter auf dem Grundstück des Eigentümers eine Verunreinigung vorgenommen hat, die das Grundwasser beeinträchtigt. Die Verunreinigung entsteht regelmäßig durch eine Einwirkung auf das Erdreich, so daß eine Eigentumsverletzung in Form einer Substanzverletzung unproblematisch angenommen werden kann. Doch auch wenn die Grundwasserverschmutzung auf einem anderen Grundstück erfolgt ist und erst mit dem sich bewegenden Grundwasser unter das Grundstück des Nachbarn gelangt, entsteht keine Haftungslücke, da die bei einer Einschwemmung des Grundwassers in den Erdboden entstehenden Schäden an den Grundstücksbestandteilen, wie Gebäuden oder Bäumen, als Substanzverletzungen des Eigentums ausgleichsfähig sind[43]. Sollte es zu keiner Schädigung des Erdreichs oder der Oberfläche kommen, sind etwaige Wasserentnahmerechte als sonstiges Recht im Sinne des § 823 Abs. 1 BGB ge-

---

[42] BVerfGE 58, 300, 328.
[43] BGH NJW 1966, 1360.

schützt[44]. Durch die Naßauskiesungsentscheidung des Bundesverfassungsgerichts ist der Eigentumsschutz somit nicht geschmälert worden.

Ähnliche Probleme wie bei den Gebäudeschäden ergeben sich bei der Fallgruppe der **Ernteschäden und Minderleistungen**. Hierunter sind die Fälle des Ertragsrückgangs von Pflanzen aufgrund von Immissionen sowie die Minderleistungen von Nutztieren zu verstehen. Auch hier wird argumentiert, daß der Eigentümer nie mangelfreies Eigentum an den Pflanzen oder Tieren hatte und so keine Eigentumsverletzung im Sinne des § 823 Abs. 1 BGB vorliegen könne[45]. Die Rechtsprechung hat jedoch in diesen Fällen eine Eigentumsverletzung angenommen, da diese Fälle eine Eigentumsverletzung im Sinne einer Beeinträchtigung des Sachgebrauchs darstellen[46]. Geminderte Ernteerträge bedeuten eine Nutzungsbeeinträchtigung des Grundstücks, Minderleistungen eines Nutztieres beruhen auf einer Funktionsstörung des Eigentums am Tier.

Ein großer Teil von Grund und Boden sowie viele bewegliche Sachen stehen im **Eigentum der öffentlichen Hand** (Bund, Länder, Gemeinden). Auch dieses Eigentum ist von § 823 Abs. 1 BGB geschützt. Das öffentliche Eigentum umfaßt unter anderem Straßen, Plätze, Gebäude, Gewässer samt deren Ufer sowie 58% des gesamten deutschen Waldbestandes[47]. Hinsichtlich des sogenannten Finanzvermögens der öffentlichen Hand ist die Anwendung des § 823 BGB unproblematisch. Zum Finanzvermögen zählen die Gegenstände, die nur mittelbar durch ihren Vermögenswert oder ihre Erträge den Zwecken der öffentlichen Verwaltung dienen, wie Staatsforste oder Industriebeteiligungen. Dieses Finanzvermögen unterliegt unstreitig dem Privatrecht[48]. Neben dem Finanz-(Fiskal-)vermögen befinden sich jedoch auch solche Sachen im Eigentum der öffentlichen Hand, die unmittelbar durch ihren Gebrauch dem Gemeinwohl (Sachen im Zivilgebrauch) oder den eigenen Bedürfnissen der öffentlichen Verwaltung (Sachen im Verwaltungsgebrauch) dauernd zu dienen bestimmt sind und die - mindestens soweit die Zweckgebundenheit reicht - öffentlichen Rechtsvorschriften unterliegen[49]. Zu diesen öffentlichen Sachen zählen zum Beispiel Straßen, Wege, Plätze, Gewässer oder öffentliche Gebäude und deren Inventar. Hinsichtlich der öffentlichen Sachen geht die ganz herrschende Meinung mittlerweile von einer gemischt privatrechtlich-öffentlichrechtlichen Grundkonzeption aus (Theorie des modifizierten Privateigentums)[50]. Öffentliche Sachen unterste-

---

[44] Vgl. unten § 1 A 1 d.

[45] Vgl. MünchKomm/ *Mertens*, BGB, § 823 Rdnr. 111.

[46] BGHZ 70, 102 ff.; LG Münster NJW-RR 1986, 946, 952.

[47] Vgl. *Gassner*, UPR 1987, 373. Zur Eigentumsfähigkeit und zu den Eigentumsverhältnissen von Küstengewässern, Strand und Deichen vgl. *Petersen*, Deutsches Küstenrecht, 1989.

[48] *Pappermann*, JuS 1979, 794, 795.

[49] *Pappermann*, JuS 1979, 794, 793.

[50] Vgl. z.B. Wolff/ Bachof/ Stober, VerwR I, § 39; BGH NJW 1971, 95.

hen danach der einheitlichen Eigentumsordnung des BGB. Aufgrund der Widmung für einen öffentlichen Zweck lastet jedoch auf diesem Eigentum eine Art "Dienstbarkeit des Öffentlichen Rechts"[51]. § 823 Abs. 1 BGB erfaßt somit auch die Verletzung des Eigentums an öffentlichen Sachen[52].

d) Sonstige Rechte

Von den in Rechtsprechung und Literatur anerkannten sonstigen Rechten des § 823 Abs. 1 BGB haben für die Haftung für Umweltschäden vor allem die Aneignungsrechte, wie **Jagd- und Fischereirechte** und insbesondere **Wassergebrauchsrechte**[53] Bedeutung.

Auch der **Besitz** ist grundsätzlich als Schutzobjekt des Deliktsrechts anerkannt[54]. Der Schutz des Besitzes gewinnt zunehmende Bedeutung, da viele Investitionsgüter heute auf schuldrechtlicher Basis genutzt werden. Eine Verletzung des Besitzes liegt beispielsweise vor, wenn der Mieter eines Grundstücks dieses wegen unzulässiger Immissionen nicht nutzen kann[55].

Das **Recht am eingerichteten und ausgeübten Gewerbebetrieb** hat bei der Haftung für Umweltschäden nur geringe Bedeutung. Dies liegt zum einen daran, daß das Recht am eingerichteten und ausgeübten Gewerbebetrieb als Rahmenrecht nur subsidiär zu den anderen von § 823 Abs. 1 BGB geschützten Rechten und Rechtsgütern zum Tragen kommt[56] und häufig gleichzeitig eine Verletzung des Eigentums oder des Besitzes vorliegt. Zum anderen verlangt die Rechtsprechung für eine Verletzung des Rechts am eingerichteten und ausgeübten Gewerbebetrieb einen betriebsbezogenen Eingriff[57]. Ein Eingriff in den Gewerbebetrieb wird in der Regel nur dann angenommen, wenn ohnehin aufgrund der Verletzung anderer Rechtsgüter oder Rechte des § 823 Abs. 1 BGB oder des § 22 WHG eine Haftung gegeben wäre.

---

[51] *Pappermann*, JuS 1979, 794, 798.
[52] Zu den Besonderheiten des öffentlichen Eigentums nach dem Hamburger Wegegesetz sowie den Wassergesetzen Hamburgs und Baden-Württembergs vgl. *Engelhardt*, Die deliktsrechtliche Haftung für Umweltschäden, 1992, S. 138. Zum Recht der öffentlichen Sachen auch *Häde*, JuS 1993, 113 ff.
[53] Vgl. BGH VersR 1976, 62 ff.
[54] MünchKomm/ *Mertens*, BGB, § 823 Rdnr. 145.
[55] Ausführlich zum Umfang des Besitzschutzes: MünchKomm/ *Mertens*, BGB, § 823 Rdnr. 145 ff.
[56] BGHZ 55, 158 f.; 59, 30, 34; 69, 128, 138; MünchKomm/ *Mertens*, BGB, § 823 Rdnr. 484.
[57] Vgl. zum Merkmal der Betriebsbezogenheit: RG JW 1909, 493, 494; BGH NJW 1972, 101 f.; BGH NJW 1981, 2416; BGH NJW 1985, 1620.

Die ganz herrschende Meinung lehnt es ab, den **Gemeingebrauch an öffentlichen Sachen** als sonstiges Recht im Sinne des § 823 Abs. 1 BGB zu sehen, denn die jedermann gewährte Möglichkeit des Gemeingebrauchs sei nur ein Ausfluß der natürlichen Freiheit oder ein Reflex öffentlich-rechtlicher Normen[58]. Dafür spricht auch, daß das klassische Deliktsrecht dem Prinzip folgt, nur den Schaden des Verletzten zu ersetzen. Die Teilhabe am Gemeingebrauch kann nur in sehr engen Grenzen in den deliktischen Schutz einbezogen werden. Dies kommt quasi nur in Fällen in Betracht, in denen es darum geht, der Abhängigkeit des Eigentums von den Einrichtungen, die dem Gemeingebrauch zur Verfügung stehen, Rechnung zu tragen[59].

KOENDGEN möchte unter Bezugnahme auf das anglo-amerikanische Rechtsinstitut der public-nuisance die klassischen **Umweltgüter** wie saubere Luft, sauberes Wasser oder den Lärmschutz als sonstige Rechte im Sinne des § 823 Abs. 1 BGB verstehen[60]. Dem Vorschlag wird eine weitgehende Konturlosigkeit vorgeworfen[61]. Diesem Vorwurf begegnet KOENDGEN durch die Abgrenzung der Umwelt von Umweltgütern wie saubere Luft oder sauberes Wasser sowie der Haftungsvoraussetzung eines individuellen Schadens[62]. Hiergegen wird jedoch eingewandt, daß die Aufnahme der Umweltgüter in den Kreis der sonstigen Rechte des § 823 Abs. 1 BGB die Begründung einer Popularklage bedeute, denn den Schadensersatzansprüchen wäre schon vor dem Eintritt eines konkreten Schadens der deliktische Unterlassensanspruch vorgelagert. Jeder, dem durch die Umweltbelastungen ein Schaden drohe, könne auf Unterlassung klagen[63].

Ähnlichen Einwendungen ist der Vorschlag FORKELs ausgesetzt, **Beeinträchtigungen der Umwelt als Verletzung des allgemeinen Persönlichkeitsrechts** aufzufassen[64]. Auch dem wird entgegengehalten, daß ihre Anerkennung die Einführung einer Popularklage bedeuten würde, da jedermann, der sich durch eine Umweltstörung in der freien Entfaltung seiner Persönlichkeit beeinträchtigt sehe, Klage erheben könnte[65]. Anzuerkennen sei zwar, daß Umweltbelastungen durchaus einen Personenbezug aufweisen könnten, doch nur bei schweren Be-

---

[58] Vgl. Staudinger/ *Schäfer*, BGB, § 823 Rdnr. 92; RGRK/ *Steffen*, § 823 Rdnr. 32 a; BGHZ 55, 153, 160 = NJW 1971, 886, 888; NJW 1977, 2265.
[59] Vgl. MünchKomm/ *Mertens*, BGB, § 823 Rdnr. 128 ff.
[60] *Köndgen*, UPR 1983, 345, 350.
[61] *Baumann*, JuS 1989, 433, 436; *Brüggemeier*, DeliktsR Rdnr. 788; *Gerlach*, Privatrecht und Umweltschutz im System des Umweltrechts, 1989, S. 286; *Medicus*, JZ 1986, 778, 779; *Diederichsen*, BB 1973, 485, 487.
[62] *Koendgen*, UPR 1983, 345, 350.
[63] Vgl. *Medicus*, JZ 1986, 778, 779.
[64] *Forkel*, Immissionsschutz und Persönlichkeitsrecht, 1968, S. 24 ff.
[65] *Medicus*, JZ 1986, 778, 780.

einträchtigungen des Wohlbefindens komme eine Gesundheitsverletzung in Betracht. Die Argumente gegen eine umfassende Erweiterung des Gesundheitsbegriffs verböten es auch, solche Belästigungen, die unter der Schwelle der Gesundheitsbeeinträchtigung liegen, über den Weg des allgemeinen Persönlichkeitsrechts als Verletzung der Rechtsgüter des § 823 Abs. 1 BGB anzuerkennen[66].

2. Rechtswidrigkeit

Der Verletzungserfolg indiziert grundsätzlich die Rechtswidrigkeit der Rechtsgutverletzung. Der Eingriff in den fremden Rechtskreis ist nur dann nicht widerrechtlich, wenn dem Täter eine besondere Befugnis, ein Rechtfertigungsgrund, zur Seite steht[67]. Jede Handlung, die adäquat kausal die Beeinträchtigung eines der genannten Rechte oder Rechtsgüter zur Folge hat, wird als rechtswidrige Verletzung gesehen[68].

Die klassischen **Rechtfertigungsgründe**, wie Notwehr, § 227 BGB, Notstand, §§ 228, 904 BGB oder eine Einwilligung haben für das Umwelthaftungsrecht nur sehr geringe Bedeutung. Von großer Bedeutung ist jedoch die Frage, inwieweit **öffentlich-rechtliche Genehmigungen** die Rechtswidrigkeit einer Verletzungshandlung im Sinne des § 823 Abs. 1 BGB ausschließen.

---

[66] Vgl. oben § 1 A I 1 a.

[67] Staudinger/ *Schäfer*, BGB, § 823 Rdnr. 1.

[68] *Larenz*, SchuldR II, § 72 (S. 607). *Hierbei gelten jedoch folgende Einschränkungen*: Der Erfolgseintritt soll bei den "geschlossen absoluten" Rechten des § 823 Abs. 1 BGB (Leben, Körper, Gesundheit, Freiheit, Eigentum) die Rechtswidrigkeit nur dann indizieren, wenn der Verletzungserfolg "noch im Rahmen des Handlungsablaufs liegt". Staudinger/ *Schäfer*, BGB, § 823 Rdnr. 8; *Larenz*, SchuldR II § 72 I (S. 609); Jauernig/ *Teichmann*, BGB, § 823 Rdnr. 48 ff.; Palandt/ *Thomas*, BGB, § 823 Rdnr. 33; RGRK/ *Steffen*, § 823 Rdnr. 114; ähnlich: MünchKomm/ *Mertens*, BGB, § 823 Rdnr. 12; *Medicus*, BürgRecht, Rdnr. 646 f. Hierbei wird zwischen mittelbaren und unmittelbaren Verletzungen unterschieden. Als unmittelbare Verletzungen werden die Eingriffe angesehen, die im Rahmen des äußeren Handlungsablaufs selbst erfolgen, als mittelbare Verletzungen, solche, die nur durch Zwischenursachen vermittelte entfernte Folge eines Verhaltens sind (*Larenz*, SchuldR II § 72 I (S. 609 f). Die Rechtswidrigkeit ist in den Fällen der Verletzung eines offenen Tatbestandes (allgemeines Persönlichkeitsrecht, Gewerbebetrieb) oder bei mittelbaren Verletzungshandlungen (Unterlassen) gesondert festzustellen. Zur Bejahung der Rechtswidrigkeit bedarf es dann weiterhin der Feststellung, daß die Handlung objektiv gegen das allgemeine Gebot verstößt, andere nicht zu gefährden. Dieses allgemeine Gebot ist von der Rechtsprechung seit langem in Gestalt sogenannter Verkehrspflichten anerkannt und konkretisiert worden (*Larenz*, SchuldR II § 72 I (S. 611 f.). Zur Lehre vom Handlungsunrecht vgl. *Larenz*, SchuldR II § 72 I (S.608 f.) m.w.N.; *v.Caemmerer*, FS zum hundertjährigen Bestehen des Dt. Juristentages, 1960, Bd. 2, S. 49 ff.; *Nipperdey*, NJW 1957, 1777.

Trotz nachdrücklicher Beteuerungen der Unabhängigkeit des Zivilrechts gegenüber dem öffentlichen Recht wird überwiegend von einer rechtfertigenden Wirkung öffentlich-rechtlicher Genehmigungen ausgegangen[69]. Die Einheit der Rechtsordnung lasse es nicht zu, daß öffentlich-rechtlich zulässiges Handeln durch das Zivilrecht sanktioniert werde. Gewisse Einschränkungen werden von DIEDERICHSEN gemacht. Er will die rechtfertigende Wirkung versagen, wenn sich der Emittent die Genehmigung unter unvollständiger Darstellung der maßgeblichen Tatsachen verschafft habe, wenn er die Genehmigung überschreite oder wenn die Behörde - sei es aufgrund deutlich unterlegenen Sachverstandes, sei es aufgrund unzureichender Kontrollmöglichkeiten - die Genehmigungsunterlagen nur unzulänglich habe überprüfen können und dies dem Antragsteller auch bekannt gewesen sei[70].

PEINE geht davon aus, daß auch durch genehmigte Anlagen Gesundheitsschäden oder Schäden an beweglichen Sachen hervorgerufen werden können, so daß eine Berührung der Grundrechte auf Leben und Gesundheit, Art. 2 II GG, und Eigentum, Art. 14 GG, nicht ausgeschlossen werden könne[71]. Da die Haftungsregelung des § 823 Abs. 1 BGB zumindest mittelbar dem Schutz dieser Grundrechte diene, stelle sich die Frage der verfassungsrechtlichen Zulässigkeit der Haftungsausschlüsse aufgrund der rechtfertigenden Wirkung von Genehmigungen. PEINE möchte eine rechtfertigende Wirkung von öffentlich-rechtlichen Genehmigungen nur unter bestimmten Voraussetzungen annehmen. Da die Einschränkung oder der Entzug grundrechtlicher Positionen nur aufgrund eines Gesetzes zulässig sei, solle nur ein Gesetz im formellen Sinn die privatrechtsgestaltende Wirkung anordnen können.Um den Wegfall des Schadensersatzanspruchs zu kompensieren, sollten der Genehmigung Beteiligungs- und Mitwirkungsbefugnisse des Betroffenen im Genehmigungsverfahren vorangestellt sein[72]. Diese Voraussetzungen würden beispielsweise von den §§ 14 BImSchG, § 11 Abs. 1 WHG, § 7 Abs. 4 AtomG, § 23 GenTG erfüllt, womit eine Großteil der im Umwelthaftungsrecht auftretenden Fälle abgedeckt wäre.

Einen ähnlichen Ansatz zur Lösung des Problems der rechtfertigenden Wirkung von öffentlich-rechtlichen Genehmigungen wählt ENGELHARDT. Er geht davon aus, daß der Begriff der Rechtswidrigkeit im Zivilrecht anders zu beurteilen ist als im öffentlichen Recht. Dabei möchte er an die Unterscheidung von Erfolgs- und Handlungsunrecht anknüpfen. Während das Verwaltungsrecht in erster Linie das Verhalten des Schädigers beurteile, solle für das Deliktsrecht zunächst maßgeblich sein, ob der eingetretene Erfolg von der Rechtsordnung mißbilligt

---

[69] RGRK/ *Steffen*, § 823 Rdnr. 390; Soergel/ *Zeuner*, BGB, § 823 Rdnr. 165.
[70] *Diederichsen*, Referat zum 56. DJT, 1986, L 48, 70.
[71] *Peine*, NJW 1990, 2442, 2443.
[72] *Peine*, NJW 1990, 2442, 2444; ähnlich *Knebel*, JbUTR 1988, 261, 266 ff.

werde. Zur weiteren Untersuchung bildet er Fallgruppen. Komme es trotz Einhaltung aller Sicherheitsbestimmungen und Auflagen zu einem Störfall oder führe der Normalbetrieb einer Anlage zu von der Behörde nicht vorgesehenen Schäden, solle die Rechtswidrigkeit bestehen bleiben, da die Genehmigung nicht das Recht umfasse, Dritte zu schädigen. Die Rechtswidrigkeit solle auch dann nicht entfallen, wenn die Behörde die aufgetretenen Schäden vorhergesehen und die Genehmigung trotzdem erteilt habe, denn die von der Behörde ausgesprochene Genehmigung könne nur dann konstitutiv einen Rechtfertigungsgrund gewähren, wenn die Behörde dazu die erforderliche Rechtsmacht habe. Grundsätzlich sei es der Verwaltung verwehrt, in grundrechtlich geschützte Positionen des Bürgers, wie die körperliche Unversehrtheit (Art. 2 Abs. 2 GG) oder das Eigentum (Art. 14 GG) einzugreifen. Dies sei nur dann zulässig, wenn eine gesetzliche Ermächtigung bestehe. Als solche Ermächtigung sieht auch ENGELHARDT die §§ 14 BImSchG, 11 Abs. 1 WHG, 7 Abs. 4 AtomG. Schon diese besondere Benennung lege den Umkehrschluß nahe, daß dort, wo eine solche Bestimmung fehle, die öffentlich-rechtliche Duldungspflicht mit privatrechtsgestaltender Wirkung zu verneinen sei[73].

Neben öffentlich-rechtlichen Genehmigungen kommen **Gesetze des öffentlichen Rechts** als Rechtfertigungsgrund in Betracht. Zu denken ist dabei an Normen wie den § 23 Abs. 1 Nr. 2 BadWürttJagdG.
Stellt die Verletzung eines der Rechte oder Rechtsgüter eine Einwirkung im Sinne des **§ 906 BGB** dar, kann der Betroffene zur Duldung dieser Einwirkung verpflichtet sein, so daß die Rechtswidrigkeit der Verletzung entfällt[74]. Ganz unstreitig gilt dies für nach § 906 Abs. 1 BGB zu duldende unwesentliche Beeinträchtigungen im Verhältnis zwischen Grundstücksnachbarn[75]. Gleiches gilt auch für wesentliche Beeinträchtigungen, die eine ortsübliche Benutzung des anderen Grundstücks darstellen, und nicht durch wirtschaftlich zumutbare Maßnahmen verhindert werden können. Stellt die Einwirkung eine unzumutbare Beeinträchtigung dar, kommt ein Entschädigungsanspruch nach § 906 Abs. 2 BGB in Betracht[76]. Im Kupolofenurteil[77] hat der Bundesgerichtshof diese Duldungspflicht auf die Verletzung des Eigentums an beweglichen Sachen ausgedehnt. Begründet wird dies damit, daß es ansonsten zu einer unzulässigen Benachteiligung der Immobiliareigentümer kommen würde. Diese Erweiterung hat in der

---

[73] Vgl. auch *Breuer*, in Schmidt-Aßmann (Hrsg.), BesVwR, Umweltschutzrecht, Rdnr. 102 ff.
[74] BGHZ 90, 255, 258.
[75] Vgl. *Jauernig*, BGB, § 906 Rdnr. 3 ff.
[76] BGHZ 90, 255, 262; a.A.: *Engelhardt*, Die deliktsrechtliche Haftung für Umweltschäden, 1992, S. 181 f.; *Forkel*, Immissionsschutz und Persönlichkeitsrecht, 1968, S. 61 f.
[77] BGHZ 92, 143, 148.

Literatur größtenteils Zustimmung gefunden[78]. Kritik wird jedoch dahingehend geübt, daß der BGH den betroffenen "Sacheigentümern" den Entschädigungsanspruch des § 906 Abs. 2 BGB versagt habe. Dies führe nunmehr zu einem Wertungswiderspruch und einer unzulässigen Benachteiligung der Mobiliareigentümer. Die analoge Anwendung des § 906 BGB auf bewegliches Eigentum wird deshalb von einigen gänzlich abgelehnt[79], von anderen wird gefordert, für die unzumutbaren Beeinträchtigungen von beweglichen Sachen ebenfalls einen Entschädigungsanspruch zu gewähren[80]. Ob die Duldungspflicht des § 906 BGB auch für Emissionen gelten soll, die sich gegen die Gesundheit der Betroffenen richten, hat der BGH noch nicht entschieden. Gegen eine solche Analogie sind jedoch schon erhebliche Einwände erhoben worden. Insbesondere LANG[81] hat eingewandt, daß die Aufopferung des Abwehranspruchs gegen Gesundheitsverletzungen verfassungsrechtlich nicht zulässig sei. Auch das von FORKEL gebildete Beispiel der lebensbedrohenden, aber ortsüblichen Beeinträchtigungen mag Bedenken wecken[82].

3. Bedeutung der Verkehrs(sicherungs)pflichten im derzeitigen Umwelthaftungsrecht

Verkehrs(sicherungs)pflichten[83] haben für das Umwelthaftungsrecht erhebliche Bedeutung. Von der Rechtsprechung ist der Satz entwickelt worden, daß von sonstigen durch Vertrag oder sonstigen Rechtsgründen auferlegten Verhaltenspflichten abgesehen, eine den Ansichten und Bedürfnissen des Verkehrs entsprechende allgemeine Pflicht bestehe, das eigene Verhalten so einzurichten und gewisse Tätigkeiten so zu regeln, daß Schädigungen Dritter vermieden werden[84]. Hergeleitet wird diese allgemeine Verkehrssicherungspflicht aus einem den §§ 823, 836 BGB entnommenen Rechtsgrundsatz, daß jeder, der in seinem Verantwortungsbereich eine Gefahrenquelle schaffe oder andauern lasse, die ihm möglichen und zumutbaren Maßnahmen und Vorkehrungen treffen müsse, die zur Abwendung der daraus Dritten drohenden Gefahren für die in § 823 Abs. 1 BGB bezeichneten Lebensgüter und Rechte notwendig seien[85].

---

[78] Vgl. *Baumgärtel*, JZ 1984, 1109; *Marburger/ Herrmann*, JuS 1986, 354 ff.

[79] *Engelhard*, Die deliktsrechtliche Haftung für Umweltschäden, 1992, S. 183.

[80] *Gerlach*, JZ 1988, 161, 170 f.

[81] *Lang*, AcP 174, 381, 388.

[82] *Forkel*, Immissionsschutz und Persönlichkeitsrecht, 1968, S. 61.

[83] Zur Begrifflichkeit vgl. *Kötz*, DeliktsR, Rdnr. 232.

[84] Vgl. Staudinger/ *Schäfer*, BGB, § 823 Rdnr. 311.

[85] Vgl. Staudinger/ *Schäfer*, BGB, § 823 Rdnr. 312 mit Rechtsprechungsnachweisen. Zur Einordnung der Verkehrspflichten in den Tatbestandsaufbau des § 823 Abs. 1 BGB vgl. Erman/ *G. Schiemann*, BGB, § 823 Rdnr. 75 ff.

Gesetzlich konkretisierte Verkehrspflichten finden sich beispielsweise in den in § 6 Abs. 3 UmweltHG angesprochenen besonderen Betriebspflichten[86]. Von der Rechtsprechung bisher entwickelte Verkehrs(sicherungs)pflichten betrafen Gefahren von Anlagen oder den Umgang mit brenn- und entzündbaren Flüssigkeiten und Gegenständen[87]. Strenge Verhaltenspflichten wurden auch für das beim Befüllen von Öltanks beschäftigte Personal postuliert[88]. Weitere für das Umwelthaftungsrecht relevante Entscheidungen betrafen die Verhaltensanforderungen beim Umgang mit Maschinen und technischen Arbeitsmitteln[89] sowie bei der Planung und Ausführung von Abwasseranlagen[90]. Richtungsweisend in Hinblick auf die vielfach geforderte Erweiterung der Verkehrspflichten im Bereich der Umwelthaftung[91] ist auch die Entscheidung des Bundesgerichtshofs vom 18.09.1984[92]. Der Bundesgerichtshof fordert hier von einem Emittenten, die erforderliche Kontrolle zur Einhaltung unschädlicher Emissionen zu schaffen. Stimmen in der Literatur wollen sogenannten "newcomern" die Verpflichtung auferlegen, das Umweltrisiko der eigenen Emissionen im Zusammenhang mit den schon vorhandenen ökologischen Belastungen zu prüfen[93].

4. Verschulden

Die Verpflichtung zum Schadensersatz nach § 823 Abs. 1 BGB ist davon abhängig, daß der Täter die geschützten Rechte und Rechtsgüter nicht nur rechtswidrig, sondern auch schuldhaft, also vorsätzlich oder fahrlässig, verletzt hat[94].

Eine Haftung für Umweltschäden beruht überwiegend auf **fahrlässigem Handeln**. Das Erfordernis der Vorhersehbarkeit der Rechtsgutverletzung gewinnt Bedeutung im Bereich des Umwelthaftungsrechts, da ein Verschulden immer dann verneint werden muß, wenn der Umweltschaden nach dem Stand der naturwissenschaftlichen Kenntnis nicht vorhersehbar war. Der Bereich der unvorhersehbaren Schäden wird jedoch mit zunehmender Kenntnis naturwissenschaftlicher Zusammenhänge und steigendem allgemeinen Umweltbewußtsein

---

[86] *Landsberg/Lülling*, Delikt. UmweltHR 2.2. Rdnr.4.
[87] Staudinger/ *Schäfer*, BGB, § 823 Rdnr. 355, 393.
[88] BGH MDR 70, 752; BGH NJW 1978, 1576; 83, 1108; vgl. Palandt/ *Thomas*, § 823 Rdnr. 113, m.w.N.
[89] Staudinger/ *Schäfer*, BGB, § 823 Rdnr. 421.
[90] BGH VersR 1977, 253.
[91] Vgl. u.a. *Baumann*, JuS 1989, 436 m.w.N.
[92] BGHZ 92, 143, 151 (Kupolofen).
[93] *Medicus*, JZ 1986, 778; *Baumann*, JuS 1989, 433, 436; *Brüggmeier*, DeliktsR, Rdnr. 780.
[94] Staudinger/ *Schäfer*, BGB, § 823 Rdnr. 486.

immer geringer. Dem Handelnden kann auch abverlangt werden, sich über mögliche umweltschädliche Auswirkungen seines Tuns zu informieren[95].

5. Einfluß öffentlich-rechtlicher Vorschriften und technischer Standards auf Rechtswidrigkeit und Verschulden

a) Öffentlich-rechtliche Vorschriften

In bestimmten Verkehrsbereichen sind Verhaltensregeln durch Rechtsvorschriften aufgestellt worden. Diese übernehmen grundsätzlich die Anweisungen und das Maß für sorgfältiges Verhalten gegenüber den betroffenen Schutzgütern[96]. Ein Beispiel für derartige Regelungen sind die Vorschriften der Gefahrgutverordnung. Jedoch enthalten diese Vorschriften kein abschließendes Verhaltensprogramm, sondern sind weiterhin auslegungs- und ergänzungsbedürftig. Ein ihnen entsprechendes Verhalten ist dennoch sorgfaltswidrig, wenn erkennbar ist, daß trotz der Einhaltung der Regelungen eine Gefährdung der Rechtsgüter des § 823 Abs. 1 BGB besteht[97].

b) Technische (Umwelt-) Standards

Die Ausübung gefährlicher Tätigkeiten kann oft nur unter der Bedingung als erlaubt gelten, daß die Vorsichtsmaßnahmen beachtet werden, die nach dem Stand der Technik möglich und wirtschaftlich zumutbar sind[98]. Es sind zu unterscheiden: der Stand der Technik, die allgemein anerkannten Regeln der Technik und der Stand von Wissenschaft und Technik.

Der **Stand der Technik** läßt sich umschreiben als die Gesamtheit der technischen Standards, die eine optimale Gefahrsteuerung gewährleisten und deren praktische Eignung durch eine erfolgreiche Erprobung zumindest soweit gesichert ist, daß ihre Anwendung dem Betreiber kein unzumutbares Kostenrisiko auferlegt[99]. Die **allgemeinen Regeln der Technik** erfassen nur solche technischen Verfahrensweisen, die sich bereits in der betrieblichen Praxis (definitiv) bewährt haben[100]. Der Begriff des **Standes von Wissenschaft und Technik** umfaßt nicht nur die neuesten Erkenntnisse der Sicherheitstechnik, sondern dar-

---

[95] *Engelhardt*, Die deliktsrechtliche Haftung für Umweltschäden, 1992, S. 195.

[96] RGRK/ *Steffen*, § 823 Rdnr. 406.

[97] RGRK/ *Steffen*, § 823 Rdnr. 406.

[98] MünchKomm/ *Mertens*, BGB § 823 Rdnr. 27.

[99] Vgl. *Marburger*, Die Regeln der Technik im Recht, 1979, S. 161.

[100] Vgl. *Marburger*, Die Regeln der Technik im Recht, 1979, S. 162 f.

überhinaus alle sicherheitsrelevanten Forschungsergebnisse[101]. Der in der jeweiligen Situation gebotene Sicherheitsstandard richtet sich nicht allein nach der gesetzlichen Formulierung des heranzuziehenden technischen Standards, sondern auch nach Wahrscheinlichkeit und Ausmaß der abzuwendenden Gefahr (sog. je-desto-Formel)[102].

Der Stand der Technik sowie die allgemein anerkannten Regeln der Technik werden in der Regel durch (a) überbetriebliche technische Normen, (b) Regelwerke öffentlich rechtlicher Ausschüsse sowie (c) die Unfallverhütungsvorschriften der Berufsgenossenschaften festgelegt[103]. Unter die überbetrieblichen technischen Normen fallen die im Rahmen privatrechtlicher Verbände aufgestellten technischen Regeln zur Vereinheitlichung von materiellen und immateriellen Gegenständen. Die bekanntesten Organisationen sind das Deutsche Institut für Normung (DIN) und der Verband Deutscher Ingenieure (VDI)[104]. Neben den privaten Normungsverbänden gibt es öffentlich-rechtliche technische Ausschüsse, die sich mit der Aufstellung technischer Regeln befassen. Diese werden in fachlich gegliederten Regelwerken zusammengefaßt und in der Regel vom zuständigen Bundesminister amtlich verkündet. Die Unfallverhütungsvorschriften werden nach einem festgelegten Verfahren von Fachausschüssen erarbeitet und von der jeweiligen Vertreterversammlung als Satzung beschlossen.

Für die Statuierung von Verkehrspflichten bedeutet dies, daß ein Verhalten, das dem maßgeblichen Sicherheitsstandard genügt, pflichtgemäß ist und umgekehrt, daß ein nicht genügendes Verhalten rechtswidrig ist[105]. Davon sind jedoch Ausnahmen zu machen. Im Einzelfall kann eine technische Norm dem Stand der Technik nicht entsprechen. Ihre Befolgung bewahrt somit nicht vor dem Vorwurf der Rechtswidrigkeit; jedoch wird durchweg ein Schuldvorwurf nicht erhoben werden können[106]. Auch im Hinblick auf konkrete Gefahrensituationen können im Einzelfall erhöhte Sicherheitsvorkehrungen geboten sein. Umgekehrt ist jedoch die Abweichung vom Stand der Technik möglich, wenn die gleiche Sicherheit auf andere Weise gewährleistet wird. Letztlich bleibt es immer Sache des jeweiligen Richters zu entscheiden, ob der Stand der Technik eine gerechte Risikoverteilung darstellt und in den Rang einer Verkehrspflicht erhoben wer-

---

[101]   *Marburger*, Die Regeln der Technik im Recht, 1979, S. 165.
[102]   *Kloepfer*, UmweltR § 3 Rdnr. 75.
[103]   MünchKomm/ *Mertens*, BGB, § 823 Rdnr. 28.
[104]   Bzgl. internationaler Normungsorganisationen vgl. *Marburger*, VersR 1983, 598 f.
[105]   *Marburger*, Die Regeln der Technik im Recht, 1979, S. 429 ff.; *ders.*, VersR 1983, 600 ff.; mit Rechtsprechungsnachweisen MünchKomm/ *Mertens*, BGB, § 823 Rdnr. 29.
[106]   MünchKomm/ *Mertens*, BGB, § 823 Rdnr. 28.

den kann[107]. Praktisch kommt der Richter jedoch kaum umhin, den technischen Sachverstand, der im "Stand der Technik" verkörpert ist, anzuerkennen.

In diesem Zusammenhang ist auch auf die Bedeutung der nach § 48 BImSchG erlassenen Verwaltungsvorschriften der **TA Luft** und der **TA Lärm** (Technische Anleitungen) einzugehen. Diese legen Grenzwerte für Emissionen und Immissionen fest. Bei Grundstücksbeeinträchtigungen sind die Technischen Anleitungen bei der Beurteilung der Wesentlichkeit der Grundstücksbeeinträchtigungen zu berücksichtigen[108]. Immissionen, die die Werte der TA Luft überschreiten, sind nach heute wohl einhelliger Auffassung wesentlich i. S. d § 906 Abs. 1 BGB, während umgekehrt bei einem Unterschreiten nicht auf die Unwesentlichkeit der Beeinträchtigung geschlossen werden kann[109]. Für eine Verkehrspflichtverletzung bei Grundstücks-und Eigentumsbeeinträchtigungen hat die TA Luft nur indizierende Wirkung. Allein maßgeblich ist die sich aus § 5 Nr. 1 BImSchG ergebende Verkehrspflicht, eine Anlage so zu errichten und zu betreiben, daß dadurch keine erheblichen Rechtsgutverletzungen Dritter hervorgerufen werden können[110]. Der BGH will für die schadensrechtliche Beurteilung davon ausgehen, daß bei Einhaltung der Werte der TA-Luft regelmäßig schädliche, unzulässige Immissionen nicht eintreten werden. Der der TA Luft zugrundeliegende Zweck, schädliche Umwelteinwirkungen zu vermeiden, stehe im Gleichklang mit der vom Haftungsrecht geforderten Pflichtenstellung des Betreibers. Jedoch seien die TA Luft nur allgemeine Richtwerte. Der Emittent habe sich immer an den konkreten Verhältnissen auszurichten. Die Einhaltung der TA Luft entlaste zwar grundsätzlich vom Verschuldensvorwurf, Ausnahmen können sich jedoch ergeben, wenn den Emittenten besondere Umstände daran zweifeln lassen müßten, daß die Beachtung der TA Luft ausreiche, um unzulässige Immissionen zu vermeiden[111].

---

[107] Vgl. *Steffen*, VersR 1980, 409, 412.
[108] Vgl. unten § 1 A I 5 b.
[109] Vgl. *Baumann*, JuS 1989, 433; *Diederichsen*, Referat zum 56. DJT, 1986, L 48, 58.
[110] *Brüggemeier*, DeliktsR, Rdnr. 777.
[111] BGHZ 92, 143, 151 f; vgl. auch *Hager*, NJW 1986, 1961, 1966.

6. Schaden

a) Naturalrestitution nach § 249 S. 1 BGB

Grundsätzlich ist Schadensersatz durch **Naturalrestitution** zu leisten (§ 249 S. 1 BGB). Naturalrestitution bedeutet die Herstellung des Zustandes, der ohne das schädigende Ereignis bestehen würde. Dabei ist es unerheblich, ob es sich um Vermögens- oder Nichtvermögenschäden handelt[112]. Der Vorrang der Naturalrestitution ist für das Umwelthaftungsrecht zu begrüßen, da für den Erhalt einer intakten Umwelt die Wiederherstellung des früheren Zustandes anderen Ausgleichsmaßnahmen vorzuziehen ist.

Auch wenn der Schadensersatz nicht durch die tatsächliche Wiederherstellung des früheren Zustandes durch den Schädiger geleistet wird, hat der in § 249 S. 1 BGB enthaltene Grundsatz entscheidende Bedeutung als Maßstab für den Umfang der erforderlichen Wiederherstellungsmaßnahmen. Auch wenn diese seitens des Schädigers lediglich durch die Zahlung der für die Wiederherstellung erforderlichen Mittel ermöglicht werden. Der Grundsatz der Naturalrestitution bestimmt den Umfang des Geldersatzes nach § 249 S. 2 BGB und gibt Anhaltspunkte für die Entschädigung nach § 251 BGB.

Die Herstellung eines ökologisch identischen Zustandes ist oft nicht möglich. Nach ganz herrschender Meinung wird in diesen Fällen die Herstellung eines Zustandes geschuldet, der dem möglichst nahe kommt, der ohne das schädigende Ereignis bestehen würde[113]. Der Bundesgerichtshof hat zwar in einem nicht das Umwelthaftungsrecht betreffenden Fall die Naturalrestitution ausgeschlossen, da eine identische Wiederherstellung in jenem Fall nicht möglich war[114]. Dem kann jedoch nur für die Fälle gefolgt werden, in denen die Wiederherstellung zu einem qualitativ abweichenden Zustand führt, ansonsten wäre ein Schadensausgleich durch Naturalrestitution quasi nie zu erlangen. Auch nach einer Heilbehandlung ist nie der Zustand erreicht, der ohne das schädigende Ereignis bestünde[115]. Sanierungsmaßnahmen zur Beseitigung von Umweltschäden streben jedoch in aller Regel kein qualitativ abweichendes Ergebnis an, so daß eine Naturalrestitution möglich ist, auch wenn der identische Zustand nicht wieder erreicht werden kann. Gleiches gilt, wenn die Wiederherstellung des ursprünglichen Zustandes nur über einen längeren Zeitraum zu erreichen ist, wie

---

[112] MünchKomm/ *Grunsky*, BGB, § 249 Rdnr. 1 ff.
[113] Staudinger/ *Medicus*, BGB, § 249 Rdnr. 203; *Baumann*, JuS 1989, 433, 439; *Gassner*, UPR 1987, 370, 372; *Schulte*, JZ 1988, 278, 279; RGZ 76, 146, 147; 91, 104, 106.
[114] BGHZ 92, 85, 90 ("Modellboot").
[115] *Schulte*, JZ 1988, 278, 280.

bei der Wiederaufforstung eines zerstörten Waldes[116]. Einer Naturalrestitution steht auch nicht entgegen, daß die Wiederherstellung allein Affektionsinteressen des Geschädigten befriedigt[117]. Die Grenze setzt allein § 251 Abs. 2 BGB.

b) Geldersatz nach § 249 S. 2 BGB

Die Möglichkeit des Geschädigten, bei der Verletzung einer Person oder der Beschädigung einer Sache statt Naturalrestitution Geldersatz zu verlangen, ist hinsichtlich des Umweltinteresses an der Wiederherstellung des ursprünglichen Zustands ambivalent. Einerseits ist es von Vorteil, daß die Restitutionsmaßnahmen, die häufig große Sachkenntnis erfordern, vom Geschädigten selbst geleitet werden können, insbesondere dann, wenn der Geschädigte eine Gebietskörperschaft ist, die über eine Naturschutzverwaltung oder ähnliches verfügt. Andererseits birgt die Vorschrift des § 249 S. 2 BGB auch die Gefahr, daß der Geschädigte die erhaltenen Mittel nicht zur Restituierung verwendet, da er bei Sachschäden über den Geldbetrag frei verfügen kann. Einige Autoren wollen deshalb die Verfügungsfreiheit des Geschädigten über § 242 BGB beschränken[118]. Hier zeigen sich jedoch die Grenzen des zivilrechtlichen Umweltschutzes. Die Beschränkung der zivilrechtlichen Dispositionsfreiheit kann in diesen Fällen nur durch Regelungen des öffentlichen Rechts erfolgen[119].

c) § 251 Abs. 1 BGB

Ist die Wiederherstellung unmöglich, gewährt § 251 Abs. 1 BGB Entschädigung. Auch wenn dem Geschädigten keine wirtschaftlichen Einbußen entstanden sind, kommt eine Entschädigung aufgrund des zunehmend an Bedeutung gewinnenden Gesichtspunkts der Kommerzialisierung von Umweltgütern in Betracht[120].

---

[116] *Baumann*, JuS 1989, 433, 439.

[117] *Schulte*, JZ 1988, 278, 279; *Baumann*, JuS 1989, 433, 439; Staudinger/ *Medicus*, BGB, § 253 Rdnr. 10.

[118] *Baumann*, JuS 1989, 433, 439; MünchKomm/ *Grunsky*, BGB, § 249 Rdnr. 18 m.w.N.

[119] *Medicus*, NuR 1990, 145, 150; vgl. auch *Landsberg/ Lülling*, UmweltHR § 1 Rn 101, 120.

[120] Vgl. dazu *Rehbinder*, NuR 1988, 105, 110; *Engelhardt*, Die deliktsrechtliche Haftung für Umweltschäden, 1992, S. 209.

d) § 251 Abs. 2 BGB

Nach § 251 Abs. 2 BGB kann der Schädiger Ersatz in Geld leisten, wenn die Naturalrestitution nur mit unverhältnismäßigen Aufwendungen möglich ist. Bei der Beurteilung der Verhältnismäßigkeit ist auf den Wert des beeinträchtigten Rechtsguts abzustellen. Da jedoch § 251 Abs. 2 BGB auch auf immaterielle Schäden anwendbar ist, ist nicht allein der wirtschaftliche Wert des beeinträchtigten Rechtsguts maßgebend[121]. Stets kommt es auf eine umfassende Güter- und Interessenabwägung an[122]. Zu berücksichtigen sind die Bedeutung einer intakten Umwelt für die menschliche Gesundheit und das Interesse der Allgemeinheit an der privaten Pflege des durch Eigentum vermittelten Umweltausschnitts sowie die bereits getroffenen Wertungen des Gesetzgebers.

Zu denken ist hierbei zunächst an § 251 Abs. 2 S. 2 BGB[123]. Diese Regelung will jedoch in erster Linie dem ideellen Wert eines Tieres für den Eigentümer gerecht werden und ist weniger durch die "Erkenntnis" motiviert, daß Tiere keine Sachen, sondern "Mitgeschöpfe" mit eigenem Wert sind[124]. Wesentlich größere Bedeutung hat die Wertung des § 16 Abs. 2 UmweltHG, der für Ansprüche nach § 1 UmweltHG, sofern eine Beeinträchtigung von Natur oder Landschaft vorliegt, bezüglich § 251 Abs. 1 S. 1 BGB bestimmt, daß die Wiederherstellungsmaßnahmen nicht allein deshalb unverhältnismäßig sind, weil sie den Wert der Sache übersteigen. Es kommt eine analoge Anwendung der Vorschrift auf Ansprüche nach § 823 Abs. 1 BGB in Betracht. In die Abwägung einzubeziehen ist auch die 1994 eingefügte Staatszielbestimmung des Art. 20 a GG. Sie wendet sich zwar in erster Linie an den Gesetzgeber; dieser wird verpflichtet, den in der Norm enthaltenen Auftrag umzusetzen, indem er geeignete Umweltschutzbestimmungen erläßt, doch enthält Art. 20 a GG auch für die Rechtsprechung einen bindenden Auftrag. Für die Rechtsprechung ist Art. 20 a GG im Rahmen der Auslegung von Gesetzen, auch des Privatrechts, bedeutsam[125].

---

[121] MünchKomm/ *Grunsky*, BGB, § 251 Rdnr. 18.

[122] *Baumann*, JuS 1989, 433, 439.

[123] Eingefügt durch Art. 1 des Gesetzes zur Verbesserung der Rechtsstellung des Tieres im bürgerlichen Recht v. 20.08.1990, BGBl. I, S. 1762.

[124] Vgl. MünchKomm/ *Grunsky*, BGB, § 251 Rn 22 ff.

[125] *Jarass*, in Jarass/ Pieroth, GG, Art. 20 a Rdnr. 7 f.; vgl. auch *Hager*, FS OLG Jena, 1994, S. 252; *Kuhlmann*, NuR 1995, 1; *Ganten/ Lembke*, UPR 1989, 1, 13, Fn. 92.

e) Ökologische Schäden

Der Begriff des ökologischen Schadens wird noch weitgehend uneinheitlich definiert. Einigkeit besteht lediglich insoweit, daß darunter Beeinträchtigungen des Naturhaushalts zu verstehen sein sollen[126] (ökologischer Schaden i.w.S). Der Begriff des Naturhaushalts wird als komplexes Wirkungsgefüge aller natürlichen Faktoren wie Boden, Wasser, Luft, Klima, Pflanzen- und Tierwelt definiert, wobei innerhalb und zwischen den belebten und nicht belebten Anteilen Wechselbeziehungen zwischen physikalischen, chemischen und biologischen Vorgängen bestehen[127]. Der Begriff des ökologischen Schadens wird teilweise auf solche Schäden beschränkt, die nicht in Geld auszudrücken sind, also keine Beeinträchtigung von Vermögens- sondern allein von Nutzungsinteressen darstellen[128] (ökologischer Schaden i.e.S.).

Einwirkungen auf den **Pflanzenbestand** und **Bodenkontaminationen** bewirken eine Verletzung des Eigentums am Grundstück. Auf ein wirtschaftliches Interesse des Grundstückseigentümers an einer bestimmten Bepflanzung kommt es dabei nicht an. Da mit der Sache der Freiheitsbereich des Eigentümers geschützt wird, ist eine Eigentumsverletzung in jeder physischen Einwirkung auf die Sache zu sehen, die ihre Verwendbarkeit im Sinne des Eigentümers herabsetzt[129]. Die Verletzung **herrenloser Tiere** im Sinne des § 960 Abs. 1 BGB wird soweit von § 823 Abs. 1 BGB erfaßt, als es sich um jagd- oder fischbare Tiere handelt und ihre Verletzung somit eine Verletzung eines Jagd- oder Fischereirechts bedeutet[130]. Die herrschende Meinung lehnt einen Anspruch aus § 823 Abs. 1 BGB bei der Verletzung von freilebenden, nicht jagd- oder fischbaren Tieren ab[131]. Zu überlegen bleibt, inwieweit eine Beeinträchtigung der Fauna eine Verletzung des Grundeigentums darstellen kann. Eine Trennung des Eigentums am Grundstück von dem ökologischen Normalbestand an Lebewesen darauf (oder darin) ist oft nicht sinnvoll möglich. Zu einem Grundstück gehören die verschiedenen Bodenschichten und im Humus lebende Bakterien, kleinere Würmer usw. und alle diese Lebewesen locken ihre natürlichen Feinde an. Die Zuordnung der Fauna zum Grundstück liege daher "**in der Natur der Sache**"[132]. Der Eigentumsschutz umfaßt die Nutzung des Grundstücks zu einem vom Eigentümer gewählten Zweck.

---

126 *Schulte*, JZ 1988, 278, 285.

127 Kolodziejcok/ *Recken*, § 1 BNatSchG Rdnr. 11; ähnlich *Knebel*, JbUTR 1988 (5), 261, 274.

128 *Gassner*, UPR 1987, 370, 371; *Rehbinder*, NuR 1988, 105, 106; *Brüggemeier*, KJ 1989, 209, 224.

129 MünchKomm/ *Mertens*, BGB § 823 Rdnr. 96.

130 *Brüggemeier*, KJ 1989, 209, 224; *Rehbinder*, NuR 1988, 105, 107.

131 *Schulte*, JZ 1988, 278, 282; *Gerlach*, Privatrecht und Umweltschutz im System des Umweltrechts, 1989, S. 290 f.; *Brüggemeier*, KJ 1989, 209, 224.

132 *Baumann*, JuS 1989, 433, 439.

interessiert, hat er auch ein schützenswertes Interesse an der Erhaltung des der Nutzungsweise entsprechenden Bestandes der Fauna. Der Eigentumsschutz herrenloser Tiere endet jedoch bei standortungebundenen oder auf offener See lebenden Tieren[133].

Für den Ersatz ökologischer Schäden i.w.S. ist eine weite Auslegung der §§ 249 Abs. 1 und 251 Abs. 2 S. 1 BGB von Vorteil. Für die Wiedergutmachung ökologischer Schäden ist die Naturalrestitution das geeignetste Mittel. Es darf aber nicht zu einer Ablehnung der Naturalrestitution wegen der Unwiederbringlichkeit des identischen ursprünglichen Zustandes kommen und bei der Beurteilung der Verhältnismäßigkeit der Wiederherstellung i. S. d. § 251 Abs. 2 S. 1 BGB sind die ökologischen Interessen miteinzubeziehen.

7. Kausalität und Haftung mehrerer, Ersatz für Summations- und Distanzschäden

Die Schadensersatzpflicht setzt voraus, daß der Schaden durch das zum Schadenersatz verpflichtende Ereignis verursacht worden ist. Das Verhalten des Schädigers muß für den Schaden kausal sein[134]. Das gravierendste Problem im Rahmen des Umwelthaftungsrechts ist der Nachweis der Kausalität.

Die Problematik wird noch deutlicher, wenn die Schäden auf den Verursachungsbeiträgen mehrerer oder gar einer Vielzahl von Schädigern beruhen. Das BGB sieht in § 830 BGB eine Haftung für Mittäter und Teilnehmer (Anstifter und Gehilfen) vor. Haben mehrere durch eine gemeinschaftlich begangene unerlaubte Handlung einen Schaden verursacht, so ist jeder für den Schaden verantwortlich (§ 830 Abs. 1 S. 1 BGB). Daneben kennt das BGB noch eine Haftung bei Nebentäterschaft. Diese ist zwar im Gesetz nicht explizit geregelt, wird jedoch von § 840 BGB als feststehende dogmatische Kategorie vorausgesetzt. Rechtsfolge ist auch hier die gesamtschuldnerische Haftung der Beteiligten.

Bei der Haftung für Umweltschäden ergeben sich keine Besonderheiten, insbesondere sind die Regelungen nicht geeignet, einen Ausgleich für Distanz- und Summationsschäden zu gewähren.

Unter den Begriff der Distanz- und Summationsschäden werden Schäden gefaßt, die durch eine Vielzahl kumulativer Gefährdungsbeiträge, eine komplexe Kausalität sowie eine lange Latenzzeit der zumeist durch chemische Wirkstoffe ausgelösten Schäden, gekennzeichnet sind. Die Schäden sind zumeist Folge der

---

[133] *Engelhardt*, Die deliktsrechtliche Haftung für Umweltschäden, 1992, S. 133.
[134] Palandt/ *Heinrichs*, BGB, vor § 249 Rdnr. 54.

ubiquitären Umweltbeeinträchtigung und beruhen vielmals auf synergistischen Effekten verschiedener Substanzen unterschiedlicher Intensität und Form, welche oft vor dem eigentlichen Schadenseintritt zunächst über Ökosysteme oder Nahrungsketten vermittelt wurden[135].

Ein Ersatz dieser Schäden ist ohne das Verlassen des linearen Kausalitätskonzepts, welches dem deutschen Haftungsrecht zugrunde liegt, nicht möglich. Auch wenn verschiedentlich Vorschläge unterbreitet werden, durch Kausalitätsvermutungen oder Beweiserleichterungen einen Teil der multikausalen Schäden haftungsrechtlich zu erfassen, besteht grundsätzlich Einigkeit darüber, daß ein Ausgleich von Distanz- und Summationsschäden nur durch die Einführung eines kollektiven Entschädigungssystems, wie der Errichtung von Entschädigungsfonds. möglich ist [136]

II. § 823 Abs. 2 BGB

§ 823 Abs. 2 BGB verpflichtet denjenigen zum Schadensersatz, der schuldhaft gegen ein den Schutz eines anderen bezweckendes Gesetz verstößt. Ein Schutzgesetz liegt vor, wenn der Schutz zumindest auch auf bestimmte Rechtsgüter oder Interessen eines Einzelnen zielt[137]. Als Schutzgesetze kommen nicht nur formelle Gesetze im staatsrechtlichen Sinn in Frage, sondern auch Rechtsverordnungen, öffentlich-rechtliche Satzungen, Anstaltsordnungen, Tarifverträge, Gewohnheitsrecht und Richterrecht[138].

Nach Auffassung der herrschenden Meinung[139] sollen Normen, die eine Behörde dazu ermächtigen, Verwaltungsakte zu erlassen, keine Schutzqualität haben, es sei denn, die Behörde habe die Pflichtenlage durch Erlaß eines Verwaltungsaktes konkretisiert (gestreckte Verbotstatbestände)[140]. Teilweise wird vertreten[141], daß Ermächtigungsnormen, die als Grundlage von Verhaltenspflichten und nicht nur als Ermächtigung für Verwaltungsakte formuliert sind, unmittelbar als Schutzgesetze herzuziehen seien. Dies solle beispielsweise auch für die §§ 5, 22 BImSchG gelten.

---

[135] Vgl. zur Terminologie *Brüggemeier*, KJ 1989, 209, 216 f.
[136] Vgl. u.a. *Brüggemeier*, KJ 1989, 209, 217; *Marburger*, AcP 192 (1992), 1, 33, jeweils m.w.N.
[137] BGHZ 116, 13; ständige Rechtsprechung. Vgl. auch BGH NJW 1976, 1740; NJW 1977, 1147.
[138] Jauernig/ *Teichmann*, BGB, § 823 Rdnr. 43.
[139] BGHZ 62, 265, 267.
[140] Vgl. *Larenz*, SchR II, § 72 S. 620.
[141] *Marburger*, Gutachten zum 56. DJT, C 1, 122; MünchKomm/ *Mertens*, BGB, § 823 Rdnr. 174 f.

Auch die überbetrieblichen technischen Normen[142] haben keine Schutznormeigenschaft, soweit sie nicht auf staatlicher Autonomieermächtigung beruhen[143]. KOENDGEN[144] möchte dagegen den Verwaltungsvorschriften der TA Luft/Lärm Schutznormcharakter zusprechen, da sie ihre Entstehung einer ausdrücklichen gesetzgeberischen Normsetzungsdelegation verdanken. Die ganz herrschende Meinung lehnt diese Auffassung jedoch ab. Zwar könne Verwaltungsvorschriften Rechtsnormcharakter zuzusprechen sein[145], doch zielten sie nicht auf Außenwirkung ab. Überdies seien sie oft veraltet, deshalb solle die Rechtsprechung sie zwar als Erkenntnisquelle für den unabdingbaren Mindeststandard benutzen, sich aber darüberhinaus immer fragen, ob nicht neue technische Entwicklungen oder der konkrete Einzelfall gesteigerte Sorgfaltsanforderungen gebieten würden[146].

Zweifelhaft ist auch die Rechtslage bei berufsgenossenschaftlichen Unfallverhütungsvorschriften. Als Satzungen sind sie Rechtsnormen im Sinne des Art. 2 EGBGB. Die herrschende Meinung möchte sie dennoch nicht als Schutzgesetze i. S. d. § 823 Abs. 2 BGB anerkennen, da sie ausschließlich den Vermögensinteressen der Versicherungsträger dienten[147]. MARBURGER ist dagegen der Auffassung, daß schon aus den §§ 537, 546 RVO zwingend folge, daß primärer Zweck der Unfallverhütungsvorschriften der Schutz der Beschäftigten vor Arbeitsunfällen sei, insofern sollten sie als Schutzgesetze anerkannt werden. Dagegen spricht jedoch, daß es sich bei den Unfallverhütungsvorschriften um eine spezifische Sonderordnung handelt, deren Gestaltung durch die Berufsgenossenschaften diesen einen unmittelbaren und vom Richter nicht mehr kontrollierbaren Einfluß auf die Entwicklung des Deliktsrechts geben würden[148].

Für das Umwelthaftungsrecht bedeutsam sind von der Rechtsprechung bisher unter anderem folgende Normen als Schutzgesetze im Sinne des § 823 Abs. 2 BGB anerkannt worden: § 2 Abs. 1 Nr. 2 Abfallgesetz[149], § 2 Abs. 1 BienenschutzVO[150], § 5 Nr. 1, 2 BImSchG[151], §§ 3, 8 TrinkwasserVO[152], § 8 WHG i.V.m. den Wassergesetzen der Länder[153].

---

[142] Zum Begriff vgl. oben § 1 A I 5.
[143] Vgl. MünchKomm/ *Mertens*, BGB, § 823 Rdnr. 182; *Marburger*, VersR 1083, 597, 605.
[144] *Köndgen*, UPR 1983, 345, 351.
[145] BGH NJW 1984, 360.
[146] MünchKomm/ *Mertens*, BGB, § 823 Rdnr. 183.
[147] Staudinger/ *Schäfer*, BGB, § 823 Rdnr. 534.
[148] MünchKomm/ *Mertens*, BGB, § 823 Rdnr. 184.
[149] OLG Hamm NJW-RR 1990, 794.
[150] OLG Hamm VersR 1983, 160.
[151] OVG Münster, DB 1976, 2199.
[152] BGH NJW 1983, 2935.
[153] BGH NJW 1977, 763.

III. Zurechnung fremder Schadensverursachung

In den seltensten Fällen ist es der Unternehmer selbst, falls ein solcher als natürliche Person überhaupt auszumachen ist, der die schädigende Handlung vornimmt. Die Anlastung fremder Schadensverursachung wird im Deliktsrecht durch § 831 BGB geregelt[154]. Sowohl hinsichtlich dieser Norm als auch bezüglich der §§ 31, 89 BGB[155] oder einer Haftung für Organisationsverschulden[156] ergeben sich im Bereich der Umwelthaftung keine Besonderheiten.

B. Gefährdungshaftung

Der Gesetzgeber hat auf die Nutzung der Technik und der damit verbundenen spezifischen Risiken mit der Einführung von Gefährdungshaftungstatbeständen reagiert. Diese sollen unabhängig von einem rechtswidrig-schuldhaften Verhalten eingreifen. Bei der Nutzung der Technik ist selbst bei Beachtung aller Schutzvorschriften und Sorgfaltsanforderungen nicht auszuschließen, daß aufgrund des verbleibenden Risikos Schäden auftreten. Demjenigen, der durch die Realisierung des Risikos einen Schaden erleidet, steht kein deliktischer Schadensersatzanspruch zu, da es an einem rechtswidrig-schuldhaften Verhalten fehlt. Aufgabe der Gefährdungshaftung ist es, in diesen Fällen einen Schadensausgleich zu schaffen. 1838 hat der preußische Gesetzgeber mit dem Eisenbahngesetz eine Gefährdungshaftung eingeführt, um auf die Gefahren des Eisenbahnbetriebs zu reagieren. Mit dem Fortschreiten der technischen Neuerungen wurden, jeweils mit gewissen Verzögerungen, Gefährdungshaftungstatbestände geschaffen. Einen Ausgleich für Umweltschäden können u.a. unter anderen §§ 25 ff. AtomG, § 2 HaftPflG, § 114 BBergG, § 32 GenTG, § 7 StVG gewähren. Umweltschäden finden hier jedoch lediglich neben anderen Schäden Ersatz. Denkbar ist beispielsweise eine Haftung nach 3 7 StVG, wenn es nach einem Verkehrsunfall zu einer Kontamination des Erdreichs durch auslaufendes Benzin kommt. Seit dem 1. Januar 1991 geben die §§ 1, 3 UmweltHG einen Anspruch auf Ausgleich für Schäden, die durch Umweltbeeinträchtigungen an bestimmten Rechtsgütern entstanden sind. Die folgende Darstellung konzentriert sich auf die spezielleren Regelungen des Umwelthaftungsgesetzes sowie auf den Gefährdungshaftungstatbestand des § 22 WHG sowie das Produkthaftungsgesetz.

---

[154] BGHZ 4, 1, 2 ff.; 45, 311, 313; BGH VersR 1964, 297; *Kötz*, DeliktsR, Rdnr. 266 ff.; *Medicus*, SchuldR II, § 144 II Rdnr. 850 ff.; *Larenz*, SchuldR II § 73 VI (S. 651); Soergel/ *Zeuner*, BGB, § 831 Rdnr. 41.

[155] BGHZ 49, 19, 21; *Jauernig*, BGB, § 31 Rdnr. 1.

[156] *Kötz*, DeliktsR, Rdnr. 292.

I. Umwelthaftungsgesetz (UmweltHG)

1. Allgemeines

Nach dem Reaktorunglück von Tschernobyl und der Rheinverseuchung durch den Brand einer Lagerhalle der Schweizer Firma Sandoz bestand weitgehend Konsens dahingehend, daß durch eine Verschärfung der Haftung für Umweltschäden der Ausgleich von Schäden an Umweltgütern erleichtert und Anreize geschaffen werden sollten, Maßnahmen zur Vermeidung von Umweltschäden zu ergreifen.

Das **Land Hessen** legte am 20.03.1987 einen ersten Entwurf zu einem Umweltschadenshaftungsgesetz vor[157]. Der Entwurf sah eine umfassende Gefährdungshaftung für in einem Katalog erfaßte umweltgefährliche Anlagen sowie einen Aufwendungsersatzanspruch für Schädigungen des Naturhaushalts vor [158]. Der Entwurf wurde jedoch nach dem Regierungswechsel in Hessen zurückgezogen.

Auch das **Land Nordrhein-Westfalen** hatte bereits am 20.05.1987 eine Gesetzesinitiative, welche eine Gefährdungshaftung für die Betreiber genehmigungsbedürfiger Anlagen mit Beweiserleichterungen für die Geschädigten sowie den Ersatz ökologischer Schäden vorsah, eingebracht[159].

Zwei Jahre später, am 21.03.1989 legte die Bundestagsfraktion der **GRÜNEN** einen Gesetzenwurf für ein Umwelthaftungsgesetz sowie für ein Umwelthaftungsfondsgesetz vor[160]. Diese sahen eine umfassende Schadensabdeckung durch die Einführung einer Anlagen- und Handlungshaftung sowie einen großzügigen Ausgleich für Distanz- und Summationsschäden durch den zu schaffenden Haftungsfonds vor.

Auch die Bundesregierung sah daraufhin erhöhten politischen Handlungsbedarf zur Schaffung einer verschuldensunabhängigen Haftung für Umweltschäden. Der vom Bundesministerium der Justiz und vom Bundesumweltministerium erarbeitete Diskussionsentwurf[161] fand Eingang in den Gesetzentwurf, der von der Bundesregierung[162] und den Koalitionsfraktionen[163] in den Bundestag eingebracht wurde. Zwar wurde vom Bundesrat der Vermittlungsausschuß angerufen,

---

[157] BR-Drs 100/87.
[158] Vgl. *Salje*, UmweltHG, Einl. Rdnr. 4.
[159] BR-Drs.. 217/87.
[160] BT-Drs. 11/4247.
[161] Abgedruckt in UPR 1990, 14 ff.
[162] BT-Drs. 11/7104.
[163] BT-Drs. 11/6454.

doch konnte der Gesetzentwurf am 10.12.1990 mit geringen Änderungen end-gültig vom Bundestag verabschiedet werden[164].

Das Umwelthaftungsgesetz will die Rechtsstellung der Geschädigten nachhaltig verbessern. Bestehende Regelungslücken sollen geschlossen werden, so daß ein gerechter Schadensausgleich gewährleistet werden kann. Neben dem Ziel des verbesserten Schadensausgleichs wird auch die Schadensprävention angestrebt. Es wird erwartet, daß das Risiko künftiger Schadensersatzleistungen die Inha-ber bestimmter Anlagen zu schadensvermeidendem Verhalten veranlaßt und das Umwelthaftungsrecht somit einen Beitrag zur Umweltvorsorge leistet[165]. Das Umwelthaftungsrecht soll eine ergänzende Funktion gegenüber dem öffentli-chen Recht erfüllen[166]. Ordnungsrechtliche Vorsorgevorschriften haben die Tendenz, mit der Zeit hinter der technischen Entwicklung zurückzubleiben. Der Vorzug der Gefährdungshaftung besteht darin, daß die Geltendmachung von Schadensersatzansprüchen unabhängig vom Vollzug des Ordnungsrechts ist. Durch diese Regelung sollen die Anlageninhaber veranlaßt werden, Vorsorge-maßnahmen zu treffen, die über die öffentlich-rechtlichen Anforderungen hin-ausgehen, um im wirtschaftlichen Eigeninteresse Schadensersatzansprüchen vorzubeugen[167].

Darüber hinaus hofft man, daß das Umwelthaftungsgesetz zu einer effizienten Aufteilung der knappen ökologischen Ressourcen beitragen wird. Dem liegt die Überlegung zugrunde, daß die Belastung umweltgefährdender Produktionspro-zesse mit einer strengen Haftung zu einer Verteuerung der betroffenen Produkte und Dienstleistungen am Markt führt. So sollen umweltgefährdende Produkti-onsprozesse zurückgedrängt und schadensvermeidende Maßnahmen dort getrof-fen werden, wo sie am kostengünstigsten sind. Das Umwelthaftungsgesetz soll so über den Preis-Markt-Mechanismus zu einem effizienten Einsatz der ökologi-schen Ressourcen beitragen[168].

Kernpunkte des neuen Gesetzes sind die Ausgestaltung des Haftungstatbestan-des, die Regelung einer Ursachenvermutung, die Gewährung von Auskunftsan-sprüchen sowie die Regelungen des Schadensausgleichs bei Schäden an Natur und Landschaft[169]. Das Umwelthaftungsgesetz geht von einem medienübergrei-fenden Ansatz aus. Die Gefährdungshaftung ist an den Betrieb bestimmter tech-nischer Anlagen gebunden, die in einem Anhang zum Umwelthaftungsgesetz

---

[164] Vgl. auch *Feldmann*, UPR 1991, 45 f.; *Hager*, NJW 1991, 134.
[165] BT-Drs. 11/6454, S. 1.
[166] BT-Drs. 11/6454, S. 13; BT-Drs. 11/7104, S. 14.
[167] *Feldmann*, UPR 1991, 45, 46.
[168] BT-Drs. 11/6454, S. 13; BT-Drs. 11/7104, S. 14.
[169] Vgl. *Hager*, NJW 1991, 134, 135.

aufgeführt sind. Eine handlungsbezogene Gefährdungshaftung nach dem Vorbild des § 22 Abs. 1 WHG oder eine generalklauselartige Anlagenhaftung, wie sie in der Diskussion vorgeschlagen wurde, konnten sich nicht durchsetzen[170].

2. Anspruchsvoraussetzungen

§ 1 UmweltHG verpflichtet den Inhaber einer der im Anhang zum UmweltHG aufgeführten Anlagen zum Ersatz der Schäden, die durch eine Umwelteinwirkung dieser Anlage verursacht wurden, wenn aufgrund der Umwelteinwirkung jemand getötet, sein Körper oder seine Gesundheit verletzt oder eine Sache beschädigt wurde. Die Gefährdungshaftung des Umwelthaftungsgesetzes bezieht sich ausschließlich auf die im Anlagenkatalog aufgeführten Anlagen. Nur Umwelteinwirkungen, die von diesen Anlagen ausgehen, können zu einer Haftung nach dem Umwelthaftungsgesetz führen.

Weitere Haftungsvoraussetzung ist die Verletzung eines der in § 1 UmweltHG abschließend aufgeführten Rechtsgüter. Durch diese Verletzung muß es zu einem Schaden an einem dieser Rechtsgüter gekommen sein. Zusätzlich bedarf es einer kausalen Verknüpfung zwischen Schaden und Rechtsgutverletzung sowie zwischen Rechtsgutverletzung und Umwelteinwirkung[171].

a) Umwelteinwirkung

§ 1 UmweltHG verlangt, daß eine Rechtsgutverletzung durch eine Umwelteinwirkung verursacht worden ist. Durch die Einfügung der Haftungsvoraussetzung der Umwelteinwirkung soll eine Ausgestaltung des Gesetzes als allgemeine Anlagenhaftung vermieden werden. Dem Merkmal der Umwelteinwirkung kommt somit in erster Linie umweltpolitische Bedeutung zu, da das Umwelthaftungsgesetz auf eine reine Umwelthaftung beschränkt bleiben soll[172].

Der Begriff der Umwelteinwirkung wird in § 3 Abs. 1 UmweltHG definiert. Danach ist ein Schaden[173] durch eine Umwelteinwirkung entstanden, wenn er durch

---

[170] Vgl. *Feldmann*, UPR 1991, 45, 46.
[171] Vgl. u. a. *Peter/ Salje*, VP 1991, 5, 6; *Taupitz*, Jura 1992, 113, 114.
[172] Vgl. *Landsberg/ Lülling*, UmweltHR § 1 Rdnr. 14, § 3 Rdnr. 5; Landmann/ Rohmer/ *Rehbinder*, UmweltHG § 3 Rdnr. 2; *Salje*, UmweltHG §§ 1, 3 Rdnr. 55. Zur Untauglichkeit als Abgrenzungskriterium *Feldhaus*, UPR 1992, 161, 162; *Taupitz*, Jura 1992, 113, 114.
[173] Zur mißverständlichen Verwendung der Begriffe Schaden und Rechtsgutverletzung vgl. *Deutsch*, JZ 1991, 1097, 1099.

Stoffe, Erschütterungen, Geräusche, Druck, Strahlen oder ähnliche Erscheinungen verursacht wurde, die sich in den Umweltmedien Boden, Luft oder Wasser ausgebreitet haben. Der Begriff der Umwelteinwirkung ist in Anlehnung an § 3 BImSchG entstanden, geht jedoch darüber hinaus[174]. Verzichtet wurde auf den Begriff der Schädlichkeit, da die Geltendmachung eines Anspruchs nach dem UmweltHG einen Schaden voraussetzt, und sich die Schädlichkeit somit schon erwiesen hat[175].

Die Aufzählung der möglichen Einwirkungen (Stoffe, Erschütterungen, Geräusche, Druck, Strahlen, Gase, Dämpfe, Wärme) ist sehr weit, aber nicht abschließend. Um bisher noch unbekannte Umweltgefahren auch in das Umwelthaftungsgesetz einbeziehen zu können, hat der Gesetzgeber die beispielhafte Aufzählung durch eine Auffangklausel "ähnliche Erscheinungen" ergänzt. Unter den Begriff der Einwirkung im Sinne des § 3 Abs. 1 UmweltHG fallen nur sinnlich wahrnehmbare Beeinträchtigungen, die sich auf Sachen schädigend und auf Personen durch Störung des körperlichen oder gesundheitlichen Wohlbefindens zumindest belästigend auswirken. Lediglich ideelle oder immaterielle Einwirkungen stellen keine Einwirkung im Sinne des § 3 UmweltHG dar[176].

Der Begriff des Stoffes ist im Sinne des § 3 Nr. 1 und 3 ChemG zu verstehen. Dies bedeutet, daß auch chemische Elemente und Verbindungen, wie sie natürlich vorkommen oder hergestellt werden und Gemenge, Gemische und Lösungen von Stoffen erfaßt sind. Eine Übernahme des Stoffbegriffs des § 35 BImSchG in das Umwelthaftungsgesetz ist dagegen ungeeignet, da hierunter nur die Materialien fallen, die unmittelbar oder im Rahmen eines Fertigungsprozesses zur Herstellung von Produkten verwendet werden können. Da Stoffe, die aus Anlagen stammen, in erster Linie Abfallstoffe darstellen, ist dieser produktorientierte Stoffbegriff für das Umwelthaftungsgesetz nicht geeignet[177].

Streitig ist, ob "negative Immissionen" Umwelteinwirkungen im Sinne der §§ 1, 3 UmweltHG sein können. Dies wird mit dem Argument abgelehnt, daß es hier an einer positiven (aktiv, grenzüberschreitenden) Einwirkung fehle, auch wird eine Parallele zu den §§ 1004, 906 BGB gezogen[178]. SALJE möchte negative Immissionen als Umwelteinwirkungen anerkennen, soweit die negativen

---

[174] Landmann/ Rohmer/ *Rehbinder*, UmweltHG § 1 Rdnr. 9, § 3 Rdnr. 3; BT-Drs 11/ 6454, S. 16.

[175] Landmann/ Rohmer/ *Rehbinder*, UmweltHG § 1 Rdnr. 9, § 3 Rdnr. 3, 4; *Landsberg/ Lülling*, UmweltHR § 3 Rdnr. 1; *Salje*, UmweltHG §§ 1, 3 Rdnr. 55.

[176] *Landsberg/ Lülling*, UmweltHR § 3 Rdnr. 3; *Salje*, UmweltHG §§ 1, 3 Rdnr. 58.

[177] *Salje*, UmweltHG §§ 1, 3 Rdnr. 60, 61; Landmann/ Rohmer/ *Rehbinder*, UmweltHG § 3 Rdnr. 5. Zur weiteren Erläuterung der Begriffe Strahlen, usw. vgl. *Salje*, UmweltHG, §§ 1, 3 Rdnr. 63 bis 69.

[178] Landmann/ Rohmer/ *Rehbinder*, UmweltHG § 3 Rdnr. 7.

Immissionen zu einer Abweichung von der sonst natürlichen vorherrschenden Beschaffenheit des Umweltmediums führen, zum Beispiel dann, wenn Ruß- und Staubemissionen das Pflanzenwachstum wegen mangelnden Lichteinfalls behindern[179].

Weiteres Kennzeichen einer Umwelteinwirkung im Sinne des § 3 Abs. 1 UmweltHG ist, daß sich die dort aufgeführten "Erscheinungen" in Boden, Wasser oder Luft ausgebreitet haben. Eine solche Ausbreitung liegt vor, wenn sich die Stoffe oder ähnliche Erscheinungen nach dem Austritt aus der Anlage in der Umwelt verteilen. In der Regel erfolgt hierdurch eine Veränderung der physikalischen, chemischen oder biologischen Beschaffenheit des Umweltmediums[180]. Fraglich ist, ob zumindest eine kurzfristige Veränderung der Beschaffenheit des Umweltmediums erforderlich ist, um eine "Ausbreitung" annehmen zu können. Bedeutung hat diese Frage vor allem bei der Veränderung von Wassermengen, wie dem plötzlichen Ablassen oder Aufstauen. Überwiegend wird eine Beschaffenheitsveränderung nicht für erforderlich gehalten. Dafür spricht, daß § 1 UmweltHG nicht dem Schutz der Umwelt, sondern dem Schutz von Individualrechtsgütern dient, die auf dem Umweltpfad geschädigt wurden[181]. Rein mechanische Gefahren, wie das Herabfallen von Anlagenteilen, werden nicht erfaßt[182]. An einer Ausbreitung fehlt es auch, wenn jemand durch den Direktkontakt mit einem Stoff zu Schaden kommt, etwa beim Sturz in einen Schadstoffbehälter[183].

b) Rechtsgutverletzung

Eine Haftung nach § 1 UmweltHG setzt tatbestandlich die Verletzung eines der dort aufgeführten Rechtsgüter voraus. Dem Schaden muß die Tötung eines Menschen, eine Körper- oder Gesundheitsverletzung oder eine Sachbeschädigung vorausgegangen sein. Durch die Einführung dieser Voraussetzung sollen mittelbare Drittschäden, insbesondere reine Vermögensschäden, von der Haftung ausgeschlossen werden[184]. Im Verlauf des Gesetzgebungsverfahrens wurde verschiedentlich vorgeschlagen, die Haftung nach dem Vorbild des § 22 WHG auszugestalten. Nach dieser Norm wird auch für primäre Vermögensschäden

---

[179] *Salje*, UmweltHG §§ 1, 3 Rdnr. 71.
[180] Landmann/ Rohmer/ *Rehbinder*, UmweltHG § 3 Rdnr. 8; *Landsberg/ Lülling*, UmweltHR § 3 Rdnr. 2.
[181] Landmann/ Rohmer/ *Rehbinder*, UmweltHG § 3 Rdnr. 8; *Salje*, UmweltHG §§ 1, 3 Rdnr. 74; *Landsberg/ Lülling*, UmweltHR § 3 Rdnr. 2.
[182] BT Drs. 11/ 6454, S. 17; *Landsberg/ Lülling*, UmweltHR § 3 Rdnr. 6; Landmann/ Rohmer/ *Rehbinder*, UmweltHG § 3 Rdnr. 9.
[183] Landmann/ Rohmer/ *Rehbinder*, UmweltHG § 3 Rdnr. 11; *Landsberg/ Lülling*, UmweltHR § 3 Rdnr. 7.
[184] *Taupitz*, Jura 1992, 113, 115; *Landsberg/ Lülling*, UmweltHR § 1 Rdnr. 15.

gehaftet, sofern sie unmittelbar auf der Wasserveränderung beruhen. Getragen wurden diese Überlegungen auch von dem Gedanken, daß eine Haftungsregelung ohne die Voraussetzung einer Individualrechtsgutverletzung eher zum Ausgleich von rein ökologischen Schäden in der Lage sei[185]. Aus Gründen der Rechtssicherheit und aus Furcht vor einer übermäßigen Haftungsausweitung wurde auf die Voraussetzung einer Individualrechtsgutverletzung jedoch nicht verzichtet[186]. Die Aufzählung der geschützten Rechtsgüter in § 1 UmweltHG ist abschließend, so daß eine Erweiterung auf das allgemeine Persönlichkeitsrecht oder den Gewerbebetrieb nicht zulässig ist[187].

Die Verletzung des Lebens bedeutet die Tötung eines Menschen. Hinsichtlich des Rechtsguts Leben im Sinne des § 823 Abs. 1 BGB ergeben sich hier keine Unterschiede[188]. Die Ansprüche, die Dritten durch die Tötung entstehen können, werden in § 12 UmweltHG geregelt. Auch bezüglich der Tatbestandsmerkmale Körper- und Gesundheitsverletzung kann auf die Ausführungen zu § 823 Abs. 1 BGB verwiesen werden[189].

Unter den Begriff der Sachen im Sinne der Sachbeschädigung des § 1 UmweltHG fallen bewegliche Sachen und Grundstücke. Mangels einer deliktischen Spezialregelung erstreckt sich der Schutz auch auf Tiere (§ 90 a BGB). Sie sind Sachen besonderer Art[190]. Mit dem Schutz von Grundstücken sind gemäß § 94 Abs. 1 BGB auch die auf diesen befindlichen Pflanzen (Bäume, Sträucher, etc.) in den Schutzbereich des § 1 UmweltHG einbezogen und zwar nicht nur Kulturpflanzen, sondern auch die natürliche Flora[191].

Der Begriff der Sachbeschädigung umfaßt in erster Linie Verletzungen des Eigentums. Geschützt werden aber auch eigentumsähnliche Rechte, wie Erbbaurechte, Dienstbarkeiten, (Grund-)pfandrechte sowie Aneignungsrechte und der Besitz[192]. In Anlehnung an den Begriff der Sache des § 303 StGB geht man von

---

[185] *Taupitz*, Jura 1992, 113, 115.
[186] BT Drs. 11/7104, S. 30; BT Drs. 11/8134, S. 1.
[187] Landmann/ Rohmer/ *Rehbinder*, UmweltHG § 1 Rdnr. 33; *Landsberg/ Lülling*, UmweltHR § 1 Rdnr. 19; *Salje*, UmweltHG §§ 1, 3 Rdnr. 87.
[188] Vgl. oben § 1 A I 1 a.
[189] Vgl. oben § 1 A I 1 a; ausführlich dazu Landsberg/ Lülling, UmweltHR § 1 Rdnr. 25 ff.
[190] *Jauernig*, BGB, § 90 a, Rdnr. 1.
[191] Landmann/ Rohmer/ *Rehbinder*, UmweltHG § 1 Rdnr. 37; *Landsberg/ Lülling*, UmweltHR § 1 Rdnr. 35; "wildlebende Pflanzen", die SALJE als herrenlos ansieht (*Salje*, UmweltHG § 1 Rdnr. 93), dürfte es in der Bundesrepublik demnach nicht geben, da die gesamte Fläche zumindest einer Gebietskörperschaft zuzurechnen ist, vgl. Baur/ *Stürner*, SachenR § 15 III (S. 132 f.).
[192] Ausführlich dazu: *Landsberg/ Lülling*, UmweltHR § 1 Rdnr. 48-55; Landmann/ Rohmer/ *Rehbinder*, UmweltHG § 1 Rdnr. 40.

einer Sachbeschädigung bei der Zerstörung, Beschädigung oder der Beeinträchtigung der Funktionsfähigkeit einer Sache aus. Erfaßt werden Eingriffe in die Sachsubstanz, aber auch bloße Verunstaltungen oder die nachhaltige Veränderung des Aggregatzustands[193]. Eine Sachbeschädigung kann auch in der Entziehung oder Einschränkung des Gebrauchs oder der Funktionsfähigkeit liegen, wenn diese eine bestimmte Intensität und Dauer überschreitet[194]. Unter diese Fallgruppe ist auch die Beeinträchtigung der ökologischen Funktionsfähigkeit zu subsumieren. Hinsichtlich der Frage, inwieweit sogenannte ökologische Schäden, wie die Vernichtung oder Vertreibung eines Bestands wildlebender (herrenloser) Tiere eines Grundstücks, durch die Einordnung in die Fallgruppe der Funktions- und Nutzungsstörungen, ersetzt werden können, ist auf die Ausführungen zum ökologischen Schaden im Rahmen des § 823 Abs. 1 BGB zu verweisen[195].

c) Begriff der Anlage

Weitere Haftungsvoraussetzung ist, daß die Umwelteinwirkung, die die Rechtsgutsverletzung verursacht hat, von einer der im Anhang 1 des Umwelthaftungsgesetzes aufgeführten Anlagen ausgegangen ist. Der Gesetzgeber hat sich damit für eine reine **Anlagenhaftung** entschieden. Er hat sich sowohl gegen eine reine Handlungshaftung nach dem Vorbild des § 22 Abs. 1 WHG als auch gegen eine Anlagengeneralklausel nach dem Vorbild des § 22 Abs. 2 WHG entschieden. Im Verlauf des Gesetzgebungsverfahrens waren beide Lösungen in die Diskussion gebracht worden, wurden jedoch mit den Argumenten abgelehnt, daß lediglich eine Anlagenhaftung in der Tradition der Gefährdungshaftung stehe und allein die erforderliche Rechtssicherheit biete[196].

Die Wahl dieses Regelungsmodells ist auf erhebliche Kritik gestoßen. Es wird eingewandt, daß dieses Enumerationsmodell auf rasche technische Entwicklungen keine Rücksicht nehmen könne, da eine Anpassung an technische Neuerungen nur in einem schwerfälligen Gesetzgebungsverfahren möglich sei[197]. Auch bleibe fraglich, ob durch das Listenprinzip die Einzelfallgerechtigkeit gewahrt

---

[193] Beispiele bei Landmann/ Rohmer/ *Rehbinder*, UmweltHG § 1 Rdnr. 41; *Landsberg/ Lülling*, UmweltHR § 1 Rdnr. 36 f.; vgl. auch die Ausführungen zur Eigentumsverletzung i.R.d. § 823 Abs. 1 BGB oben § 1 A I 1 c.

[194] *Landsberg/ Lülling*, UmweltHR § 1 Rdnr. 36 ff.; *Salje*, UmweltHG § 1 Rdnr. 94.

[195] Vgl. oben § 1 A I 6 e; vgl. auch Landmann/ Rohmer/ *Rehbinder*, UmweltHG § 1 Rdnr. 42; *Landsberg/ Lülling*, UmweltHR § 1 Rdnr. 46; *Salje*, UmweltHG § 1 Rdnr. 46.

[196] BT-Drs 11/ 6454 S. 15 f.

[197] Landmann/ Rohmer/ *Rehbinder*, UmweltHG § 3 Rdnr. 14; *Landsberg/ Lülling*, UmweltHR § 3 Rdnr. 8.

sei, da bestimmte sich als umweltgefährdend erweisende Anlagen noch nicht im Anhang 1 aufgeführt sein könnten[198].

Der **Begriff der Anlage** wird in § 3 Abs. 2 und 3 UmweltHG sowie in der Präambel des Anhangs 1 des Umwelthaftungsgesetzes definiert. Der Gesetzgeber hat auf eine Verweisung auf die Anlagenbegriffe des Bundesimmissionschutz-, Abfall- oder des Atomgesetzes verzichtet und sich für eine spezifisch haftungsrechtliche Definition entschieden. Diese ist jedoch eng an § 3 Abs. 5 Nr. 1 BImSchG orientiert. Die zur Auslegung von § 3 Abs. 5 Nr. 1 BImSchG entwickelten Grundsätze können herangezogen werden, soweit dem keine spezifisch haftungsrechtlichen Zielsetzungen entgegenstehen[199].

Nach § 3 Abs. 2 UmweltHG sind Anlagen ortsfeste Einrichtungen wie Betriebsstätten und Lager. Mit dem Begriff der **Einrichtung** soll verdeutlicht werden, daß bloße Aktivitäten keine Haftung begründen. Erforderlich ist eine Zusammenfassung von sächlichen und persönlichen Mitteln[200]. Einrichtungen sind **ortsfest**, wenn sie dauernd mit dem Erdboden verbunden sind[201]. Die Ortsfestigkeit setzt eine gewisse Dauer voraus - die 4. BImschV spricht von sechs Monaten -, Voraussetzung ist jedoch nicht, daß die Anlage zu einem wesentlichen Bestandteil des Grundstücks nach §§ 93 ff. BGB geworden ist. Auch frei bewegliche Sachen, wie Fahrzeuge, sind als ortsfest anzusehen, wenn sie für eine gewisse Dauer, zum Beispiel zweckwidrig als Lager, betrieben werden[202].

Betriebsstätten und Lager sind in § 3 Abs. 2 UmweltHG als Beispiele für ortsfeste Einrichtungen genannt. Dabei handelt es sich nicht um eine abschließende Aufzählung. **Betriebsstätten** sind unter technischem Aspekt zusammengefaßte Einheiten, die einem konkreten Produktions- oder Entsorgungszweck dienen[203]. Unter **Lagern** sind Einrichtungen zu verstehen, die zur Aufnahme von beweglichen Sachen bestimmt sind[204]. Der BGH unterscheidet zwischen dem Lagern (Aufbewahrung zur späteren Verwendung) und dem Ablagern (Niederlegen, um

---

[198] *Feldmann*, UPR 1991, 45, 47; *Salje*, UmweltHG §§ 1, 3 Rdnr. 38.

[199] Landmann/ Rohmer/ *Rehbinder*, UmweltHG § 3 Rdnr. 15; *Landsberg/ Lülling*, UmweltHR § 3 Rdnr. 8; *Salje*, UmweltHG §§ 1, 3 Rdnr. 29; *Feldhaus*, UPR 1992, 161, 162.

[200] Landmann/ Rohmer/ *Rehbinder*, UmweltHG § 3 Rdnr. 16; *Landsberg/ Lülling*, UmweltHR § 3 Rdnr. 12.

[201] Landmann/ Rohmer/ *Rehbinder*, UmweltHG § 3 Rdnr. 17; *Landsberg/ Lülling*, UmweltHR § 3 Rdnr. 11.

[202] *Landsberg/ Lülling*, UmweltHR § 3 Rdnr. 11; Landmann/ Rohmer/ *Rehbinder*, UmweltHG § 3 Rdnr. 17; a.A. *Salje*, UmweltHG §§ 1, 3 Rdnr. 32, der nur Grundstücke und deren wesentliche Bestandteile i.S.d. §§ 93 ff. BGB als ortsfeste Einrichtungen anerkennen will.

[203] *Salje*, UmweltHG §§ 1, 3 Rdnr. 33.

[204] *Salje*, UmweltHG §§ 3 Rdnr. 36.

sich der Stoffe an anderer Stelle zu entledigen) von Stoffen[205]. Der Begriff des Lagers im Sinne der § 3 Abs. 2 UmweltHG umfaßt beide Varianten.

Umstritten ist, ob der Haftung des § 1 UmweltHG ein **enger oder weiter Anlagenbegriff** zugrunde liegt; d. h. ob unter den Anlagenbegriff nur die betreffende besonders gefährliche Einrichtung oder die gesamte Betriebsstätte fällt. Für den **engen Anlagenbegriff** spricht zunächst der Wortlaut des § 1 UmweltHG, der von einer der im Anhang 1 aufgeführten Anlage spricht und sich somit nur auf die Einzelanlagen im Sinne des Katalogs zu beziehen scheint[206]. Dagegen spricht jedoch, daß der Anlagenbegriff des § 3 Abs. 5 BImSchG die gesamte Betriebsstätte umfaßt. Die Vertreter eines engen Anlagebegriffs sehen hierin eine immissionsschutzrechtliche Besonderheit, die auf den Anlagenbegriff des Umwelthaftungsgesetzes nicht übertragen werden kann. Sie sehen eine Belastung des Anlageninhabers mit der strengen Gefährdungshaftung nur als gerechtfertigt an, wenn von der Anlage ein erhebliches Gefährdungspotential ausgehe. Dieses Gefährdungspotential spiegle sich in der Genehmigungspflicht wieder. Der Gesetzgeber habe deshalb bewußt nur genehmigungspflichtige Anlagen in den Anhang 1 aufgenommen. Einrichtungen der Betriebsstätte, die nicht im Anhang 1 des Umwelthaftungsgesetzes aufgeführt seien und deshalb ein geringeres Gefährdungspotential aufwiesen, sollen demnach nicht der Gefährdungshaftung unterworfen werden[207].

Für eine **weite Auslegung** des Anlagenbegriffs spricht hingegen der Umstand, daß die Betriebsstätte als Regelfall der Anlage genannt wird[208]. Für den Geschädigten würde eine Auslegung nach dem engen Anlagenbegriff eine erhebliche Verschlechterung seiner Position bedeuten. Wäre es ihm gelungen, die für seinen Schaden ursächliche Bestriebsstätte zu ermitteln, hätte er weiter nachzuprüfen, ob diese Betriebsstätte Kataloganlagen in ihrem Bestand hat und ob die Umwelteinwirkung gerade auf diese zurückzuführen ist. Dem Geschädigten dürfte es erhebliche Schwierigkeiten bereiten, auf dem ihm in der Regel unzugänglichen Betriebsgelände die konkrete Anlage zu identifizieren. Abhilfe könnten allein die Auskunftsansprüche nach §§ 8 ff. UmweltHG schaffen[209]. In Einzelfällen kann der enge Anlagenbegriff zu krassen Unbilligkeiten führen, wenn beispielsweise in einem Erdöllager Erdöl aus einem Tank mit geringerem Fassungsvermögen als in Nr. 79 des Anhang 1 gefordert austritt, obwohl das Erdöllager im übrigen weitere umweltgefährliche Anlagen im Sinne des Kata-

---

[205]   BGHZ 46, 17, 19.
[206]   *Landsberg/ Lülling*, UmweltHR § 3 Rdnr. 10, 17; *Schmidt-Salzer*, UmweltHG § 1 Rdnr. 361, § 3 Rdnr. 21.
[207]   *Landsberg/ Lülling*, UmweltHR § 3 Rdnr. 17.
[208]   Landmann/ Rohmer/ *Rehbinder*, UmweltHG § 3 Rdnr. 21.
[209]   Vgl. unten § 1 B I 7 b; *Salje*, UmweltHG §§ 1, 3 Rdnr. 34.

logs aufweist[210]. Da das Umwelthaftungsgesetz es sich zum Ziel gesetzt hat, die Lage der Geschädigten zu verbessern[211], sollte von einem weiten Anlagenbegriff ausgegangen werden.

§ 3 Abs. 3 UmweltHG bestimmt, daß unter bestimmtem Voraussetzungen auch **ortsveränderliche technische Einrichtungen** sowie **Nebeneinrichtungen** der Anlage zugerechnet werden können. Als Beispiele für **ortsveränderliche Einrichtungen** gibt § 3 Abs. 3 UmweltHG Maschinen, Geräte und Fahrzeuge an. Es fallen jedoch alle nicht mit der Anlage fest verbundenen Zubehörstücke im Sinne der §§ 97 ff. BGB, die zur Verwirklichung eines betriebstechnischen Zwecks der Anlage untergeordnet sind, darunter[212]. **Nebeneinrichtungen** sind ortsfeste technische Einrichtungen, die für den technischen Anlagenbetrieb nicht nötig, aber dienlich sind[213].

Voraussetzung für die Zurechenbarkeit von ortsveränderlichen Einrichtungen und Nebenanlagen zur Anlage ist jedoch einerseits, daß Zubehör oder Nebeneinrichtungen in einem räumlichen oder betriebstechnischen Zusammenhang zur Anlage stehen und anderseits, daß sie für das Entstehen von Umwelteinwirkungen von Bedeutung sein können. Von einem räumlichen Zusammenhang ist auszugehen, wenn Zubehör oder Nebeneinrichtungen für längere Zeit in unmittelbarer räumlicher Nähe zur Anlage, d.h. auf dem gleichen Betriebsgelände betrieben werden[214]. Ein betriebstechnischer Zusammenhang liegt vor, wenn die Einrichtung in einem unmittelbar funktionalen Zusammenhang mit der Anlage betrieben wird; insbesondere, wenn beide auf einen gemeinsamen betriebstechnischen Zweck gerichtet sind[215]. Ob Anlagenzubehör oder Nebeneinrichtungen für das Bestehen von Umwelteinwirkungen von Bedeutung sein können, ist objektiv zu beurteilen[216]. Bei bloß räumlichem Zusammenhang wird eine Entstehungsrelevanz vielfach zu verneinen sein, bei einem betriebstechnischen regelmäßig zu bejahen[217].

Gemäß Nr. 3 der Präambel zu Anhang 1 können mehrere Anlagen eines Betriebes, die die Mengenschwellen des Anhang 1 zwar nicht allein, aber zusammen erreichen, zu einer gemeinsamen Anlage zusammengefaßt werden. Voraussetzung ist, daß sie in einem engen räumlichen und betriebstechnischen Zusam-

---

[210] Vgl. *Salje*, UmweltHG §§ 1, 3 Rdnr. 34.

[211] Vgl. oben § 1 B I 1.

[212] *Salje*, UmweltHG §§ 1, 3 Rdnr. 50; *Landsberg/ Lülling*, UmweltHR § 3 Rdnr. 19.

[213] Landmann/ Rohmer/ *Rehbinder*, UmweltHG § 3 Rdnr. 27; *Salje*, UmweltHG §§ 1, 3 Rdnr. 51; *Landsberg/ Lülling*, UmweltHR § 3 Rdnr. 21.

[214] So Landmann/ Rohmer/ *Rehbinder*, UmweltHG § 3 Rdnr. 25.

[215] Landmann/ Rohmer/ *Rehbinder*, UmweltHG § 3 Rdnr. 25.

[216] *Salje*, UmweltHG §§ 1, 3 Rdnr. 53.

[217] Landmann/ Rohmer/ *Rehbinder*, UmweltHG § 3 Rdnr. 28.

menhang stehen. Im Gegensatz zu § 3 Abs. 3 UmweltHG müssen beide Anforderungen hier kumulativ vorliegen[218].

d) Nichtbetriebene Anlagen

§ 2 UmweltHG dehnt die Haftung des § 1 UmweltHG auf noch nicht fertiggestellte und nicht mehr betriebene Anlagen aus. Mit dieser ausdrücklichen Regelung wollte der Gesetzgeber Auslegungsstreitigkeiten vorbeugen, wie sie bei anderen Gefährdungshaftungstatbeständen, wie § 2 HaftPflG oder § 22 WHG auftreten[219]. Der Haftungszeitraum für noch nicht fertiggestellte Anlagen umfaßt die Errichtungsphase bis zur Inbetriebnahme, auch der Zeitraum zwischen Fertigstellung und Inbetriebnahme soll demnach mit einbezogen sein. Nicht umfaßt ist die bloße Planungsphase[220].

Eine nicht mehr betriebene Anlage liegt vor, wenn der Betrieb eingestellt ist und der Inhaber den Willen zur Betriebseinstellung nach außen zum Ausdruck gebracht hat[221]. Die Haftung ist dabei jedoch nicht auf Fälle beschränkt, in denen die Anlage als Bauwerk vorhanden ist, sondern es werden auch alle Gefahren erfaßt, die sich aus noch vorhandenen Anlagenteilen oder Zubehör oder durch Arbeiten zur Demontage ergeben[222]. Beschränkt wird die Haftung jedoch durch die Tatsache, daß nur für solche Schäden gehaftet wird, die auf Umwelteinwirkungen beruhen, die die Gefährlichkeit der Anlage nach ihrer Fertigstellung bzw. vor der Betriebseinstellung begründen. Zur Beurteilung muß auf die Gefährlichkeit der künftigen oder bisherigen Anlage zurückgegriffen werden. Ausgeschlossen werden soll die Haftung insbesondere für Schäden, die durch die eigentlichen Bauarbeiten entstehen[223].

---

[218] Vgl. Landmann/ Rohmer/ *Rehbinder*, UmweltHG § 3 Rdnr. 29; *Salje*, UmweltHG §§ 1, 3 Rdnr. 46 f.

[219] Landmann/ Rohmer/ *Rehbinder*, UmweltHG § 2 Rdnr. 1; *Salje*, UmweltHG § 2 Rdnr. 2; *Landsberg/ Lülling*, UmweltHR § 2 Rdnr. 1.

[220] Landmann/ Rohmer/ *Rehbinder*, UmweltHG § 2 Rdnr. 3; *Salje*, UmweltHG § 2 Rdnr. 4; *Landsberg/ Lülling*, UmweltHR § 2 Rdnr. 3.

[221] Landmann/ Rohmer/ *Rehbinder*, UmweltHG § 2 Rdnr. 6; *Landsberg/ Lülling*, UmweltHR § 2 Rdnr. 8.

[222] Landmann/ Rohmer/ *Rehbinder*, UmweltHG § 2 Rdnr. 6; *Landsberg/ Lülling*, UmweltHR § 2 Rdnr. 8.

[223] Ausführlich dazu: Landmann/ Rohmer/ *Rehbinder*, UmweltHG § 2 Rdnr. 8 f.; *Salje*, UmweltHG § 2 Rdnr. 12 ff.; *Landsberg/ Lülling*, UmweltHR § 2 Rdnr. 4 ff., 8.

e) Haftungsadressat

Haftungsadressat ist der Inhaber der Anlage. Der Begriff des Inhabers wird im Umwelthaftungsgesetz nicht näher erläutert. Der Begriff des Inhabers findet sich - ebenfalls ohne nähere Erläuterung - auch in § 22 Abs. 2 WHG, § 2 Abs. 1 HaftPflG und § 25 AtomG; zur Auslegung können insoweit Rechtsprechung und Schrifttum zu diesen Normen herangezogen werden[224]. Danach ist Inhaber derjenige, der die Gefahrenquelle (Anlage) dauernd für eigene Zwecke nutzt bzw. in Gebrauch hat, die hierfür erforderliche Verfügungsgewalt besitzt, die Kosten für den Unterhalt aufbringt und ihren Einsatz tatsächlich beherrscht[225]. In der Regel ist der Eigentümer Inhaber der Anlage. Entscheidend ist jedoch die tatsächlich wirtschaftliche Beherrschung. Inhaber kann insofern auch der Mieter, Pächter oder ein Leasingnehmer sein. Gleiches gilt bei Betriebsüberlassungs- oder Betriebspachtverträgen[226].

Für die Regelung des § 2 UmweltHG gilt, daß der Inhaber im Bau befindlicher Anlagen grundsätzlich der Bauherr und der Inhaber stillgelegter Anlagen der Inhaber im Zeitpunkt der Stillegung ist[227]. Bei einem Inhaberwechsel richtet sich der Anspruch gegen denjenigen, der zum Zeitpunkt der schadensverursachenden Umwelteinwirkung Inhaber war. Anderes gilt nach einem Inhaberwechsel nach § 25 HGB (Kontinuität im handelsrechtlichen Sinn)[228].

3. Schaden

Für den Eintritt der Haftung ist weiterhin erforderlich, daß durch die Rechtsgutverletzung ein Schaden entstanden ist. Schaden ist auch im Sinne des Umwelthaftungsgesetzes jeder Nachteil, den eine Person an ihren rechtlich geschützten Gütern oder an ihrem Vermögen erleidet. Grundsätzlich gelten für Art, Inhalt und Umfang auch für das Umwelthaftungsgesetz die §§ 249 ff. BGB. Die §§ 12 bis 14 UmweltHG regeln den Schadensumfang bei Personenschäden. Sie gehen den §§ 249 ff. BGB vor, so daß die §§ 249 bis 253 BGB nur bei Sachschäden zur Anwendung kommen[229].

---

[224] Landmann/ Rohmer/ *Rehbinder*, UmweltHG § 1 Rdnr. 48; *Salje*, UmweltHG §§ 1, 3 Rdnr. 16; *Landsberg/ Lülling*, UmweltHR § 1 Rdnr. 58.

[225] Vgl. Landmann/ Rohmer/ *Rehbinder*, UmweltHG § 1 Rdnr. 49; *Landsberg/ Lülling*, UmweltHR § 1 Rdnr. 58; *Salje*, UmweltHG §§ 1, 3 Rdnr. 16.

[226] Landmann/ Rohmer/ *Rehbinder*, UmweltHG § 1 Rdnr. 49; *Landsberg/ Lülling*, UmweltHR § 1 Rdnr. 58, 60; *Salje*, UmweltHG §§ 1, 3 Rdnr. 17.

[227] Ausführlich dazu Landmann/ Rohmer/ *Rehbinder*, UmweltHG § 2 Rdnr. 4, 7.

[228] *Salje*, UmweltHG § 1, 3 Rdnr. 27 m.w.N.

[229] Landmann/ Rohmer/ *Rehbinder*, UmweltHG § 1 Rdnr. 45 ff., vor §§ 12 bis 16 Rdnr. 1.

a) Personenschäden

§ 12 UmweltHG entspricht bis auf den an sich selbstverständlichen Abs. 1 S. 1 der Regelung des § 844 BGB. Ähnliche Regelungen finden sich unter anderem in den §§ 28 AtomG, 35 LuftVG, 10 StVG, 5 HaftpflG oder 7 ProdHG. Ersetzt werden neben den Ansprüchen, die noch in der Person des Verletzten entstanden sind und nach § 1922 BGB auf die Erben übergehen, Beerdigungskosten und entzogene Unterhaltsansprüche. § 13 UmweltHG regelt den Umfang der Ersatzpflicht bei Körperverletzungen. Er ist lex specialis zu den §§ 249 ff. BGB, so daß die genannten Schäden eine abschließende Aufzählung darstellen. Die genannten Schäden stellen im wesentlichen die nach den §§ 249 ff. BGB ersatzfähigen Schäden dar[230]. § 14 UmweltHG bestimmt, daß Schadensersatz wegen der Aufhebung oder Minderung der Erwerbsfähigkeit sowie aufgrund vermehrter Bedürfnisse für die Zukunft als Geldrente zu leisten ist. Aus wichtigem Grund und für die Vergangenheit kann auch eine Kapitalabfindung verlangt werden.

b) Sachschäden

Für Art, Inhalt und Umfang des Ersatzes von Sachschäden gelten grundsätzlich die Regeln der §§ 249 ff. BGB. Ersatzfähig sind somit sowohl die unmittelbaren Schäden am Objekt des Eingriffs als auch die Folgeschäden aufgrund der Rechtsgutverletzung. Reine Vermögensschäden werden nicht ersetzt. Probleme ergeben sich auch hier durch die dem Eigentümer in § 249 S. 2 BGB zugestandenen Dispositionsfreiheit, die bei der Beschädigung von ökologisch wertvollen Sachen zu unerwünschten Ergebnissen führen kann[231].

§ 5 UmweltHG enthält eine Änderung gegenüber dem Schadensrecht der §§ 249 ff. BGB. Die Haftung wird bei Sachschäden, die im Rahmen des bestimmungsmäßigen Betriebs entstanden sind, beschränkt. Eine Ersatzpflicht ist ausgeschlossen, wenn die Sache nur unwesentlich oder in einem Maße beeinträchtigt wurde, das nach den örtlichen Verhältnissen zumutbar ist. Elemente der Schadenszurechnung nach Aufopferungsgrundsätzen sind hier in die Gefährdungshaftung eingeflossen[232]. Die Vorschrift soll den Interessenausgleich zwischen Anlageninhaber und Geschädigtem bei Bagatellschäden sowie bei beste-

---

[230] Vgl. Landmann/ Rohmer/ *Rehbinder*, UmweltHG § 13 Rdnr. 2.

[231] Vgl. dazu oben § 1 A I 6 b. Sowie *Landsberg/ Lülling*, UmweltHR § 1 Rdnr. 101, 120; Landmann/ Rohmer/ *Rehbinder*, UmweltHG vor §§ 12-16 Rdnr. 6. Zum Ersatz von Rettungs- und Vorsorgekosten vgl. Landmann/ Rohmer/ *Rehbinder*, UmweltHG, vor 12- 16 Rdnr. 9; *Landsberg/ Lülling*, UmweltHR Rdnr. 136.

[232] Vgl. *Dörnberg*, Beiheft 1 NuR 1992, 9, 18; *Landsberg/ Lülling*, UmweltHR § 5 Rdnr. 1.

hender Vorbelastung dienen. Die Vorschrift beschränkt sich auf Sachschäden, jedoch sind Körper- und Gesundheitsverletzungen bereits nach § 1 UmweltHG von der Haftung ausgeschlossen, soweit sie völlig unerheblich sind[233]. Der Begriff des bestimmungsgemäßen Betriebs wird in § 5 UmweltHG nicht definiert, sondern es wird auf § 6 Abs. 2 S. 2 UmweltHG verwiesen[234]. Parallel zu § 1 UmweltHG kann die Beeinträchtigung einer Sache in einer Substanzverletzung und/oder einer Störung der Funktions- und Gebrauchsfähigkeit liegen[235]. Der Haftungsausschluß für unwesentliche Beeinträchtigungen ist § 906 BGB nachgebildet, so daß die dazu ergangene Rechtsprechung zur Auslegung herangezogen werden kann[236].

Die Beeinträchtigung eines Grundstücks ist unwesentlich, wenn sie hinsichtlich Art, Dauer und Zeitpunkt nach dem Empfinden eines gesunden Durchschnittsmenschen (im Hinblick auf Natur und Zweckbestimmung der Sache in ihrer konkreten Umgebung) ohne weiteres hingenommen werden kann[237]. Die Überschreitung der öffentlich-rechtlichen Immissionswerte indiziert auch hier die Wesentlichkeit der Beeinträchtigung. Die Einhaltung von Grenzwerten führt dagegen nicht zwangsläufig zur Annahme der Unwesentlichkeit[238].

Bei beweglichen Sachen, die eine Dauerbeziehung zu einem Grundstück aufweisen, sind die gleichen Kriterien für die Wesentlichkeit einer Beeinträchtigung anzulegen, wie bei Grundstücken[239]. Fehlt eine solche Dauerbeziehung, sind im Einzelfall strengere Maßstäbe anzulegen, da die Sache möglicherweise nur kurze Zeit im Einwirkungsbereich der Immission verblieben ist oder die Einwirkung auch möglicherweise hätte vermieden werden können.

Obwohl der Gesetzgeber auf die Einführung eines summenmäßig festgelegten Selbstbehalts, wie etwa beim Produkthaftungsgesetz verzichtet hat, hat sowohl bei Grundstücken als auch bei beweglichen Sachen die Schadenshöhe besondere Bedeutung[240]. Auch für eine wesentliche Beeinträchtigung kann die Ersatzpflicht nach § 1 UmweltHG ausgeschlossen sein, wenn sie nach den örtlichen Verhältnissen zumutbar ist. Diese Vorschrift ist eng an die Regelung des § 906 Abs. 2 BGB angelehnt. Die Ortsüblichkeit der Beeinträchtigung eines Grundstücks ist demnach zu bejahen, wenn in der maßgeblichen Region eine Mehrheit

---

[233] Landmann/ Rohmer/ *Rehbinder*, UmweltHG § 5 Rdnr. 2.

[234] Vgl. dazu unten § 1 B I 7 a.

[235] Landmann/ Rohmer/ *Rehbinder*, UmweltHG § 5 Rdnr. 6.

[236] Landmann/ Rohmer/ *Rehbinder*, UmweltHG § 5 Rdnr. 7.

[237] BGHZ 111, 63, 65; BGH NJW 1990, 2465.

[238] BGHZ 70, 102, 110; BGHZ 92, 143, 151 f. Vgl. oben § 1 A I 2.

[239] Landmann/ Rohmer/ *Rehbinder*, UmweltHG § 5 Rdnr. 14.

[240] Landmann/ Rohmer/ *Rehbinder*, UmweltHG § 5 Rdnr. 6; *Landsberg/ Lülling*, UmweltHR § 5 Rdnr. 3, 14, 19.

von Grundstücken annähernd gleichbeeinträchtigend auf andere Grundstücke einwirke[241]. Für bewegliche Sachen sind diese Grundsätze entsprechend anzuwenden, da § 5 UmweltHG nicht zwischen beweglichen und unbeweglichen Sachen unterscheidet[242]. Eine wesentliche und ortsübliche Beeinträchtigung ist aber nur hinzunehmen, wenn sie auch zumutbar ist[243]. An die Zumutbarkeit sind hohe Anforderungen zu stellen[244]. Es ist eine Interessenabwägung zwischen den Kosten möglicher und zumutbarer Schutzvorkehrungen beim Betrieb einer Anlage und den Nutzungseinbußen beim Geschädigten erforderlich[245]. Substanzverletzungen sind in der Regel unzumutbar[246].

§ 5 UmweltHG ist auf Kritik gestoßen, da die Zurechnungsprinzipien von Gefährdungs- und Aufopferungshaftung vermischt würden. Die Aufopferungshaftung gewähre einen Ausgleich für die Versagung eines Abwehranspruchs. Ausgleichspflichtig sei derjenige, zu dessen Gunsten der Abwehranspruch versagt werde. Zurechnungsgrund der Gefährdungshaftung sei die Erzeugung einer besonderen Gefahr, ohne daß es hierbei auf eine Duldungspflicht ankomme. Da das Umwelthaftungsgesetz eine Gefährdungshaftung etabliere, die dem reinen Gefahrenausgleich dienen soll, sei von einem Anspruch auf vollen Schadensersatz auszugehen. Einschränkungen nach Aufopferungsgrundsätzen seien methodisch und dogmatisch bedenklich[247]. Auch wird kritisiert, daß die durch das Kupolofenurteil begründete Ungleichbehandlung von Grundstücken und beweglichen Sachen - beide werden der Duldungspflicht des § 906 BGB unterworfen, aber nur dem Grundeigentümer wird ein Ausgleichsanspruch gewährt - nicht beseitigt werde. Auch hier seien beide der Duldungspflicht unterworfen, aber aufgrund der Anspruchskonkurrenz (§ 18 UmweltHG) bestehe nur für Grundstücke ein Ausgleichsanspruch nach § 906 Abs. 2 BGB[248].

Eine weitere Begrenzung des Ersatzanspruchs findet sich in **§ 15 UmweltHG**. Er enthält eine globale Haftungshöchstgrenze von 320 Millionen DM aus einer einheitlichen Umwelteinwirkung. Davon ist je ein Teilbetrag von 160 Millionen DM für Personenschäden (Tötung, Körper- und Gesundheitsverletzung) sowie

---

241 Vgl. BGH NJW 1983, 751, BGHZ 54, 385, 387.
242 So *Salje*, UmweltHG § 5 Rdnr. 26; Landmann/ Rohmer/ *Rehbinder*, UmweltHG § 5 Rdnr. 17; a.A.: *Landsberg/ Lülling*, UmweltHR § 5 Rdnr. 16, 24; *Schmidt-Salzer*, UmweltHG § 5 Rdnr. 26, die darauf verweisen, daß bewegliche Sachen ihren Standort ständig wechseln könnten. Dies kommt jedoch dem Hinweis an den Geschädigten gleich, daß er seine Sache eben nicht in das Immissionsgebiet hätte bringen sollen.
243 A.A. *Landsberg/ Lülling*, UmweltHR § 5 Rdnr. 21.
244 Landmann/ Rohmer/ *Rehbinder*, UmweltHG § 5 Rdnr. 18.
245 Vgl. *Salje*, UmweltHG § 5 Rdnr. 16.
246 Vgl. Landmann/ Rohmer/ *Rehbinder*, UmweltHG § 5 Rdnr. 18 m.w.N.
247 *Dörnberg*, Beiheft 1 NuR 1992, 9, 18.
248 Vgl. oben § 1 A I 2; BGHZ 92, 143, 147 ff.; *Salje*, UmweltHG § 5 Rdnr. 23.

für Sachschäden vorgesehen. Ansatzpunkt der Haftungsbeschränkung ist der Begriff der einheitlichen Umwelteinwirkung[249]. Der Begriff der Einheitlichkeit setzt eine zeitliche und räumliche Eingrenzung voraus[250]. Die Einheitlichkeit wird nicht dadurch beseitigt, daß verschiedene Stoffe beteiligt sind oder verschiedene Umweltmedien betroffen waren[251]. Die Kürzungsregel des S. 2 entspricht den §§ 12 Abs. 2 StVG, 10 Abs. 2 HaftpflG, 88 S. 1 AMG, 35 AtomG und 33 S. 2 GenTG. Auch in diesen Fällen ist sie noch nicht praktisch erprobt worden, da die Haftungshöchstgrenzen nicht erreicht wurden. Das Errechnen der jeweiligen Quote dürfte jedoch außerordentliche Schwierigkeiten bereiten, insbesondere bei Schadensfällen, bei denen Spätschäden auftreten und so die Summe des Gesamtschadens erst nach Jahren bekannt sein könnte[252].

Darüberhinaus wird § 15 UmweltHG vorgeworfen, mit der Einführung einer globalen Haftungshöchstgrenze nicht auf das unterschiedliche Risikopotential der verschiedenen Anlagen, die unterschiedliche wirtschaftliche Situation und die Vielgestaltigkeit der Schadensfälle Rücksicht genommen zu haben[253]. Auch gebiete die Tradition der deutschen Gefährdungshaftung keine globalen Haftungshöchstgrenzen, wie § 833 BGB und § 22 WHG zeigten[254]. Zweifel werden auch an der Vereinbarkeit des § 15 UmweltHG mit Art. 3 GG gehegt. Die identischen Haftungssummen für Personen- und Sachschäden stellten eine ungerechtfertige Gleichbehandlung unterschiedlich zu gewichtender Rechtsgüter dar, denn die in Art. 2 Abs. 2 GG geschützten Rechtsgüter stellten einen Höchstwert innerhalb der Verfassung dar[255].

Eine weitere Modifikation der §§ 249 ff. BGB enthält **§ 16 UmweltHG**. Mit § 16 UmweltHG hat der Gesetzgeber versucht, zumindest teilweise auch den Ausgleich ökologischer Schäden[256] zu regeln. Der Gesetzgeber hat sich hierbei jedoch weder für eine Ersatzfähigkeit ökologischer Schäden, unabhängig von

---

[249] *Landsberg/ Lülling*, UmweltHR § 15 Rdnr. 7; Landmann/ Rohmer/ *Rehbinder*, UmweltHG § 15 Rdnr. 4; *Salje*, UmweltHG § 15 Rdnr. 4.

[250] *Landsberg/ Lülling*, UmweltHR § 15 Rdnr. 7; Landmann/ Rohmer/ *Rehbinder*, UmweltHG § 15 Rdnr. 4; *Salje*, UmweltHG § 15 Rdnr. 5.

[251] Landmann/ Rohmer/ *Rehbinder*, UmweltHG § 15 Rdnr. 4; a.A. *Salje*, UmweltHG § 15 Rdnr. 5.

[252] *Salje*, UmweltHG § 15 Rdnr. 10; Landmann/ Rohmer/ *Rehbinder*, UmweltHG § 15 Rdnr. 5; *Landsberg/ Lülling*, UmweltHR § 15 Rdnr. 9.

[253] Landmann/ Rohmer/ *Rehbinder*, UmweltHG § 15 Rdnr. 1; *Landsberg/ Lülling*, UmweltHR § 15 Rdnr. 4; *Schmidt-Salzer*, VersR 1991, 9, 11 f.: "Kuriositätenstreich rechtspolitischer Arabesken".

[254] *Landsberg/ Lülling*, UmweltHR § 15 Rdnr. 5.

[255] *Salje*, UmweltHG § 15 Rdnr. 8 unter Bezug auf BVerfGE 49, 24, 53.

[256] Zum Begriff vgl. oben § 1 A I 6 e.

der Verletzung eines Individualrechtsguts, noch für eine treuhänderische Rechtszuständigkeit der öffentlichen Hand entschieden[257].

§ 16 UmweltHG bestimmt für den Fall, daß die Beschädigung einer Sache gleichzeitig eine Beeinträchtigung der Natur oder der Landschaft darstellt, daß Aufwendungen für die Wiederherstellung des vorherigen Zustandes nicht allein deshalb unverhältnismäßig sind, weil sie den Wert der Sache übersteigen. Damit wird zunächst implizit die Frage bejaht, ob der Eigentümer Naturalrestitution auch wegen ökologischer Schäden, die sein Eigentum betreffen, verlangen kann[258]. Des weiteren wird § 251 Abs. 2 BGB dahingehend modifiziert, daß die Unverhältnismäßigkeit der Aufwendungen für die Wiederherstellung in Natur sich nicht allein nach dem wirtschaftlichen Wert der Sache bestimmt[259]. Da rein ökologische Schäden ohne gleichzeitige Verletzung eines Individualrechtsguts nach dem Umwelthaftungsgesetz nicht ersetzt werden, ist Voraussetzung für die Anwendbarkeit des § 16 UmweltHG die Beeinträchtigung einer privat zugeordneten Sache. Der Begriff der Sachbeschädigung entspricht dem des § 1 UmweltHG[260].

Diese Sachbeschädigung muß zugleich eine Beeinträchtigung von Natur und Landschaft darstellen. Würde man hierbei von den Begriffen des Bundesnaturschutzgesetzes ausgehen, wären nur gezielte Veränderungen der Gestalt, d.h. der äußeren Erscheinungsform oder der Nutzung von Natur und Landschaft, nicht dagegen Beeinträchtigungen durch das Ausbringen gefährlicher Stoffe erfaßt. Im Begriff der Umwelteinwirkung (§§ 1, 3 UmweltHG) kommt jedoch der weitergehende Haftungsansatz des Umwelthaftungsgesetzes zum Ausdruck, so daß eine Beeinträchtigung der Natur im Sinne des Umwelthaftungsgesetzes bei jeder Veränderung der Qualität der Naturgüter Wasser, Boden, Luft, Klima, Pflanzen- und Tierwelt sowie des Wirkungsgefüges zwischen diesen Naturgütern, die sich auf die ökologischen Funktionen der Naturgüter nicht nur unerheblich nachteilig auswirkt, vorliegt[261]. Eine Beeinträchtigung der Landschaft liegt vor, wenn das Landschaftsbild oder die charakteristische Zusammensetzung der Landschaft nicht nur unerheblich beeinträchtigt wird[262].

---

[257] Vgl. hierzu die Gesetzesvorschläge Hessen BR-Drs 100/87; NRW BR-Drs 217/87; Fraktion der GRÜNEN BT-Drs 11/4247; Fraktion der SPD BT-Drs 11/7881; zu Ansätzen im italienischen Recht vgl. *Landsberg/ Lülling*, UmweltHR § 16 Rdnr. 7 f.

[258] Vgl. *Marburger*, AcP 192 (1992), 1, 32.

[259] Vgl. Landmann/ Rohmer/ *Rehbinder*, UmweltHG § 16 Rdnr. 1.

[260] *Landsberg/ Lülling*, UmweltHR § 16 Rdnr. 6. Vgl. oben § 1 B 3 b.

[261] *Salje*, UmweltHG § 16 Rdnr. 5; Landmann/ Rohmer/ *Rehbinder*, UmweltHG § 16 Rdnr. 7; *Landsberg/ Lülling*, UmweltHR § 16 Rdnr. 17.

[262] Landmann/ Rohmer/ *Rehbinder*, UmweltHG § 16 Rdnr. 7.

Weitere Voraussetzung ist, daß die Sache vom Betroffenen in Natur tatsächlich wiederhergestellt wird oder dies zumindest beabsichtigt ist. Für die Möglichkeit der Wiederherstellung ist entscheidend, ob die Sache in ihrer ökologischen Form wiederhergestellt werden kann. Da Ökosysteme lokale Unikate sind, sind die Anforderungen an die Möglichkeit der Wiederherstellung nicht zu überspannen. Es genügt Teilherstellung oder die Herstellung eines funktional gleichartigen und gleichwertigen Zustandes. Dabei kann auch auf die Regenerationsfähigkeit der Natur gesetzt werden[263].

Problematisch ist die Anwendbarkeit des § 16 UmweltHG, wenn die Wiederherstellung nicht möglich ist. Überwiegend wird davon ausgegangen, daß ein Ausgleich in diesen Fällen nicht gewährt werden kann[264]. Von einigen wird die Auffassung vertreten, daß Ersatzmaßnahmen im Sinne von § 8 BNatSchG, d.h. die Herstellung eines Naturguts an anderer Stelle ohne Zusammenhang mit dem beeinträchtigten Naturgut, noch als Wiederherstellung in Natur gelten könne[265]. Lehnt man dies ab[266], bleibt dem geschädigten Eigentümer allein der Entschädigungsanspruch nach § 251 Abs. 1 BGB. Dieser gewährt ihm jedoch keinen Ersatz für seine immateriellen Schäden[267]. SALJE geht in diesen Fällen davon aus, daß § 16 UmweltHG über den Wortlaut hinaus eine Modifikation des § 251 BGB enthält, so daß auch bei Unmöglichkeit der Wiederherstellung eine Entschädigung zu leisten ist, die den Verkehrswert weit übersteigen kann[268].

§ 251 Abs. 2 S. 1 BGB bestimmt, daß Wiederherstellung in Natur nicht verlangt werden kann, wenn die Herstellung nur mit unverhältnismäßigen Aufwendungen möglich ist. Die Unverhältnismäßigkeit bestimmt sich dabei aus einem Vergleich der Herstellungskosten mit dem Wertverlust der Sache. Bei immateriellen Schäden ist dieser Maßstab nicht praktikabel, da der Beeinträchtigte bei einer Versagung der Wiederherstellung leer ausginge. Um eine unverhältnismäßige Inanspruchnahme des Schädigers zu vermeiden, wendet die Rechtsprechung § 251 Abs. 2 S. 1 BGB auch bei immateriellen Schäden mit der Maßgabe an, daß auch immaterielle Interessen bei der Abwägung Berücksichtigung finden sollen[269]. Das Schrifttum fordert seit langem, auch ökologische Gesichtspunkte

---

[263] Landmann/ Rohmer/ *Rehbinder*, UmweltHG § 16 Rdnr. 9 ff.; *Salje*, UmweltHG § 16 Rdnr. 9 f.

[264] Vgl. *Dörnberg*, Beiheft 1 NuR 1992, 1, 19; *Hager*, NJW 1991, 134, 141, Fn. 58; Landmann/ Rohmer/ *Rehbinder*, UmweltHG § 16 Rdnr. 9.

[265] So *Gassner*, UPR 1987, 370, 372; *Landsberg/ Lülling*, UmweltHR § 1 Rdnr. 119.

[266] So *Knopp*, ZfW 1988, 261, 267; *Rehbinder*, NuR 1988, 105, 106 ff.

[267] Staudinger/ *Medicus*, BGB, § 251 Rdnr. 3.

[268] *Salje*, UmweltHG § 16 Rdnr. 20.

[269] Vgl. auch Landmann/ Rohmer/ *Rehbinder*, UmweltHG § 16 Rdnr. 13.

bei der Interessenabwägung zu berücksichtigen[270]. Im Rückgriff auf diese Überlegungen hat § 16 UmweltHG zunächst grundsätzlich § 251 Abs. 2 BGB für immaterielle - zumindest ökologische - Schäden für anwendbar erklärt und gleichzeitig den Abwägungsmaßstab in Richtung auf eine bessere Berücksichtigung ökologischer Interessen modifiziert[271]. § 16 UmweltHG will verhindern, daß bei der Interessenabwägung allein der wirtschaftliche Wert der Sache ausschlaggebend ist, da oft gerade geringwertige Sachen eine große ökologische Bedeutung haben[272]. Statt dessen soll eine umfassende Güter- und Interessenabwägung vorgenommen werden, auf Grund derer zu bestimmen ist, ob die Wiederherstellung für den Schädiger unzumutbar ist[273].

Hinsichtlich des zu leistenden Kostenersatzes versucht § 16 UmweltHG, eine Zweckbindung einzuführen, da der Geschädigte nur die Aufwendungen für eine bereits durchgeführte Wiederherstellung oder einen Vorschuß, der jedoch mit dem Schädiger abzurechnen ist, verlangen kann. Mit dieser schon vielfach geforderten Einschränkung der Dispositionsfreiheit[274] soll sichergestellt werden, daß der Geschädigte mit der erhaltenen Summe auch Wiederherstellungsmaßnahmen trifft. Diese Zweckbindung dürfte jedoch nur soweit reichen, als der Ersatz den nach § 251 Abs. 2 BGB an sich geschuldeten Geldbetrag überschreitet. Auch kann § 16 UmweltHG Vergleichsvereinbarungen zwischen Schädiger und Geschädigtem, in denen sich der Geschädigte seinen Wiederherstellungsanspruch quasi abkaufen läßt, nicht verhindern.

4. Kausalität und Zurechenbarkeit

Da die Haftung nach § 1 UmweltHG als Gefährdungshaftung vom Vorliegen von Rechtswidrigkeit und Verschulden unabhängig ist, wird die Haftung allein von dem Zurechnungszusammenhang zwischen den einzelnen Haftungsvoraussetzungen und dem eingetretenen Schaden getragen. Ausgangspunkt und Grundlage für alle in Frage stehenden Kausalzusammenhänge ist unstreitig die

[270] Vgl. *Gassner*, UPR 1987, 370, 373; *Schulte*, JZ 1988, 278, 280; *Landsberg/ Lülling*, UmweltHR § 1 Rdnr. 124.

[271] Landmann/ Rohmer/ *Rehbinder*, UmweltHG § 16 Rdnr. 14; a.A. *Landsberg/ Lülling*, UmweltHR § 16 Rdnr. 13, der § 16 UmweltHG keine präjudizierende Wirkung bezüglich der Anwendung des § 251 Abs. 2 S. 1 BGB zusprechen will.

[272] BT- Drs. 11/6454, S. 20.

[273] *Hager*, NJW 1991, 134, 141; *Landsberg/ Lülling*, UmweltHR § 16 Rdnr. 14; *Medicus*, NuR 1990, 145, 150; Landmann/ Rohmer/ *Rehbinder*, UmweltHG § 16 Rdnr. 14.

[274] Vgl. u.a. Soergel/ *Mertens*, BGB, § 249 Rdnr. 121; Staudinger/ *Medicus*, BGB, § 249 Rdnr. 79; *Gerlach*, Privatrecht und Umweltschutz im System des Umweltrechts, 1989, S. 298 f.; *Landsberg/ Lülling*, UmweltHR § 1 Rdnr. 120.

Formel der *conditio sine qua non*[275]. Umstritten ist jedoch, ob das haftungsbeschränkende Kriterium der adäquaten Zurechnung auch im Rahmen der Gefährdungshaftung - hier der §§ 1, 3 UmweltHG- Berücksichtigung finden soll. Die überwiegende Auffassung in der Literatur lehnt die Anwendung der Adäquanztheorie bei Gefährdungshaftungstatbeständen ab. Sie geht davon aus, daß der innere Grund für die Begrenzung der Haftung auf adäquate Schäden in der Steuerbarkeit menschlichen Verhaltens liege. Dieser Grund treffe auf die Haftung aus erlaubter Gefährdung nicht zu. Hier hänge die Ersatzpflicht ausschließlich davon ab, ob es sich um eine Auswirkung der spezifischen Gefahr handle[276]. Auch die Rechtsprechung hat in einigen Urteilen die Anwendung der Adäquanztheorie für die Gefährdungshaftung abgelehnt[277].

Die Befürworter einer Anwendung der Adäquanztheorie führen dagegen an, daß auch bei der Gefährdungshaftung der Anlageninhaber vor der Haftung für äußerst unwahrscheinliche Geschehensabläufe zu schützen sei. Des weiteren überzeuge das Argument, daß die adäquate Kausalität auf die Unrechtshaftung zugeschnitten sei, nicht, da dieses Zurechnungskriterium auch für den Zurechnungszusammenhang zwischen Rechtsgutverletzung und Schaden gelte, der auch bei der Unrechtshaftung nicht vom Verschulden erfaßt sein müsse[278]. In der Praxis dürften die verschiedenen Auffassungen kaum zu unterschiedlichen Ergebnissen führen, da die Vertreter beider Meinungen als weiteres Korrektiv der Haftung der Lehre vom Schutzzweck der Norm folgen.

Im Rahmen der Gefährdungshaftung bedeutet dies, daß Voraussetzung für die Zurechnung das Vorliegen eines Gefährdungszusammenhangs ist. Ein Gefährdungszusammenhang im Rahmen der haftungsbegründenden Kausalität ist gegeben, wenn die Rechtsgutverletzung sich als spezifische Verwirklichung der Gefahren darstellt, hinsichtlich derer der Geschädigte nach dem Sinn des Haftungstatbestandes schadlos gehalten werden soll[279]. Für die haftungsausfüllende Kausalität ist er gegeben, wenn der Schadenseintritt die spezifische Auswirkung der Gefahr darstellt, für die nach dem Sinn der Haftungsvorschrift ein Ersatzanspruch gewährt wird[280]. Hinsichtlich der klassischen Zurechnungsprobleme, wie der Zurechnung von Schockschäden, der besonderen Schadensanfälligkeit des

---

[275] Vgl oben § 1 A 7.

[276] *Lange*, Schadensersatz § 3 VII 2, S. 97; *Larenz*, SchuldR I § 27 III b 1 (S. 435 ff.); *Deutsch*, HaftungsR I, 1976, § 11 IV 11 (S. 154); RGRK/ *Steffen*, § 823 Rdnr. 78, 80.

[277] BGHZ 107, 359, 367; BGH NJW 1990, 2886; BGH NJW 1992, 1046, 1047; vgl. Landmann/ Rohmer/ *Rehbinder*, UmweltHG § 1 Rdnr. 15 m.w.N.

[278] Landmann/ Rohmer/ *Rehbinder*, UmweltHG § 1 Rdnr. 15; *Landsberg/ Lülling*, UmweltHR § 1 Rdnr. 162 f; ebenso mit etwas abweichender Begründung: *Salje*, UmweltHG §§ 1, 3 Rdnr. 109.

[279] Landmann/ Rohmer/ *Rehbinder*, UmweltHG § 1 Rdnr. 14.

[280] *Landsberg/ Lülling*, UmweltHR § 1 Rdnr. 166; vgl. auch *Rolland*, ProdHG, § 1 Rdnr. 63.

Geschädigten usw., ergeben sich im Rahmen des Umwelthaftungsgesetzes keine Unterschiede[281].

5. Haftung für den Normalbetrieb und das Entwicklungsrisiko

Insbesondere von Seiten der Industrie- und der Versicherungswirtschaft ist die Erstreckung der Haftung auf Schäden aus dem Normalbetrieb und auf Entwicklungsrisiken scharf kritisiert worden[282]. Der Gesetzgeber hat sich trotzdem für die Einbeziehung dieser Schäden in die Haftung des Umwelthaftungsgesetzes entschieden[283].

a) Haftung für den Normalbetrieb

Die Einheit der Rechtsordnung - so die Gegner einer Haftung für Schäden aus dem Normalbetrieb - untersage eine Inanspruchnahme des Anlagenbetreibers, der sich im Rahmen einer öffentlich-rechtlichen Genehmigung gehalten habe. Denn der genehmigte Normalbetrieb entspreche im einzelnen genau den staatlichen Vorschriften und Genehmigungsauflagen und sei deshalb nicht rechtswidrig, sondern vielmehr rechtmäßig. Der Grundsatz der Einheit der Rechtsordnung verbiete es, daß der Betrieb wegen der Befolgung aller Sicherheitsanforderungen einerseits erlaubt sei, andererseits jedoch einer privatrechtlichen Haftung unterworfen werde. Als weiteres Argument gegen eine Haftung für Schäden aus dem Normalbetrieb wird angeführt, daß die Gefährdungshaftung ihrer Konzeption nach an spezielle Risiken anknüpfe und somit als eine Haftung für Unfälle anzusehen sei[284].

Die ganz überwiegende Meinung in der Literatur und der Gesetzgeber gehen jedoch davon aus, daß sich die Ausgliederung des genehmigten Normalbetriebs aus dem Haftungstatbestand mit der Grundkonzeption der Technik- und Umweltgefährdungshaftung nicht vereinbaren lasse[285]. Die Gefährdungshaftung wird als Korrelat für das erlaubte Risiko gesehen. Sie beruhe auf dem Gedanken

---

[281] Vgl. allg hierzu MünchKomm, BGB, *Grunsky*, vor §§ 249 Rdnr. 50 ff.; hinsichtlich des Umwelthaftungsgesetzes: Landmann/ Rohmer/ *Rehbinder*, UmweltHG § 1 Rdnr. 19 ff.; *Landsberg/ Lülling*, UmweltHR § 1 Rdnr. 172 ff.

[282] Vgl. *Nicklisch*, in FS Serick, 1992, S. 303; *Töpfer*, VersWirt 1988, 466.

[283] Vgl. BT-Drs. 11/6454 S. 14.

[284] *Diederichsen*, Referat zum 56. DJT, L 48, 93 f.

[285] Vgl. *Taupitz*, Jura 1992, 113, 116 f.; *Nicklisch*, VersR 1991, 1093, 1095; *ders.*, in: FS Serick, 1992, S. 304; *Hager*, NJW 1991, 134, 136; *Feldmann*, UPR 1991, 45, 48; *Rehbinder*, NuR 1989, 149, 155; *Ganten/ Lembke*, UPR 1989, 1, 7; *Gerlach*, Privatrecht und Umweltschutz im System des Umweltrechts, 1989, S. 335 ff.; BT Drs 11/6454, S. 14.

der sozialen Verantwortlichkeit für eigene Risiken[286]. Aufgabe der Gefährdungshaftung sei es, einen Ausgleich für die Schaffung einer besonderen Gefahrenquelle bereitzustellen. Emittiere eine Anlage auch im Normalbetrieb Schadstoffe, so stelle bereits der Normalbetrieb eine besondere Gefahrenquelle dar[287].
Auf die Rechtswidrigkeit des schadensverursachenden Verhaltens komme es
dabei nicht an, denn die Unterscheidung zwischen Rechtmäßigkeit und Rechtswidrigkeit sei der Gefährdungshaftung fremd[288]. Nur so könne die Gefährdungshaftung ihre ergänzende Funktion zum Ordnungsrecht erfüllen, da bei den pla-
nenden und abwägenden Entscheidungen des öffentlichen Rechts in der Regel
ein gewisses Schädigungspotential in Kauf genommen werde. Um diese Schäden auszugleichen, bedürfe es einer Haftung auch im Normalbetrieb[289]. Eine be-
hördliche Genehmigung dürfe vom Anlagenbetreiber nicht als Garantieschein
mißverstanden werden[290].

NICKLISCH führt an, daß der Staat mit der Einführung der Gefährdungshaftung
auch für Schäden aus dem Normalbetrieb lediglich einer Schutzpflicht den potentiell Geschädigten gegenüber nachkomme. Denn genehmige der Staat eine
Anlage trotz der erkannten Risiken im Allgemeininteresse der Nutzung des betreffenden technischen Systems, so sei damit eine potentielle Gefährdung Dritter
verbunden. Den Gesetzgeber treffe deshalb eine Mitverantwortung für diese Ge-
fährdungen und eine entsprechende Schutzpflicht. Die Haftungsregelungen seien
ein Teil der Erfüllung dieser Schutzpflicht[291].

b) Haftung für Entwicklungsrisiken

Anders als bei der Schaffung des Produkthaftungsgesetzes hat der Gesetzgeber
Schäden, die nach dem Stand von Wissenschaft und Technik nicht vorhersehbar
waren, nicht von der Haftung ausgenommen[292]. Die Haftung für Entwicklungsrisiken wird vielfach[293] als unbillig abgelehnt, da der Entstehung dieser Art von
Schäden nicht vorgebeugt und für die Konsequenzen der Schäden (Haftungsfall)

---

[286] *Feldmann*, UPR 1991, 45, 48.
[287] *Hager*, NJW 1991, 134, 136; *Taupitz*, Jura 1992, 113, 117.
[288] *Nicklisch*, VersR 1991, 1093, 1095; *Hager*, NJW 1991, 134, 136; BT-Drs 11/6454, S. 14.
[289] Der Wortlaut des § 5 BImSchG mag zwar dagegen sprechen, die tatsächlichen Verhältnisse sprechen jedoch dafür. Vgl. auch *Kloepfer*, NuR 1990, 337, 339 f.
[290] *Feldmann*, UPR 1991, 45, 48.
[291] *Nicklisch*, in: FS Serick, 1992, S. 297, 304. Vgl. dazu unten ausführlich § 8 II 4b.
[292] Vgl. BT-Drs. 11/6454, S. 14 f.; *Nicklisch*, FS Niederländer, 1991, S. 344.
[293] Vgl. *Diederichsen*, PHI 1990, 78, 86; *ders.*, in Nicklisch (Hrsg.), Prävention im Umweltrecht (1988), S. 143, 150 m.w.N.; *Canaris*, JZ 1968, 494, 505; *Lukes*, Reform der
Gefährdungshaftung (1979), S. 78

nicht vorgesorgt werden könne. Der Eintritt des Schadens sei vielmehr vergleichbar mit einem Ereignis höherer Gewalt.

Der überwiegenden Meinung nach umfaßt die Gefährdungshaftung jedoch ihrem konzeptionellen Ansatz nach eine Haftung auch und gerade für Entwicklungsrisiken, die nach dem Stand von Wissenschaft und Technik nicht vorhersehbar waren[294]. Die Vorhersehbarkeit ist ein klassisches Verschuldensmerkmal. Im Rahmen einer Gefährdungshaftung wird jedoch unabhängig von einem Verschulden gehaftet[295]. Weiter wird argumentiert, daß es gerade das besondere Risiko von Schadstoffen sei, daß sie sich als gefährlicher erwiesen, als zunächst angenommen[296]. Von der Haftung für Entwicklungsrisiken erhofft man sich Anreize zur fortlaufenden Sicherheitsforschung, da der Anlageninhaber sich der Haftung nicht mit der Behauptung entziehen könne nach dem Stand von Wissenschaft und Technik sei der Schaden nicht vorhersehbar gewesen[297]. Für den Geschädigten bedeutet die Erstreckung der Gefährdungshaftung auf Entwicklungsrisiken eine erhebliche Verfahrensvereinfachung, da nicht mehr festgestellt werden muß, ab welchem Zeitpunkt mit der Schädlichkeit gerechnet werden mußte[298].

6. Zeitlicher Anwendungsbereich

Der zeitliche Anwendungsbereich des Umwelthaftungsgesetzes wird durch Art. 5 UmweltHG, Inkrafttreten, und § 23 UmweltHG festgelegt. § 23 UmweltHG bestimmt, daß das Gesetz keine Anwendung auf Schäden findet, die vor dem Inkrafttreten des Gesetzes verursacht worden sind. Die Formulierung ist unglücklich gewählt, da sie mehrere Auslegungsmöglichkeiten zuläßt. Das Umwelthaftungsgesetz findet unproblematisch Anwendung, wenn schadensverursachende Umwelteinwirkung und die Rechtsgutverletzung nach dem Zeitpunkt des Inkrafttretens liegen. Unproblematisch ist auch der Fall, in dem schadensverursachende Umwelteinwirkung und die Rechtsgutverletzung vor dem Zeitpunkt des Inkrafttretens des Umwelthaftungsgesetzes liegen. Das Umwelthaftungsgesetz ist hier nicht anwendbar[299].

---

[294] *Hager*, NJW 1991, 134, 136; *Taupitz*, Jura 1992, 113, 117; *Nicklisch*, VersR 1991, 1093, 1095.
[295] *Nicklisch*, in: FS Serick, 1992, S. 306.
[296] *Hager*, NJW 1991, 134, 136; *Taupitz*, Jura 1992, 113, 117.
[297] *Taupitz*, Jura 1992, 113, 117.
[298] *Hager*, NJW 1991, 134, 136. Von diesem Zeitpunkt an kommt eine deliktische Haftung in Betracht.
[299] Landmann/ Rohmer/ *Hager*, UmweltHG § 23 Rdnr. 3 f.

Problematisch ist allein der Fall, daß die schadensverursachende Umwelteinwirkung vor dem Inkrafttreten stattgefunden hat, die Rechtsgutverletzung jedoch erst danach. Die überwiegende Meinung lehnt in diesem Fall die Anwendung des UmweltHG ab[300]. Begründet wird dies in erster Linie mit dem vom Gesetzgeber intendierten Zweck des Gesetzes. Zweck des Gesetzes soll neben dem verbesserten Schadensausgleich die Schaffung eines Anreizes zur Schadensprävention sein. Ein schadenspräventiver Effekt kann jedoch nicht nur ab dem Zeitpunkt auftreten, ab dem das UmweltHG in Kraft war[301]. Als systematisches Argument wird ein Vergleich mit Art. 170 EGBGB angeführt. In Art. 170 EGBGB ist der Grundsatz niedergelegt, daß das alte Recht maßgebend für Rechts- und Schuldverhältnisse ist, die unter seiner Geltung entstanden sind. Entstanden ist ein Schuldverhältnis aus Gefährdungshaftung mit Eintritt der Rechtsverletzung und dem daraus resultierenden Schaden[302]. Hätte der Gesetzgeber das Umwelthaftungsgesetz auch für die Fälle, in denen die Umwelteinwirkung vor dem Inkrafttreten des Gesetzes lag, anwenden wollen, hätte es der (Sonder-)regelung des § 23 UmweltHG nicht bedurft[303]. Des weiteren wird angeführt, daß der Gesetzgeber mit der Einführung des § 23 UmweltHG eine dem Rechtsstaatsprinzip widersprechende Rückwirkung vermeiden wollte[304].

SALJE lehnt es dagegen ab, auf den Zeitpunkt der Umwelteinwirkung abzustellen. Er legt dar, daß viele der Umweltschäden nicht teilbar seien und das UmweltHG deshalb auf Jahre hinaus in vielen Fällen nicht anwendbar wäre, wenn darauf abgestellt werden würde, daß die oder eine der mehreren Umwelteinwirkungen, die zu dem Schaden geführt haben, vor dem Inkrafttreten des Umwelthaftungsgesetzes stattgefunden hätten[305]. Er ist der Auffassung, daß das Gesetz für das Inkrafttreten auf den Schadenseintritt beim Geschädigten abzustellen habe[306].

---

[300] Vgl. *Boecken*, VersR 1991, 962, 963; Landmann/ Rohmer/ *Hager*, UmweltHG § 23 Rdnr. 4 f.; *Landsberg/ Lülling*, UmweltHR § 23 Rdnr. 2; *Marburger*, AcP 192 (1992), 1, 21; *Schmidt-Salzer*, UmweltHG § 23 Rdnr. 12.

[301] Vgl. Landmann/ Rohmer/ *Hager*, UmweltHG § 23 Rdnr. 5; *Boecken*, VersR 1991, 962, 964.

[302] Staudinger/ *Kanzleiter/ Hönle*, EGBGB, Art. 170 Rdnr. 1, 6.

[303] *Boecken*, VersR 1991, 962, 963.

[304] Vgl. dazu *Boecken*, VersR 1991, 962, 964.

[305] *Salje*, UmweltHG § 23 Rdnr. 7.

[306] *Salje*, UmweltHG § 23 Rdnr. 13.

7. Ursachenvermutung und Auskunftsansprüche

a) Ursachenvermutung §§ 6, 7 UmweltHG

Der Nachweis der Kausalität stellt für den Geschädigten in der Vielzahl der Schadensfälle des Umwelthaftungsrechts die größte Schwierigkeit dar. Diesen Schwierigkeiten soll durch die Regelungen der §§ 6, 7 UmweltHG zumindest teilweise abgeholfen werden[307].

§ 6 Abs. 1 UmweltHG enthält eine Ursachenvermutung. Voraussetzung der Vermutung ist die Eignung einer Anlage zur Verursachung eines konkreten Schadens. Gegenstand der Vermutung ist nach § 6 Abs. 1 S. 1 UmweltHG der Ursachenzusammenhang zwischen einem entstandenen Schaden und einer Anlage. Nach einhelliger Meinung muß § 6 Abs. 1 S. 1 UmweltHG in Zusammenhang mit § 1 UmweltHG gelesen werden, so daß der Erstschaden (die Rechtsgutverletzung) des Geschädigten durch eine von der Anlage ausgehende Umwelteinwirkung verursacht worden ist[308]. Voraussetzung für das Eingreifen der Vermutung ist die konkrete Schadenseignung der Anlage. Das Gesetz selbst nennt in § 6 Abs. 1 S. 2 UmweltHG mehrere Kriterien, nach denen die Schadenseignung der Anlage zu beurteilen ist. Die Eignung soll sich nach dem Betriebsablauf, den verwendeten Einrichtungen, der Art und Konzentration der eingesetzten und freigesetzten Stoffe, den meteorologischen Gegebenheiten, nach Zeit und Ort des Schadenseintritts, nach dem Schadensbild sowie allen sonstigen Gegebenheiten, die im Einzelfall für oder gegen die Schadensverursachung sprechen, beurteilen.

Der Geschädigte hat den Nachweis der Schadenseignung der Anlage in drei Schritten zu führen. Zunächst hat er nachzuweisen, daß von der Anlage Umwelteinwirkungen ausgehen. Hierbei können ihm auch die Auskunftsansprüche der §§ 8, 9 UmweltHG helfen[309]. Weiterhin muß der Geschädigte nachweisen, daß er der Umwelteinwirkung (beispielsweise den Schadstoffen) ausgesetzt war. Hierbei spielen die meteorologischen Begebenheiten eine besondere Rolle. In einem dritten Schritt muß er den Nachweis führen, daß die Schadstoffe, die von der Anlage stammen und denen er ausgesetzt war, geeignet sind, den bei ihm eingetretenen Schaden zu verursachen. Dieser Nachweis der Ursache-

---

[307] BT-Drs. 11/6454, S. 14.

[308] Vgl. Landmann/ Rohmer/ *Hager*, UmweltHG § 6 Rdnr. 15; *Landsberg/ Lülling*, UmweltHR § 6 Rdnr. 48.

[309] Vgl. unten § 1 B I 7 b.

Wirkungsbeziehung wird in der Regel mittels wissenschaftlicher Gutachten erbracht werden[310].

Die Kausalitätsvermutung des § 6 Abs. 1 UmweltHG greift jedoch in mehreren Fällen nicht ein. Wichtigster Ausnahmetatbestand ist der Fall, daß der Betreiber der Anlage nachweist, daß diese bestimmungsgemäß betrieben wurde (§ 6 Abs. 2 UmweltHG). Grund der Privilegierung des rechtmäßigen Normalbetriebs war die Erwägung, daß bei Einhaltung der Vorgaben von vornherein nichts dafür spreche, daß die Anlage als Schadensverursacher in Betracht komme[311].

§ 6 Abs. 2 S. 2 UmweltHG beschreibt den bestimmungsgemäßen Betrieb. Voraussetzung ist, daß die besonderen Betriebspflichten eingehalten werden und auch keine Störung des Betriebs vorliegt. § 6 Abs. 3 gibt über die besonderen Betriebspflichten Auskunft. Betriebspflichten können sich aus verwaltungsrechtlichen Zulassungen, Auflagen, vollziehbaren Anordnungen und Rechtsvorschriften ergeben. Verwaltungsrechtliche Zulassungen sind Genehmigungen und Planfeststellungsbeschlüsse wie beispielsweise Genehmigungen nach den §§ 5, 6, 7 BImSchG[312]. Als vollziehbare Anordnungen kommen insbesondere nachträgliche Anordnungen gemäß § 17 BImSchG oder § 9 a AbfG in Betracht[313].

Das Gesetz beschreibt nicht, was unter einer Störung des Betriebs zu verstehen ist. Ein Rückgriff auf die Störfallverordnung und die hierzu ergangene 2. allgemeine Verwaltungsvorschrift liegt nahe. Der Intention des § 6 Abs. 2 UmweltHG wird wohl am ehesten die wirkungsunabhängige, betriebsbezogene Definition der Nummern 2. 2 und 2. 3 der 2. Allgemeinen Verwaltungsvorschrift zur Störfallverordnung gerecht. Danach ist eine Störung des bestimmungsgemäßen Betriebs eine Abweichung von dem Betrieb, für den eine Anlage nach ihren technischen Zweck bestimmt, ausgelegt und geeignet ist, und der dem entspricht, was in der Genehmigung oder nachträglichen Anordnung festgelegt ist[314]. FELDHAUS weist darauf hin, daß § 6 Abs. 2 S. 2 UmweltHG nicht zwei selbständige voneinander unabhängige Tatbestandsmerkmale enthalte, sondern der bestimmungsgemäße Betrieb ein einheitlicher Vorgang sei, der dadurch ge-

---

[310] Landmann/ Rohmer/ *Hager*, UmweltHG § 6 Rdnr. 16 ff; zu epidemiologischen Gutachten vgl. Rdnr. 22 ff.

[311] BT-Drs 11/7881 S. 32 f. (Beschlußempfehlung und Bericht des Rechtsausschusses).

[312] Landmann/ Rohmer/ *Hager*, UmweltHG § 6 Rdnr. 45 ff.

[313] Vgl. Landmann/ Rohmer/ *Hager*, UmweltHG § 6 Rdnr. 52.

[314] *Feldhaus*, UPR 1992, 161, 164; a.A. *Landsberg/ Lülling*, UmweltHR § 6 Rdnr. 73, die den Begriff der Störung des Betriebs mit dem des Störfalls nach § 2 Abs. 1 StörfallVO gleichsetzen.

kennzeichnet sei, daß keine Störung des bestimmungsgemäßen Betriebs eingetreten sei[315].

b) Auskunftsansprüche nach §§ 8, 9 UmweltHG

Zum Abbau des strukturellen Informationsdefizits, dem sich der Geschädigte gerade bei Umwelteinwirkungen oft gegenüber sieht, hat der Gesetzgeber in den §§ 8, 9 UmweltHG Auskunftsansprüche gegen Anlageninhaber und Behörden vorgesehen[316]. Der Geschädigte soll in die Lage versetzt werden, Nachweise für die Schadenseignung einer Anlage im Sinne des § 6 Abs. 1 UmweltHG zu erlangen, und es soll ihm ermöglicht werden, die Erfolgsaussichten eines Schadensersatzprozesses (Prozess- und Kostenrisiko) besser einzuschätzen[317]. Im Gegenzug hat der Gesetzgeber zur Wahrung der prozessualen Waffengleichheit in § 10 UmweltHG für Anlageninhaber, die sich einem Anspruch nach dem Umwelthaftungsgesetz ausgesetzt sehen, Auskunftsansprüche gegen andere Anlageninhaber, Behörden und Geschädigte eingerichtet.

Der **Auskunftsanspruch des Geschädigten gegen den Inhaber einer Anlage** setzt zunächst voraus, daß der Geschädigte einen ersatzfähigen Schaden im Sinne des § 1 UmweltHG erlitten hat[318]. Zusätzlich müssen Tatsachen vorliegen, die die Annahme begründen, daß eine Anlage den Schaden verursacht hat. Ein bloßer Verdacht oder die Möglichkeit der Schadensverursachung reichen nicht aus, um einen Auskunftsanspruch zu begründen[319]. Dritte Voraussetzung ist, daß die Auskunft zur Feststellung eines Anspruchs nach dem Umwelthaftungsgesetz erforderlich ist. Dadurch wird einerseits verlangt, daß der Geschädigte Schadensersatz nach dem Umwelthaftungsgesetz geltend machen will, und andererseits, daß der Geschädigte sich die Auskunft nicht selbst verschaffen kann[320]. Der Inhalt des Auskunftsanspruchs wird in § 8 Abs. 1 S. 2 UmweltHG näher beschrieben. Die Aufzählung orientiert sich an § 6 Abs. 1 UmweltHG. Nicht erwähnt sind Angaben über den Betriebsablauf, meteorologische Gegebenheiten, Zeit und Ort des Schadenseintritts und das Schadensbild. Bezüglich des Tatbestandsmerkmals des Betriebsablaufs sah der Gesetzgeber das Geheimhaltungsinteresse des Anlageninhabers als vorrangig an, ansonsten ging er

---

[315] *Feldhaus*, UPR 1992, 161, 165.

[316] Vgl. *Feldmann*, UPR 1991, 45, 49; *Landsberg/ Lülling*, DB 1991, 479, 481.

[317] *Landmann/ Rohmer/ Hager*, UmweltHG § 8 Rdnr. 1; *Gerlach*, Privatrecht und Umweltschutz im System des Umweltrechts, 1989, S. 310 ff.

[318] Vgl. dazu Landsberg/ Lülling, DB 1991, 479, 482; Landmann/ Rohmer/ *Hager*, UmweltHG § 8 Rdnr. 7; Salje/ *Peter*, UmweltHG § 8 Rdnr. 2.

[319] Landmann/ Rohmer/ *Hager*, UmweltHG § 8 Rdnr. 8; *Landsberg/ Lülling*, DB 1991, 479, 482; *Feldhaus*, UPR 1992, 161, 163.

[320] Landmann/ Rohmer/ *Hager*, UmweltHG § 8 Rdnr. 9 ff.

davon aus, daß der Geschädigte sich derartige Informationen unschwer selbst verschaffen kann[321].

Der Auskunftsanspruch kann nach § 8 Abs. 2 UmweltHG nicht durchgesetzt werden, wenn die Vorgänge aufgrund gesetzlicher Vorschriften geheimzuhalten sind oder ein überwiegendes Geheimhaltungsinteresse des Anlagenbetreibers oder eines Dritten besteht. Bei den gesetzliche Geheimhaltungsvorschriften ist insbesondere an die §§ 39 Abs. 2 BRRG sowie die §§ 203 Abs. 2, 353b StGB zu denken. Im privatrechtlichen Bereich kommen allein die §§ 17, 18 UWG in Betracht[322]. Der Auskunftsanspruch findet auch dort seine Grenze, wo die Geheimhaltung aus überwiegenden Interessen des Anlagenbetreibers oder eines Dritten notwendig ist. Dabei kann natürlich nicht das Interesse des Anlagenbetreibers, nicht zu Schadensersatzansprüchen herangezogen zu werden, berücksichtigt werden[323]. Als schutzwürdige Interessen sind vor allem Betriebs- und Geschäftsgeheimnisse anzusehen[324]. Bei der Abwägung zwischen den Interessen des Anlageninhabers und dem Informationsinteresse des Geschädigten ist zu berücksichtigen, daß § 8 Abs. 2 UmweltHG zu § 8 Abs. 1 UmweltHG eine Ausnahmevorschrift darstellt und somit eng auszulegen ist. Anderes kann möglicherweise dann gelten, wenn der Anspruchsteller ein Mitkonkurrent ist und der Verdacht besteht, daß das auf Schadensersatz gestützte Auskunftsbegehren nur vorgeschoben ist[325]. Abhilfe kann hier durch die Einschaltung eines zur Geheimhaltung verpflichteten Sachverständigen geschaffen werden[326].

In der Regel kann der Anlageninhaber dem Informationsanspruch des Geschädigten durch die Erteilung einer Auskunft genügen. § 8 Abs. 3 und 4 UmweltHG sehen jedoch unter bestimmten Voraussetzungen ein Einsichtsrecht des Geschädigten in vorhandene Unterlagen oder eine eidesstattliche Versicherung des Anlageninhabers vor. Auskunftsansprüche und Einsichtsrechte stehen dabei nicht unbedingt in einem Stufenverhältnis, da es für den Anlagenbetreiber oft weniger Aufwand bedeuten mag, dem Geschädigten Einsicht in vorhandene Unterlagen zu gewähren. Die Geltendmachung von Einsichtsrechten oder die Forderung einer eidesstattlichen Versicherung kommt insbesondere dann in Be-

---

[321] Vgl. Landmann/ Rohmer/ *Hager*, UmweltHG § 8 Rdnr. 12 ff.; Salje/ *Peter*, UmweltHG § 8 Rdnr. 16 ff.; *Landsberg/ Lülling*, DB 1991, 479, 482.

[322] Vgl. dazu Landmann/ Rohmer/ *Hager*, UmweltHG § 8 Rdnr. 22 ff.; Salje/ *Peter*, UmweltHG § 8 Rdnr. 19 f.

[323] *Landsberg/ Lülling*, UmweltHR § 8 Rdnr. 22 ff.

[324] Zur Definition im Wettbewerbsrecht vgl. BAG NJW 1983, 134; Baumbach/ *Hefermehl*, UWG § 17 Rdnr. 3 ff.

[325] *Landsberg/ Lülling*, DB 1991, 479, 482; Landmann/ Rohmer/ *Hager*, UmweltHG § 8 Rdnr. 35.

[326] Vgl. dazu *Landsberg/ Lülling*, UmweltHR § 8 Rdnr. 26 bis 28; Landmann/ Rohmer/ *Hager*, UmweltHG § 8 Rdnr. 36; Salje/ *Peter*, UmweltHG § 8 Rdnr. 28.

tracht, wenn gar keine Auskunft erteilt wurde oder der Verdacht besteht, daß eine unrichtige oder unvollständige Auskunft erteilt wurde[327]. Daneben kommen dem Geschädigten jedoch in der Regel auch die Beweiserleichterungen zugute, die die Rechtsprechung an die Verletzung von Mitwirkungspflichten knüpft[328].

Parallel zum Auskunftsanspruch des Geschädigten gegen Anlageninhaber gewährt § 9 UmweltHG dem Geschädigten einen **Auskunftsanspruch gegen** bestimmte **Behörden**. Der Auskunftsanspruch besteht nur gegenüber den Behörden, die die Anlage genehmigt haben oder überwachen, oder deren Aufgabe es ist, Einwirkungen auf die Umwelt zu erfassen. Die Voraussetzung für die Geltendmachung des Anspruchs entsprechen denen des Auskunftsanspruchs gegen Anlageninhaber. Auch hier muß ein Schaden entstanden sein, müssen Tatsachen vorliegen, die die Annahme begründen, daß eine Anlage den Schaden verursacht hat, und die Auskunft muß zur Feststellung eines Anspruchs nach dem Umwelthaftungsgesetz erforderlich sein[329]. Dem Auskunftsanspruch sind auch hier Grenzen gesetzt. § 9 S. 2 UmweltHG nennt Gründe, bei deren Vorliegen die Behörde zur Verweigerung der Auskunft berechtigt bzw. verpflichtet ist. Um die Funktionsfähigkeit der Behörden zu sichern, können die Behörden die Auskunft verweigern, soweit die ordnungsgemäße Erfüllung der Aufgaben der Behörde beeinträchtigt würde[330]. Eine Auskunft kann auch verweigert werden, soweit dies dem Wohl des Bundes oder eines Landes Nachteile bereiten würde[331]. Gesetzliche Geheimhaltungsvorschriften spielen bei der Möglichkeit der Auskunftsverweigerung von Behörden eine wesentlich größere Rolle. Zu beachten sind § 30 VwVfG, §§ 203, 353 b StGB, § 27 Abs. 3 BImSchG. Die allgemeine beamtenrechtliche Verschwiegenheit nach §§ 61 BBG, § 38 BRRG begründet hingegen kein Auskunftsverweigerungsrecht[332]. Daneben bestehen die Versagungsmöglichkeiten des § 8 Abs. 2 UmweltHG[333].

---

[327] Vgl. dazu Landmann/ Rohmer/ *Hager*, UmweltHG § 8 Rdnr. 50 ff.; Landsberg/ Lülling, UmweltHR § 8 Rdnr. 29 ff.; Salje/ *Peter*, UmweltHG § 8 Rdnr. 39 ff.

[328] Landmann/ Rohmer/ *Hager*, UmweltHG § 8 Rdnr. 44 ff.; Zöller/ *Stephan*, ZPO, vor § 284 Rdnr. 22 ff.; Stein/ Jonas/ *Leipold*, ZPO, § 286 Rdnr. 121 ff. Zur prozessualen Geltendmachung vgl. Landmann/ Rohmer/ *Hager*, UmweltHG § 8 Rdnr. 40 ff.

[329] Vgl. oben § 1 B I 7 b.

[330] Vgl. dazu Landmann/ Rohmer/ *Hager*, UmweltHG § 9 Rdnr. 10 ff.; Salje/ *Peter*, UmweltHG § 9 Rdnr. 11 f.; *Landsberg/ Lülling*, UmweltHR § 9 Rdnr. 15.

[331] Die verwendeten Begriffe entsprechen § 96 StPO; vgl. dazu Landmann/ Rohmer/ *Hager*, UmweltHG § 9 Rdnr. 12.

[332] Vgl. dazu Landmann/ Rohmer/ *Hager*, UmweltHG § 9 Rdnr. 16.

[333] Vgl. oben § 1 B I 7 b.

Der Anspruch nach § 9 UmweltHG dürfte jedoch neben den nach dem neuen **Umweltinformationsgesetz (UIG)** bestehenden Informationsansprüchen kaum noch Bedeutung erlangen[334].

§ 10 UmweltHG gewährt spiegelbildlich dem **Anlageninhaber**, gegen den ein Anspruch aufgrund des Umwelthaftungsgesetzes geltend gemacht wird, **Auskunftsansprüche**. Diese können sich gegen den Geschädigten, den Inhaber einer anderen Anlage oder gegen die in § 9 UmweltHG genannten Behörden richten. Voraussetzung ist, daß ein Anspruch nach dem Umwelthaftungsgesetz geltend gemacht wird. Dies kann ein Schadensersatzanspruch nach § 1 UmweltHG sein oder aber auch ein Auskunftsanspruch nach den §§ 8 ff. UmweltHG[335]. Weitere Voraussetzung ist, daß die Auskunft entweder zur Feststellung des Umfangs der Ersatzpflicht oder zur Feststellung eines Ausgleichsanspruchs gegen andere Anlagenbetreiber erforderlich ist[336]. Für den Anspruch gegen einen anderen Anlagenbetreiber und gegen Behörden gelten dieselben Regeln wie für die Auskunftsansprüche des Geschädigten, auch hinsichtlich der Versagung der Auskunft. Allein der möglicherweise bestehenden Konkurrenzsituation unter den Anlagenbetreibern ist besonders Rechnung zu tragen. Bei einem Auskunftsanspruch gegen einen Geschädigten ist darauf zu achten, daß Vorgänge, die unter den Schutz der Persönlichkeits- und Intimsphäre fallen, ein vorrangiges Geheimhaltungsinteresse des Geschädigten begründen. Auch hier kann die Einschaltung eines zur Geheimhaltung verpflichteten Sachverständigen dienlich sein[337].

---

[334] Gesetz vom 8. Juli 1994, BGBl. I, S. 1490. Zu diesem Gesetz vgl. *Scherzberg*, DVBl 1994, 773 ff.; *Turiaux*, NJW 1994, 2319 ff. sowie die Stellungnahme des Bundes für Umwelt- und Naturschutz Deutschland e.V. (BUND) zum Umweltinformationsgesetz. Das Umweltinformationsgesetz gewährt gegenüber dem § 9 UmweltHG weitergehende Informationsansprüche, da der Betroffene weder einen individuellen Schaden, noch Tatsachen nachweisen muß, die die Annahme einer Schadensverursachung begründen. Anderseits dürften diese Nachforschungen durch die nach § 10 Abs. 1 UIG vorgesehenen, nicht unerheblichen Kosten für das Auskunftsersuchen, die vom Informationssuchenden zu tragen sind, wieder erschwert werden· Vgl. das Kostenbeispiel bei der Stellungnahme des BUND.

[335] Vgl. Landmann/ Rohmer/ *Hager*, UmweltHG § 10 Rdnr. 2.

[336] Vgl. dazu Landmann/ Rohmer/ *Hager*, UmweltHG § 10 Rdnr. 4 ff.; Salje/ *Peter*, UmweltHG § 10 Rdnr. 4 f.; *Landsberg/ Lülling*, UmweltHR § 10 Rdnr. 3.

[337] Landmann/ Rohmer/ *Hager*, UmweltHG § 10 Rdnr. 16; Salje/ *Peter*, UmweltHG § 10 Rdnr. 11; *Landsberg/ Lülling*, UmweltHR § 10 Rdnr. 12.

8. Deckungsvorsorge, Versicherbarkeit

a) Deckungsvorsorge

Um zu verhindern, daß die Durchsetzung der Ansprüche nach dem Umwelthaftungsgesetz an der mangelnden Leistungsfähigkeit der Ersatzverpflichteten scheitert, hat der Gesetzgeber in § 19 S. 1 UmweltHG die Betreiber von Anlagen, bei denen er ein besonders hohes Schadensrisiko annimmt, zur Deckungsvorsorge verpflichtet. Der Kreis der Verpflichteten ist in Anhang 2 zum Umwelthaftungsgesetz aufgeführt[338].

b) Versicherbarkeit

Industrie und Versicherungswirtschaft stehen der Versicherbarkeit der nach dem Umwelthaftungsgesetz ersatzfähigen Schäden skeptisch gegenüber. Insbesondere die Haftung für Schäden infolge des Normalbetriebs sowie die Haftung für Entwicklungsrisiken sei nur schwer versicherbar[339]. Die Bedenken betreffen die Ungewißheit des Schadenseintritts, die Identifizierbarkeit des Versicherungsfalls, die Abwesenheit von moralischem Risiko und Negativauslese und das Problem der Schätzbarkeit[340].

9. Konkurrenzen, Verjährung, Gerichtsstand

a) Konkurrenzen

Um eine Haftungsverschlechterung durch die Neuregelung der Umweltgefährdungshaftung zu vermeiden, stellt § 18 Abs. 1 UmweltHG klar, daß neben einer

---

[338] Diese Verpflichtung kann durch den Abschluß einer Haftpflichtversicherung oder durch die Freistellungs- oder Gewährleistungsverpflichtung des Bundes oder eines Landes sowie eines Kreditinstitutes erfüllt werden. Näheres soll durch die nach § 20 UmweltHG noch von der Bundesregierung zu erlassenden Rechtsverordnung geregelt werden. Vgl. *Taupitz*, Jura 1992, 113, 116; ausf. insb. zu den von der Versicherungswirtschaft angebotenen Haftungsmodellen Salje/ *Peter*, UmweltHG § 19; *ders.*, IUR 1992, 79, 81 ff.; *Landsberg/ Lülling*, UmweltHR §§ 19, 20; *Dörnberg*, Beiheft 1 NuR 1992, 9, 25 f.; Peter/ *Salje*, VP 1991, 1, 5, 10 ff.; *Kurth*, PHI 1992, 48 ff.; *Breining*, VP 1991, 279 ff.

[339] Vgl. *Töpfer*, VersWirt 1988, 466, 467; *Nickel*, VersWirt 1988, 1311.

[340] Vgl. zu den mit der Versicherbarkeit verbundenen Problemen: *Nickel*, VersWirt 1987, 1170; *ders.*, VersWirt 1988, 1311; *Schmidt-Salzer*, in Kimminich/ von Lersner/ Storm, HdUR II Sp 2663; *Kloepfer*, ZfU 1988, 243, 248; *Hager*, NJW 1991, 134, 142 f.; *Peter*, IUR 1992, 79, 81; *Feldmann*, UPR 1991, 45, 50; *Meyer-Kahlen*, PHI 1992, 126 ff.; *Kleindorfer*, ZGesVersW 1987, 1, 16; *Küpper*, VP 1992, 1 ff.

Haftung nach dem Umwelthaftungsgesetz die allgemeinen Haftungsvorschriften uneingeschränkt Anwendung finden[341]. Konkurrierende Haftungsnormen sind insbesondere die §§ 823 ff. BGB, § 22 WHG, § 906 BGB, § 14 BImSchG, aber auch das Produkthaftungsgesetz oder vertragliche Ansprüche. Ausdrücklich ausgeschlossen aus dem Anwendungsbereich des Umwelthaftungsgesetzes sind nach § 18 Abs. 2 UmweltHG Umwelteinwirkungen durch nukleare Ereignisse.

b) Verjährung

Hinsichtlich der Verjährung verweist § 17 UmweltHG auf § 852 BGB. Danach verjähren Ersatzansprüche nach drei Jahren ab dem Zeitpunkt der Kenntnis des Schadens seitens des Geschädigten. Unabhängig von der Kenntnis nach 30 Jahren von der Begehung der Handlung an[342].

c) Gerichtsstand

Mit der Einführung des Umwelthaftungsgesetzes wurde in die Zivilprozeßordnung ein neuer § 32 a ZPO eingefügt. Dieser begründet eine ausschließliche Zuständigkeit für Klagen gegen Anlageninhaber aufgrund des Umwelthaftungsgesetzes. Zuständig ist das Gericht in dem Bezirk, in dem die Umwelteinwirkung von der Anlage ausgegangen ist. Im Vergleich zu § 32 ZPO führt dies unter Umständen zu einer Benachteiligung des Geschädigten. Mit der Vorschrift soll jedoch eine Zersplitterung der Verfahrensmaterie auf mehrere Gerichte verhindert werden. Es soll ermöglicht werden, die Verfahren miteinander zu verbinden und so beispielsweise statt vieler nur ein Sachverständigengutachten einzuholen[343]. § 32 a ZPO ist jedoch nicht anzuwenden, wenn die Anlage im Ausland belegen ist.

II. § 22 Wasserhaushaltsgesetz (WHG)

1. Allgemeines

Neben § 1 UmweltHG ist im Wasserhaushaltsgesetz eine weitere verschuldensunabhängige Haftung begründet. § 22 WHG gewährt Ausgleich für Schäden, die auf dem Wasserpfad entstanden sind. § 22 Abs. 1 WHG begründet eine Handlungshaftung (Verhaltenshaftung), § 22 Abs. 2 eine Anlagenhaftung. In Abs. 3 ist für den Sonderfall der Bewilligung eine Entschädigung vorgesehen.

---

[341] Vgl. dazu *Salje*, UmweltHG § 18 Rdnr. 3; Peter/ *Salje*, VP 1991, 5, 9.

[342] Vgl. dazu ausführlich *Salje*, UmweltHG § 17.

[343] Vgl. BT-Drs. 11/ 7881, S. 38.

Die Einordnung der § 22 Abs. 1 und 2 WHG als Gefährdungshaftung bereitet gewisse Schwierigkeiten, da nach herrschender Meinung beide Normen ein rechtswidriges Handeln voraussetzen[344]. Die Rechtsprechung sieht jedoch die Rechtswidrigkeit regelmäßig durch die Tatbestandsverwirklichung indiziert[345]. Von den öffentlich-rechtlichen Genehmigungen hat allein die Bewilligung nach § 8 WHG rechtfertigende Wirkung. Die bloße Erlaubnis zur Gewässerbenutzung nach § 7 Abs. 1 WHG kann schädigendes Verhalten nicht rechtfertigen[346]. Der Rechtfertigungsgrund der Bewilligung verliert zunehmend an praktischer Relevanz, da nach der 1976 in Kraft getretenen Regelung des § 8 Abs. 2 S. 2 WHG eine Bewilligung für das Einleiten von Stoffen in ein Gewässer und für Maßnahmen, die geeignet sind, dauernd oder in einem nicht unerheblichen Ausmaß schädliche Veränderungen der physikalischen, chemischen oder biologischen Beschaffenheit des Wassers herbeizuführen, nicht mehr erteilt werden darf[347]. Umfaßt sind auch das Risiko des rechtmäßigen Normalbetriebs und das Entwicklungsrisiko[348].

§ 22 WHG ist keine Rahmenvorschrift, sondern aufgrund der konkurrierenden Gesetzgebungszuständigkeit des Bundes nach § 74 Nr. 1 GG (Bürgerliches Recht) erlassen. Die Länder können somit keine ausfüllenden oder gar abweichende Regelungen mehr treffen[349].

2. Handlungshaftung nach § 22 Abs. 1 WHG

§ 22 Abs. 1 WHG begründet eine Handlungshaftung, da die Haftung nach § 22 Abs. 1 WHG an ein bestimmtes Verhalten anknüpft. Schadensersatzpflichtig macht sich, wer Stoffe in ein Gewässer einbringt oder einleitet oder auf ein Gewässer einwirkt. Dieses Haftungskonzept ist dem deutschen Recht ansonsten unbekannt und somit auch nicht unumstritten. Einerseits wird es als gesetzgebe-

---

[344] *Breuer*, WasserR, Rdnr. 729, 781; *Czychowski*, WHG § 22 Rdnr. 24; *Landsberg/ Lülling*, WHG § 22 Rdnr. 3.

[345] BGHZ 57, 170, 176; OLG Stgtt ZfW 1980, 319.

[346] *Landsberg/ Lülling*, WHG § 22 Rdnr. 4 f.; *Breuer*, WasserR, Rdnr. 781; *Czychowski*, WHG § 22 Rdnr. 26; zur rechtfertigenden Wirkung von alten Rechten und Befugnissen vgl. *Breuer*, WasserR, Rdnr. 782; *Czychowski*, WHG § 22 Rdnr. 26 u. 60.

[347] Vgl. dazu *Landsberg/ Lülling*, WHG § 22 Rdnr. 6; *Czychowski*, WHG § 8 Rdnr. 39; *Breuer*, WasserR Rdnr. 781.

[348] Vgl. *Hager*, FS OLG Jena, 1994, S. 235, 237.

[349] So die ganz herrschende Meinung, vgl. *Czychowski*, WHG § 22 Rdnr. 3; *Bender/ Sparwasser*, Umweltrecht, Rdnr. 684; a.A.: *Zeitler*, in Sieder/ Zeitler/ Dahme, WHG § 22 Rdnr. 11.

rischer Fehltritt gewertet, anderseits als richtungsweisendes Modell für weitere Gefährdungshaftungsregelungen im Umwelthaftungsrecht[350].

Einbringen ist das Zuführen fester Stoffe, Einleiten das Zuführen gasförmiger oder flüssiger Stoffe. Unter den Begriff des Einwirkens können alle Verhaltensweisen gefaßt werden, die weder Einbringen noch Einleiten sind, wie beispielsweise das Erwärmen von Wasser[351]. Streitig ist, ob das Verhalten bewußt und zielgerichtet die Veränderung eines Gewässers bewirken muß[352] oder ob eine objektive Bezogenheit und Eignung auf das Gewässer und die Zuführung von Stoffen[353] ausreicht. Der BGH hat die Frage bisher offengelassen; unstreitig ist jedoch, daß ein Verhalten, das nur zufällig die Veränderung eines Gewässers herbeiführt, nicht als Einbringen, Einleiten oder Einwirken in Betracht kommt[354]. Wenn Schadstoffe aufgrund eines Störfalls in ein Gewässer gelangen, kommt insofern allein eine Haftung aufgrund Unterlassens in Betracht[355].

Gewässer im Sinne des § 22 WHG sind oberirdische Gewässer, Küstengewässer und das Grundwasser. Wasser, welches sich in Rohrleitungen oder Behältnissen befindet, fällt nicht unter den Gewässerbegriff des § 1 WHG, dem auch § 22 WHG folgt. Die Gewässereigenschaft geht jedoch nicht dadurch verloren, daß das Gewässer durch Rohre geführt wird[356].

Nach dem Wortlaut des § 22 Abs. 1 WHG ist nur im Falle des "Einwirkens" auf ein Gewässer die Änderung der Beschaffenheit des Wasser als weiteres Tatbestandsmerkmal erforderlich. Nach der ganz herrschenden Meinung soll dies jedoch auch bei einem Einleiten oder Einbringen erforderlich sein. Dies ergebe sich aus der Paragraphenüberschrift, der Entstehungsgeschichte der Norm sowie aus Sinn und Zweck der Regelung[357]. Die Veränderung kann die physikalische, chemische oder biologische Beschaffenheit des Wassers betreffen. Eine Ände-

---

[350] Ablehnend: *Medicus*, SchR II § 148 II Rdnr. 896; zustimmend Esser/ *Weyers*, SchuldR II § 64 4 a; *Hager*, FS OLG Jena (1994) S. 235, 240.

[351] Vgl. *Landsberg/ Lülling*, WHG § 22 Rdnr. 8; *Breuer*, WasserR Rdnr. 784, 793; *Czychowski*, WHG § 22 Rdnr. 9 f., 16 f.

[352] So *Zeitler*, in Sieder/ Zeitler/ Dahme, WHG § 22 Rdnr. 18.

[353] So OLG Stuttgart, ZfW 1980, 318, 319; *Czychowski*, WHG § 22 Rdnr. 7; *Diederichsen*, in Altlasten und Umweltrecht, UTR Bd. 1 (1986), S. 136.

[354] So auch BGHZ 103, 129, 134.

[355] Vgl. *Czychowski*, WHG § 22 Rdnr. 7; *Landsberg/ Lülling*, WHG § 22 Rdnr. 10; zur Problematik der Gewässerverunreinigung durch das Aufbringen von Dünger oder Pflanzenschutzmitteln vgl. unten § 1 B II 7.

[356] Vgl. zum Gewässerbegriff: *Czychowski*, WHG § 22 Rdnr. 3; *Landsberg/ Lülling*, WHG § 22 Rdnr. 28 f.; *Breuer*, WasserR, Rdnr. 31 ff.; BVerwGE 49, 298 f.

[357] Vgl. *Czychowski*, WHG § 22 Rdnr. 18 m.w.N.; *Breuer*, WasserR, Rdnr. 796; *Landsberg/ Lülling*, WHG § 22 Rdnr. 30; *Wagner*, in Kimminich/ von Lersner/ Storm, HdUR I, Sp. 963.

rung der physikalischen Beschaffenheit liegt beispielsweise bei einer Änderung der Wassertemperatur oder der radioaktiven Kontaminierung des Wassers vor, eine Änderung der chemischen Beschaffenheit dann, wenn Stoffe im Wasser gelöst werden. Die biologische Beschaffenheit kann beispielsweise durch die Änderung des bakteriellen Keimgehalts verändert werden. Eine genaue Unterscheidung zwischen den drei Arten der Beschaffenheitsänderung ist nicht erforderlich, da von der Vorschrift alle denkbaren schädlichen, nicht völlig unerheblichen Veränderungen erfaßt werden sollen[358].

3. Anlagenhaftung nach § 22 Abs. 2 WHG

§ 22 Abs. 2 WHG begründet eine Haftung für Anlagen, die dazu bestimmt sind, Stoffe herzustellen, zu verarbeiten, zu lagern, zu befördern oder wegzuleiten. Im Gegensatz zum Umwelthaftungsgesetz hat der Gesetzgeber hier die in die Haftung einbezogenen Anlagen nicht enumerativ aufgeführt, sondern ist einer generalklauselartigen Lösung gefolgt.

Der Anlagenbegriff ist weit gefaßt. Es kommt weder darauf an, ob es sich um eine ortsfeste Anlage handelt, noch auf die Größe, die technische Gestaltung oder den wirtschaftlichen Zweck der Anlage. Unter den Begriff der Anlage fallen unter anderem Fabrikanlagen, Halden, Abfallentsorgungsanlagen, Abwasserkanäle, Tankanlagen und Rohrleitungen, Misthaufen, Jauchegruben, Futtersilos, Schweinesuhlen[359], Tankschiffe und Tankwagen[360]. Eingegrenzt wird der Anlagenbegriff dadurch, daß Abs. 2 nur wassergefährliche Anlagen erfaßt[361]. In der Anlage müssen bestimmungsgemäß Stoffe vorkommen, die typischerweise geeignet sind, die Beschaffenheit des Wassers zu verändern[362]. Als Verarbeitung von Stoffen ist auch deren Bearbeitung sowie deren Vernichtung zu sehen; auch der Einsatz eines wassergefährlichen Stoffes als Hilfsstoff bei der Verarbeitung reicht aus.

Das Hineingelangen in ein Gewässer braucht - abweichend von Abs. 1 - nicht zweckgerichtet zu sein[363]. Die Haftung nach Abs. 2 greift auch bei Störfällen

---

[358] BGHZ 103, 129, 136; vgl. auch *Czychowski*, WHG § 22 Rdnr. 20; *Landsberg/ Lülling*, WHG § 22 Rdnr. 31.

[359] Streitig: So BGHZ 57, 261; a. A.: *Czychowski*, WHG § 22 Rdnr. 43.

[360] Vgl. *Czychowski*, WHG § 22 Rdnr. 43 mit weiteren Beispielen; *Landsberg/ Lülling*, WHG § 22 Rdnr. 52 f.; *Dörnberg*, Beiheft 1 NuR 1992, 9, 10.

[361] *Czychowski*, WHG § 22 Rdnr. 44; *Landsberg/ Lülling*, WHG § 22 Rdnr. 49.

[362] BGHZ 76, 35, 42; *Landsberg/ Lülling*, WHG § 22 Rdnr. 49; *Breuer*, WasserR Rdnr. 810; *Czychowski*, WHG § 22 Rdnr. 44.

[363] BGHZ 62, 353.

ein[364]. Um Haftungslücken zu vermeiden, will die ganz herrschende Meinung § 22 Abs. 2 WHG so lesen, daß eine Haftung zwar auch ohne Einbringen oder Einleiten eintritt, jedoch ein Einleiten oder Einbringen die Anwendung des § 22 Abs. 2 nicht ausschließt[365]. Ansonsten würde in den Fällen, in denen eine Haftung durch Einbringen oder Einleiten von Stoffen aus einer Anlage durch Verrichtungsgehilfen in Frage steht und dem Geschäftsherrn der Entlastungsbeweis nach § 831 Abs. 1 S. 2 BGB gelingt, so daß eine Haftung nach § 22 Abs. 1 WHG ausgeschlossen ist und § 22 Abs. 2 WHG nicht anzuwenden wäre, da die Stoffe eingeleitet oder eingebracht sind, nicht gehaftet.

Das Tatbestandserfordernis der Veränderung der physikalischen, chemischen oder biologischen Beschaffenheit des Wassers soll entgegen dem Wortlaut auch für die Anlagenhaftung nach § 22 Abs. 2 WHG gelten. Dies ergebe sich zum einen aus dem inneren Zusammenhang der Tatbestände des § 22 WHG, zum anderen aus der Überschrift des Paragraphen "Haftung für Änderung der Beschaffenheit des Wassers"[366]. Bei der Bestimmung des Inhabers der schadensstiftenden Anlage ist, ähnlich wie beim Umwelthaftungsgesetz, auf die tatsächliche Verfügungsgewalt abzustellen[367].

4. Umfang des Schadensersatzanspruches

Der Umfang des Schadensersatzanspruches bestimmt sich nach den allgemeinen zivilrechtlichen Regeln der §§ 249 ff. BGB. Anders als bei einer Haftung nach § 823 Abs. 1 BGB und nach fast allen anderen Gefährdungshaftungstatbeständen ist die Haftung nicht auf Schäden begrenzt, die durch die Verletzung bestimmter Rechte und Rechtsgüter entstanden sind. Ersatzfähig sind im Rahmen des § 22 WHG auch primäre Vermögensschäden[368]. Die Rechtsprechung hat im Rahmen des § 22 WHG die grundsätzliche Ersatzfähigkeit von Rettungskosten anerkannt. Der Bundesgerichtshof hat entschieden, daß der Schadensersatzanspruch nach § 22 WHG auch solche Aufwendungen erfaßt, die zur Abwendung einer sicher bevorstehenden Gewässerschädigung erforderlich sind. Dies gebiete der Schutzzweck der Norm, auch wenn es an einem eigentlichen Schaden und sogar an der Tatbestandsverwirklichung noch fehle[369]. Ebenso hat der Bundes-

---

[364] *Landsberg/ Lülling*, WHG § 22 Rdnr. 54; *Czychowski*, WHG § 22 Rdnr. 47.

[365] *Landsberg/ Lülling*, WHG § 22 Rdnr. 56; *Breuer*, WasserR Rdnr. 814; *Czychowski*, WHG § 22 Rdnr. 49.

[366] *Landsberg/ Lülling*, WHG § 22 Rdnr. 58; *Czychowski*, WHG § 22 Rdnr. 18; *Breuer*, WasserR Rdnr. 816.

[367] Vgl. hierzu BGHZ 80, 1; *Dörnberg*, Beiheft 1 NuR 1992, 9, 10.

[368] Vgl. *Landsberg/ Lülling*, WHG § 22 Rdnr. 33; *Czychowski*, WHG § 22 Rdnr. 29.

[369] BGHZ 80, 6 f.; zustimmend *Czychowski*, WHG § 22 Rdnr. 30; *Landsberg/ Lülling*, WHG § 22 Rdnr. 35; kritisch *Hager*, FS OLG Jena (1994), S. 235, 240, der den Weg über die

gerichtshof Untersuchungsmaßnahmen für ersatzfähig erklärt, die durchgeführt wurden, um festzustellen, ob überhaupt ein Schaden entstanden ist oder ein Schaden droht[370].

5. Kausalität und normative Zurechnung

Da § 22 WHG das haftungsbegrenzende Erfordernis einer bestimmten Rechtsgutverletzung fehlt, hat der Bundesgerichtshof im Hinblick auf den Schutzbereich von § 22 WHG ausgeführt, *"daß ein Ersatzanspruch nur demjenigen zusteht, der durch die Verschlechterung des Wassers selbst betroffen wird, nicht aber dritten Personen, auf die sich die Veränderung nur mittelbar auswirkt. Ersatzberechtigt sind demnach in erster Linie diejenigen, die das Wasser benutzen, wie zur Wasserversorgung von Mensch und Tier, zur Bewässerung, ..., zur Fischzucht, ..., nicht dagegen Dritte, wie etwa Abnehmer oder Lieferanten eines Fischzuchtbetriebs oder der Inhaber eines Verkaufsgeschäfts für Badeartikel, dessen Umsatz zurückgeht, weil das Baden in einem nahe gelegenen Gewässer wegen der Verschmutzung des Wassers verboten ist"*[371].

6. Haftung bei einem Einleiten über die gemeindliche Kanalisation

Grundsätzlich haftet eine Gemeinde, die Abwässer aus ihrer Kanalisation in ein Gewässer einleitet, für den dadurch verursachten Schaden nach § 22 WHG. Diese weitgehende Haftung wird mit dem Argument gerechtfertigt, daß die Gemeinde durch das Sammeln von Abwässern und die damit verbundene Konzentration eine zusätzliche Gefahrenquelle schaffe und der Geschädigte den eigentlichen Verursacher infolge der Zusammenfassung oft nur schwer ermitteln könne[372]. Zu fragen ist jedoch, ob neben oder statt der Gemeinde auch noch derjenige nach § 22 WHG haftet, von dem die schadensstiftenden Stoffe stammen. In der Literatur wird dies unter dem Stichwort des mittelbaren Einleitens diskutiert. Dabei soll zwischen erlaubtem und unberechtigtem Einleiten unterschieden werden.

Hat der Benutzer der Kanalisation nur zugelassene Stoffe zugeführt, wird überwiegend angenommen, daß allein die Gemeinde für die entstandenen Schäden

---

Geschäftführung ohne Auftrag für dogmatisch vorzugswürdig hält; ebenso *Breuer*, WasserR, Rdnr. 804.

[370] BGHZ 103, 129.

[371] BGH VersR 1972, 463, 465; BGH NJW 1981, 2416; zustimmend *Breuer*, WasserR, Rdnr. 801; *Czychowski*, WHG § 22 Rdnr. 22; *Landsberg/ Lülling*, WHG § 22 Rdnr. 37.

[372] BGHZ 62, 359.

haftet [373]. Bei der verbotenen Zuführung von Stoffen soll nach überwiegender Meinung nur der Benutzer haften[374]. Nach einer anderen Auffassung sollen in diesen Fällen Gemeinde und Benutzer nebeneinander haften[375]. Diese Lösung ist vorzuziehen, da sie die durch die Gemeinde begründete gesteigerte Gefährlichkeit der Konzentration von Abwässern in der Kanalisation berücksichtigt. Auch werden die Schwierigkeiten des Geschädigten berücksichtigt, dem es in vielen Fällen unmöglich sein wird, den konkreten Schädiger zu ermitteln. Dazu kann allein die Gemeinde in der Lage sein, die dann gegebenenfalls die Möglichkeit hat, Regreß zu nehmen.

Der BGH hat eine Haftung des Anlagenbetreibers für den Fall bejaht, daß Giftstoffe aus einer Anlage (§ 22 Abs. 2 WHG) über die gemeindliche Kanalisation in ein Gewässer gelangen und dort für sich allein einen Schaden verursachen[376] oder wenn Abwässer einer in ein Gewässer mündenden Gemeindekanalisation zugeführt werden und diese Stoffe aufgrund ihrer Menge oder schädlichen Zusammensetzung den Charakter des Kanalisationsabwassers prägen oder entscheidend mitbestimmen[377].

7. Aufbringen von Dünger oder Pflanzenschutzmitteln als Einleiten oder Einbringen im Sinne des § 22 Abs. 1 S. 1 WHG

Hinsichtlich des Tatbestandsmerkmals des bewußten oder zielgerichteten Verhaltens[378] ist es problematisch, ob das Aufbringen von Fäkalien, Jauche, Klärschlamm sowie von Mineraldüngern oder Pflanzenschutzmitteln in der Landwirtschaft den Tatbestand des § 22 Abs. 1 S. 1 WHG erfüllen kann. Eine Haftung wird in jedem Fall angenommen, wenn Düngung oder Pflanzenschutz landwirtschaftlich nicht mehr plausibel und damit nicht mehr Ausfluß eines Bewirtschaftungsinteresses sind[379]. Überwiegend wird ein bewußtes und zielgerichtetes Verhalten aber auch schon dann angenommen, wenn Düngung und

---

[373] So *Czychowski*, WHG § 22 Rdnr. 14; *Zeitler*, in Sieder/ Zeitler/ Dahme, WHG § 22 Rdnr. 47; a.A: *Otto*, DVBl 1963, 324, der eine Haftung von Gemeinde und Benutzer befürwortet; vgl. BGH NJW 1981, 2416 m.w.N.

[374] So *Zeitler*, in Sieder/ Zeitler/ Dahme, WHG § 22 Rdnr. 47, m.w.N.

[375] *Czychowski*, WHG § 22 Rdnr. 14.

[376] BGHZ 62, 353 f.

[377] BGH NJW 1981, 2416; ebenso BGHZ 103, 136; vgl. zur Problematik: *Czychowski*, WHG § 22 Rdnr. 11 ff.; *Landsberg/ Lülling*, WHG § 22 Rdnr. 14 ff.; *Breuer*, WasserR Rdnr. 791 ff.

[378] Vgl. oben § 1 B II 2.

[379] So *Breuer*, WasserR, Rdnr. 786.

Pflanzenschutz in einem Ausmaß erfolgen, daß nach den Erfahrungen des Lebens mit einer Gewässerbeeinträchtigung von vornherein zu rechnen war[380].

Diese Überlegungen erstaunen jedoch, da § 22 WHG unstreitig ein Gefährdungshaftungstatbestand ist und das Verschulden demnach keine Haftungsvoraussetzung. Die Vorhersehbarkeit des Schadenseintritts ist jedoch ein Merkmal der Fahrlässigkeit. Gründe für eine Sonderbehandlung der landwirtschaftlichen Produktion sind nicht ersichtlich. § 22 Abs. 1 S. 1 WHG muß deshalb auch bei Schäden durch das Aufbringen von Dünger oder Pflanzenschutzmitteln zur Anwendung kommen.

III. Umwelthaftung nach den Regeln des Produkthaftungsrechts

1. Produkthaftung

Das am 1. Januar 1990 in Kraft getretene Gesetz über die Haftung für fehlerhafte Produkte (Produkthaftungsgesetz)[381] setzt die Richtlinie des Rates der Europäischen Gemeinschaften vom 25.07.1985 zur Angleichung der Rechts- und Verwaltungsvorschriften der Mitgliedstaaten über die Haftung für fehlerhafte Produkte[382] um. Gleichwohl orientieren sich die Regelungen des Gesetzes an der vor Erlass des Gesetzes von der Rechtsprechung entwickelten Systematik zur Produkthaftung.

Der Bundesgerichtshof hatte im Vorfeld bereits durch die Herausarbeitung einzelner Fehlerkategorien Sorgfaltsmaßstäbe konkretisiert und durch die Aufstellung veränderter Beweislastverteilung die Rechtsstellung der Produktverwender verbessert.

Ausgangspunkt der Rechtsprechung des Bundesgerichtshofes war das Urteil vom 26.11.1968 ("**Hühnerpest-Urteil**")[383]. Hierin hatte der Bundesgerichtshof festgestellt, daß es für eine deliktische Haftung ausreiche, daß der Geschädigte nachweise, daß der Fehler des Produkts schon beim Verlassen des Werkes bestanden habe und es aufgrund des Fehlers zu dem Schadenseintritt gekommen sei.

Im weiteren Verlauf hat die Rechtsprechung verschiedene Fehlerkathegorien für die Sorgfaltspflichtverletzung im Sinne des § 823 Abs. 1 BGB entwickelt. Die

---

[380] So *Landsberg/ Lülling*, WHG § 22 Rdnr. 12; *Salzwedel*, NuR 1983, 41, 49 f.
[381] BGBl. I, S. 512.
[382] ABlEG L. 210/29-33 (85/374/EWG).
[383] BGHZ 51, 91.

Rechtsprechung unterscheidet Konstruktionsfehler, Fabrikationsfehler und Instruktionsfehler.

Ein **Konstruktionsfehler** liegt vor, wenn das Produkt eine andere Konstruktion aufweist als sie ein sorgfältiger Hersteller gewählt hätte, der die Benutzer vor einem unvernünftig großen Gefahrenrisiko schützen will. Konstruktionsfehler machen das Produkt infolge fehlerhafter technischer Konzeption oder Planung für eine gefahrlose Benutzung ungeeignet. Konstruktionsfehler haften der ganzen Serie an. Sie beruhen auf einem Verstoß gegen technische Erkenntnisse schon bei der Herstellung[384]. Ein Unterfall der Konstruktionsfehler sind die sog. **Entwicklungsfehler.** In diesen Fällen werden die Risiken, die mit der Verwendung des Produktes verbunden sind, erst durch die Weiterentwicklung von Wissenschaft und Technik nach Inverkehrbringen des Produktes offenbar. Nach der Rechtsprechung haftet der Hersteller für diese Entwicklungsgefahren nicht[385]. Dem Hersteller obliegt jedoch eine Produktbeobachtungspflicht. Ein sorgfältiger Hersteller muß nach der Markteinführung sein Produkt ständig darauf kontrollieren, ob es sich in der Praxis bewährt und ob nicht neue Erkenntnisse von Wissenschaft und Technik nachträglich Gefahren des Produkts erkennbar und vermeidbar werden lassen[386].

Ein **Fabrikationsfehler** liegt vor, wenn das Produkt zwar nach seiner Konstruktion und Zusammensetzung nicht zu beanstanden ist, sich jedoch im Zuge seiner Fertigung eine planwidrige Abweichung von der Sollbeschaffenheit eingeschlichen hat und der dadurch bedingte Fehler nicht entdeckt und das fehlerhafte Produkt in Verkehr gebracht worden ist[387]. Fabrikationsfehler entstehen bei der Herstellung. Sie haften nur einzelnen Stücken an. Zu ihnen gehören auch die sogenannten "Ausreißer", die trotz aller zumutbaren Vorkehrungen unvermeidbar sind[388].

Beim Vorliegen von **Instruktionsfehlern** ist das Produkt selbst nicht fehlerhaft. Der Hersteller hat es jedoch unterlassen, den Verwender des Produkts auf die Möglichkeiten der Gefahrvermeidung aufmerksam zu machen. Instruktionsfehler können aufgrund mangelhafter Gebrauchsanweisungen oder aufgrund des Fehlens von Warnungen vor gefährlichen Eigenschaften, die in der Wesensart einer als solcher fehlerfreien Sache begründet sind, begründet sein[389].

---

[384] BGH BB 1984, 2150.
[385] Auch eine Haftung nach dem Produkthaftungsgesetz besteht nicht, vgl. unten § 1 B III 2 a.
[386] Vgl. *Kötz*, Deliktsrecht, Rdnr. 448.
[387] Vgl. Kötz, Deliktsrecht, Rdnr. 452.
[388] BGH VersR 56, 410; BGH VersR 60, 855.
[389] Vgl. Palandt/*Thomas*, § 3 ProdHaftG, Rdnr. 5; m.w.N.

Ergänzend hat die Rechtsprechung zu den einzelnen Fehlerkategorien **modifizierende Beweislastregelungen** entwickelt.

Beim Vorliegen eines **Konstruktionsfehlers** erschöpft sich die Beweislast des Geschädigten darin, daß dieser zu beweisen hat, daß er einen Schaden erlitten hat und daß dieser Schaden durch eine bestimmte konstruktionsbedingte Beschaffenheit des Produkts herbeigeführt worden ist. Dem Hersteller obliegt es zu beweisen, daß er bei der Konstruktion die im Verkehr erforderliche Sorgfalt beachtet hat. Bei einem **Fabrikationsfehler** hat der Geschädigte zu beweisen, daß das Produkt einen im Verantwortungsbereich des Herstellers entstandenen Fehler hatte und daß dieser Fehler für den Schaden ursächlich geworden ist. Der Hersteller kann sich durch den Nachweis entlasten, daß er den Herstellungsprozeß, die Qualitätskontrolle und die Anweisungen an seine Angestellten unter Beachtung der im Verkehr erforderlichen Sorgfalt durchgeführt hat. Die gleiche Beweislastverteilung gilt bei **Instruktionsfehlern**. Der Geschädigte muß darlegen, daß der Hersteller seine Instruktionspflichten bei der Inverkehrgabe des Produkts objektiv verletzt hat[390].

2. Haftung nach dem Produkthaftungsgesetz

a) Haftungstatbestand des Produkthaftungsgesetzes

§ 1 Abs. 1 S. 1 ProdHG verpflichtet den Hersteller eines Produkts, den aufgrund eines Fehlers des Produkts eingetretenen Personen- oder Sachschaden zu ersetzen.

In **§ 3 ProdHaftG** wird der Fehlerbegriff näher definiert. Nach dem Produkthaftungsgesetz hat ein Produkt einen Fehler, wenn es nicht die Sicherheit bietet, die unter Berücksichtigung aller Umstände, insbesondere a) seiner Darbietung, b) des Gebrauchs, mit dem billigerweise gerechnet werden kann, c) des Zeitpunkts, in dem es in den Verkehr gebracht wurde, berechtigterweise erwartet werden kann.

Auch bei der Haftung nach dem Produkthaftungsgesetz werden die gleichen Fehlerkategorien verwendet wie bei der deliktischen Haftung (Konstruktionsfehler, Fabrikationsfehler, Instruktionsfehler). Das Produkthaftungsgesetz gewährt den Geschädigten einen verschuldensunabhängigen Anspruch gegenüber dem Hersteller eines fehlerhaften Produkts. Da die Rechtsprechung das Vorliegen eines Fehlers als hinreichendes *Indiz* für das Vorliegen eines objektiven

---

[390] Vgl. *Kötz*, Deliktsrecht, Rdnr. 451, 453, 456.

Sorgfaltsverstoßes ausreichen läßt, ist der Unterschied zwischen einer Haftung nach dem Produkthaftungsgesetz und der deliktischen Haftung nach § 823 Abs. 1 BGB im wesentlichen nur dogmatischer Natur[391].

Dies gilt umso mehr, als der deutsche Gesetzgeber sich entschieden hat, die durch die Produkthaftungsrichtlinie ermöglichte Option, Entwicklungsgefahren auch weiterhin von der Produkthaftung auszuschließen,wahrzunehmen. Beim Vorliegen eines Konstruktionsfehlers haftet der Hersteller nach dem Produkt-haftungsgesetz deshalb auch nur dann, wenn bereits im Zeitpunkt des Inver-kehrbringens des Produkts die Fehlerhaftigkeit feststand.

Bei Fabrikationsfehlern wird zwar dem Hersteller im Rahmen der deliktischen Haftung die Möglichkeit eingeräumt nachzuweisen, daß er während des Ferti-gungsablaufs die im Verkehr erforderliche Sorgfalt eingehalten hat[392], doch ist dieser Nachweis für den Hersteller praktisch kaum zu führen, da er ebenfalls noch den Entlastungsbeweis des § 831 BGB zu führen hätte. Bei der Produkt-haftung ist dieser Entlastungsbeweis ausgeschlossen, da es auf ein Verschulden nicht ankommt. Praktische Unterschiede bestehen jedoch kaum.

Gleiches gilt für die Haftung für Instruktionsfehler. Ein Instruktionsfehler nach dem Produkthaftungsgesetz liegt dann vor, wenn der Hersteller Instruktionen unterläßt, die vom Publikum berechtigterweise erwartet werden können. Dies ist lediglich eine Formulierung des Sorgfaltsmaßstabes, den der Hersteller im Rah-men der deliktische Haftung zu erfüllen hat.

Das Produkthaftungsgesetz **beschränkt** in § 2 **ProdHaftG** seine Anwendbarkeit auf **bewegliche Sachen** und **Elektrizität**. Vom Geltungsbereich des Gesetzes ausgenommen sind **landwirtschaftliche Erzeugnisse** des Bodens, der Tierhal-tung, der Imkerei und der Fischerei, die nicht einer ersten Verarbeitung unterzo-gen worden sind; gleiches gilt für Jagderzeugnisse.

Der Hersteller haftet nicht, wenn er nachweisen kann, daß das Produkt fehlerfrei war, als er es in Verkehr gebracht hatte. Eine Haftung ist ebenfalls bei einem Entwicklungsfehler ausgeschlossen. Dies ist dann der Fall,wenn der Hersteller nachweisen kann, daß zum Zeitpunkt der Inverkehrbringung des Produkts nie-mand die Fehlerhaftigkeit des Produkts erkennen konnte, weil die erforderlichen wissenschaftlichen und technischen Erkenntnisse noch gar nicht existierten[393]. Eine Haftung ist auch ausgeschlossen, wenn der Hersteller aufgrund einer zwin-

---

[391] Vgl. *Kötz*, Deliktsrechts, Rdnr. 461.
[392] Vgl. oben § 1 A III 1.
[393] Palandt/*Thomas*, ProdHG § 1 Rdnr. 21.

genden Rechtsnorm gezwungen war, das Produkt auf eine bestimmte Weise herzustellen (§ 1 Abs. 2 ProdHaftG).

b) Ergänzende Regelungen

Das Produkthaftungsgesetz unterwirft nicht nur den Hersteller eines fehlerhaften
Produkts der Haftung, sondern auch die **Hersteller von Teilprodukten** und
Grundstoffen sowie den **Importeur**. Kann der Hersteller eines Produkts nicht
festgestellt werden, so gilt jeder **Lieferant** als dessen Hersteller (§ 4
ProdHaftG).

Der Ersatz für **Körperschäden** entspricht den Regelungen der deliktischen
Haftung.

Die Haftung für **Sachschäden** ist begrenzt. Einerseits sieht § 10 ProdHaftG eine
Haftungshöchstgrenze in Höhe von DM 160 Millionen vor, anderseits hat der
Geschädigte einen Selbstbehalt in Höhe von DM 1125 selbst zu tragen.

3. Umwelthaftungsrechtliche Relevanz des Produkthaftungsrechts

Die Produkthaftung erlangt umweltrechtliche Relevanz, wenn es sich bei den
fehlerhaften Produkten um **toxische Produkte** wie Pestizide oder generell
schadstoffhaltige Chemikalien handelt. Diese Produkte gefährden nicht nur den
Produktbenutzer, sondern schädigen auch die Umwelt; so stellt ein fehlerhaft
konzipiertes Herbizid eine Gefahr für den Benutzer wie für die Umwelt, insbesondere das Grundwasser, dar.

Umweltrechtliche Belange werden ebenfalls durch fehlerhafte Produkte berührt,
die den **gefahrlosen Umgang** mit toxischen Produkten gewährleisten sollen, wie
Anlagen zur Beförderung oder Aufbewahrung gefährlicher Substanzen.

Auch **bereits verseuchte Produkte**, wie kontaminierte Lebensmittel, haben sowohl produkt- als auch umwelthaftungsrechtliche Relevanz. Sie gefährden zwar
in erster Linie den Verbraucher, können aber insbesondere bei der Entsorgung
eine Belastung für die Umwelt werden[394]. Das Verhältnis zwischen Produkt- und
Umwelthaftung läßt sich vereinfacht so beschreiben, daß die Produkthaftung die
positive, die Umwelthaftung die negative Seite des Produktionsprozesses betrifft[395].

---

[394] *Hager*, JZ 1990, 397, 402.
[395] *Hager*, JZ 1990, 397.

Auch bei toxischen Produkten ist zwischen Konstruktions-, Fabrikations- und Instruktionsfehlern zu unterscheiden.

Ein **Fabrikationsfehler** liegt bei toxischen Produkten wie bei allen anderen Produkten auch vor, wenn das Produkt eine Abweichung von der geplanten Beschaffenheit aufweist.

Nach dem Produkthaftungsgesetz ist ein Produkt fehlerhaft konzipiert (weist einen **Konstruktionsfehler** auf), wenn es die berechtigten Sicherheitserwartungen der Allgemeinheit nicht erfüllt. Dies entspricht dem Maßstab des Deliktsrechts, der ein Produkt dann als fehlerhaft ansieht, wenn ihm unverhältnismäßig große oder vermeidbare Risiken anhaften. Unverhältnismäßig groß sind solche Risiken, die vom Nutzen des Produkts nicht mehr aufgewogen werden, vermeidbar solche, die der Hersteller hätte eliminieren können, ohne daß das Produkt seinen Nutzen eingebüßt hätte oder unvertretbar hohe Kosten entstanden wären.

Auch bei toxischen Produkten ist für die Frage, welche Gefahren dem Produkt innewohnen, der Stand der Wissenschaft zum Zeitpunkt des Inverkehrbringens maßgebend. Das **Entwicklungsrisiko** trägt der Produktbenutzer.

Der Hersteller toxischer Produkte genügt seiner **Instruktionspflicht** nur dann, wenn er eine Bedienungsanleitung gibt, die eingehalten eine weitgehend gefahrlose Produktbenutzung gewährleistet, und den Benutzer vor den mit einem voraussehbaren Fehlgebrauch verbundenen Risiko warnt[396].

Quasi als Ausgleich für die fehlende Haftung für das Entwicklungsrisiko erlegt die Rechtsprechung dem Hersteller eines Produktes die **Pflicht auf, seine Produkte** nach der Inverkehrgabe auf bislang nicht bekannte Risiken **zu beobachten** und sich über negative Folgen zu informieren.

Die umweltschützende Wirkung der Produkthaftung folgt aus der **Gefahrbeseitigungspflicht des Herstellers.** Diese nutzt sowohl den Betroffenen wie der Umwelt im allgemeinen. Weiter wird erwartet, daß der Hersteller aufgrund der drohenden Haftung zu Vorsorgemaßnahmen angehalten wird, die auch der Umwelt nützen[397].

Eine Haftung nach den Grundsätzen der Produkthaftung ist jedoch ausgeschlossen, wenn kein individueller Schaden an den durch § 823 Abs. 1 BGB geschützten Rechtsgütern (bei deliktischer Haftung) oder Körper- oder Sachscha-

---

[396] *Hager*, JZ 1990, 397, 404.
[397] *Hager*, JZ 1990, 397, 406.

den i.S.d. Produkthaftungsgesetzes entstanden ist. Ein ökologischer Schaden i.e.S.[398] ist demnach nach den Grundsätzen der Produkthaftung nicht erstattungsfähig.

Eine weitere Haftungslücke, die sich insbesondere beim Ersatz "auch ökologischer" Schäden bemerkbar macht, ist die Ausklammerung landwirtschaftlicher Erzeugnisse aus der Produkthaftung. Eine Einbeziehung der landwirtschaftlichen Erzeugnisse könnte zur erwünschten Folge haben, daß der Einsatz von Chemikalien auf ein vernünftiges Maß gedrosselt würde.

Das Produkthaftungsgesetz sieht eine verschuldensunabhängige Haftung nur für den Hersteller eines fehlerhaften Produktes vor. Derjenige, der jedoch mit einem an sich fehlerfreien Produkt umgeht und hierdurch einen Schaden verursacht, haftet lediglich nach den Grundsätzen der deliktischen Haftung. Dem Geschädigten obliegt es in diesen Fällen nicht bloß, die Kausalität zwischen dem Handeln des anderen und seinem Schaden nachzuweisen, er hat darüberhinaus noch den Nachweis, daß der Schädiger sorgfaltswidrig gehandelt hat, zu führen. Eine derartige stoffbezogene Handlungsgefährdungshaftung kennt das geltende Recht jedoch nicht.

4. Haftungskonkurrenzen zwischen dem Umwelthaftungsgesetz und dem Produkthaftungsgesetz

Oben wurde erwähnt, daß die Produkthaftung die positive und die Umwelthaftung die negative Seite des Produktionsprozesses betrifft. Dies läßt bereits darauf schließen, daß Haftungskonkurrenzen zwischen den beiden Regelungswerken kaum auftreten[399]. Denkbar ist allenfalls der Fall, daß aufgrund mangelhafter Instruktion des Herstellers der gelieferte gefährliche Stoff aus einer Anlage nach dem Umwelthaftungsgesetz austritt[400]. Ansonsten sind Haftungsüberschneidungen kaum zu erwarten, da die Haftung nach dem Produkthaftungsgesetz erst einsetzt, wenn das Produkt in Verkehr gebracht wurde, d.h. die Anlage verlassen hat, und die Haftung nach dem Umwelthaftungsgesetz Schäden aufgrund des Betriebs der Anlage erfaßt.

Kommt es doch zu Überschneidungen, besteht nach § 18 Abs. 1 UmweltHG bzw. § 15 Abs. 2 ProdHG **Anspruchskonkurrenz**.

---

[398] Vgl. oben § 1 A I 6 e.
[399] *Salje*, Umwelthaftungsgesetz, § 18 Rdnr. 21.
[400] *Rehbinder*, in Landmann/ Rohmer/ Rehbinder, UmweltHG, § 18 Rdnr. 1.

IV. Weitere Gefährdungshaftungstatbestände des bestehenden Haftungsrechts

Das deutsche Haftungsrecht kennt außer den bisher erwähnten Haftungstatbeständen des Umwelthaftungs-, des Produkthaftungs- und des Wasserhaushaltsgesetzes noch weitere Gefährdungshaftungstatbestände in den Regelungen der §§ 32 ff. GenTG, §§ 25 ff. AtG, § 7 StVG, §§ 33 ff. LuftVG sowie §§ 120 ff. BBergG. Die Tatbestände haben jeweils jedoch nur insoweit umweltrechtliche Relevanz, als mit der Wiederherstellung der erstattungsfähigen Rechtsgüter auch Belange des Umweltschutzes berücksichtigt werden.
Die Regelungen des Luftverkehrsgesetzes stellen insoweit eine Besonderheit dar, als diese einen Schmerzensgeldanspruch vorsehen, obwohl es sich auch hier um einen Gefährdungshaftungstatbestand handelt.

C. Internationales Privatrecht und Umwelthaftung

I. Internationales Verfahrensrecht

1. Internationale Zuständigkeit

a) Grundsatz

Die Frage nach der Internationalen Zuständigkeit betrifft die Grenzziehung zwischen der Zuständigkeit deutscher Gerichte und der Zuständigkeit ausländischer Gerichte[401]. Die internationale Zuständigkeit der deutschen Gerichte ist abgesehen von Ehe- und Kindschaftssachen nicht abschließend kodifiziert. Es gilt jedoch der **Grundsatz, daß die örtliche Zuständigkeit die internationale Zuständigkeit indiziert.**

Die örtliche Zuständigkeit für die Geltendmachung deliktischer Schadens- und Unterlassungsansprüche regelt § 32 ZPO[402]. Hiernach können Ansprüche aufgrund unerlaubter Handlung vor dem Gericht geltend gemacht werden, in dessen Bezirk die Handlung begangen wurde. "Begehungsort" kann sowohl der Handlungsort als auch der Ort, an dem der Schaden eingetreten ist, sein. Der Geschädigte hat demnach ein Wahlrecht, bei welchem Gericht er die Klage geltend machen will.

---

[401] BGHZ 44, 46 f., vgl. auch *Hüßtege*, Int. Privatrecht, S. 31.

[402] Der Regelungsbereich des § 32 ZPO umfaßt auch die Geltendmachung von Schadensersatzansprüchen aufgrund von Gefährdungshaftungstatbeständen, vgl. Zöller/ *Vollkommer*, ZPO, § 32 Rdnr. 7.

§ 32 a ZPO bestimmt zwar, daß bei der Geltendmachung von Ansprüchen nach dem Umwelthaftungsgesetz das Gericht, in dessen Bezirk die Umwelteinwirkung von der Anlage ausgegangen ist, ausschließlich zuständig ist. Dies gilt nach § 32 a S. 2 ZPO jedoch nicht, wenn die Anlage im Ausland gelegen ist.

b) EuGVÜ, Übereinkommen von Lugano

Der oben genannte Grundsatz kommt jedoch nur zur Anwendung, wenn nicht die internationale Zuständigkeit durch multi- oder bilaterale Staatsverträge geregelt ist. Hierbei sind vor allem das EWG-Gerichtsstands- und Vollstreckungsübereinkommen (EuGVÜ)[403] sowie das parallele Lugano-Übereinkommen[404] von Bedeutung. Art. 5 Nr.3 EuGVÜ begründet für Klagen aus deliktischen Ansprüchen eine Zuständigkeit des Gerichts des Ortes, an dem das schädigende Ereignis eingetreten ist. Dies kann auch hier nach der Rechtsprechung des EuGH[405] sowohl der Ort der verursachenden Handlung als auch der Ort des Erfolgseintritts sein.

II. Deliktsstatut (Anwendbares Recht)

1. Prozeßrecht

Entscheidet sich der Geschädigte nach dem allgemeinen Grundsatz bzw. nach dem EuGVÜ für eine Klage vor deutschen Gerichten, so gilt für das Verfahrensrecht die *lex fori*. Dies bedeutet, daß deutsche Gerichte immer deutsches Prozeßrecht anwenden. Auch die meisten ausländischen Rechtsordnungen sehen die Anwendung der lex fori für das Prozeßrecht vor.

---

[403] Brüsseler EWG-Übereinkommen über die gerichtliche Zuständigkeit und die Vollstreckung gerichtlicher Entscheidungen in Zivil- und Handelssachen vom 27.09.1968 (BGBl. 1972 II, S. 774)

[404] Luganer Übereinkommen über die gerichtliche Zuständigkeit und die Vollstreckung gerichtlicher Entscheidungen in Zivil- und Handelssachen vom 16.09.1988 (BGBl. 1994 II, S. 2660).

[405] EuGH IPRax 1989, 288; EuGH EuZW 1990, 34, 35.

2. Anzuwendendes materielles Recht

a) Staatsverträge

An Staatsverträgen, die die Zuständigkeit des auf grenzüberschreitende Schadensersatzansprüche anzuwendenden Rechts regeln, sind vor allem das Pariser
Atomhaftungsübereinkommen[406] sowie das Ölverschmutzungsübereinkom-
men[407] von Bedeutung. Beide Abkommen regeln jedoch nur begrenzte Anwen-
dungsbereiche.

b) Anwendbares Recht nach dem deutschen Internationalen Privatrecht

Das deutsche Kollisionsrecht enthält keine ausdrückliche Regelung, nach welchem Recht sich eine unerlaubte Handlung bzw. eine Gefährdungshaftung, die
insoweit der unerlaubten Handlung gleichgestellt ist, richtet. Aus Art. 38
EGBGB wird jedoch der Grundsatz entnommen, daß Deliktsstatut das Recht des
Tatorts ist. Auch hier gilt, wie bei der Frage nach der internationalen Zuständigkeit, daß nach dem **Ubiquitätsgrundsatz** unter Tatort sowohl der Handlungs-
als auch der Erfolgsort anzusehen ist[408].

Der Geschädigte hat auch hier ein **Wahlrecht**. Übt er dieses mit der Klageerhe-
bung nicht aus, so hat das Gericht von Amts wegen das günstigere Recht zu ermitteln[409]. Bei der Ermittlung des günstigeren Rechts hat das Gericht nicht lediglich die Vorzüge oder Nachteile der jeweilig in Frage kommenden Anspruchsgrundlagen zu ermitteln, sondern beispielsweise auch die Möglichkeiten
eines Schmerzensgeldanspruchs oder Verjährungs- und Beweisregelungen zu
vergleichen.

Der Ubiquitätsgrundsatz gilt jedoch nicht uneingeschränkt. So ist unstreitig, daß
sich die Verhaltens- und Verkehrsregeln immer nach den am Handlungsort geltenden Vorschriften richten[410]. Äußerst umstritten ist jedoch, inwieweit sich öffentlich-rechtliche Genehmigungen im Rahmen der inländischen Sachnormen
auswirken[411]. Eine einheitliche Lösung ist hier nicht zu erreichen, sondern es ist
die Rechtswirkung der ausländischen Norm zunächst als Vorfrage zu untersuchen. Beruht die Haftung jedoch auf einem Gefährdungshaftungstatbestand, so

---

[406] Vgl. BGBl. 1976 II S. 311; BGBl. 1985 II S. 692.
[407] Vgl. BGBl. 1988 II S. 825.
[408] Vgl. *Kegel*, IPR, S. 453; *Hüßtege*, IPR S. 97.
[409] Vgl. *Kegel*, IPR, S. 364; *Hüßtege*, IPR S. 97.
[410] Palandt/*Heldrich*, EGBGB, Art. 38 Rdnr. 12.
[411] Vgl. dazu ausführlich: *Wandt*, VersR 1998, 529, 533 ff.

ist die Frage nach der rechtfertigenden Wirkung der ausländischen Genehmigung obsolet[412].

D. Exkurs: Öffentliches Umwelthaftungsrecht

I. Ansprüche des Staates aufgrund von Umweltschäden

1. Schäden an öffentlichem Eigentum

Erleidet der Staat an Sachen, die im öffentlichen Eigentum stehen, einen Schaden, der durch umweltschädigendes Handeln verursacht wurde, kann der jeweilige staatliche Rechtsträger, wie jeder Private auch, **Schadensersatz** gegen den Schädiger **auf dem Zivilrechtsweg** geltend machen. Es bestehen hier keine Unterschiede bei der Geltendmachung der zivilrechtlichen Schadensersatzansprüche[413].

2. Polizeirechtliche Entschädigungsregelungen[414]

Sind Umweltschäden eingetreten oder drohen Umweltschäden einzutreten, die eine Gefahr für die öffentliche Sicherheit und Ordnung darstellen, kann die Polizeibehörde den Störer zur Beseitigung der Gefahr durch den **Erlaß einer Polizeiverfügung** auffordern. Diese Konstellation tritt am häufigsten im Bodenrecht auf, wenn es zu einer Kontamination des Erdreichs, mit oder ohne Gefährdung des Grundwassers, gekommen ist. Nach den Regelungen des allgemeinen Polizeirechts (§§ 6, 7 PolG BW) kann die Polizei sich hier an denjenigen wenden, der die Gefahr verursacht hat (Handlungsstörer), oder an den Eigentümer bzw. den Inhaber der tatsächlichen Gewalt (Zustandsstörer).

Die Polizeibehörde kann von dem Schädiger jedoch nur die **Beseitigung der Gefahr** verlangen. Dies wird nur in Ausnahmefällen einer vollständigen Wiederherstellung des ursprünglichen Zustandes, wie bei der Naturalrestitution nach den zivilrechtlichen Vorschriften, gleichkommen.

---

412 *Beyerlin*, in: Ersatzansprüche und ihre Durchsetzung bei grenzüberschreitenden Umweltschäden, Texte des Umweltbundesamts 12/97, S. 32, 51.

413 Vgl. oben § 1, insb. § 1 A I 1 c: zum Eigentum der öffentlichen Hand.

414 Die nachfolgenden Ausführungen orientieren sich an den Vorschriften des Landes Baden-Württemberg. In den anderen Bundesländern finden sich jedoch ähnliche Vorschriften.

Kommt der von der Polizeibehörde zur Schadensbeseitigung in Anspruch Genommene seiner Verpflichtung zur Schadensbeseitigung nicht nach, kann die Behörde die geforderte Handlung im Wege der **Verwaltungsvollstreckung** (§ 49 PolG i.V.m. dem Landesverwaltungsvollstreckungsgesetz) zwangsweise durchsetzen. Neben den Zwangsmitteln Zwangsgeld, Zwangshaft und unmittelbarer Zwang steht der Polizeibehörde das Zwangsmittel der **Ersatzvornahme** zur Verfügung (§ 49 PolG i.V.m. § 25 LVwVG). Dies ermächtigt die Behörde die dem Pflichtigen aufgrund der Grundverfügung obliegenden Verpflichtung entweder selbst vorzunehmen (Selbstvornahme) oder einen Dritten mit der Ausführung zu beauftragen (Fremdvornahme)[415]. Die der Behörde entstehenden Kosten sind vom Pflichtigen zu tragen (§§ 25, 31 LVwVG).

In Fällen, in denen bei Gefahr für die öffentliche Sicherheit und Ordnung der Störer nicht erreichbar ist (aus einem geparkten Auto läuft Öl in die Kanalisation und der Halter ist nicht erreichbar), ist die Polizeibehörde zur **unmittelbaren Ausführung** der Maßnahme berechtigt. Voraussetzung ist, daß der Störer nicht oder nicht rechtzeitig erreichbar ist (§ 8 PolG). Auch hier kann sich die Behörde bei der Ausführung der Maßnahme eines Dritten bedienen. Die der Behörde entstandenen Kosten kann diese vom Störer zurückfordern (§ 8 Abs. 2 PolG).

3. Sondergesetzliche Regelungen

Aufgrund der drängenden Altlastenproblematik haben einige Länder in Sondergesetzen altlastenspezifische Regelungen erlassen. Neue Rechtsgrundlagen liefert ebenfalls das am 01.03.1999 in Kraft getretene **Bundesbodenschutzgesetz**[416]. Diese betreffen die polizeilichen Befugnisse bei der Gefahrenaufklärung, die der Gefahrbeseitigung vorausgeht, sowie den Kreis der Personen, der bei der Gefahrbeseitigung in Anspruch genommen werden kann.

II. Ansprüche geschädigter Bürger gegen den Staat

1. Haftungsansprüche nach den Grundsätzen der Amtshaftung

a) Fehlerhafte Genehmigungen

Vielfach wird für die **fehlerhafte Versagung umweltrechtlicher Genehmigungen** sowie für die **Erteilung fehlerhafter Genehmigungen** und für rechtswidrige Stillegungsverfügungen eine Haftung des Staates gefordert. Der erste

---

[415] *Reichert/ Ruder/ Fröhler*, PolR, Rdnr. 703.
[416] Gesetz vom 17.02.1998. BGBl. I, 502.

Fall ist weitgehend unproblematisch nach den Grundsätzen der Amtshaftung zu entscheiden. Umstritten ist jedoch, ob in den Fällen, in denen Unternehmen auf der Grundlage rechtswidriger Genehmigungen Investitionen getätigt haben und diese sich als nutzlos erwiesen haben, da die Genehmigungen vor den Gerichten keinen Bestand hatten, eine Haftung der Genehmigungsbehörde bzw. der dahinterstehenden Körperschaft gerechtfertigt ist.

Das Urteil des Bundesgerichtshofs, das den Betreibern des Kraftwerks Mülheim-Kärlich Schadensersatzansprüche gegen das Land Rheinland-Pfalz für nutzlos aufgewendete Investionen in Milliardenhöhe zugesprochen hat, ist heftig kritisiert worden. Die Zulassungsbehörde sei Kontrollinstanz, aber keine Rechtmäßigkeitsgarantin[417].

Eine Haftung des Staates im Bereich des Umweltrechts kommt überdies bei der Überplanung von Altlasten (vgl. dazu sogleich), der Unterstellung von Gebieten unter das Naturschutzrecht[418] sowie der Warnung seitens offizieller Stellen vor umweltgefährlichen Produkten (Beispiel WC-Steine)[419] in Betracht.

b) Überplanung von Altlasten

Der Bundesgerichtshof hat in einer Vielzahl von Entscheidungen betont, daß eine Rechtspflicht der Gemeinden bestehe, beim Vorliegen konkreter Anhaltspunkte bei der Aufstellung von Bauleitplänen oder der Erteilung von Baugenehmigungen die Frage zu prüfen, ob es durch die vorangegangene Nutzung der Grundstücke zu Bodenverunreinigungen gekommen ist[420]. Bei einer hinreichend konkreten Gefährdung verlangt die Rechtsprechung von den kommunlen Entscheidungsträgern die betreffenden Flächen vor der Aufstellung eines Bebauungsplanes oder der Erteilung einer Baugenehmigung zu untersuchen.

2. Ansprüche aufgrund legislatorischen Unterlassens

Die Grundrechte gewähren dem Bürger nicht nur Abwehrrechte gegenüber Eingriffen des Staates in die Rechte des Bürgers, sondern verpflichten den Staat auch, die Rechte der Bürger insbesondere auf körperliche Unversehrtheit und

---

[417] *Kloepfer*, Umweltrecht, § 6 Rdnr. 200.
[418] Vgl. hierzu *Pastow*, VBlBW 1983, 3 ff.
[419] Vgl. *Gröschner*, DVBl 1990, 619 ff.; *M. Schulte*, DVBl 1988, 512 ff.
[420] BGHZ 106, 323 ff.; 108, 224 ff.; 109, 380 ff.; 113. 367 ff.; BGH NJW 1993, 384 f.; NJW 1993, 933 ff.

Eigentum vor Eingriffen Dritter zu schützen[421]. Verletze der Staat diese **Schutz-pflicht**, so könne er den Geschädigten gegenüber schadensersatzpflichtig sein[422].

Aus dieser Überlegung heraus haben Waldbesitzer, die durch das Waldsterben Mindereinnahme erleiden, Schadensersatzansprüche gegen die Bundesrepublik erhoben. Die Zivilgerichte, die sich auf den Beschluß des Vorprüfungsausschusses des Bundesverfassungsgerichts vom 14.09.1983[423] berufen, haben die Klagen jedoch abgewiesen. In diesem Beschluß hatte das Bundesverfassungsgericht eine Verletzung von Schutzpflichten abgelehnt. Aufgrund der umfangreichen Aktivitäten zur Minderung der Gesamtmenge von Schadstoffimmissionen sei eine offensichtliche Pflichtverletzung der Rechtsetzungsorgane nicht erkennbar[424].

---

[421] Vgl. hierzu ausführlich unten § 8 II 4 b.

[422] Vgl. zur Thematik: *Ladeur*, DÖV 1986, 445; *ders.*, NJW 1987, 1236; *Leisner*, Waldsterben - Öffentlichrechtliche Ersatzansprüche, 1983; *Ebersbach*, NuR 1985, 165 ff.; *v. Hippel*, NJW 1985, 30.

[423] BVerfGE 56, 54, 80 f. Rechtsprechung bestätigt durch BVerfG NJW 1998, 3264. Hiergegen: *v. Hippel*, NJW 1998, 3254-3255.

[424] BGHZ 102, 350, 364 f. Vgl . hierzu: § 8 II 4 b.

§ 2 Deutsches Haftungsrecht mit umweltrechtlicher Relevanz de lege ferenda

A. Haftungsregelungen des Entwurfs einer Kodifikation des Allgemeinen Teils eines Umweltgesetzbuchs (UGB-AT-Entwurf)

I. Allgemeines

Die Zersplitterung des Umweltrechts in vielfältige Einzelgesetze hat bereits Mitte der siebziger Jahre die Idee der Kodifizierung des Umweltrechts aufkommen lassen[1]. Aufbauend auf in den Jahren 1978[2] und 1986[3] durchgeführte wissenschaftliche Vorarbeiten wurde 1988 die Arbeit am sogenannten "Professoren-Entwurf" für einen Allgemeinen Teil des Umweltgesetzbuches begonnen und im Juli 1990 fertiggestellt[4]. Nach der Vorlage des Allgemeinen Teils wurde mit den Arbeiten an einem Besonderen Teil begonnen. Dieser Entwurf wurde im August 1993 fertiggestellt[5].

Mit der Veröffentlichung des Entwurfs der Sachverständigenkommission (UGB-KomE) im Juli 1997 ist ein weiterer Schritt zur Verabschiedung eines Umweltgesetzbuchs gemacht worden. Für diesen weiteren Entwurf waren die Ergebnisse der sog. Professorenkommissionen in Gestalt der in den Jahren 1990 und 1994 veröffentlichten Entwürfe für ein Umweltgesetzbuch von beträchtlicher Bedeutung und eine wesentliche Hilfe für die Arbeit der Sachverständigenkommission[6]. Im Bereich des Umwelthaftungsrechts bleibt der neue Entwurf jedoch weit hinter dem Professorenentwurf von 1990 zurück und kodifiziert im wesentlichen lediglich das bestehende Haftungsrecht. Um mögliche neue Wege bei der Regulierung von Umweltschäden aufzuzeigen, sollen deshalb die Regelungen des Professorenentwurfs ausführlich dargestellt werden. Auf den Entwurf der Sachverständigenkommission soll im Anschluß

---

[1] Vgl. den Umweltbericht der Bundesregierung 1976, BT-Drucks. 7/5684 Tz. 109.

[2] *Kloepfer*, Systematisierung des Umweltrechts, Berichte 8/78 des Umweltbundesamts.

[3] *Kloepfer/ Messerschmidt*, Innere Harmonisierung des Umweltrechts, Berichte 6/86 des Umweltbundesamtes.

[4] *Kloepfer/ Rehbinder/ Schmidt-Aßmann* unter Mitwirkung von *Kunig*, Umweltgesetzbuch - Allgemeiner Teil, Berichte 7/90 des Umweltbundesamtes, 1991 (im folgenden: UGB-AT-Entwurf).

[5] *Jarass/ Kloepfer/ Kunig/ Papier/ Peine/ Rehbinder/ Salzwedel/ Schmidt-Aßmann*, Umweltgesetzbuch - Besonderer Teil, Berichte 4/94 des Umweltbundesamts, 1994. Zur Rechtfertigung der Kodifikationsidee: *Kloepfer*, JZ 1992, 817, 818 ff.; Einleitung zum UGB-AT-Entwurf, S. 1 ff.

[6] Vgl. Vorwort zum Umweltgesetzbuch (UGB-KomE).

nur insoweit eingegangen werden, als die Regelungsvorschläge vom bestehenden Haftungsrecht abweichen[7].

Der Professorenentwurf strebt in erster Linie eine Bereinigung der zahlreichen Unstimmigkeiten der bislang vorliegenden Einzelgesetze an. Aber der Entwurf soll nicht auf eine registrierende und systematisierende Zusammenfassung des geltenden Umweltrechts beschränkt bleiben, sondern darüberhinaus eine rechtsschöpferische Weiterentwicklung des Umweltrechts verwirklichen. Gewachsene dogmatische Strukturen in den einzelnen Bereichen des Umweltrechts sollen jedoch erhalten bleiben[8]. Neben diesen zentralen Zielsetzungen strebt die Kodifikation die rechtliche Verankerung eines medienübergreifenden, ökologischen Ansatzes im Umweltschutz sowie die Verankerung der umweltpolitischen Prinzipientrias (Vorsorge-, Verursacher- und Kooperationsprinzip) an. Auch eine Rangfolge der Umweltmaßnahmen zur Vermeidung, zur Verminderung oder zum Ausgleich von Umweltbeeinträchtigungen wird festgelegt[9]. Dabei wird eine Anpassung an die Rechtsentwicklung, insbesondere die Weiterentwicklung des Umweltverfassungsrechts, des Europäischen Umweltgemeinschaftsrecht sowie des Umweltvölkerrechts, gewährleistet[10].

Die Regelungen zur Umwelthaftung (8. Kapitel, §§ 110 bis 130) werden hier näher erläutert. Die Erarbeitung der Regelungen erfolgte im Blick auf den Diskussionsentwurf zum Umwelthaftungsgesetz; in vieler Hinsicht geht der Entwurf jedoch weit über diesen Gesetzes(vorschlag) hinaus[11].

II. Haftungstatbestände

Der Entwurf strebt seiner Gesamtkonzeption folgend eine Harmonisierung der Umwelthaftung an. Das bisherige Umwelthaftungsrecht weise zwar kaum richtige Haftungslücken auf, doch im Hinblick auf die Unterschiedlichkeit der Haftungsgründe für vergleichbare Schutzgüter und Gefährdungssituationen und die fehlende Geschlossenheit der systematischen Konzeption des bisherigen Rechts erscheine eine Systematisierung allein schon aus systematisch-dogmatischen Gründen sinnvoll. Außerdem seien die unterschiedlich

---

[7] Zum Entwurf der Unabhängigen Sachverständigenkommission zum Umweltgesetzbuch vgl. *Sendler*, NJ 1997, 506 ff.; *Schweikl*, BB 1997, 2123 ff.; *Kloepfer/ Durner* DVBl 1997, 1081 ff.

[8] Einleitung zum UGB-AT-Entwurf, S. 13.

[9] Einleitung zum UGB-AT-Entwurf, S. 13 f.

[10] Einleitung zum UGB-AT-Entwurf, S. 14.

[11] Einleitung zum UGB-AT-Entwurf, S. 22.

ausgestalteten Haftungsvoraussetzungen mit unterschiedlichen Durchsetzungschancen des Geschädigten und Risikoerwartungen des Verursachers verbunden, so daß die Schaffung einheitlicher und klarer Rechtsgrundlagen geboten sei. Vorgeschlagen wird deshalb die Einführung eines mäßig differenzierten Systems der Gefährdungshaftung, das sich auf die bedeutendsten schadensträchtigen Aktivitäten konzentriert [12]. Der Entwurf sieht ebenso wie das Umwelthaftungsgesetz[13] eine Gefährdungshaftung für Anlagen vor. Ergänzt wird diese jedoch durch Tatbestände, die eine Verhaltenshaftung (Handlungshaftung) mit medialem wie stoffbezogenem Ansatz statuieren. § 110 Abs. 1 UGB-AT-Entwurf umschreibt - ohne selbst Anspruchsgrundlage zu sein - den in den folgenden Vorschriften niedergelegten Haftungsgrundsatz dahingehend, daß derjenige, der eine bestimmte Anlage betreibt oder umweltgefährliche Stoffe herstellt, verwendet, befördert oder wegleitet, dem Geschädigten zum Ersatz verpflichtet ist[14]. Anknüpfungspunkt der Haftung ist bei der Mehrzahl der Haftungstatbestände die Entstehung eines Schadens durch eine Umweltbeeinträchtigung. Der Begriff der Umweltbeeinträchtigung ist in § 2 Abs. 3 UGB-AT-Entwurf definiert. Unter Umweltbeeinträchtigungen sind danach die von einer umwelterheblichen Handlung ausgehenden Wirkungen zu verstehen, die geeignet sind, die Umwelt nicht nur geringfügig nachteilig zu verändern.

1. Anlagenhaftung

Die Anlagenhaftung verfolgt das Prinzip der "offenen Liste". Der Entwurf statuiert weder eine Anlagenhaftung, die von einer abgeschlossenen Liste der Anlagen, die in die Haftung eingeschlossen sind, ausgeht, noch eine Anlagengeneralklausel. Die Verfasser des UGB-AT-Entwurfs haben sich für eine Kompromißlösung entschieden. Einerseits werden alle Anlagen erfaßt, die aufgrund ihrer Gefährlichkeit einer Umweltbewilligung bedürfen, anderseits werden durch § 111 Abs. 1 Nr. 2 und 3 UGB-AT-Entwurf zusätzliche Auffangtatbestände geschaffen. § 111 Abs. 2 UGB-AT-Entwurf enthält darüberhinaus eine Verordnungsermächtigung zur Einbeziehung weiterer umweltgefährlicher Anlagen in die Haftung. Diese Lösung soll in gleicher Weise die Rechtssicherheit und Berechenbarkeit der Haftung gewährleisten wie auch eine Gleichbehandlung vergleichbarer Risikolagen und Offenheit für neue Risikolagen sicherstellen[15].

---

[12] Begründung zum UGB-AT-Entwurf, S. 416 f.; S. 418.
[13] Vgl. oben § 1 B I 2.
[14] Vgl. Begründung zum UGB-AT-Entwurf, S. 419.
[15] Vgl. Begründung zum UGB-AT-Entwurf, S. 420.

§ 111 UGB-AT-Entwurf definiert den **Begriff der umweltgefährlichen Anlagen**, für die die § 112, 113 UGB-AT-Entwurf eine anlagenspezifische Gefährdungshaftung vorsehen. Haftungsgrund ist die Eignung der Anlage, durch erhebliche Umweltbeeinträchtigungen Schaden für den einzelnen oder Beeinträchtigungen des Naturhaushalts zu verursachen[16]. § 111 Abs. 1 Nr. 1 UGB-AT-Entwurf erfaßt umweltgefährliche Anlagen, die einer Genehmigung bedürfen; § 111 Abs. 2 Nr. 2 UGB-AT-Entwurf zieht solch umweltgefährlichen Anlagen in die Haftung mit ein, die eine erhebliche oder nachhaltige Veränderung der Gestalt oder Nutzung von Grundflächen verursachen.

In § 111 Abs. 1 Nr. 3 UGB-AT-Entwurf ist eine begrenzte Generalklausel zu sehen; die Regelung erstreckt die Haftung auf alle umweltgefährlichen Anlagen, die dazu bestimmt sind, umweltgefährliche Stoffe herzustellen, zu verwenden, zu befördern oder wegzuleiten. Durch § 111 Abs. 2 UGB-AT-Entwurf wird die Bundesregierung einerseits ermächtigt, durch Rechtsverordnung sonstige umweltgefährliche Anlagen zu bestimmen und somit in die Haftung einzubeziehen, anderseits aber auch Anlagen im Sinne des Abs. 1, die überwiegend nur geringfügige Umweltbeeinträchtigungen hervorrufen, von der Anwendung der §§ 112, 113 UGB-AT-Entwurf auszunehmen.

§ 112 UGB-AT-Entwurf bildet den **zentralen Haftungstatbestand**. Die Regelung verpflichtet den Inhaber einer Anlage nach § 111 UGB-AT-Entwurf, durch welche Umweltbeeinträchtigungen verursacht worden sind, zum Ersatz des daraus einem anderen entstehenden Schadens. Die Haftung bezieht sich demnach nur auf solche Schäden, die durch Umweltbeeinträchtigungen, das heißt auf dem Umweltpfad, verursacht worden sind[17]. Ergänzend hierzu sieht jedoch § 113 UGB-AT-Entwurf eine Haftung für die Fälle vor, in denen zwar keine Umweltbeeinträchtigung vorliegt, der Schaden aber durch Umstände verursacht wurde, die insbesondere im Hinblick auf den Betriebsablauf, die verwendeten Einrichtungen oder die Art und Konzentration der eingesetzten oder freigesetzten Stoffe eine besondere Gefährlichkeit der Anlage begründen. Das Merkmal der besonderen Gefährlichkeit tritt hier anstelle des Merkmals der Umweltgefährlichkeit der Anlage. Die Regelung soll in erster Linie Ersatz für Schäden gewähren, die durch Explosionen, Brände oder herabfallende Anlagenteile verursacht werden, da in diesen Fällen oft nicht festgestellt werden kann, ob der Schaden durch eine Umweltbeeinträchtigung oder durch eine sonstige Ursache verursacht worden ist[18]. Die anlagenbezogene Haftung

---

[16]   Vgl. Begründung zum UGB-AT-Entwurf, S. 420.

[17]   Vgl. Begründung zum UGB-AT-Entwurf, S. 421.

[18]   Diese Regelung wird von *Papier*, in Koch (Hrsg.), Auf dem Weg zum Umweltgesetzbuch, 1992, 148, 149 kritisiert, da durch sie der sachliche Zusammenhang

erstreckt sich nicht nur auf Unfälle oder Störfälle, sondern gilt auch für den Normalbetrieb[19].

Das von den Verfassern des UGB-AT-Entwurfs vorgesehene System der Anlagenhaftung ist als sachgerechte Erfassung der Problematik der Umweltschäden überwiegend auf Zustimmung gestoßen[20]. Rechtsstaatliche Bedenken werden jedoch der generalklauselartigen Regelung des § 111 Abs. 1 Nr. 3 UGB-AT-Entwurf sowie der als zu unbestimmt erachteten Verordnungsermächtigung des § 111 Abs. 2 UGB-AT-Entwurf entgegengehalten[21].

2. Verhaltenshaftung

Neben die anlagenbezogene Gefährdungshaftung haben die Verfasser des UGB-AT-Entwurfs mit den §§ 114 bis 116 UGB-AT-Entwurf eine umweltbezogene Handlungshaftung für bestimmte umweltgefährliche Aktivitäten gestellt. Vorgeschlagen wird eine Haftung für wassergefährdende Handlungen (§ 114 UGB-AT-Entwurf), für bodengefährdende Handlungen (§ 115 UGB-AT-Entwurf) und für den Transport umweltgefährlicher Stoffe (§ 116 UGB-AT-Entwurf).

---

    mit dem Umweltschutz und mit seiner zivil- bzw. haftungsrechtlichen Durchsetzung gesprengt werde.

[19] Die Einführung einer Gefährdungshaftung für Umweltschäden infolge rechtmäßigen Normalbetriebs bleibt umstritten. Die Verfasser des UGB-AT-Entwurf rechtfertigen die Einführung durch die Überlegung, daß die bewußte Nutzung eines Umweltmediums zur Entsorgung andere Nutzer dieses Umweltmediums der Gefahr aussetze, hierdurch Schaden zu erleiden. Dies sei ein Risiko, das in der Sphäre des Betreibers und nicht in der des Geschädigten liege; vgl. Begründung zum UGB-AT-Entwurf, S. 418. So auch *Gerlach*, Privatrecht und Umweltschutz, S. 335 ff.; *Rehbinder*, NuR 1989, 149, 155 f.; *Kloepfer*, ZfU 1988, 243, 247 f.; *Ganten/ Lembke*, UPR 1989, 1, 7 f.; *Papier*, in Koch (Hrsg.), Auf dem Weg zum Umweltgesetzbuch, 1992, S. 148, 150 f.; *Enders/ Reiter*, VersR 1991, 1329, 1332; *Hager*, in Koch (Hrsg.), Auf dem Weg zum Umweltgesetzbuch, 1992, 125, 127 ff.; *Erbguth*, NuR 1994, 377, 379; a. A. *Diederichsen*, Referat zum 56. DJT, 1986, L 93 ff.; *Marburger*, Gutachten zu, 56. DJT, 1986, C 125. Kritisch im Hinblick auf die Wettbewerbslage kleinerer und mittlerer Unternehmen: *Maiwald*, GewArch 1993, 318, 319. Vgl. ausführlich zur Thematik oben § 1 B I 5 a.

[20] *Hager*, in Koch (Hrsg.), Auf dem Weg zum Umweltgesetzbuch, 1992, 125, 131; *Enders/ Reiter*, VersR 1991, 1329, 1332; *Erbguth*, NuR 1994, 377, 379; *Schimikowski*, r+s 1992, 253 f.

[21] *Enders/ Reiter*, VersR 1991, 1329, 1331; *Papier*, in Koch (Hrsg.), Auf dem Weg zum Umweltgesetzbuch, 1992, 148, 150; *Erbguth*, NuR 1994, 377, 379.

§ 114 UGB-AT-Entwurf soll der besonderen Schutzbedürftigkeit des Wassers als Umweltmedium Rechnung tragen. Die Vorschrift entspricht dem bisherigen § 22 Abs. 1 S. 1 WHG, der vollständig in das achte Kapitel übernommen wurde[22]. Vorgesehen ist eine rein mediale Haftung für wassergefährdende Handlungen zu Lasten desjenigen, der Stoffe in ein Gewässer einbringt, einleitet oder sonst darauf einwirkt, so daß die physikalische, chemische oder biologische Beschaffenheit des Wassers verändert wird und Dritten daraus Schäden entstehen. Aufgrund der wörtlichen Übernahme des § 22 Abs. 1 S. 1 WHG ist das Tatbestandsmerkmal der Umweltbeeinträchtigung durch das Erfordernis der Veränderung der physikalischen, chemischen oder biologischen Beschaffenheit des Wassers ersetzt.

§ 115 UGB-AT-Entwurf begründet eine Gefährdungshaftung für bodengefährdende Handlungen. Derjenige ist zum Schadensersatz verpflichtet, der umweltgefährliche Stoffe auf den Boden aufbringt, auf ihm ablagert oder in den Boden einbringt oder ableitet und dadurch Umweltbeeinträchtigungen mit Schadensfolge für Dritte verursacht. Die Regelung geht zwar ebenso wie § 114 von einem medialen Ansatz aus, dieser wird jedoch mit einem stoffbezogenen Ansatz kombiniert, da Anknüpfungspunkt der Haftung nicht die bloße Einwirkung auf den Boden ist, sondern diese vielmehr durch die Verwendung umweltgefährlicher Stoffe geschehen muß.

Der Regelung wird vorgeworfen, daß sie gegenüber der Gewässerschutzhaftung einen erweiterten Anwendungsbereich habe, da nicht ausschließlich auf die Veränderung des Umweltmediums Boden abgestellt werde, sondern vielmehr jede Umweltbeeinträchtigung genüge. Diese Erweiterung des Anwendungsbereichs sei sachlich nicht gerechtfertigt, da Schäden durch Bodenverunreinigungen aufgrund der meist eindeutigen Eigentumsverhältnisse schon nach dem herkömmlichen Recht besser erfaßt seien[23]. Dem ist entgegenzuhalten, daß sollte die Anknüpfung an das Merkmal der Umweltbeeinträchtigung tatsächlich eine Haftungserweiterung bedeuten, diese gerechtfertigt ist, da nur so Fallkonstellationen erfaßt werden können, die erst auf dem Weg über ein anderes Umweltmedium zu Schäden führen, wie die Verseuchung des Grundwassers durch kontaminiertes Erdreich oder Schäden durch Ausdünstungen verseuchten Bodens.

Zugunsten der konventionellen Landwirtschaft sieht § 115 Abs. 2 UGB-AT-Entwurf zwei Ausnahmetatbestände vor. Im Falle des Aufbringens umweltgefährlicher Stoffe auf den Boden entfällt die Haftung, wenn hierbei

---

[22] Begründung zum UGB-AT-Entwurf, S. 422; zur Haftung nach dem Wasserhaushaltsgesetz vgl. oben § 1 B II.

[23] *Enders/ Reiter*, VersR 1991, 1329, 1333.

entweder die Anforderungen guter fachlicher Praxis nach Maßgabe einer Rechtsverordnung (nach § 146 UGB-AT-Entwurf) eingehalten wurden oder wenn eine Ersatzpflicht nach § 117 UGB-AT-Entwurf gegen den Hersteller umweltgefährlicher Stoffe oder nach dem Produkthaftungsgesetz besteht. Die Vorschrift wurde eingefügt, um die konventionelle Landwirtschaft nicht "*durch die Hintertür des Haftungsrechts*" ernsthaft zu gefährden. Derartige Entscheidungen sollten nur offen im Rahmen von Regelungen über die Umweltverträglichkeit der Landwirtschaft getroffen werden[24].

Die Kanalisierung der Haftung auf den Hersteller des umweltgefährlichen Stoffes ist weitgehend auf Zustimmung gestoßen. Der Ursprung des Umweltrisikos liege hier in der Sphäre des Herstellers; der einzelne Landwirt habe keine Möglichkeit, durch eigene Erkenntnisse den Schaden abzuwehren. Es bestehe kein zureichender Grund, daneben den Produktverwender einer verschuldensunabhängigen Haftung zu unterwerfen[25].

Kritisiert wird jedoch die Entlastungsmöglichkeit durch die Erfüllung der Anforderungen guter fachlicher Praxis. Es sei kein Grund ersichtlich, weshalb die Landwirtschaft haftungsrechtlich für im Normalbetrieb verursachte Schäden besser gestellt werden solle als andere Produktionszweige. Würden trotz der Beachtung der Anforderungen guter fachlicher Praxis Schäden auftreten, dann sollte die Folgen der Verwender der Mittel als deren Nutznießer tragen und nicht derjenige, der Opfer dieser Verwendung geworden sei[26].

Auf eine handlungsbezogenen Gefährdungshaftung, die das Umweltmedium Luft schützt, ist verzichtet worden.

§ 116 UGB-AT-Entwurf statuiert eine Gefährdungshaftung für den Transport umweltgefährlicher Stoffe. Es handelt sich um eine stoffbezogene Gefährdungshaftung, die jedoch auf bestimmte umweltgefährliche Umgangsformen beschränkt ist. Die Vorschrift entspricht im großen und ganzen den §§ 22 Abs. 2 WHG, 7 StVG, 1 HaftPflG, 33 LuftVG und füllt nur Lücken im bisherigen Recht[27]. Soweit auch eine Haftung nach den Tatbeständen der Anlagengefährdungshaftung in Betracht kommt - etwa beim Transport in Fabrikanlagen, Rohrleitungen oder Tankfahrzeugen -, geht der Entwurf von einer Anspruchskonkurrenz aus. Ein Vorrang des § 116 UGB-AT-Entwurf wird

24   Begründung zum UGB-AT-Entwurf, S. 422.
25   *Hager*, in Koch (Hrsg.), Auf dem Weg zum Umweltgesetzbuch, 1992, S. 125, 133; vgl. auch Begründung zum UGB-AT-Entwurf, S. 422 f.
26   *Schimikowski*, r+s 1992, 253, 254; *Hager*, in Koch (Hrsg.), Auf dem Weg zum Umweltgesetzbuch, 1992, S. 125, 134; *Enders/ Reiter*, VersR 1991, 1329, 1334.
27   Begründung zum UGB-AT-Entwurf, S. 423.

nicht als gerechtfertigt angesehen, da auch bei Anlagen, in denen umwelt-gefährliche Stoffe befördert werden, das Bedürfnis für eine weitergehende Anlagenhaftung nach § 133 UGB-AT-Entwurf bestehen könne[28].

3. Produkthaftung

Mit **§ 117 UGB-AT-Entwurf** strebt der Entwurf eine Erweiterung der Produkthaftpflicht an. Die Erweiterung erfolgt auf zweierlei Weise. Zum einen soll der Hersteller[29] auch für das Entwicklungsrisiko haften, zum anderen sind Sachschäden auch dann zu ersetzen, wenn die Sachen nicht zum privaten Gebrauch bestimmt sind.

Entgegen § 1 Abs. 2 Nr. 5 ProdHaftG soll bei umweltgefährlichen Stoffen, die einen Fehler aufweisen oder die fehlerhaft oder nicht gekennzeichnet, mit Gebrauchsanleitungen oder Warnhinweisen versehen sind, eine Haftung auch dann eintreten, wenn der Fehler nach dem Stand von Wissenschaft und Technik im Zeitpunkt des Inverkehrbringens nicht erkannt werden konnte[30]. Die Zuweisung des **Entwicklungsrisikos** an den Produzenten umweltgefährlicher Produkte ist überwiegend auf Zustimmung gestoßen[31]. Die Gefährdungshaftung umfasse ihrem konzeptionellen Ansatz nach auch das Entwicklungsrisiko. Gerade für die Umwelthaftung sei dies unverzichtbar, da nur ein kleiner Teil der möglichen Schäden sicher abschätzbar sei, denn umweltgefährliche Stoffe und Erzeugnisse wanderten nicht selten durch verschiedene Umweltmedien, bevor sie infolge von Anreicherungs-, Umwandlungs-, synergetischen und anderen Prozessen Schäden verursachen; hieraus ergebe sich, daß die Umweltgefährlichkeit eines Stoffes bei Produktionsbeginn oft nicht erkannt werde. Die Umwelthaftung solle aber gerade auch die gegenwärtig noch unbekannten Produktionsrisiken erfassen[32]. Die Haftung für Entwicklungsrisiken schaffe darüberhinaus den Anreiz, durch Intensivierung der

---

[28] Begründung zum UGB-AT-Entwurf, S. 423.

[29] Der Herstellerbegriff entspricht dem des Produkthaftungsgesetzes, so daß die Haftung auch den Importeur oder den Händler treffen kann (§ 4 Abs. 2, 3 ProdHaftG). Vgl. dazu auch die Begründung zum UGB-AT-Entwurf, S. 424.

[30] Begründung zum UGB-AT-Entwurf, S. 423.

[31] *Enders/ Reiter*, VersR 1991, 1329, 1334; *Hager*, in Koch (Hrsg.), Auf dem Weg zum Umweltgesetzbuch, 1992, S. 125, 134; *Papier*, in Koch (Hrsg.), Auf dem Weg zum Umweltgesetzbuch, 1992, 148, 150; einschränkend: *Schimikowski*, r+s 1992, 253, 254, der rechtssystematische Bedenken geltend macht, da ein bedeutender Teil der Produkthaftpflicht aus dem Anwendungsbereich des Produkthaftungsgesetzes herausgelöst werde. A.A.: *Diederichsen*, PHI 1990, 78, 85; *ders.*, in FS Lukes, 1989, 41, 52.

[32] *Enders/ Reiter*, VersR 1991, 1329, 1334.

Forschung Risiken aufzuspüren. Nähme man das Entwicklungsrisiko aus der Gefährdungshaftung, könnte der Schädiger sich damit begnügen, den geltenden Stand von Wissenschaft und Technik zu beachten[33]. Gemeinschaftsrechtlich steht einer solchen Regelung nichts im Wege, da die Produkthaftungsrichtlinie[34] als Regelfall zwar eine Haftung für Entwicklungsrisiken ausschließt, den Mitgliedstaaten aber das Recht einräumt, diese Haftung einzuführen[35].

4. Öffentlich-rechtliche Ausgleichsansprüche

Mit § 118 UGB-AT-Entwurf stellen die Verfasser des Entwurfs einen öffentlich-rechtlichen Ausgleichsanspruch neben die Gefährdungshaftungstatbestände der §§ 112 bis 117 UGB-AT-Entwurf. Die Vorschrift gewährt den öffentlich-rechtlichen Gebietskörperschaften einen Anspruch auf Wiederherstellung des früheren Zustandes oder auf Ersatz der gemachten Aufwendungen, wenn durch schwerwiegenden Verstoß gegen öffentlich-rechtliche Pflichten, die den Schutz der Umwelt bezwecken, eine erhebliche Beeinträchtigung des Naturhaushalts verursacht worden ist.

Mit der Regelung wird ein Ausgleich für ökologische Schäden angestrebt. Systematisch steht die Regelung als öffentlich-rechtliche Anspruchsberechtigung in der Nähe der polizeirechtlichen Störerhaftung, Ersatzvornahme und Kostenerstattung[36]. Die Vorschrift soll eine Lücke im deutschen Schadensrecht schließen. Im bisherigen Recht sind einerseits die Befugnisse des privaten Eigentümers zur Geltendmachung ökologischer Schäden begrenzt, anderseits steht der öffentlichen Hand kein ausreichendes Instrumentarium zur Verfügung, um schnell und effektiv Wiederherstellung beeinträchtigter Naturgüter und Ersatz der hierfür erforderlichen Aufwendungen zu verlangen. Mit der Regelung soll die öffentliche Hand ermächtigt werden, als Sachwalter der Allgemeinheit Wiederherstellung und Kostenersatz bei Beeinträchtigungen von Naturgütern zu verlangen[37]. Schäden am Naturhaushalt sind auch und gerade dann zu ersetzen, wenn sie nicht zugleich Schäden am Eigentum oder an einem sonstigen privaten Recht sind.

---

[33] Vgl. *Hager*, in Koch (Hrsg.), Auf dem Weg zum Umweltgesetzbuch, 1992, S. 125, 128; dieser begrüßt zwar grundsätzlich die Einbeziehung des Entwicklungsrisikos in die Haftung, möcht diese jedoch auf Konstruktions- und Konzeptionsfehler beschränken. Bei bloßen Instruktionsfehlern solle der Verbraucher das Entwicklungsrisiko tragen. Dies entspräche der Lösung des Arzneimittelgesetzes (§ 84 S. 2 Nr. 1 AMG).

[34] ABlEG Nr. L 210 v. 7.8.1985, S. 29.

[35] Vgl. Art. 7 Buchstabe e) der Produkthaftungsrichtlinie.

[36] Vgl. die Begründung zum UGB-AT-Entwurf, S. 424.

[37] Vgl. Begründung zum UGB-AT-Entwurf, S. 424.

Voraussetzung des Anspruchs nach § 118 UGB-AT-Entwurf ist, daß in den Fällen der §§ 112, 114 bis 117 UGB-AT-Entwurf eine erhebliche Beeinträchtigung des Naturhaushaltes durch schwerwiegenden Verstoß gegen öffentlich-rechtliche Pflichten, die den Schutz der Umwelt bezwecken, verursacht worden ist. Mit der Voraussetzung eines Verstoßes gegen umweltschützende, öffentlich-rechtliche Pflichten verläßt der Entwurf die Prinzipien der Gefährdungshaftung; aufgrund des erweiterten Haftungsumfangs und der Tatsache, daß es sich nicht um private, sondern um Güter der Allgemeinheit handelt, erscheint dies gerechtfertigt[38]. Problematisch ist einerseits, daß die Regelung nicht näher definiert, was unter öffentlich-rechtlichen Pflichten zu verstehen ist, andererseits auch offenläßt, wann ein Verstoß gegen diese als schwerwiegend bezeichnet werden kann[39]. Die Verfasser vertrauen hier wohl - wie auch an anderer Stelle[40] - auf eine Entwicklung durch die Rechtsprechung.

Der Anspruch der öffentlichen Hand ist gegenüber privatrechtlichen Ansprüchen subsidiär. Privatrechtliche Ansprüche des Grundeigentümers haben zwar grundsätzlich Vorrang, es sei denn, der Eigentümer habe den erforderlichen Maßnahmen zugestimmt oder sei aufgrund von landesrechtlichen Regelungen nach § 10 BNatSchG zur Duldung verpflichtet.

Die Pflichten des Verursachers gehen nach § 118 Abs. 1 UGB-AT-Entwurf auf Wiederherstellung des früheren Zustandes, physisch-realen Ausgleich oder physisch-realen Ersatz, je nachdem, welche Maßnahmen möglich und dem Verursacher zumutbar sind[41].

Mit **§ 118 Abs. 2 UGB-AT-Entwurf** wird der zuständigen Gebietskörperschaft ein abgekürzter Kostenanspruch gewährt, den sie anstelle der Rechte nach Absatz 1, die sie notfalls im Wege der Ersatzvornahme durchsetzen kann, nach ihrem Ermessen geltend machen kann. Bedeutung hat dieser Anspruch insbesondere dann, wenn rasch gehandelt werden muß oder bereits Wiederherstellungsmaßnahmen erfolgt sind[42].

Auf einen Entschädigungsanspruch bei Unmöglichkeit der Wiederherstellung, des Ausgleichs oder der sonstigen Behebung der Beeinträchtigungen des

---

[38] Vgl. *Hager*, in Koch (Hrsg.), Auf dem Weg zum Umweltgesetzbuch, 1992, S. 125, 145.
[39] Vgl. dazu *Papier*, in Koch (Hrsg.), Auf dem Weg zum Umweltgesetzbuch, 1992, S.148, 153. Dieser wirft die Frage auf, ob es sich um eine schlichte Verwaltungsrechtsakzessorietät oder um eine Verwaltungsaktakzessorietät handelt.
[40] Vgl. Begründung zum UGB-AT-Entwurf, S. 421 zu § 112 UGB-AT-Entwurf;
[41] Vgl. dazu *Enders/ Reiter*, VersR 1991, 1329, 1334.
[42] Begründung zum UGB-AT-Entwurf, S. 425.

Naturhaushaltes ("ökologisches Schmerzensgeld") ist verzichtet worden, da die Problematik noch weiterer Klärung bedürfe[43].

III. Haftungsumfang

Die Verfasser des UGB-AT-Entwurfs haben bei der Bestimmung des Haftungsumfangs an die traditionellen Regeln der bestehenden Gefährdungshaftungstatbestände angeknüpft, diese jedoch mit der Grundregelung über den Umfang der Ersatzpflicht bei Beeinträchtigungen des Naturhaushaltes in gewissem Sinn fortentwickelt[44]. Ersetzt werden Körper- und Gesundheitsschäden, Sachschäden sowie unter bestimmten Voraussetzungen Vermögensschäden (vgl. § 126 UGB-AT-Entwurf).

1. Körper- und Gesundheitsschäden

Beim Ersatz von Körper- und Gesundheitsschäden sind die Verfasser einer schon seit langem gestellten Forderung[45] nachgekommen, denn nach § 129 UGB-AT-Entwurf i.V.m. § 847 BGB wird Schmerzensgeld auch im Rahmen der Gefährdungshaftungstatbestände gewährt. Ansonsten gelten hinsichtlich des Ersatzes von Körper- und Gesundheitsschäden die üblichen Regelungen.

2. Sachschäden

Hinsichtlich des Ersatzes von Sachschäden enthält der UGB-AT-Entwurf mehrere Besonderheiten.

§ 119 Abs. 2 UGB-AT-Entwurf trifft eine Sonderregelung für Umweltschäden aus dem rechtmäßigen Normalbetrieb. Die Ersatzpflicht wird für Sachschäden, welche die Benutzung oder den Wert einer Sache nicht, nur unwesentlich oder in einem Maße beeinträchtigen, das nach den örtlichen Verhältnissen zumutbar ist, ausgeschlossen, es sei denn, der Schaden ist durch Verstoß gegen öffentlich-rechtliche Pflichten, die den Schutz der Umwelt bezwecken, oder durch eine Störung des bestimmungsgemäßen Betriebs verursacht worden.

---

[43] Begründung zum UGB-AT-Entwurf, S. 426. Vgl. zu dieser Problematik: *Rehbinder*, NuR 1988, 105; *Schulte*, JZ 1988, 278; *Knopp*, ZfW 1988, 261; *Ladeur*, NJW 1987, 1236; *Gassner*, UPR 1987, 370.

[44] Vgl. Begründung zum UGB-AT-Entwurf, S. 431; *Hager*, in Koch (Hrsg.), Auf dem Weg zum Umweltgesetzbuch, 1992, S. 125, 144.

[45] Vgl. *Schimikowski*, r+s 1992, 253, 256; vgl. *Kötz*, DeliktsR, Rdnr. 370, m.w.N.

Durch die Regelung soll eine Verabsolutierung des Schutzes der Geschädigten als einer Gruppe von Umweltnutzern auf Kosten der Anlagenbetreiber als einer anderen Gruppe von Umweltnutzern vermieden werden, indem Umweltbelastungen aus dem Normalbetrieb in bestimmten Umfang als allgemeines Lebensrisiko und daher als nicht ersatzfähig angesehen werden[46]. Schäden durch den rechtmäßigen Normalbetrieb sollen demnach nur ersetzt werden, wenn sie unzumutbar sind. Körperschäden sind stets unzumutbar.

§ 126 Abs. 2 UGB-AT-Entwurf trifft eine Einschränkung des Sachschadensbegriffs für Bodenverunreinigungen. Demnach soll ein Sachschaden nur dann vorliegen, wenn durch eine Bodenverunreinigung eine ortsübliche Benutzung des Grundstücks wesentlich beeinträchtigt wird. Hiermit soll eine Ausuferung des Schadenersatzes vermieden werden, da ansonsten jede Bodenverunreinigung als Schaden anzusehen wäre[47].

3. Vermögensschäden

Vermögensschäden sind gemäß § 126 Abs. 1 Nr. 3 UGB-AT-Entwurf nur ersatzfähig, wenn sie Folge von Körper-, Gesundheits- und Sachschäden sind oder in den Fällen der §§ 112, 114 und 116 UGB-AT-Entwurf, wenn sie durch eine Veränderung der physikalischen, chemischen oder biologischen Beschaffenheit des Wassers unmittelbar verursacht wurden. Insoweit wird durch die Übernahme der Regelung des § 22 WHG auf das Erfordernis des Eingriffs in das Eigentum verzichtet[48].

4. Umfang des Ersatzes bei Beeinträchtigung des Naturhaushaltes

§ 127 UGB-AT-Entwurf regelt den Ersatz von Sachschäden, die zugleich eine Beeinträchtigung des Naturhaushaltes darstellen und durch Verstoß gegen öffentlich-rechtliche Pflichten zum Schutz der Umwelt verursacht wurden. Die Vorschrift ergänzt § 118 UGB-AT-Entwurf. Durch die Regelung wird der Anspruch auf Naturalrestitution des § 249 S. 1 BGB erweitert. Als Naturalrestitution ist demnach nicht nur die Wiederherstellung im engeren Sinn, sondern auch der physisch-reale Ausgleich oder die sonstige Behebung der Beeinträchtigung anzusehen. Mit der Regelung werden somit lediglich

---

[46] Vgl. Begründung zum UGB-AT-Entwurf, S. 426.
[47] Begründung zum UGB-AT-Entwurf, S. 432.
[48] Begründung zum UGB-AT-Entwurf, S. 431.

Überlegungen fortgeführt, die bereits auf der Grundlage des § 249 BGB angestellt wurden[49].

§ 127 Abs. 1 S. 2 UGB-AT-Entwurf erklärt § 251 Abs. 2 BGB für entsprechend anwendbar, so daß im Anwendungsbereich des § 127 die Wiederherstellung versagt werden kann, wenn sie unverhältnismäßig ist; gleichzeitig wird jedoch bestimmt, daß Unverhältnismäßigkeit nicht schon dann vorliegt, wenn die erforderlichen Aufwendungen den Wert der Sache erheblich übersteigen[50].

§ 127 Abs. 2 UGB-AT-Entwurf unterwirft den Anspruch des § 249 S. 2 BGB auf Kostenersatz der Zweckbindung. Verwendet der Geschädigte den Geldbetrag zweckwidrig, so kann er vom Schädiger zurückverlangt werden. Ist eine solche Regelung aus umweltpolitischen Überlegungen auch zu begrüßen, stellt sich jedoch die Frage, ob sie mit dem Grundsatz der Dispositionsfreiheit und den Eigentumsrechten des Geschädigten zu vereinbaren ist, insbesondere dann, wenn sich die Regelung auch auf die Fälle erstreckt, in denen die Wiederherstellung auch nach herkömmlichen Maßstäben nicht unverhältnismäßig ist[51].

5. Haftungshöchstgrenzen

Der Entwurf des Umweltgesetzbuchs verzichtet auf die Festsetzung einer globalen Haftungshöchstgrenze. Eine solche wurde bisher als Ausgleich für die verschärfte Haftung in die meisten Gefährdungshaftungstatbestände eingefügt. Hierbei handelt es sich jedoch nicht um eine zwingende, vom Wesen der Gefährdungshaftung gebotene Regelung. In der rechtspolitischen Diskussion zur Gefährdungshaftung hat sich deshalb auch die Auffassung durchgesetzt, daß am System der summenmäßigen Begrenzung der Haftung nicht festzuhalten sei[52].

---

[49] Vgl. oben § 1 A I 6 e; vgl. die Begründung des UGB-AT-Entwurfs, S. 432, m.w.N.
[50] Vgl. hierzu auch die Regelung des Umwelthaftungsgesetzes (vgl. oben § 1 B I 3 b) sowie die Überlegungen zu § 251 Abs. 2 BGB (vgl. oben § 1 A I 6 d).
[51] Vgl. oben § 1 A I 6 b.
[52] Begründung zum UGB-AT-Entwurf, S. 431; vgl. auch die Ausführungen zu den Haftungshöchstgrenzen des Umwelthaftungsgesetzes, oben § 1 B I 3 b, m.w.N.

IV. Ausschluß der Haftung, Verjährung

1. Höhere Gewalt

§ 119 Abs. 1 UGB-AT-Entwurf sieht einen Haftungsausschluß bei höherer Gewalt vor. Rechtspolitisch ist es wohl nicht zwingend geboten, die Risiken aus umweltgefährlichen Aktivitäten, die sich infolge höherer Gewalt verwirklichen, auf die Geschädigten oder die Allgemeinheit abzuwälzen, doch ist ein solcher Haftungsausschluß bei Gefährdungshaftungstatbeständen überwiegend vorgesehen[53].

2. Vertraglicher Haftungsausschluß

Anders als etwa bei der Produkt- und Arzneimittelhaftung[54] haben die Verfasser des UGB-AT-Entwurfs kein Verbot vertraglicher Haftungsausschlüsse statuiert. Diese Uneinheitlichkeit im deutschen Haftungsrecht ist auf Kritik gestoßen. Im europäischen Recht gebe es einen eindeutigen Trend zugunsten des Verbots vertraglicher Haftungsausschlüsse[55]. Der deutsche Gesetzgeber solle hier eindeutig Position beziehen, um das Feld nicht der Rechtsprechung zu überlassen, die dann anhand des AGB-Gesetzes die Grenzen zulässigen Handelns auf eigene Gefahr bestimmen müsse[56].

3. Verjährung

Der Entwurf verzichtet auf eine eigene Verjährungsvorschrift, sondern verweist durch § 129 UGB-AT-Entwurf auf § 852 BGB. Der Anspruch verjährt demnach in drei Jahren von dem Zeitpunkt an, in welchem der Verletzte von dem Schaden und der Person des Ersatzpflichtigen Kenntnis erlangt, ohne Rücksicht auf diese Kenntnis in dreißig Jahren von der Begehung der Handlung an.

---

[53] *Schimikowski*, r+s 1992, 253, 255, der zumindest für eine einheitliche Regelung plädiert.
[54] Vertragliche Haftungsausschlüsse sehen u. a. auch die §§ 8a Abs. 2 StVG, 7 HPflG und 49 LuftVG vor.
[55] Vgl. beispielsweise Art. 12 der Produkthaftungsrichtlinie (Richtlinie 85/374/EWG zur Angleichung der Rechts- und Verwaltungsvorschriften der Mitgliedsstaaten über die Haftung für fehlerhafte Produkte, ABlEG Nr.L 210 v. 07.08.1085, S. 29), entspricht § 14 des Produkthaftungsgesetzes.
[56] *Schimikowski*, r+s 1992, 253, 255; ähnlich auch *Enders/ Reiter*, VersR 1991, 1329, 1340.

4. Mitverursachung

§ 125 UGB-AT-Entwurf erklärt § 254 BGB hinsichtlich der Mitverursachung des Geschädigten für anwendbar. Mit Satz 2, der das Verhalten desjenigen, der die tatsächliche Gewalt über die Sache ausübt dem Verhalten des Geschädigten gleichstellt, sollen Auslegungsprobleme vermieden werden, die sich aus Streitigkeiten über die entsprechende Anwendbarkeit entweder von § 278 oder § 831 BGB im Rahmen von § 254 BGB ergeben.

V. Mehrheit von Verursachern

Mit § 120 UGB-AT-Entwurf trifft der Entwurf eine Regelung für die Haftung mehrerer Verursacher. Die Vorschrift ist nur für Schäden im Nahbereich von Emissionsquellen konzipiert. Hinsichtlich Distanzschäden sei das individuelle Haftungsrecht überfordert, da eine individualisierbare Verantwortungsbeziehung zwischen einem oder mehreren bestimmten Verursachern und einem bestimmten Geschädigten nicht festzustellen sei[57]. Mit der Norm lehnen die Verfasser der Entwurfs sich an eine zu § 906 BGB entwickelte Rechtsprechung an. Die Rechtsprechung geht hier grundsätzlich von einer Anteilshaftung bei festgestellter Mitverursachung aus und bejaht eine gesamtschuldnerische Haftung nur, wenn sich die Verursachungsanteile auch durch Schätzung analog § 287 ZPO nicht feststellen lassen[58]. Dem folgend bestimmt § 120 UGB-AT-Entwurf, daß jeder, der eine wesentliche Bedingung für den Eintritt eines Schadens gesetzt hat, für den entstandenen Schaden im Verhältnis seines Verursachungsanteils haftet. Weiterhin wird § 287 ZPO für entsprechend anwendbar erklärt. Lassen sich die Verursachungsanteile nicht bestimmen, haftet jeder, der eine wesentliche Bedingung für den Eintritt des Schadens gesetzt hat, als Gesamtschuldner[59]. Mit der Haftungsvoraussetzung der "wesentlichen Bedingung" sollen Kleinemittenten von der Haftung ausgenommen werden. Damit soll der Überlegung Rechnung getragen werden,

---

57 Begründung zum UGB-AT-Entwurf, S. 426.
58 BGHZ 66, 70, 76 f.; 70, 102, 107 f.; 72, 289, 298 f.; 85, 375, 378; vgl. Begründung zum UGB-AT-Entwurf, S. 427.
59 Im Ergebnis wird der Regelung zwar zugestimmt (*Erbguth*, NuR 1994, 377, 379), doch wird ihr vorgeworfen, sie entbehre der rechtsdogmatischen Stringenz. Der Gesetzentwurf gehe davon aus, daß es generell keinen Zurechnungsgrund für die Anordnug einer gesamtschuldnerischen Haftung gebe; auch der in der Literatur diskutierte Zurechnungsgrund der Risikoerhöhung werde verworfen (vgl. Begründung zum UGB-AT-Entwurf, S. 427; m.w.N.). Rechtsdogmatisch sei damit die Normierung einer gesamtschuldnerischen Haftung für den Fall der Unaufklärbarkeit der Verursachungsanteile nicht in Einklang zu bringen. So: *Enders/ Reiter*, VersR 1991, 1329, 1337.

daß der Kleinemittenten zurechenbare Schadensanteil oft Teil der Grundbelastung ist, die das Opfer als allgemeines Lebensrisiko nach § 119 Abs. 2 UGB-AT-Entwurf selbst zu tragen hat[60].

VI. Kausalitätsvermutungen und Auskunftsansprüche

1. Kausalitätsvermutungen

Im Bereich des Umwelthaftungsrechts sieht sich der Geschädigte oftmals erheblichen Schwierigkeiten gegenüber, den Kausalitätsnachweis zwischen schädigender Handlung und erlittenem Schaden zu führen. In dieser Schwierigkeit wird von vielen die Ursache gesehen, weshalb bisher nur relativ selten Umwelthaftpflichtprozesse geführt wurden[61]. Der Entwurf ist bemüht, die Beweislage des Geschädigten zu verbessern.

Es wird davon ausgegangen, daß die Kausalität ein unverzichtbares Haftungskriterium in der Umweltgefährdungshaftung darstellt. Die entworfenen Regelungen sind insofern bemüht, einen Ausgleich zwischen den Interessen des potentiellen Schädigers und denen des Geschädigten zu finden. Einerseits darf der mögliche Schadensverursacher nicht einer bloßen Verdachtshaftung ausgesetzt werden, anderseits ist im Interesse prozessualer Waffengleichheit zwischen Verursacher und Geschädigtem die Beweislage des letzteren zu verbessern[62].

Mit § 121 UGB-AT-Entwurf werden eine Reihe von differenzierten Vermutungen hinsichtlich des Kausalitätszusammenhangs zwischen umweltbelastender Aktivität und Umweltschaden vorgeschlagen. **§ 121 Abs. 1 UGB-AT-Entwurf** enthält eine **Beweislastgeneralkausel**, die für alle Aspekte

---

[60] Begründung zum UGB-AT-Entwurf, S. 428; *Hager*, in Koch (Hrsg.), Auf dem Weg zum Umweltgesetzbuch, 1992, S. 125, S. 140 ff., kritisiert diese Einschränkung als zu weitgehend. Auf eine derartige Regelung könne verzichtet werden, da der geringe Gefährdungsbeitrag schon als Kausalfaktor ausscheide. Hielte man eine Regelung für unabdingbar, sei der umgekehrte Weg vozuziehen, etwa in der Art, daß minimale Verursachungsbeiträge unberücksichtigt zu bleiben hätten. Für unbedingt geboten hält Hager dagegen eine Vorschrift für den Fall, daß als Mitschädiger nicht ermittelbare Dritte in Betracht kommen. Bleibe es hier uneingeschränkt bei der gesamtschuldnerischen Haftung, komme auf die einzelne eine Haftung zu, die über ihr Schädigungspotential und somit auch über ihren Versicherungsschutz hinausgehe. Kritisch in dieser Richtung auch *Schimikowski*, r+s 1992, 253, 255.

[61] *Hager*, in Koch (Hrsg.), Auf dem Weg zum Umweltgesetzbuch, 1992, S. 125, 136; *Enders/ Reiter*, VersR 1991, 1329, 1337; *Diederichsen/ Scholz*, WiVerw 1984, 23, 24.

[62] Begründung zum UGB-AT-Entwurf, S. 428.

der Kausalität gilt[63]. Danach wird die Verursachung eines Schadens vermutet, wenn nach den Umständen eine ganz überwiegende Wahrscheinlichkeit dafür besteht, daß der Schaden durch den Betrieb einer Anlage nach § 111, den Umgang mit umweltgefährlichen Stoffen im Sinne der §§ 114 bis 116 oder einen Fehler eines umweltgefährlichen Stoffs verursacht worden ist. Als maßgebliche Umstände sind insbesondere der Betriebsablauf, die verwendeten Einrichtungen, die Art und Konzentration der eingesetzten und freigesetzten Stoffe, die Zeit, der Ort und die Umstände des Schadenseintritts in Betracht zu ziehen. Die Regelung erspart dem Geschädigten den Vollbeweis der Schadensverursachung. Hinsichtlich des Kausalzusammenhangs zwischen den schädigenden Einwirkungen und dem Schaden genügt eine "ganz überwiegende Wahrscheinlichkeit" des Ursachenzusammenhangs. Alle sonstigen Tatbestandsmerkmale sind in vollem Umfang zu beweisen.

Einerseits wird eine solche Rücknahme des Wahrscheinlichkeitsgrades (noch) abgelehnt[64], andererseits wird sie als nicht weitgehend genug kritisiert[65]. Es wird vorgeschlagen, den Nachweis eines bloß überwiegenden Kausalzusammenhangs genügen zu lassen, da die Verantwortung für die unklare Beweislage bei denen liege, die die Umweltbeeinträchtigung verursachen. Der Geschädigte solle nur den Nachweis erbringen müssen, daß mehr für als gegen den Kausalzusammenhang spreche[66].

§ 121 Abs. 2 UGB-AT-Entwurf sieht eine besondere Kausalitätsvermutung vor, die bei der **Verletzung öffentlich-rechtlicher Pflichten**, die dem Schutz der Umwelt dienen oder bei der Störung des bestimmungsgemäßen Betriebs in einer Anlage, eingreift. In einem solchen Fall wird die Verursachung eines Schadens vermutet, wenn der Betrieb der Anlage nach § 111, der Umgang mit umweltgefährlichen Stoffen im Sinne der §§ 114 bis 116 oder ein Fehler eines umweltgefährlichen Stoffs nach den Umständen geeignet ist, den Schaden zu verursachen.

An das Vorliegen von Schadenseignung und die Verletzung öffentlich-rechtlicher Pflichten oder die Störung des Normalbetriebs knüpft der Entwurf demnach eine Beweislastumkehr. Anders als beim Umwelthaftungsgesetz[67] wird

---

[63] Begründung zum UGB-AT-Entwurf, S. 428.
[64] Beschluß Nr. 40 des 56. DJT, Bd. II, L 284.
[65] *Hager*, in Koch (Hrsg.), Auf dem Weg zum Umweltgesetzbuch, 1992, S. 125, 138.
[66] *Hager*, in Koch (Hrsg.), Auf dem Weg zum Umweltgesetzbuch, 1992, S. 125, 138. *Enders/ Reiter*, VersR 1991, 1329, 1338 führen zwar ähnliche Argument an, sehen jedoch die vom UGB-AT-Entwurf geroffene Regelung als ausreichend an. Zustimmung zur getroffenen Regelung äußern auch: *Erbguth*, NuR 1994, 377, 379; *Schimikowski*, r+s 1992, 253, 255.
[67] Vgl. § 6 Abs. 1 und 2 UmweltHG.

jedoch nicht hinreichend deutlich, wer die Beweislast hinsichtlich der Verletzung öffentlich-rechtlicher Pflichten oder der Störung des Normalbetriebs zu tragen hat. Der Entwurf trifft hierzu keine Regelung, so daß davon ausgegangen werden muß, daß dem Geschädigten dieser Beweis obliegt. Dies bedeutet einen Rückschritt gegenüber der Regelung des Umwelthaftungsgesetzes, da dem Geschädigten aufgrund seiner Unkenntnis interner Betriebsabläufe dieser Nachweis erhebliche Schwierigkeiten bereiten kann[68]. Unklar bleibt auch, welche öffentlich-rechtlichen Pflichten, die dem Schutz der Umwelt dienen, verletzt sein müssen. Bei der Konkretisierung des Pflichtenkreises setzen die Verfasser wohl in erster Linie auf die Rechtsprechung[69].

§ 121 Abs. 3 UGB-AT-Entwurf überträgt die Beweiserleichterungen der Absätze 1 und 2 entsprechend auf die summierten Umweltbelastungen im Sinne des § 120 UGB-AT-Entwurf. Auch hier bedarf es für die Beweislastumkehr nach der Grundregel des Satzes 1 einer ganz überwiegenden Wahrscheinlichkeit. Diese bezieht sich darauf, daß mehrere Aktivitäten durch ihr Zusammenwirken den Schaden gemeinsam verursacht haben und mindestens eine dieser Aktivitäten eine wesentliche Bedingung für den Schadenseintritt gesetzt hat[70].

§ 121 Abs. 3 S. 2 UGB-AT-Entwurf überträgt die Beweisregel des Absatz 2 auf den Sonderfall zusammenwirkender rechtswidriger Umwelteinwirkungen. Die Aussagekraft dieser Beweisregel beschränkt sich auf die gemeinsame Verursachung eines Umweltschadens durch mehrere rechtswidrige Aktivitäten. Auch hier ist hinsichtlich des wesentlichen Beitrags der Mitverursachung der Nachweis der überwiegenden Kausalität erforderlich[71].

2. Auskunftsansprüche

Die Beweiserleichterungen des § 121 UGB-AT-Entwurf entfalten ihre Bedeutung für den Geschädigten erst im Schadensersatzprozeß. Für den Geschädigten ist es jedoch von großer Bedeutung, schon im vorhinein seine Prozeßchancen abschätzen zu können. Die §§ 122, 123 UGB-AT-Entwurf gewähren zu diesem Zweck dem Geschädigten Auskunftsansprüche gegen Betreiber umweltgefährlicher Anlagen sowie gegen bestimmte Behörden. Im Gegenzug werden die Auskunftsansprüche auch dem Anlagenbetreiber gewährt,

---

[68] *Papier*, in Koch (Hrsg.), Auf dem Weg zum Umweltgesetzbuch, 1992, S. 148, 155.

[69] Vgl. die Begründung zum UGB-AT-Entwurf, S. 429.

[70] Begründung zum UGB-AT-Entwurf, S. 429; vgl. auch *Enders/ Reiter*, VersR 1991, 1329, 1339.

[71] Begründung zum UGB-AT-Entwurf, S. 430.

einerseits zur Erleichterung der Rechtsverteidigung, anderseits zur Ermöglichung der Regressnahme gegen andere Anlagenbetreiber.

§ 122 UGB-AT-Entwurf begründet einen vorprozessualen Auskunftsanspruch gegen Betreiber umweltgefährlicher Anlagen, die nach den §§ 112, 113 UGB-AT-Entwurf einer potentiellen Haftung unterliegen. Voraussetzung für die Geltendmachung des Auskunftsanspruchs ist das Vorliegen gewichtiger Anhaltspunkte dafür, daß der Betrieb einer Anlage den entstandenen Schaden verursacht hat; die bloße Möglichkeit der Schadensverursachung reicht nicht aus[72]. Der Anspruch ist auf Betreiber von Anlagen beschränkt. Auskunftsansprüche im Rahmen der reinen Tätigkeitshaftung wurden als nicht angemessen erachtet[73].

Gerichtet ist der Anspruch auf Auskunft und Gewährung von Einsicht in vorhandene Aufzeichnungen, soweit dies zur Feststellung, daß ein Anspruch auf Schadensersatz nach dem Umweltgesetzbuch besteht, erforderlich ist. Die Auskunft beschränkt sich hierbei auf die notwendigen Angaben über die verwendeten Einrichtungen, die Art und Konzentration der eingesetzten und freigesetzten Stoffe und die sonst von der Anlage ausgehenden Wirkungen. Sind die Vorgänge aufgrund gesetzlicher Vorschriften geheim zu halten oder entspricht die Geheimhaltung einem überwiegenden Interesse des Betreibers der Anlage oder eines Dritten, besteht der Anspruch nicht. Ein Stufenverhältnis zwischen Auskunfts- und Einsichtsrechten, wie es das Umwelthaftungsgesetz vorsieht, kennt der Entwurf des Umweltgesetzbuches nicht. Dies kann sowohl für den Auskunftspflichtigen, wie für den Geschädigten von Vorteil sein. Einerseits kann im Einzelfall für den Betriebsinhaber die Gewährung von Auskunft wie auch von Einsicht günstiger sein, anderseits wird die Einsicht in Originalvorgänge größere Überzeugungskraft haben als die schlichte Auskunft[74].

Auf Kritik sind die weitgefaßten Möglichkeiten der Auskunftsverweigerung gestoßen[75]. Hierdurch bestehe die Gefahr, daß es im Vorfeld möglicher Schadensersatzprozesse schon zu Auskunftsprozessen komme, was zu einer zusätzlichen Belastung der Beteiligten sowie der Justiz führen würde. Vor allem die Gefahr des Vorschiebens von Betriebs- und Geschäftsgeheimnissen sei hoch zu veranschlagen, da die Frage nach der Berechtigung eines geltend gemachten Geheimhaltungsinteresses nur eingeschränkt gerichtlich nachprüfbar sei, da

---

[72] Begründung zum UGB-AT-Entwurf, S. 430.
[73] Begründung zum UGB-AT-Entwurf, S. 430.
[74] *Enders/ Reiter*, VersR 1991, 1329, 1339.
[75] *Hager*, in Koch (Hrsg.), Auf dem Weg zum Umweltgesetzbuch, 1992, S. 125, 143 f.;
Enders/ Reiter, VersR 1991, 1329, 1339.

oftmals die Gefahr bestehe, daß gerade im Streit über die Berechtigung des Geheimhaltungsinteresses eben dieses Interesse verletzt werde. HAGER schlägt im Interesse der Effektivität des Auskunftsanspruchs vor, in einem Negativkatalog von vornherein festzuschreiben, daß Angaben über Art, Beschaffenheit und Menge der an die Umwelt abgegebenen Emissionen, Abwässer und Abfälle oder sonst in die Umwelt gelangten Stoffe keine Betriebs- und Geschäftsgeheimnisse darstellen. Der Geschädigte dürfte in der Regel gerade an diesen Angaben interessiert sein und angesichts der Differenziertheit der Produktionsverfahren und der darauf abgestimmten Reinigungstechniken dürfte ein Rückschluß auf nicht allgemein bekannte Produktionsverfahren aus diesen Angaben auch nicht möglich sein[76].

Zu bedenken ist auch, ob die Tatbestandvoraussetzung des Vorliegens "gewichtiger Anhaltspunkte" für den Geschädigten nicht eine zu hohe Hürde darstellt. In der Regel wird der Geschädigte lediglich um die Beschaffenheit des den Schaden verursachenden Stoffs wissen und um die Verwendung desselben Stoffs im gewöhnlichen Produktionsverlauf einer bestimmten Anlage. Weitere Informationen kann er nur durch Auskunftsansprüche erlangen. Die Voraussetzungen für Auskunftsansprüche dürfen demnach nicht zu hoch angesetzt werden[77].

§ 123 UGB-AT-Entwurf gewährt unter den Voraussetzungen des § 122 UGB-AT-Entwurf dem Geschädigten auch ein Auskunfts- und Einsichtsrecht gegenüber Behörden. Dieses besteht jedoch nur gegenüber denjenigen Behörden, die die Anlage genehmigt haben und überwachen sowie gegenüber Behörden, deren Aufgabe darin besteht, Einwirkungen auf die Umwelt zu erfassen.

§ 124 UGB-AT-Entwurf gewährt dem Betreiber einer Anlage, gegen den ein Anspruch aufgrund des Umweltgesetzbuchs geltend gemacht wird, ein Recht auf Auskunfts- und Einsichtsgewährung gegen den Betreiber einer anderen Anlage oder gegen die in § 123 UGB-AT-Entwurf genannten Behörden, soweit dies zur Feststellung des Umfangs seiner Ersatzpflicht gegenüber dem Geschädigten oder seines Ausgleichsanspruches gegen den anderen Betreiber notwendig ist.

---

[76] *Hager*, in Koch (Hrsg.), Auf dem Weg zum Umweltgesetzbuch, 1992, S. 125, 143 f.
[77] Vgl. auch *Enders/ Reiter*, VersR 1991, 1329, 1339.

VII. Deckungsvorsorge, Entschädigungsregelungen

1. Deckungsvorsorge

§ 128 UGB-AT-Entwurf verpflichtet die Inhaber besonders gefährlicher Anlagen, deren Kreis durch Rechtsverordnung noch ergänzend festgelegt werden soll (vgl. Absatz 3), Vorsorge zur Erfüllung von Schadensersatzverpflichtungen (Deckungsvorsorge) zu treffen. Dies kann entweder durch den Abschluß einer Haftpflichtversicherung bei einem inländischen oder bei einem anderen von der Europäischen Gemeinschaft zum Geschäftsbetrieb befugten Versicherungsunternehmen, durch die Freistellung oder Gewährleistungsverpflichtung eines Kreditinstituts oder Dritten im Inland oder in einem anderen Mitgliedstaat der Europäischen Gemeinschaft oder durch die Bildung von betrieblichen Rückstellungen geschehen.

Ziel der Regelung ist es einerseits, den Geschädigten vor der Gefahr zu bewahren, wegen Insolvenz des Schädigers keinen Ausgleich zu erhalten, andererseits soll den betreffenden Anlagebetreibern im Vergleich zu einer obligatorischen Haftpflichtversicherung eine gewisse Flexibilität gegeben werden[78]. Eine Rechtsverordnung soll die Einzelausgestaltungen, wie den Kreis der erfaßten Anlagen oder die Mindesthöhe der Deckungssumme, festlegen. Hinsichtlich dieser Regelung ist nunmehr von den Verfassern des Besonderen Teils eines Umweltgesetzbuches ergänzend vorgeschlagen worden, daß der Regelung der Deckungsvorsorge eine Anpassungsklausel hinzuzufügen ist, die Umfang und Ausgestaltung der Deckungsvorsorge in bestimmten Abständen neu festsetzt[79].

2. Entschädigungsregelung

§ 130 UGB-AT-Entwurf verpflichtet die Länder[80], einem Geschädigten, der aus Rechtsgründen keinen Ersatz nach den §§ 112, 114117 UGB-AT-Entwurf erlangen kann, einen billigen Ausgleich für unzumutbare Umweltschäden zu gewähren. Mit der Regelung sollen die sogenannten Summations- und Distanzschäden, die mangels individueller Zurechenbarkeit dem individuellen Haftungsrecht entzogen sind, einem Ausgleich zugeführt werden. Die Verfasser des UGB-AT-Entwurf halten eine derartige Lösung für rechtspolitisch geboten,

---

[78] Vgl. die Begründung zum UGB-AT-Entwurf, S. 433.

[79] Vgl. den Anhang zum UGB-BT-Entwurf, S. 1053, Vorschlag Nr. 23.

[80] Die Länder sollen den Ausgleich gewähren, da ihnen auch die Umweltabgaben zufließen sollen. Vgl. *Kloepfer*, DVBl 1991, 339, 344. Dagegen *Breuer*, Gutachten B zum 59. DJT, 1992, B 109 f.

da es sich bei unzumutbaren Schäden nicht mehr um das mit der technisch-industriellen Zivilisation verbundene allgemeine Lebensrisiko, sondern um echte Sonderopfer handle[81]. Von einer Fondsreglung ist aufgrund kompetenz- und finanzverfassungsrechtlicher Bedenken Abstand genommen worden[82].

B. Entwurf der Unabhängigen Sachverständigenkommission zum Umweltgesetzbuch (UGB-KomE) beim Bundesministerium für Umwelt, Naturschutz und Reaktorsicherheit

In den §§ 172 bis 189 sieht der Entwurf der Sachverständigenkommission Regelungen zur Umwelthaftung vor. Der Vorschlag zielt vorrangig auf eine Harmonisierung und vorsichtige Fortentwicklung der bestehenden privatrechtlichen Umwelthaftung. Bei einer Verabschiedung des Entwurfs sollen die bisherigen Vorschriften zur Umwelthaftung, z. B. das Umwelthaftungsgesetz, entfallen. Der Entwurf enthält einen Haftungstatbestand für vermutetes Verschulden sowie mehrere Gefährdungshaftungstatbestände[83].

I. Haftungstatbestände

§ 172 UGB-KomE regelt die Haftung bei Verstößen gegen umweltrechtliche Anforderungen. Die Vorschrift soll eine Verbindung zwischen den umweltrechtlichen Anforderungen an den betrieblichen Umweltschutz und der Haftung herstellen[84]. Die Regelung sieht eine Ersatzpflicht vor, wenn durch (1) die Störung des bestimmungsgemäßen Betriebs einer Anlage, (2) durch Unfälle beim Umgang mit gefährlichen Stoffen, Zubereitungen, Erzeugnissen oder Abfällen oder (3) durch Immissionen, die von einer Anlage oder einer Tätigkeit nach Ziff. 2 ausgehen, jemand getötet, sein Körper oder seine Gesundheit verletzt oder eine Sache beschädigt wird. Die Ersatzpflicht ist jedoch ausgeschlossen, wenn der Verantwortliche die nach den umweltrechtlichen Anforderungen erforderliche Sorgfalt beachtet hat. Absatz 2 regelt, unter welchen Voraussetzungen bei der Schadensverursachung durch Immissionen die Beachtung der erforderlichen Sorgfalt vermutet wird[85].

---

[81] Vgl. die Begründung zum UGB-AT-Entwurf, S. 434.

[82] Vgl. die Begründung zum UGB-AT-Entwurf, S. 415 f.

[83] Vgl. die Begründung zum UGB-KomE, S. 767.

[84] Vgl. die Begründung zum UGB-KomE, S. 771.

[85] Dies ist der Fall, (1) wenn der Verantwortliche deren Beachtung organisatorisch und personell sichergestellt hat sowie die für die Überwachung der Anlage oder der Tätigkeit vorgeschriebenen Kontrollen in dem Zeitraum durchgeführt worden sind, in dem die in Frage stehenden Immissionen von der Anlage oder der Tätigkeit ausgegangen sein können, und diese Kontrollen keinen Anhalt für Verstöße gegen umweltrechtliche

Durch die Regelung soll die bislang noch punktuelle und in ihrer Reichweite nicht völlig geklärte Rechtsprechung zum Deliktsrecht behutsam fortentwickelt und einer ausdrücklichen Regelung zugeführt werden. Vorbilder für die Regelung waren § 18 Abs. 1 StVG, § 833 S. 2 BGB und § 26 Abs. 1 AtG[86]. Durch die Regelung soll ein Anreiz für einen ordnungsgemäßen betrieblichen Umweltschutz geschaffen werden[87]. Die Ursachenvermutung greift jedoch nur bei gewerblichem Handeln. Bei § 172 UGB-KomE handelt es sich um einen Fall der Haftung für vermutetes Verschulden. Grundlage ist die Rechtsprechung zu den Verkehrssicherungspflichten[88]. Die Verschuldensvermutung wird jedoch durch den Entlastungsbeweis nach Absatz 2 wieder entschärft.

In den §§ 173 bis 175 UGB-KomE, dem zweiten Unterabschnitt, werden im wesentlichen unverändert die derzeit bestehenden umweltrelevanten Gefährdungshaftungstatbestände zusammengefaßt. § 173 UGB-KomE entspricht weitgehend § 1 UmweltHG, § 174 UGB-KomE § 32 GenTG und § 175 UGB-KomE dem § 22 WHG. Die Tatbestände sind lediglich sprachlich harmonisiert. Die Verfasser haben jedoch auf eine Generalisierung der historisch gewachsenen Tatbestände verzichtet[89]. Aus der jahrzehntelangen Diskussion zur Reform des Schuldrechts und die Diskussion vor Verabschiedung des Umwelthaftungsrechts lassen die Verfasser des Entwurfs darauf schließen, daß die Gefährdungshaftung nur fallweise für eng umgrenzte Tatbestände erweiterbar ist[90]. Gegen eine Generalklausel wenden sie das Erfordernis der Rechtssicherheit ein[91]. Gegenüber den bisher bestehenden Tatbeständen wird der Anwendungsbereich von § 1 UmweltHG von bloßen Umwelteinwirkungen auf alle Immissionen und Störungen erweitert. Hierdurch sollen störungsbedingte Schäden vollständig abgedeckt werden; auch sind Schäden, die Arbeitnehmer im Bereich des Betriebsgeländes erleiden, eindeutig erfaßt[92]. Ebenso geht der Vorschlag hinsichtlich der einbezogenen Anlagen über das Umwelthaftungsgesetz hinaus und erstreckt sich auf derartige Anlagen, denen

---

Anforderungen ergeben haben oder (2) das Unternehmen für den Standort und in dem Zeitraum, in dem die in Frage stehenden Immissionen von der Anlage oder der Tätigkeit ausgegangen sein können, am Gemeinschaftssystem für das Umweltmanagement und die Umweltbetriebsprüfung teilgenommen habe und die Umweltbetriebsprüfung sowie die Gültigkeitserklärung keine Anhalt für Verstöße gegen umweltrechtliche Anforderungen ergeben haben oder (3) im Zeitpunkt der Geltendmachung des Schadensersatzanspruchs die in Frage stehenden Immissionen länger als drei Jahre zurückgelegen haben.

[86] Vgl. die Begründung zum UGB-KomE, S. 767.
[87] Vgl. die Begründung zum UGB-KomE, S. 767.
[88] Vgl. *Kloepfer/ Durner*, DVBl 1997, 1081, 1092.
[89] Vgl. *Kloepfer/ Durner*, DVBl 1997, 1081, 1093.
[90] Vgl. die Begründung zum UGB-KomE, S. 767.
[91] Vgl. die Begründung zum UGB-KomE, S. 768.
[92] Vgl. die Begründung zum UGB-KomE, S. 768 u. S. 772.

die Verfasser des UGB-KomE im allgemeinen die gleiche Gefährlichkeit zu-schreiben[93]. Der Ersatz von Sachschäden aus dem Normalbetrieb wird jedoch durch § 173 Abs. 2 UGB-KomE, entsprechend § 2 UmweltHG, auf wesentliche und unzumutbare Beeinträchtigungen beschränkt, um einen Ausgleich konkurrierender Umweltnutzungen herbeizuführen[94].

Eine Ausdehnung der Gefährdungshaftung entsprechend dem Wasserhaushaltsgesetz auf Bodenbeeinträchtigungen erschien den Verfassern dagegen insbesondere wegen der Folgen für die Landwirtschaft als zu weitgehend. Das Umweltmedium Boden sei durch die Regelung des § 906 Abs. 2 S. 2 BGB und die in den §§ 347 bis 353 UGB-KomE vorgesehenen Regelungen zur Bodensanierung ausreichend geschützt[95]. Auch eine Haftung für Entwicklungsrisiken nach den Vorschriften zur Produkthaftung, wie sie § 117 UGB-AT-Entwurf vorsieht, wird abgelehnt[96]. Alle Haftungstatbestände sind nebeneinander anwendbar; lediglich die nicht einbezogenen Tatbestände der Atomhaftung und der Haftung für Ölverschmutzungsschäden sind vorrangig.

II. Gemeinsame Vorschriften

Im Dritten Unterabschnitt finden sich als "Gemeinsame Vorschriften" für den gesamten Haftungsabschnitt Regelungen zu einer Ursachenvermutung (§ 176 UGB-KomE), zur Haftung bei einer Mehrheit von Verursachern (§ 177 UGB-KomE), zur Mitverursachung (§ 178 UGB-KomE), über Auskunftsansprüche (§§ 179-181 UGB-KomE) sowie zum Umfang der Haftung (§§ 182-184 UGB-KomE). Mit den Regelungen des Dritten Unterabschnitts wird ein angemessener Opferschutz angestrebt, der jedoch nicht so weit gehen soll, daß der Verursacher übermäßig belastet wird[97].

1. Beweis- und Auskunftsregelungen

Nach dem Vorbild des Professorenentwurfs ist in § 176 UGB-KomE eine Ursachenvermutung beim Vorliegen überwiegender Wahrscheinlichkeit vorgesehen. § 176 Abs. 2 S. 3 UGB-KomE enthält jedoch eine Gegenvermutung, wenn die Voraussetzungen des § 172 Abs. 2 vorliegen. Begrenzt auf die Anlagenhaftung wird die Ursachenvermutung der §§ 6, 7

---

[93]   Vgl. die Begründung zum UGB-KomE, S. 768.
[94]   Vgl. die Begründung zum UGB-KomE, S. 773.
[95]   Vgl. die Begründung zum UGB-KomE, S. 768 f.
[96]   Vgl. die Begründung zum UGB-KomE, S. 769.
[97]   Vgl. die Begründung zum UGB-KomE, S. 769.

UmweltHG übernommen. Auch die Auskunftsansprüche der §§ 179 ff. UGB-KomE entstammen dem Umwelthaftungsgesetz. Die Regelung für eine Haftung bei einer Mehrheit von Verursachern beruht auf dem Vorschlag des Professorenentwurfs. Hierbei soll eine reine Verdachtshaftung vermieden werden[98]. Die Sachverständigenkommission hat sich deshalb grundsätzlich gegen eine gesamtschuldnerische Haftung entschieden[99].

2. Haftungsumfang

Der Schadensumfang richtet sich grundsätzlich nach den Vorschriften der §§ 249 ff. BGB. Nur bei einer Haftung nach § 172 UGB-KomE ist ein Schmerzensgeldanspruch vorgesehen. Die Verfasser des UGB-KomE sahen sich aufgrund des rechtspolitischen Streits nicht in der Lage, einen Schmerzensgeldanspruch auch bei einer Haftung nach Gefährdungshaftungstatbeständen zu gewähren[100].

Auch die Verhältnismäßigkeitsregelung des § 16 UmweltHG findet sich in § 182 Abs. 2 UGB-KomE wieder. Die Verfasser sehen hierin eine Teilregelung des Problem des Ersatzes ökologischer Schäden[101]. Weitergehend wird im Zusammenhang mit den Vorschriften über eingreifende Maßnahmen eine öffentlich-rechtliche Lösung vorgeschlagen[102]. Neu ist die Ersatzmöglichkeit für Rettungskosten in § 183 UGB-KomE. Vorbild hierfür war die Regelung der Konvention des Europarats. Derartige Kosten sollen jedermann erstattet werden. In den §§ 184 ff. UGB-KomE finden sich Regelungen zu den EG-rechtlich vorgegebenen Haftungshöchstgrenzen, der Verjährung entsprechend § 852 BGB, der Deckungsvorsorge, dem Verhältnis zu anderen Haftungsvorschriften, Ordnungswidrigkeiten sowie eine Übergangsvorschrift.

III. Bewertung

Hinsichtlich der eigentlichen Haftungstatbestände bringt der Entwurf kaum Änderungen gegenüber der derzeitigen Rechtslage. Die Stellung der Geschädigten wird durch die Kausalitätsvermutung des § 176 UGB-KomE bei überwiegender Wahrscheinlichkeit sowie die Ersatzmöglichkeit für Rettungskosten etwas verbessert. Zu weitergehenden Haftungsregelungen wie

---

[98] Vgl. die Begründung zum UGB-KomE, S. 769.
[99] Vgl. die Begründung zum UGB-KomE, S. 775.
[100] Vgl. die Begründung zum UGB-KomE, S. 769.
[101] Vgl. die Begründung zum UGB-KomE, S. 770.
[102] Vgl. die Begründung zum UGB-KomE, S. 762 und § 131 UGB-KomE.

beispielsweise der Erweiterung der Handlungshaftung des § 22 Abs. 1 WHG auf andere Umweltmedien konnten sich die Verfasser des UGB-KomE, anders als die Verfasser des Professorenentwurfs, jedoch nicht entschließen. Auch von einer Entschädigungsregelung für Summations- und Distanzschäden haben die Verfasser des UGB-KomE abgesehen. Die Vollziehbarkeit einer Regelung wie in § 130 UGB-AT-Entwurf vorgesehen setze voraus, daß die Voraussetzungen für die Entschädigung und die Finanzierung im einzelnen geregelt werden. Eine willkürfreie Eingrenzung der vielfältigen Schadensbilder und eine verursachergerechte Zuordnung sei kaum möglich[103].

C. Ausblick

Die Verwirklichung des Umweltgesetzbuches ist in unmittelbarer Zukunft nicht zu erwarten.

Nach der Änderung von Art. 75 GG im Rahmen der Verfassungsänderungen des Jahres 1994 bestehen Zweifel, ob der Bund insbesondere in den Bereichen des Wasserhaushalts- und des Naturschutzrechtes noch über Gesetzgebungskompetenz verfügt. Der Bund hat in diesen Bereichen lediglich eine Rahmenkompetenz. Nach der Neufassung des Art. 75 GG sind die Gesetzgebungsbefugnisse des Bundes beim Bestehen einer Rahmengesetzgebungskompetnz erheblich eingeschränkt worden[104].

Anderseits befindet sich die Bundesrepublik seit einiger Zeit mit der Umsetzung der IVU[105]-, der UVP II[106]-, der FFH[107]- sowie der Seveso II[108]-Richtlinie in Verzug. Die Einführung des Umweltgesetzbuches böte die Möglichkeit diese Richtlinien alsbald durch die Schaffung eines einheitlichen Regelwerkes umzusetzen. Seitens des Bundesministeriums für Umwelt bestehen deshalb

---

[103] Vgl. die Begründung zum UGB-KomE, S. 770. Zur Leistungsfähigkeit des zivilen Haftungsrecht vgl. die Begründung zum UGB-KomE, S. 775.

[104] Vgl. hierzu Gramm, DÖV 1999, 540.

[105] Richtlinie 96/61/EG des Rates v. 24.09.1996 über die intergrierte Vermeidung und Verminderung der Umweltverschmutzung (ABlEG Nr. L 257, S. 26).

[106] Richtlinie 97/11/EG des Rates vom 03.03.1997 zur Änderung der Richtlinie 85/337/EWG über die Umweltverträglihckeitsprüfung bei bestimmten öffentlichen und privaten Projekten (ABlEG Nr. L 73, S. 5)

[107] Richtlinie 92/43/EWG zur Erhaltung der natürlichen Lebensräume sowie der wildlebenden Tiere und Pflanzen vom 21.055.1992 (ABlEG Nr. L 206, S. 7) zuletzt geändert am 27.10.1997 (ABlEG Nr. L 304; S. 42).

[108] Richtlinie 92/83/EG des Rates vom 09.12.1996 zur Beherrschung der Gefahren bei schweren Unfällen mit gefährlichen Stoffen (ABlEG 1997 Nr. L 10 , S. 13).

Überlegungen hinsichtlich einer möglichen Verfassungsänderung um die Kompetenzdefizite zu beseitigen[109].

---

[109] Vgl. zur Thematik: Hopp, DVBl 2000, 400; Wasielewski, NVwZ 2000, S. 15 ff.

§ 3 Umwelthaftung im Recht der Europäischen Gemeinschaft de lege lata und de lege ferenda

A. Umwelthaftung im Recht der Europäischen Gemeinschaft de lege lata

I. Produkthaftungsrichtlinie

Mit der Produkthaftungsrichtlinie hat der Rat der Europäischen Gemeinschaften 1985 die ersten Grundlagen für einen verschuldensunabhängigen Ersatz umweltrelevanter Schäden geschaffen.

Dem Erlaß der Richtlinie gingen die Erwägungen voraus, daß eine gemeinschaftsrechtliche Angleichung der einzelstaatlichen Rechtsvorschriften zur Gewährleistung gleicher Wettbewerbsbedingungen und des freien Warenverkehrs erforderlich sei[1].

Der Erlaß der Richtlinie war durch die Auffassung gefördert, daß nur bei einer verschuldensunabhängigen Haftung des Herstellers das aufgrund der fortschreitenden Technisierung auftretende Problem einer gerechten Zuweisung der mit der modernen technischen Produktion verbundenen Risiken in sachgerechter Weise gelöst werden könne[2]. Der Schutz der Verbraucher fordere es überdies, daß alle am Produktionsprozeß Beteiligten hafteten, wenn das Endprodukt oder der von ihnen gelieferte Bestandteil oder Grundstoff fehlerhaft gewesen sei[3]. Damit die Verbraucher in ihrer körperlichen Unversehrtheit und ihrem Eigentum geschützt werden, sei zur Bestimmung der Fehlerhaftigkeit des Produkts nicht auf dessen mangelnde Gebrauchsfähigkeit, sondern auf einen Mangel an Sicherheit abzustellen, die von der Allgemeinheit berechtigterweise erwartet werden könne.

Die deutsche Umsetzung der Richtlinie, das Produkthaftungsgesetz, ist auch hinsichtlich des Wortlautes an der europarechtliche Vorgabe sehr eng orientiert, so daß hinsichtlich des Inhalts der Richtlinie auf die Ausführungen zum Pro-

---

[1] Richtlinie des Rates vom 25. Juli 1985 zur Angleichung der Rechts- und Verwaltungsvorschriften der Mitgliedsstaaten über die Haftung für fehlerhafte Produkte, (85/374/EWG), ABlEG Nr. L 210/29-33, Erwägungsgrund Nr. 1.

[2] Richtlinie des Rates vom 25. Juli 1985 zur Angleichung der Rechts- und Verwaltungsvorschriften der Mitgliedsstaaten über die Haftung für fehlerhafte Produkte, (85/374/EWG), ABlEG Nr. L 210/29-33, Erwägungsgrund Nr. 2.

[3] Richtlinie des Rates vom 25. Juli 1985 zur Angleichung der Rechts- und Verwaltungsvorschriften der Mitgliedsstaaten über die Haftung für fehlerhafte Produkte, (85/374/EWG), ABlEG Nr. L 210/29-33, Erwägungsgrund Nr. 4.

dukthaftungsgesetz verwiesen werden kann[4]. Auch die umweltrechtliche Relevanz der Richtlinie entspricht demzufolge der des Produkthaftungsgesetzes. Die Richtlinie enthält jedoch noch mehrere Optionen, von deren Umsetzung der deutsche Gesetzgeber Abstand genommen hat. So sieht die Richtlinie in Art. 15 Abs. 1 a vor, daß die Mitgliedstaaten in ihren Rechtsvorschriften vorsehen können, daß der Begriff "Produkt" auch landwirtschaftliche Naturprodukte und Jagderzeugnisse umfaßt.

Im Sinne eines Schrittes hin zu einer konsequenten Gefährdungshaftung enthält die Richtlinie außerdem die Option, das Entwicklungsrisiko dem Hersteller aufzuerlegen (Art. 15 Abs. 1 b). Bei den Ausführungen zum Produkthaftungsgesetz ist deutlich geworden, daß mit diesem gegenüber der deliktischen Haftung und den in diesem Zusammenhang von der Rechtsprechung entwickelten Beweislastregeln nur eine graduelle Verbesserung der Geschädigtenstellung erreicht wird[5].

Für die weitere Entwicklung des Haftungsrechts ist von Bedeutung, daß eine Haftung für das Entwicklungsrisiko nicht grundsätzlich abgelehnt wird [6].

B. Umwelthaftung im Recht der Europäischen Gemeinschaft de lege ferenda

I. Vorschlag der Kommission der Europäischen Gemeinschaften für eine Richtlinie des Rates über die zivilrechtliche Haftung für durch Abfälle verursachte Schäden (AbfallhaftRLE)

1. Allgemeines

Gestützt auf das 4. Aktionsprogramm der Europäischen Gemeinschaften für den Umweltschutz[7], das den Abschluß der Arbeiten zur Frage der zivilrechtlichen Haftung und Versicherung im Zusammenhang mit der grenzüberschreitenden Beförderung gefährlicher Abfälle und die Vorlage damit zusammenhängender Vorschläge vorsieht, hat die Kommission der Europäischen Gemeinschaften am 1. September 1989 einen Vorschlag für eine Richtlinie des Rates über die zivilrechtliche Haftung für die durch Abfälle verursachten Schäden vorgelegt[8]. Nach

---

[4]   Vgl. oben § 1 B III 2.
[5]   Vgl. oben § 1 B III 2.
[6]   Zur Haftung für das Entwicklungsrisiko aufgrund von Gefährdungshaftungstatbeständen vgl. §1 B I 5 b.
[7]   ABlEG Nr. C 328/15 v. 07.12.1987, S. 6.
[8]   ABlEG Nr. C 251 v. 04.10.1089, S. 3.

kritischen Stellungnahmen des Europäischen Parlaments und des Wirtschafts- und Sozialausschusses wurde am 28. Juni 1991 von der Kommission ein geänderter Vorschlag der Richtlinie vorgestellt[9].

Die Kommission hat die Vorlage der Richtlinie mit den folgenden Erwägungen begründet. Außer einer Verbesserung der Stellung der Geschädigten und der Verwirklichung des Verursacher- und Vorsorgeprinzips soll die Richtlinie vor allem der Verwirklichung von Wettbewerbsgleichheit und freiem Warenverkehr im Binnenmarkt dienen[10]. Die Kommission geht davon aus, daß die Unterschiede in den Rechtsvorschriften der Mitgliedstaaten hinsichtlich der Haftung für durch Abfälle verursachte Schäden und Umweltbeeinträchtigungen zu künstlichen Investitions- und Abfallströmen führen können. Eine derartige Situation würde den Wettbewerb verfälschen, den freien Warenverkehr im Binnenmarkt beeinträchtigen sowie Unterschiede im Schutzniveau verursachen. Eine Angleichung der Rechtsvorschriften in diesem Bereich sei daher erforderlich[11].

2. Haftungstatbestand

In Anlehnung an die neueren Haftungsregelungen im Bereich des Umwelt- und Technikrechts, insbesondere an die Produkthaftungsrichtlinie[12], statuiert der Richtlinienentwurf eine Gefährdungshaftung[13]. Der Erzeuger von Abfällen, die bei einer gewerblichen Tätigkeit entstanden sind, soll für die durch diese verursachten Schäden oder Umweltbeeinträchtigungen haften, unabhängig davon, ob ihn ein Verschulden trifft oder er im Besitz einer Genehmigung der öffentlichen Hand ist (Art. 1 Abs. 1, 3 Abs. 1, 6 Abs. 2 AbfallhaftRLE).

a) Haftungsträger

Erzeuger ist nach dem Entwurf die Person, die im Rahmen einer gewerblichen oder industriellen Tätigkeit Abfälle erzeugt sowie jede Person, die eine Vorbehandlung, eine Vermischung oder sonstige Handlungen vorgenommen hat, die zu einer Veränderung der Art und der Zusammensetzung dieser Abfälle führen

---

9   ABlEG Nr. C 192 v. 23.07.1991, S. 6.

10 ABlEG Nr. C 192 v. 23.07.1991, S. 6.

11 ABlEG Nr. C 192 v. 23.07.1991, S. 7; vgl. dazu *Salje*, DB 1990, 2053.

12 Richtlinie 85/374/EWG zur Angleicung der Rechts- und Verwaltungsvorschriften der Mitgliedsstaaten über die Haftung für fehlerhafte Produkte, ABlEG Nr.L 210 v. 07.08.1985, S. 29.

13 Vgl. zu diesem Aspekt insb. *Nicklisch*, VersR 1991, 1093, 1094 f.

(Art. 2 AbfallhaftRLE). In erster Linie haftet somit der Erzeuger, jedoch können an seiner Stelle der Abfallimporteur (in die Gemeinschaft), der Abfallbesitzer oder der Abfallentsorger zur Haftung herangezogen werden.

Der **Abfallimporteur** haftet nur dann, wenn die Abfälle nicht zuvor aus der Gemeinschaft ausgeführt und seitdem bis zu ihrer Wiedereinführung in ihrer Art oder Zusammensetzung nicht wesentlich verändert wurden (Art. 2 Abs. 2 a) AbfallhaftRLE). Durch diese Regelung soll eine Abwälzung der Haftung auf illiquide Schein- oder Tochterunternehmen verhindert werden[14].

Der **Abfallbesitzer**, in der Regel der Abfallbeförderer, haftet, wenn er nicht in der Lage ist, den Erzeuger gemäß Art. 2 Abs. 1 a) AbfallhaftRLE innerhalb einer vertretbaren Frist festzustellen (Art. 2 Abs. 2 b) AbfallhaftRLE). Der Beförderer haftet daneben jedoch nach dem Übereinkommen über die zivilrechtliche Haftung für die während des Transports gefährlicher Güter auf dem Straßen-, Schienen-, und Binnenschiffahrtsweg verursachten Schäden vom 10. Oktober 1989 (Art. 3 Abs. 1 S. 1 AbfallhaftRLE)[15].

Sind die Abfälle ordnungsgemäß einer genehmigten Anlage, Einrichtung oder einem genehmigten Unternehmen übergeben worden, so haftet der Verantwortliche dieser Anlage, Einrichtung oder dieses Unternehmens (**Abfallbeseitiger**) unter Verdrängung des Abfallerzeugers (Art. 2 Abs. 2 c) AbfallhaftRLE)[16]. Mit Art. 7 Abs. 1 AbfallhaftRLE wurde in den zweiten Entwurf auf Vorschlag des Europäischen Parlaments eine Begrenzung der Haftung des Abfallbeseitigers eingeführt. Die Haftung des Abfallbeseitigers soll ausgeschlossen sein, wenn dieser nachweisen kann, daß er ohne eigenes Verschulden von dem Erzeuger über die Art der ihm übergebenen Abfälle getäuscht wurde.

Die mit diesen Regelungen versuchte Kanalisation der Haftung auf den Erzeuger soll der Verwirklichung des Verursacherprinzips dienen. Die mit der Beseitigung von Umweltschäden verbundenen Kosten sollen sich auch bei der Herstellung des Produkts niederschlagen. Insoweit hat der Entwurf Zustimmung erfahren[17]. Die Regelungstechnik ist jedoch auf Kritik gestoßen. Kritisiert wird einerseits, daß die Haftung von Abfallbesitzer und Abfallimporteur die Haftung des Abfallerzeugers ersetzen soll. Eine gesamtschuldnerische Haftung wäre eher geeignet, den Zielsetzungen des Verursacherprinzips gerecht zu werden[18]. An-

---

[14] Vgl. *Roller*, PHI 1990, 154, 158.

[15] Zu diesem Abkommen vgl. *Roller*, PHI 1990, 154 ff.

[16] Kritisch zu dieser Regelung: *Brüggemeier*, in FS Günther Jahr, 1993, 223, 239.

[17] Vgl. u. a. Beschluß des Bundesrats BR Drs. 528/89, S. 5; *Hager*, UTR 15 (1991), 149, 156; *Salje*, DB 1990, 2053, 2055; *v. Kempis*, Eur. Transport Law 1991, 155, 156.

[18] Vgl. BR Drs. 528/89, S. 5; *Hager*, UTR 15 (1991), 149, 156.

derseits sei nicht einzusehen, warum die Haftung des Abfallbesitzers nicht endet, wenn er den Abfallimporteur nennt oder warum der Abfallimporteur nicht auch durch die ordnungsgemäße Aushändigung des Abfalls an einen Abfallbeseitiger von der Haftung frei kommt[19].

b) Anknüpfungspunkt der Haftung

Gehaftet wird für Schäden und Umweltbeeinträchtigungen, die durch Abfälle verursacht wurden, die bei einer gewerblichen Tätigkeit erzeugt worden sind. Durch die Wahl dieser Haftungskonstruktion rückt der Abfallbegriff in den Mittelpunkt der Betrachtungen.

Art. 2 Abs. 1 b) faßt unter den Begriff Abfall die Stoffe oder Gegenstände, die in der Richtlinie 75/442/EWG[20] als Abfall definiert werden. Diese wurde 1991 durch die Richtlinie 91/156/EWG[21] geändert. Der **Abfallbegriff** der EG umfaßt gemäß Art. 1 a) der Richtlinie *"alle Stoffe oder Gegenstände, die unter die in Anhang I aufgeführten Gruppen fallen und deren sich der Besitzer entledigt, entledigen will oder entledigen muß"*. Der gemeinschaftsrechtliche Abfallbegriff der ursprünglichen Abfallrichtlinie umfaßte nicht allein Stoffe oder Gegenstände, die zur Vernichtung bestimmt sind (Deponieren, Verbrennen, Neutralisieren, usw.), sondern auch solche, die zur *"Wiederverwendung, Rückgewinnung oder Verwertung"* bestimmt sind[22]. Die geänderte Richtlinie trennt den Begriff "Verwertung" vom Beseitigungsbegriff und definiert ihn durch einen Verweis auf eine Liste bestimmter Vorgänge, die die Wiederverwendung von Abfällen ermöglichen, so daß man davon ausgehen könnte, daß wiederverwertbare Stoffe nicht unter den Abfallbegriff zu subsumieren sind. Indem der Gemeinschaftsgesetzgeber die Verwertung von Abfällen in die Regelung zum Abfallrecht aufnimmt, macht er jedoch deutlich, daß er weiterhin an seinem weiten, die zur Verwertung bestimmten Abfälle mit umfassenden Abfallverständnis festhält[23].

Hiergegen wendete sich der deutsche Bundesrat in seinem Beschluß vom 16.02.1990. Reststoffe sollten als Wirtschaftsgüter erfaßt und aus dem Abfallbegriff ausgegliedert werden[24]. Hiergegen ist jedoch einzuwenden, daß es für die Gefährlichkeit der Stoffe unerheblich ist, ob sie der endgültigen Beseitigung

---

[19] Vgl. BR Drs. 528/89, S. 6, 7; *Hager*, UTR 15 (1991), 149, 156.
[20] ABlEG Nr. L 194 v. 25.07.1975, S. 47.
[21] ABlEG Nr. L 78 v.18. März 1991, S. 32.
[22] EuGH Urteil v. 28.03.1990, Rs. C-206/88 u. C-207/88, NuR 1991, 248, 249.
[23] Vgl. dazu ausführlich *Wilmowsky*, NuR 1991, 253, 254 f.
[24] BR Drs. 528/89, S. 3.

oder einer Wiederverwertung zugeführt werden. Gerade für das Haftungsrecht ist deshalb an dem weiten Abfallbegriff festzuhalten. Der erste Entwurf der Richtlinie verwies lediglich auf Art. 1 der Richtlinie 75/442/EWG, so daß der Eindruck entstehen konnte, daß auch gasförmige Ableitungen und Abwässer vom Abfallbegriff des Richtlinienentwurfs umfaßt seien[25] und insofern die Richtlinie eine **umfassende Umwelthaftung** statuiere[26]. Der geänderte Richtlinienvorschlag stellt diese Frage klar, indem er nunmehr pauschal auf die Richtlinie 75/442/EWG verweist[27].

Der Richtlinienentwurf gilt nur für Schäden und Umweltbeeinträchtigungen, die durch bei einer **gewerblichen Tätigkeit** erzeugte Abfälle verursacht werden. Unter "gewerblich" ist jedoch nicht der enge deutsche Gewerbebegriff zu verstehen. Der im englischen Text verwendete Begriff "occupational" deutet darauf hin, daß unter "gewerblich" jede berufliche - im Gegensatz zur "privaten" - Tätigkeit zu verstehen ist. Umfaßt werden deshalb industrielle Tätigkeiten, die Urproduktion, landwirtschaftliche Tätigkeiten, der Krankenhausbetrieb, Behördentätigkeiten und Abfälle, die bei freiberuflichem Tätigwerden anfallen. Von der Richtlinie nicht umfaßt ist jedoch der Hausmüll[28]. Dies hat das Europaparlament in seiner Stellungnahme bemängelt[29]. Hinsichtlich des Betriebs von Deponien sei eine umfassende Haftung erforderlich. Es schlug deshalb vor, die zivilrechtliche Haftung nicht mehr ausschließlich an den Erzeuger zu adressieren, sondern als Passivlegitimierte außerdem den Abfallbeförderer und den Abfallbeseitiger in die Haftung einzubeziehen[30].

---

[25] Erst Art. 2 der Richtlinie 75/442/EWG schließt gasförmige Ableitungen und Abwässer aus dem Anwendungsbereich der Richtlinie aus.

[26] So *Salje*, DB 1990, 2053, 2054.

[27] A.A. *Salje*, IUR 1992, 66, 67, der weiterhin davon ausgeht, daß der Abfallbegriff des Richtlinienentwurfs auch gasförmige Ableitungen und Abwässer umfaßt, da die Herausnahme von gasförmigen und einigen flüssigen Abfällen gemäß Art. 2 der Richtlinie 75/442/EWG nicht den Abfallbegriff selbst, sondern nur den Geltungsumfang der Richtlinie betreffe; so wohl auch *Hager*, UTR 15 (1991), 149, 150. Die Änderung des Richtlinientextes spricht jedoch gegen diese Auffassung. So auch *Kempis*, Eur. Transport Law 1991, 155, 158.

[28] *Salje*, IUR 1992, 66, 68; *Hager*, UTR 15 (1991), 149, 150 f.; zum EG-Gewerbebegriff vgl. *Randeshofer* in Grabitz/Hilf, EGV, Art. 54 Rdnr. 18.

[29] Europäisches Parlament, Legislative Entschließung, 22.11.1990. Grundlage ist der 2. Bericht des Ausschusses für Recht und Bürgerrechte, Dok.A3-272/90 = PE 143.353/endg. 15.11.1990; kritisch auch *Roller*, PHI 1990, 154, 159.

[30] Vgl. Art. 3 Abs. 1 des Richlinienentwurfs in der Fassung des Änderungsvorschlags des Europäischen Parlament sowie die Stellungnahme des Wirtschafts- und Sozialausschusses vom 28.02.1990, CES 215/90; vgl. dazu auch *Wilmowsky*, NuR 1991, 253, 255 f.; *Roller*, PHI 1990, 154, 157.

Der Bundesrat lehnte eine verschuldensunabhängige Haftung unter Einbeziehung aller Arten von gewerblich erzeugten Abfällen, unabhängig von der konkreten Gefährlichkeit, ab. Das Haftungsprinzip der Gefährdungshaftung für bestimmte Gegenstände beziehe seine innere Rechtfertigung aus der gegenüber anderen Gegenständen erhöhten Gefährlichkeit. Der Richtlinienentwurf enthalte eine solche Abgrenzung nicht, sondern beziehe alle gewerblich erzeugten Abfälle in die Haftung mit ein. Da alle Erzeugnisse einmal zu Abfall würden, führe dies zu einer uferlosen Kausalhaftung. Die Haftung solle sich darauf beschränken, daß sich das spezifische, im Abfall steckende Risiko verwirklicht[31].

Keine Anwendung soll die Richtlinie auf Schäden oder Umweltbeeinträchtigungen finden, die durch **radioaktive Abfälle** oder durch **Öl von Schiffen auf See** verursacht worden sind, soweit diese unter einzelstaatliche Rechtsvorschriften aufgrund des Übereinkommens über die Haftung gegenüber Dritten auf dem Gebiet der Kernenergie (Paris, 29. Juli 1960) und des Zusatzübereinkommens (Brüssel, 31. Januar 1963) oder unter das Internationale Übereinkommen über die zivilrechtliche Haftung bei Ölschäden vom 29. November 1969 fallen[32].

3. Haftungsumfang

a) Zu ersetzende Schäden

Der Richtlinienentwurf sieht eine Haftung für **Körper- und Sachschäden** sowie für **Umweltbeeinträchtigungen** vor. Unter Umweltbeeinträchtigung ist jede erhebliche physische, chemische oder biologische Verschlechterung der Umwelt zu verstehen, sofern diese nicht zugleich einen Sach- oder Körperschaden darstellt[33]. Hiermit unternimmt der Entwurf den Versuch, ökologische Schäden dem Schutz des Haftungsrechts zu unterstellen[34].

---

[31] BR Drs. 528/89 S. 1, 4, 7.

[32] Übereinkommen von Paris über die Haftung gegenüber Dritten auf dem Gebiet der Kernenergie v. 29.07.1960, BGBl. 1976 II, 310, 311, abgedruckt in Burhenne, International Environmental Law - Multilateral Treaties - (Int. Umweltrecht), Bd. III, 960: 57. Internationales Übereinkommen von Brüssel über die zivilrechtlich Haftung für Ölverschmutzungsschäden vom 29.11.1969, BGBl. 1975 II, 301 (für die Bundesrepublik am 15.05.1998 außer Kraft getreten) abgedruckt in Burhenne, International Environmental Law - Multilateral Treaties - (Int. Umweltrecht), Bd. IV, 969:88. Kritisch zu dieser Regelung: *Roller*, PHI 1990, 154, 157, da das Pariser Abkommen keinen Ersatz für Schäden durch Nuklearabfälle vorsehe.

[33] Art. 2 Abs. 1 d) AbfallhaftRLE.

[34] Vgl. zum Begriff des ökologischen Schadens oben § 1 A I 6 e, m.w.N.

b) Anspruchsmöglichkeiten

In Art. 4 Abs. 1 b) AbfallhaftRLE sieht der Richtlinienentwurf mehrere Anspruchsmöglichkeiten vor.

Für **Sach- und Körperschäden** wird eine Entschädigung[35] gewährt. Darüberhinaus kann das Verbot der Handlung oder die Behebung der Unterlassung, die den Schaden verursacht hat oder verursachen kann, verlangt werden. Eine Erstattung der Kosten für Maßnahmen zur Verhinderung von Schäden ist, anders als noch im ersten Entwurf, nicht mehr vorgesehen[36].

Auch bei **Umweltbeeinträchtigungen** kann ein Verbot der Handlung oder die Behebung der Unterlassung, durch die die Umweltbeeinträchtigung verursacht wurde oder verursacht werden kann, verlangt werden. Des weiteren können bei Umweltbeeinträchtigungen die Wiederherstellung der Umwelt und/oder vorbeugende Maßnahmen gefordert werden sowie die Erstattung der Kosten, wenn Maßnahmen zur Wiederherstellung der Umwelt oder vorbeugende Maßnahmen ergriffen wurden. Dieser Anspruch wird jedoch durch Art. 4 Abs. 2 AbfallhaftRLE begrenzt. Danach kann die Erstattung der Kosten nicht verlangt werden, wenn die Kosten den sich aus der Wiederherstellung ergebenden Gewinn für die Umwelt wesentlich überschreiten oder alternative Maßnahmen für die Wiederherstellung des ursprünglichen Zustandes zu wesentlich geringeren Kosten durchgeführt werden können[37]. Ob Ersatz für immaterielle oder Vermögensschäden zu leisten ist, bleibt der Entscheidung der Mitgliedstaaten überlassen[38].

c) Anspruchsberechtigte

Art. 4 Abs. 1 a) überläßt es den Mitgliedstaaten, die Person, die bei Schäden oder Umweltbeeinträchtigungen, die durch Abfälle verursacht wurden, klagebefugt ist, zu bestimmen. Nach Art. 4 Abs. 3 AbfallhaftRLE können **Interessenvereinigungen** bzw. **Interessenverbände** mit dem Ziel der Erhaltung von Natur und Umwelt - nach dem Recht der EG-Mitgliedstaaten - für klagebefugt erklärt werden und entweder selbständig klagen oder sich einer privaten Klage an-

---

[35] Bei der Verwendung des Begriffs "Entschädigung" bleibt offen, ob voller Schadensersatz geleistet werden soll oder bloß eine angemessene Entschädigung. Kritisch dazu auch BR Drs. 528/89 S. 10.

[36] Vgl. Art. 4 Abs. 1 b) des Entwurf vom 1. September 1989.

[37] Generell gegen eine Einbeziehung von Umweltbeeinträchtigungen in die zivilrechtliche Haftung hat sich der deutsche Bundestag ausgesprochen: BR Drs. 528/89 S. 8.

[38] Vgl. Art. 4 Abs. 1 d) und Abs. 4 AbfallhaftRLE.

schließen. Die im ersten Entwurf vorgesehene Klagebefugnis der öffentlichen Hand bei Beeinträchtigungen der Umwelt ist entfallen[39].

Mit der Einbeziehung der Umweltbeeinträchtigungen in die zivilrechtliche Haftung hat der Richtlinienentwurf die mit der Haftung für ökologische Schäden verbundenen Probleme nicht gelöst. Es bleibt fraglich, welche Schadensszenarien in die Haftung einbezogen werden sollen: die Zerstörung von Biotopen, die Tötung wildlebender Tiere, die Ausrottung einer bestimmten Tier- oder Pflanzenart oder allgemeiner die Verschmutzung der Luft, des Grundwassers oder die Abnahme der Ozonschicht? Offen bleibt auch, wer diese Schäden geltend machen soll. Eine Klagebefugnis der öffentlichen Hand ist in den meisten Fällen nicht sinnvoll, da die Mittel des Polizeirechts spezieller und effektiver sind. Der Richtlinienentwurf zieht hier wohl den Geschädigten oder Umweltschutzverbände in Betracht. Problematisch bleibt jedoch, daß es in vielen der oben beschriebenen Fällen gerade keinen unmittelbaren Geschädigten gibt. Die Klagebefugnis von Umweltschutzverbänden kann zur Geltendmachung begrenzter Schäden sinnvoll sein, doch scheint das zivile Haftungsrecht hinsichtlich der allgemeinen Luftverschmutzung oder gar der Zerstörung der Ozonschicht an seine Grenzen zu stoßen.

4. Beweismaß

Der erste Entwurf für eine Abfallhaftungsrichtlinie sah in Art. 4 Abs. 6 AbfallhaftRLE eine Reduktion des Beweismaßes hinsichtlich des Kausalzusammenhangs vor. Der Kläger hatte darzulegen, daß zwischen den Abfällen des Erzeugers und dem erlittenen Schaden oder der Umweltbeeinträchtigung mit überwiegender Wahrscheinlichkeit ein Ursachenzusammenhang besteht. Diese Regelung hätte das Beweismaß vom allgemein geltenden Vollbeweis auf die überwiegende Wahrscheinlichkeit reduziert. Hinsichtlich des Nachweises des Schadens wäre es jedoch bei der allgemeinen Regel verblieben.

Der geänderte Vorschlag verzichtet auf eine derartige Regelung. In Art. 4 Abs. 1 c) ist lediglich vorgesehen, daß an die Beweislast keine strengeren Maßstäbe als im Zivilrecht üblich gestellt werden dürfen. Ansonsten bleibt es dabei, daß der Kläger die Beweislast für den ursächlichen Zusammenhang zwischen den Abfällen oder der Industrietätigkeit auf der einen Seite und den erlittenen oder voraussichtlich zu erleidenden Schäden oder Umweltbeeinträchtigungen auf der

---

[39] Vgl. zur Kritik an der Regelung BR Drs. 528/89, S. 8; *Hager*, UTR 15 (1991), 149, 165 ff. Eine Klagebefugnis der öffentlichen Hand für Umweltbeeinträchtigungen bzw. Umweltschäden wird befürwortet von: *Roller*, PHI 1990, 154, 158; *Gerlach*, Privatrecht und Umweltschutz, 1989, S. 291 ff. sowie *Salje*, DB 1990, 2053, 2055.

anderen Seite zu tragen hat. Eine Unterscheidung zwischen haftungsbegründender und haftungsausfüllender Kausalität kennt der Entwurf für eine Abfallhaftungsrichtlinie nicht[40].

5. Chancen der Verwirklichung des Entwurfs

Der am 28. Juni 1991 vorgelegte geänderte Vorschlag für eine Richtlinie über die zivilrechtliche Haftung für die durch Abfälle verursachten Schäden ist bislang vom Rat nicht behandelt worden. Es steht zu vermuten, daß mit der Veröffentlichung des Grünbuchs zur Umwelthaftung[41] seitens der Kommission ein neuer Weg eingeschlagen worden ist. Statt der Einführung einzelner spezieller Haftungsregelungen, wie der des Produkthaftungsgesetzes, soll an einer umfassenden Regelung der Haftung für Umweltschäden gearbeitet werden[42]. Der Vorschlag zur Abfallhaftung, als einziger, detailliert ausgearbeiteter Entwurf mit speziell umwelthaftungsrechtlicher Zielrichtung kann jedoch weiterhin als Diskussionsgrundlage bei den Überlegungen zu einer umfassenden Regelung des Umwelthaftungsrechts dienen.

III. Grünbuch der EG-Kommission über die Sanierung von Umweltschäden[43]

1. Allgemeines

Im Jahr 1986 forderten der Rat der Europäischen Gemeinschaften und das Europäische Parlament - auch sie unter dem Eindruck der Unfälle von Tschernobyl und Sandoz - die Kommission auf, Vorschläge für Haftungsregelungen bei Umweltschäden vorzulegen[44]. Das 4. Aktionsprogramm zur Umweltpolitik wiederholte 1987 diesen Auftrag[45]. Die Kommission entschloß sich daraufhin, in

---

40 Vgl. hierzu oben § 1 A I 7.
41 Vgl. dazu § 3 B II.
42 Vgl. dazu ausführlich *Seibt*, PHI 1993, 124, 128.
43 Mitteilung der Kommission an den Rat und das Europäische Parlament und den Wirtschafts- und Sozialausschuß: Grünbuch über die Sanierung von Umweltschäden KOM (93) 47 endg. vom 14. Mai 1993; vgl. ABlEG Nr. C 149 v. 29.5.1993, S. 12 (im folgenden: Grünbuch).
44 Vgl. ABlEG Nr. C 7/118 v. 12.1. 1987.
45 ABlEG Nr. C 328/15 v. 7.12.1987.

den Jahren 1989/90 neben dem Richtlinienvorschlag zur Abfallhaftung ein Grünbuch zur Umwelthaftung im umfassenden Sinn zu entwerfen[46].

Das Grünbuch stellt keinen ausgearbeiteten Entwurf eines Umwelthaftungskonzepts dar, sondern soll lediglich Grundlage für eine Diskussion sein, die die Kommission über die Sanierung von Umweltschäden in Gang zu bringen versucht, um ihren Wissensstand hinsichtlich künftiger Maßnahmen auf diesem Gebiet zu verbessern. Alle interessierten Kreise, insbesondere Industrie und Landwirtschaft werden eingeladen, an der Debatte teilzunehmen[47]. Die Idee der "*Green papers*" stammt aus England. Die Kommission veröffentlicht Grünbücher zur Vorbereitung von Gesetzgebungsverfahren. Problemfelder sollen analysiert, bestehende Regelungen dargelegt und rechtspolitische Alternativen vorgestellt werden, um eine Diskussion über die jeweilige Thematik anzuregen[48].

Das Grünbuch über die Sanierung von Umweltschäden gliedert sich in fünf Teile. Nach der **Einleitung**, in der auf die Bedeutung der Umwelthaftung als Instrument des Umweltschutzes hingewiesen wird, wird ein Überblick über die Sanierung von Umweltschäden einerseits durch Systeme der **zivilrechtlichen Haftung**, anderseits durch **kollektive Entschädigungssysteme** gegeben, wobei jeweils zunächst die dabei auftretenden Probleme erläutert und anschließend auf einzelstaatliche und internationale Tendenzen sowie auf die bisherigen Vorschläge der Gemeinschaft kurz eingegangen wird. Im vierten Teil werden **mögliche Richtungen für Maßnahmen der Gemeinschaft** erörtert. In vier **Anhängen** werden Tendenzen in den Mitgliedstaaten, die Verhältnisse in Japan und den Vereinigten Staaten, internationale Tendenzen sowie das System des Europaratsübereinkommens vorgestellt. Bei der Kommission sind zahlreiche Stellungnahmen zum Grünbuch eingegangen[49].

---

[46] Vgl. zur Entstehungsgeschichte *Seibt*, PHI 1993, 124 f.; *Hulst/ Klinge-van Rooij*, PHI 1994, 108. Zur den Rechtsgrundlagen für mögliche Maßnahmen der Gemeinschaft vgl. *Kiethe/ Schwab*, EuZW 1993, 437, 440.

[47] Vgl. Grünbuch, S. 4.

[48] Vgl. auch *Seibt*, PHI 1993, 124, 125.

[49] Bei der Kommission sind mehr als 100 schriftliche Stellungnahmen eingegangen. So unter anderen die Stellungnahmen folgender Organisationen: CEFIC (Chemie), FEAD (Abfallverarbeitung), UNICE (Arbeitgeberverbände), ICC (Int. Handelskammern), CEA (Versicherer), Fédération Bancaire de la CE (Banken), EEB (Europäisches Umweltbüro); WWF (Weltnaturschutz-Fonds), Greenpeace, Friends of the Earth, EELA (Europäische Organisation für Umweltrecht), Eurelectric (Energielieferanten), Eurochambres (Europ. Handelskammern), BEUC (Europ. Verbraucherschutzorganisationen). Vgl. das Weißbuch zur Umwelthaftung, KOM(2000),66 endg., S. 10. Zu den Stellungnahmen vgl. *Hulst/ Klinge-van Rooij*, PHI 1994, 108, 117 ff.

2. Sanierung von Umweltschäden durch Systeme der zivilrechtlichen Haftung

Die zivilrechtliche Haftung steht im Mittelpunkt der Überlegungen der Kommission. Das Grünbuch beschreibt sie als ein rechtliches und finanzielles Instrument, mit dem die Schadensverursacher gezwungen werden können, für die Sanierungskosten aufzukommen. Die zivilrechtliche Haftung trage dazu bei, Verhaltensnormen durchzusetzen und von künftigen Schäden abzuschrecken[50]. Somit werde sie auch dem Verursacher- und Vorbeugeprinzip gerecht, da sie einerseits die Verursacher zur Zahlung der Schadenskosten verpflichte, anderseits potentielle Verschmutzer wüßten, daß sie die Kosten der Schadensbeseitigung tragen müßten und daher einen starken Anreiz zur Vermeidung derartiger Schäden hätten[51]. Um eine Diskussionsgrundlage zu schaffen, listet das Grünbuch im folgenden die wesentlichen bei der Haftung für Umweltschäden auftretenden Probleme auf und stellt kursorisch die bislang die von den Mitgliedstaaten mit ihren jeweiligen Gesetzgebungen gefundenen Lösungen dar.

a) Probleme

Bei der Diskussion der bei der zivilrechtlichen Haftung auftretenden **Probleme** geht das Grünbuch zunächst auf die zwei Haftungskonzepte der **verschuldensabhängigen** und der **verschuldensunabhängigen Haftung** ein. Hingewiesen wird auf den engen Zusammenhang von **verschuldensabhängiger Haftung** und Umweltschutzvorschriften, insbesondere auf die Indizwirkung der Verletzung von Umweltschutzvorschriften für Rechtswidrigkeit und Verschulden[52]. Das Grünbuch sieht die Möglichkeit, daß durch die Durchsetzung der verschuldensabhängigen Haftung durch staatliche Stellen erheblich dazu beigetragen werden könne, daß Umweltschutzvorschriften eingehalten werden und entstandene Kosten wiedererlangt werden könnten[53].

Die **verschuldensunabhängige Haftung** (Gefährdungshaftung) wird in erster Linie als Instrument der Schadensvorbeugung gesehen[54]. Bei der Einführung einer Gefährdungshaftung sei ein Ausgleich zwischen dem Bedürfnis der poten-

---

[50] Grünbuch, S. 4.

[51] Grünbuch, S. 5.

[52] Zur Haltung der deutschen Rechtsprechung hinsichtlich dieser Thematik vgl. oben § 1 A I 5.

[53] Grünbuch, S. 7. Offen bleibt ,ob unter "*staatlichen Stellen*" Rechtsprechungsorgane zu verstehen sind, die ihre Entscheidungen verstärkt an Umweltschutzvorschriften orientieren sollen oder ob andere staatliche Stellen zur Geltendmachung von Schadensersatzansprüchen aufgefordert werden sollen.

[54] Grünbuch, S. 7.

140

tentiellen Schädiger nach Rechtssicherheit und der Notwendigkeit flexibler Definitionen, die neuen Technologien oder anderen unvorhersehbaren Entwicklungen gerecht werden können, zu schaffen. Die Kommission schlägt eine Reihe von Kriterien für die Entscheidung, für welche Tätigkeiten und Verfahren die Einführung einer verschuldensunabhängigen Haftung sinnvoll erscheint, vor: die Gefährlichkeit einer bestimmten Geschäftstätigkeit, die Wahrscheinlichkeit und das mögliche Ausmaß des Schadens, den Anreiz der verschuldensunabhängigen Haftung zur Schadensvorbeugung, Möglichkeiten und Kosten der Beseitigung eines wahrscheinlichen Schadens, die potentielle finanzielle Belastung des betreffenden Wirtschaftszweiges sowie die Notwendigkeit und das Angebot eines Versicherungsschutzes[55].

Des weiteren wird auf das Problem der **Kanalisierung der Haftung** eingegangen. Um die von der Gefährdungshaftung ausgehende Schadensvorbeugung zu fördern, sei die Haftung demjenigen zuzuweisen, der über die Möglichkeiten verfüge, das beste *risk management* zu betreiben.

Das Grünbuch geht auch auf die Probleme ein, die auftreten, wenn **mehrere Haftpflichtige** für einen Schaden verantwortlich sind. Hinsichtlich der beiden Alternativen - gesamtschuldnerische Haftung, "kollektive" Haftung (teilschuldnerische Haftung) - wird vor allem auf die bei der Gesamtschuldnerschaft auftretenden Probleme, wie den "*deep pocket*"- Effekt oder das "*forum shopping*", sowie die durch den in der Regel sich anschließenden internen Regress entstehenden hohen Transaktionskosten eingegangen[56].

Unter dem Stichwort **"Wer oder was schädigt die Umwelt?"** werden Fallkonstellationen erörtert, in denen entweder die Schadensursächlichkeit oder die Zurechnung des Schadens zu einer rechtswidrigen Handlung in Frage steht. Eingegangen wird auf den Ersatz von Schäden, die Folge der chronischen Umweltverschmutzung sind. Das Grünbuch sieht hier lediglich eine Lösung durch kollektive Entschädigungssysteme. Dies gilt wohl auch für die Sanierung von Altlasten.

Angesprochen wird auch die **Vergabe von Umweltzertifikaten.** Umweltzertifikate sollen dem Staat die Möglichkeit bieten, die gesamte Schadstoffmenge auf ein Niveau zu senken, das keine unannehmbaren Auswirkungen oder Schäden verursacht[57].

---

[55] Grünbuch, S. 8.

[56] Grünbuch, S. 9.

[57] Grünbuch, S. 10 f.. Das Grünbuch versteht Umweltzertifikate anscheind lediglich als rechtfertigende Genehmigungen. Üblicherweise werden unter Umweltzertifikaten verkäufliche Emmissionsgenehmigungen verstanden, die zwischen den Unternehmen han-

Diskutiert wird auch das Problem der **Haftungshöchstgrenzen**. Bei einer unbegrenzten Haftung stehe zu befürchten, daß ein Haftpflichtiger vom Markt verdrängt werde, obwohl er alle Maßnahmen getroffen und sich gegen die Kosten vorhersehbarer Unfallschäden versichert habe; zu niedrig angesetzte Haftungshöchstgrenzen könnten jedoch dazu führen, daß der Anreiz zur Schadensvermeidung abnimmt und nicht alle Sanierungskosten ersetzt werden. Auch hier wird auf die Möglichkeit der Einrichtung von Entschädigungsfonds verwiesen[58].

Einer **Definition des Umweltschadens** mißt das Grünbuch grundlegende Bedeutung zu, da hierdurch Art und Umfang der notwendigen Sicherungsmaßnahmen festlegt und somit der Umfang der über die zivilrechtliche Haftung einklagbaren Kosten bestimmt wird. Als diskussionsbedürftig wird hierbei erachtet, inwieweit Gegenstände menschlichen Ursprungs in den Schadensbegriff einzubeziehen sind und ab welcher Eingriffsschwere ein Umweltschaden anzunehmen ist[59].

Nachdem das Grünbuch noch einmal kurz auf die Problematik des Nachweises der Schadensursachlichkeit sowie auf die der Zuweisung des Klagerechts[60] eingegangen ist, wendet es sich unter dem Stichwort **"angemessene Entschädigung"** der Frage nach dem Ersatz ökologischer Schäden zu. Das Grünbuch faßt darunter die Fälle, in denen kein wirtschaftlicher Schaden (Vermögensschaden) entstanden ist. Die Verfasser des Grünbuchs sehen die Notwendigkeit, auch diese Umweltbereiche in einem gesunden Zustand zu erhalten. Erreicht werden soll dies mit einer Sanierungspflicht. Wen diese Pflicht treffen soll - die jeweiligen Eigentümer, die öffentliche Hand oder den Schädiger - bleibt jedoch unklar. Die Sanierungskosten soll der Schädiger tragen. Bei der Frage nach der Schadensintensität stellt das Grünbuch auf ein zu erhaltendes Umweltqualitätsniveau

---

delbar sind. Kloepfer, UmweltR, § 5 Rdnr. 301 ff. Zustimmend zu diesen Überlegungen jedoch *Rest*, NuR 1994, 271, 275.

[58] Grünbuch, S. 11.

[59] Grünbuch, S. 12. Differenziertere Vorschläge für die Definitione von "Umweltschäden" macht der Wirtschafts- und Sozialausschuß der Europäischen Gemeinschaft. Stellungnahme des Wirtschaft- und Sozialausschusses zur "Mitteilung der Kommission an den Rat und das Europäische Parlament und den Wirtschafts- und Sozialausschuß: Grünbuch über die Sanierung von Umweltschäden", CES (94) 226, S. 7.

[60] Die Kommission möchte anscheinend die Frage eines Klagerechts von Umweltschutzverbänden oder des Staates aus der Diskussion ausklammern. Dies ist zwangsläufig auf den Umweltschutzverbänden auf Kritik gestoßen. Vgl. die Stellungnahme des EEB (European Environmental Bureau, Dachverband der Europäischen Umweltschutzorganisationen). Aber auch der Wirtschafts- und Sozialausschuß diskutiert diese Frage,(Stellungnahme des Wirtschafts- und Sozialausschusses CES (94) 226, S. 9). Vgl. auch *Hulst/ Klinge- van Rooij*, PHI 1994, 108, 116.

ab, welches die Gesellschaft festzulegen habe; werde dieses Niveau unterschritten, sei eine Sanierung die ökologisch einzig vernünftige Lösung[61].

Eingehend erläutert wird abschließend die Problematik der **Versicherungsfähigkeit** von Umweltschäden[62]. Die Bedeutung der Versicherung wird zum einem darin gesehen, daß beim Vorliegen von Versicherungsschutz die Sanierungskosten gedeckt sind, zum anderen, daß in Fällen, in denen ein Versicherungsunternehmer den Abschluß eines Versicherungsvertrages vom *risk management* des Unternehmers abhängig macht, dies auch zur Unfallverhütung beitragen könne.

b) Allgemeine Tendenzen im Umwelthaftungsrecht

Das Grünbuch versucht einen Überblick über die Tendenzen zu geben, die sich in den einzelnen Mitgliedstaaten hinsichtlich der zuvor erläuterten Probleme erkennen lassen. Grundsätzlich gingen die zivilrechtlichen Haftungssysteme vom Prinzip der Verschuldenshaftung aus. Wegen der im Umwelthaftungsrecht oft schwierigen Beweissituation der Geschädigten neigten die Gerichte im Schadensfall jedoch dazu, nicht immer den vollen Beweis hinsichtlich der Schuldhaftigkeit des ursächlichen Handelns zu verlangen. Daneben bestehe aber in den Mitgliedstaaten die zunehmende Tendenz, die Normen der Verschuldenshaftung durch eine verschuldensunabhängige Haftung für bestimmte als gefährlich geltende Tätigkeiten abzulösen. Alle neuen Vorschriften über die Haftung von Umweltschäden beruhten auf diesem Prinzip der Gefährdungshaftung[63].

Defizite sieht das Grünbuch bei der Definition des Begriffes des Umweltschadens sowie bei den vielfach nicht vorhandenen Regelungen über Beweiserleichterungen. Diese Gemeinsamkeiten in der Gesetzgebung der Mitgliedstaaten ließe jedoch nicht auf ein einheitliches Konzept schließen[64].

Das Grünbuch geht auf einige internationale Haftungsregelungen für Umweltschäden ein, die aus der Notwendigkeit, auch Schäden aus grenzüberschreitenden Umweltverschmutzungen zu beseitigen, entstanden sind[65]. Erwähnt wird

---

[61] Grünbuch, S. 13 f. Das Grünbuch geht in diesem Zusammenhang nicht auf die Frage ein, ob bei der Unmöglichkeit der Wiederherstellung der geschädigten Umwelt eine Entschädigung zu leisten ist. Kritisch hierzu *Roller*, Stellungnahme des EEB zum Grünbuch Umwelthaftung, S. 3. Vgl. auch *Seibt*, PHI 1993, 124, 126 (Fn. 19).
[62] Vgl. Grünbuch, S. 14 ff.
[63] Grünbuch, S. 17.
[64] Grünbuch, S. 18.
[65] Grünbuch, S. 19.

zunächst das "Trail Smelter-Urteil" vom 11. März 1941[66], das eine Haftung des Staates begründet, auf dessen Hoheitsgebiet Tätigkeiten ausgeübt werden, die grenzüberschreitende Umweltschäden bewirken. Näher erläutert werden das Pariser Übereinkommen über die Haftung auf dem Gebiet der Kernenergie von 1960[67], das Brüsseler Übereinkommen über die zivilrechtliche Haftung für Ölverschmutzungsschäden von 1969[68] sowie die Konvention des Europarats über die zivilrechtliche Haftung für Schäden aus umweltgefährlichen Tätigkeiten von 1993[69].

In einem dritten Schritt werden die **bisherigen Maßnahmen** der Europäischen Gemeinschaft in diesem Bereich vorgestellt. Erwähnt werden die Produkthaftungsrichtlinie[70], die Richtlinie über die Überwachung und Kontrolle der grenzüberschreitenden Verbringung gefährlicher Abfälle[71], die Entschließungen des Rats und des Europäischen Parlaments, die diese nach dem Sandoz-Unfall gefaßt haben[72], sowie die Richtlinie über die zivilrechtliche Haftung für die durch Abfälle verursachten Schäden[73].

3. Sanierung von Umweltschäden durch kollektive Entschädigungssysteme

Die Verfasser des Grünbuchs sehen für eine Reihe von Schadensfällen (Schäden durch chronische Verschmutzung, genehmigte Verschmutzung, Altlasten) die zivilrechtliche Haftung nicht als geeignetes Instrument zur Schadenskompensation an. In diesen Fällen würde sich vielmehr eine Schadensregelung durch kollektive Entschädigungssysteme anbieten. Das Grünbuch geht davon aus, daß bei kollektiven Entschädigungssystemen sich der Grundsatz der zivilrechtlichen Haftung - die individuelle Verantwortlichkeit für bestimmte Handlungen - zu einem Grundsatz der geteilten Verantwortung für die Auswirkungen mehrerer Handlungen weiterentwickeln könne.

---

[66] RiAA 1949 III, 1938 (1965).
[67] Übereinkommen von Paris über die Haftung gegenüber Dritten auf dem Gebiet der Kernenergie v. 29.07.1960, BGBl. 1976 II, 310, 311, abgedruckt in Burhenne, International Environmental Law - Multilateral Treaties - (Int. Umweltrecht), Bd. III, 960: 57.
[68] Internationales Übereinkommen von Brüssel über die zivilrechtlich Haftung für Ölverschmutzungsschäden vom 29.11.1969, BGBl. 1975 II, 301 (für die Bundesrepublik am 15.05.1998 außer Kraft getreten) abgedruckt in Burhenne, International Environmental Law - Multilateral Treaties - (Int. Umweltrecht), Bd. IV, 969:88.
[69] Convention on Civil Liability for Damage Resulting from Activities Dangerous to the Environment. Vgl. § 4.
[70] Richtlinie 85/374/EWG, ABlEG Nr. L 210 v. 07.08.1985, S. 29.
[71] Richtlinie 84/631/EWG, ABlEG Nr. L 326 v. 13.12.1984, S. 31.
[72] Bull. EG 11-1986, Ziff. 2.1.146 sowie ABlEG Nr. C 7/116.
[73] Vgl. zu diesem Vorschlag oben § 3 B I.

4. Mögliche Maßnahmen der Gemeinschaft

Im vierten Kapitel geht das Grünbuch auf mögliche Maßnahmen der Gemeinschaft ein. Mit diesem Teil erhoffen sich die Verfasser, eine Debatte über die Anforderungen an die Sanierung von Umweltschäden in Gang zu bringen, damit die getroffenen Maßnahmen in geeigneter und wirkungsvoller Weise die Wiedererlangung der Sanierungskosten von Umweltschäden gewährleisten.

Die zivilrechtliche Haftung wird dabei grundsätzlich als ein Rechtsinstrument angesehen, auf das bei der Durchsetzung des Verursacherprinzips nicht verzichtet werden kann. Jedoch sei es nur in ganz bestimmten Schadensfällen und zwar immer nur dann anwendbar, wenn die für die Schäden Haftpflichtigen festgestellt werden könnten[74]. Das Grünbuch stellt eine Reihe von Kriterien auf, die es für eine zivilrechtliche Haftung als unerläßlich erachtet: **a)** ein meßbarer und unmittelbarer Schaden, **b)** eine abgeschlossene Handlung bzw. ein abgeschlossenes Ereignis, **c)** der Haftpflichtige[75] muß feststellbar sein, **d)** es muß eine verschuldensabhängige bzw. -unabhängige Haftungslage vorliegen, **e)** der Kausalzusammenhang muß nachweisbar sein, **f)** es muß eine Partei mit rechtlich begründetem Interesse und Klagerecht geben. Liegen diese Voraussetzungen nicht vor, wird eine zivilrechtliche Haftung nicht als sinnvoll erachtet, sondern ein kollektives Entschädigungssystem für erforderlich gehalten[76].

Im Anschluß hieran diskutiert das Grünbuch Vor- und Nachteile der Verschuldens- und Gefährdungshaftung. Der Vorteil der Verschuldenshaftung sei vor allem in ihrer Fähigkeit zur Maximierung des Vorsorgeeffekts zu sehen. Die Einhaltung von Umweltschutzvorschriften könne gefördert werden, da Umweltrechtsnormen und -verfahren Anhaltspunkte für die Beurteilung lieferten, ob ein Haftpflichtiger unter bestimmten Umständen ordnungsgemäß oder nachlässig (fahrlässig) gehandelt habe. Als alleiniges zivilrechtliches Haftungssystem sei die Verschuldenshaftung jedoch nicht geeignet, da einerseits der Nachweis einer schuldhaften Handlung oft nicht zu führen sei, andererseits die Unvollständigkeit des Umweltrechts eine Qualifikation des Handelns als schuldhaft nicht immer zulasse[77].

Die Gefährdungshaftung erscheine demgegenüber zunächst als ein Haftungssystem, das zur Sanierung von Umweltschäden besonders geeignet sei, da es vom Nachweis einer schuldhaften Handlung befreie. Auch könne es zu einem

---

[74] Grünbuch, S. 29.
[75] Gemeint ist wohl der Verursacher. Ob dieser haftpflichtig ist, muß ja gerade erst festgestellt werden.
[76] Grünbuch, S. 30.
[77] Grünbuch, S. 31.

besseren risk management und zu einer erhöhten rechtlichen Sicherheit der ihr unterliegenden Unternehmen beitragen. Das System der Gefährdungshaftung gewährleiste, daß derjenige, der mit seiner wirtschaftlichen Tätigkeit den Schaden verursacht habe, diesen auch tragen müsse, und fördere somit auch die Umsetzung des Verursacherprinzips. Sollen die mit der verschuldensunabhängigen Haftung verbundenen Vorteile zur vollen Geltung kommen, gelte es jedoch, die Bestandteile dieses Haftungssystems genau festzulegen. In die Überlegungen einzubeziehen sei auch, daß ein umfassendes System der verschuldensunabhängigen Haftung bestimmten Wirtschaftszweigen eine zu große Last aufbürden und zu größeren Störungen der Wirtschaft führen könnte[78].

Festzulegen sei zunächst die **Schadensdefinition**, da sie Art und Umfang der Sanierungsmaßnahmen bestimme[79]. Von besonderer Bedeutung sei die Frage, auf welche Tätigkeiten die verschuldensunabhängige Haftung anzuwenden sei. Die Verfasser des Grünbuchs gehen hier lediglich auf die Problematik ein, daß eine zu weitgehende Gefährdungshaftung unerwünschte Folgen bei der Wirtschaft haben könnte. Es erstaunt, daß hier nicht auf die verschiedenen möglichen Modelle der Gefährdungshaftung: Anlagengefährdungshaftung, Handlungshaftung, usw. eingegangen wird und deren Vor- und Nachteile diskutiert werden sowie Kriterien für die Einstufung bestimmter Tätigkeiten entwickelt werden[80]. Zu entscheiden sei auch, welcher Partei die Haftung anzulasten sei sowie über die Verteilung der Beweislast, über mögliche Haftungsbegrenzungen und über den Inhalt eines Systems der finanziellen Sicherheit[81].

Die Verfasser sehen in der Unterzeichnung des Europarats-Übereinkommens[82] eine Möglichkeit, eine Antwort auf diese Fragen zu finden; das Übereinkommen könne anderseits aber auch lediglich als Ausgangspunkt eines Gemeinschaftskonzepts für die Sanierung von Umweltschäden dienen.

Da die zivilrechtliche Haftung bei der Nichterweislichkeit des ursächlichen Zusammenhangs an ihre Grenzen stoße, halten die Verfasser des Grünbuchs als Ergänzung zur zivilrechtlichen Haftung ein kollektives Entschädigungssystem für erforderlich. Für die Praxis wird eine **kombinierte Umwelthaftung** vorgeschlagen: Soweit ein Schaden sich der Handlung eines einzelnen Haftpflichtigen zurechnen lasse, solle die Entschädigung über die zivilrechtliche Haftung nach

---

[78] Grünbuch, S. 32. Kritisch hinsichtlich dieser Abwägung der Vor- und Nachteile beider Haftungsgrundlagen *Seibt*, PHI 1993, 124, 127 (Fn. 21).

[79] Vgl. dazu oben § 1 A I 6 e.

[80] Vgl. jedoch die Vorschläge des Wirtschafts- und Sozialausschusses, CES (94) 226, S. 5 f. Anders auch noch der Vorentwurf des Grünbuchs; vgl. *Kretschmer/ Gansen*, PHI 1992, 60 ff.

[81] Grünbuch, S. 32 ff.

[82] Konvention des Europarats über die zivilrechtliche Haftung für Schäden aus umweltgefährlichen Aktivitäten, vgl. § 4.

dem System des Europaratsübereinkommens angestrebt werden. Lasse sich ein Schaden den Tätigkeiten eines Haftpflichtigen nicht zurechnen, sollen kollektive Entschädigungssysteme eingreifen, die möglichst dezentralisiert organisiert sein sollten[83]. Die Sanierungskosten würden so auf bestimmte Wirtschaftszweige oder Regionen umgelegt[84].

5. Anhänge

Das Grünbuch wird durch drei Anhänge ergänzt. Der erste Anhang enthält eine Aufzählung nationaler Gesetze, die eine verschuldensunabhängige Haftung vorsehen. Der zweite Anhang beschreibt die Verhältnisse in Japan und den Vereinigten Staaten. Näher eingegangen wird vor allem auf das US-amerikanische Bundesgesetz (Comprehensive Environmental Response Compensation Liability Act [CERCLA]), durch das ein Bundesfonds (Superfund) eingerichtet worden ist, aus dem Reinigungs- und Sanierungsmaßnahmen finanziert werden. Der dritte Anhang enthält ein (unvollständiges) Verzeichnis internationaler Übereinkommen über zivilrechtliche Haftung und Entschädigung.

6. Bewertung und Ausblick

Die wesentliche Aussage des Grünbuchs besteht darin, daß künftige Umwelthaftungsnormen der Gemeinschaft nicht allein den Ersatz individuell zurechenbarer Schäden regeln sollen, sondern auch Ersatz für die bisher in keiner Weise bewältigten Allgemein- und Summationsschäden geleistet werden soll[85]. Das Grünbuch zur Umwelthaftung markiert die Abkehr der Kommission von haftungsrechtlichen Einzelregelungen im Umweltbereich wie dem Richtlinienentwurf zur Abfallhaftung. Es soll vielmehr ein umfassendes Konzept zur Umwelthaftung erarbeitet werden, das auch kollektive Entschädigungssysteme miteinschließt.

Auch wenn man das Grünbuch als eine Einladung zur Teilnahme an einem neuen Meinungsbildungsprozeß der Kommission im Bereich des Umwelthaftungsrechts versteht, erstaunt es trotzdem, daß die Kommission viele Punkte wieder in Frage stellt, zu denen sie vorher schon eindeutig Position bezogen

---

[83] Ebenfalls eine dezentrale Organisation befürwortend, jedoch wesentlich differenzierter der Wirtschafts- und Sozialausschuß, CES (94) 226, S. 10 f.

[84] Grünbuch, S. 34 ff.

[85] Vgl. *Kiethe/ Schwab*, EuZW 1993, 437, 439.

hatte[86] und zu denen sich auch auf internationaler Ebene schon eine gefestigte Meinung erkennen läßt. So überrascht es, wenn die Kommission erneut Vor- und Nachteile von Verschuldens- und Gefährdungshaftung diskutiert. Die Entscheidung für eine verschuldensunabhängige Haftung scheint seit langem gefallen; auch die Verfasser des Grünbuchs müssen feststellen, daß alle neueren nationalen Regelungen zur Umwelthaftung dem System der Gefährdungshaftung folgen[87]. Die Diskussion beschäftigt sich vielmehr mit der Frage, ob eine Anlagenhaftung deutschen Musters oder eine Gefahrstoff- bzw. Handlungshaftung vorzugswürdig ist[88]. Auch in der Frage des Ersatzes und der Definition von Umweltschäden hatte die Kommission mit den getroffenen Regelungen des Entwurfs einer Abfallhaftungsrichtlinie schon ihre Vorstellungen deutlich gemacht [89]. Zur Frage der Einführung einer Verbandsklage, die wohl gänzlich aus der derzeitigen Diskussion ausgeklammert werden soll, hatte die Kommission im Vorentwurf des Grünbuchs noch ausdrücklich Stellung genommen. Auch der Entwurf der Abfallhaftungsrichtlinie sieht ein Verbandsklagerecht vor, wenn auch den Mitgliedstaaten bei der Umsetzung ein weiter Ermessensspielraum eingeräumt wird[90].

III. Weißbuch zur Umwelthaftung

1. Allgemeines

Auf der Grundlage des Grünbuches hat die Kommission der Europäischen Gemeinschaften am 09.02.2000 ein Weißbuch zur Umwelthaftung herausgegeben[91]. Dem Weißbuch sind neben dem Grünbuch der Kommission eine Gemeinsame Anhörung mit dem Europäischen Parlament im Jahr 1993, eine Entschließung des Parlaments mit der Forderung nach dem Erlaß einer EG-Richtlinie, eine Stellungnahme des Wirtschafts- und Sozialausschusses sowie die Entscheidung der Kommission im Jahr 1997 zur Vorlage des Weißbuchs vorausgegangen.

Trotz oder möglicherweise wegen des langen Zeitraums seit dem Erscheinen des Grünbuchs haben die Vorstellungen der Kommission bezüglich einer Umwelt-

---

[86] Beispielsweise beim Entwurf der Abfallhaftungsrichtlinie, bei einem Vorentwurf des Grünbuchs oder bei den Stellungnahmen der Kommission im Rahmen der Verhandlungen des Europarats.
[87] Grünbuch, S. 17.
[88] So auch *Seibt*, PHI 1993, 124, 129.
[89] Vgl. oben § 3B I 3.
[90] Vgl. auch *Seibt*, PHI 1993, 124, 129 f.
[91] Weißbuch zur Umwelthaftung v. 09.02.2000, hrsg. von der Kommission, KOM (2000) 66 endg.

haftung der Gemeinschaft im Vergleich mit dem Grünbuch nur wenig konkretere Formen angenommen. Die Absichten der Kommission sind lediglich insoweit präziser geworden, als das nunmehr geplante Haftungssystem sich auf „konkrete" Schäden beschränken soll. War im Grünbuch noch die Zielsetzung angesprochen worden, auch für Distanz- und Summationsschäden einen Ausgleich durch Entschädigungsfonds schaffen zu wollen[92], beschränkt sich das mit dem Weißbuch avisierte Haftungssystem auf den Ausgleich konkreter und meßbarer Schäden, die durch einen oder mehrere feststellbare Akteure verursacht wurden[93].

Eine Entscheidung scheint dahingehend gefallen zu sein, daß die Kommission nunmehr auch im Bereich der Umwelthaftung die Gefährdungshaftung als vorrangiges Haftungsprinzip einführen möchte, obgleich die Wortwahl des Weißbuchs in dieser Hinsicht vielfach wenig glücklich und eindeutig ist[94].

2. Mögliche Merkmale eines Umwelthaftungssystems

Die Kommission betont vorab, daß aus Gründen der Rechtssicherheit und des Vertrauensschutzes das Gemeinschaftssystem nur nach vorn ausgerichtet sein dürfe, also keine Rückwirkung entfalten solle. Es solle den Mitgliedstaaten überlassen bleiben, sich mit Verschmutzungen zu befassen, die aus der Vergangenheit herrühren[95].

Das Weißbuch versucht, die Rahmenbedingungen für künftige Haftungstatbestände zu entwerfen. Ein besonderer Schwerpunkt wird auf eine Konkretisierung des Begriffs und der Entschädigungsmöglichkeiten für ökologische Schäden – das Weißbuch verwendet den Begriff „Schädigungen der biologischen Vielfalt"– gelegt. Das Weißbuch kritisiert zu Recht, daß die verschiedenen einzelstaatlichen Gesetze[96], die als „Umwelthaftungsvorschriften" bezeichnet werden, lediglich Schäden die durch Umwelteinwirkungen hervorgerufen wurden, ersetzen. Der Umfang des Schadensersatzes ist jedoch in der Regel auf die herkömmlichen Schäden, wie die Verletzung von Körper, Leben und Eigentum beschränkt. Neben diesen Schäden im herkömmlichen Sinn sollen künftige Gemeinschaftsregelungen auch einen Ersatz für Schädigungen der biologischen Vielfalt und Schäden in Form von Altlasten bieten.

---

[92] Grünbuch, S. 34.
[93] Weißbuch, S. 12.
[94] Vgl. unten § 3 B III 2.
[95] Weißbuch, S. 15.
[96] Das Weißbuch nennt hierbei das deutsche Umwelthaftungsgesetz und das dänische Gesetz über Entschädigungsleistungen bei Umweltschäden, vgl. Weißbuch S. 16.

Hinsichtlich der eigentlichen Ausgestaltung der Haftungstatbestände bestehen noch wenig konkrete Vorstellungen. Die Kommission möchte das geplante **Haftungssystem mit den bereits bestehenden gemeinschaftsrechtlichen Rechtsvorschriften zum Umweltschutz verknüpfen**[97]. Zu diesen rechnet das Weißbuch u.a. die Rechtsvorschriften, die Grenzwerte für die Einleitung bzw. Emission gefährlicher Stoffe in Wasser oder Luft enthalten, Rechtsvorschriften, die gefährliche Stoffe und Zubereitungen im Hinblick auf die Umwelt betreffen, Rechtsvorschriften, die auf die Verhütung und Kontrolle von Unfall- und Verschmutzungsgefahren abzielen, Rechtsvorschriften über den Umgang mit gefährlichen Stoffen sowie Vorschriften auf dem Bereich der Biotechnologie oder für die Beförderung gefährlicher Stoffe.

Obwohl das Weißbuch mehrfach betont, daß es sich bei den zu schaffenden Haftungstatbeständen um solche der **Gefährdungshaftung** handeln solle, lassen die gewählten Formulierungen hieran Zweifel aufkommen, da beispielsweise erwartet wird, daß eine Verletzung der oben erwähnten Vorschriften nicht nur zu administrativen und Strafmaßnahmen führt, sondern auch zu einer Verpflichtung des Verursachers, den Schaden zu beheben[98]. Eine Verletzung von Sicherheitsstandards begründet jedoch zumindest nach deutschem Recht bereits eine Haftung nach den Regeln der Verschuldenshaftung.

Schädigungen der **biologischen Vielfalt** sollen wegen der besonderen Empfindlichkeit der Ressourcen ergänzend durch **besondere Haftungstatbestände** geschützt werden. Das auf Schädigungen der biologischen Vielfalt anwendbare Haftungssystem soll deshalb auch andere als gefährliche Tätigkeiten umfassen. Allerdings soll bei ungefährlichen Aktivitäten nur bei einem Verschulden des Handelnden gehaftet werden. Die Kommission läßt offen, um welche Art von Tätigkeiten es sich bei den ungefährlichen Aktivitäten handeln soll, die einerseits ungefährlich sein, anderseits zu einem Schaden führen sollen und worin bei der Ausführung einer ungefährlichen Tätigkeit ein die Haftung begründendes Verschulden liegen soll.

Die **Haftung** soll **ausgeschlossen** sein bei höherer Gewalt, bei Mitverschulden oder bei einem Handeln aufgrund staatlicher Anordnung. Einen Ausschluß des Entwicklungsrisikos lehnt die Kommission ab[99].

Es überrascht, wie wenig konkret die Vorschläge der Kommission hinsichtlich einzelner Haftungstatbestände sind, wiewohl doch eine Vielzahl konkreter Vor-

---

[97] Weißbuch, S. 16 ff.
[98] Weißbuch, S. 17.
[99] Weißbuch, S. 19 f.

gaben an Umwelthaftungstatbeständen, wie insbesondere die Konvention des Europarats, bereits vorliegen.

Ausführlich widmet sich das Weißbuch der Entwicklung von **Ersatzmöglichkeiten für Schädigungen der biologischen Vielfalt**. Auch hier möchte die Kommission auf die bestehenden umweltrechtlichen Vorschriften der Gemeinschaft Bezug nehmen. So sollen nur Schädigungen der biologischen Vielfalt erfaßt werden, die auf der Grundlage der Habitat[100]- und der Vogelschutzrichtlinie[101] in Natura 2000-Gebieten eingetreten sind[102]. Unter Schädigungen der biologischen Vielfalt versteht das Weißbuch Schäden an natürlichen Lebensräumen, wildlebenden Tieren- und Pflanzenarten gemäß der Definition in den Anhängen zu den genannten Richtlinien. Eine Haftung soll erst bei Erreichen eines bestimmten Schwellenwertes eintreten, welcher in Zusammenhang mit der Habitatrichtlinie erarbeitet werden soll[103].

Besondere Probleme sieht die Kommission beim Eintritt irreparabler Schäden. Aber auch wenn die Möglichkeit der Wiederherstellung des ursprünglichen Zustands besteht, sollen **unverhältnismäßig hohe Wiederherstellungskosten vermieden** werden. In jedem Einzelfall sei eine Kosten-Nutzen-Analyse vorzunehmen. Sei eine Wiederherstellung nicht möglich, müsse eine Lösung herbeigeführt werden, die auf die Schaffung natürlicher Ressourcen abziele, die den zerstörten gleichwertig seien, um Naturschutz und biologische Vielfalt wieder so herzustellen, wie dies im Netz Natura 2000 vorgesehen sei. Für die Bewertung natürlicher Ressourcen strebt die Kommission die Schaffung von Datenbanken an, wie z. B. das Environmental Valuation Reference Inventory (EVRI)[104].

Obwohl ein gemeinschaftsrechtliches Haftungssystem keine Rückwirkung entfalten soll, möchte ie Kommission eine **Ersatzmöglichkeit für Altlasten** schaffen. Unter den Begriff „Altlasten" werden Verunreinigungen des Bodens, von Oberflächengewässern und des Grundwassers gefaßt[105]. Das Haftungssystem soll jedoch nur bei erheblicher Kontamination zur Anwendung kommen. Dies soll dann der Fall sein, wenn die „Altlast" zu einer ernsthaften Bedrohung für den Menschen und die Umwelt führen kann. Die Kommission möchte mit dem

---

[100] Richtlinie 92/43/EWG zur Erhaltung der natürlichen Lebensräume sowie der wildlebenden Tiere und Pflanzen vom 21.055.1992 (ABlEG Nr. L 206, S. 7) zuletzt geändert am 27.10.1997 (ABlEG Nr. L 304; S. 42).
[101] Richtlinie 79/409/EWG des Rates vom 02.04.1979 über die Erhaltung der wildlebenden Vogelarten, ABlEG Nr. L 103 v. 25.04.1979, S. 1, zul. geändert ABlEG Nr. L 164 v. 30.06.1994, S. 9.
[102] Weißbuch, S. 21.
[103] Weißbuch, S. 22.
[104] Weißbuch, S. 22.
[105] Weißbuch, S. 23.

Umwelthaftungssystem auch die Sanierungsziele für die zu erhaltenden oder wiederherzustellende Boden- und Wasserqualität festlegen. Die Werte sollen denen der IVU-Richtlinie entsprechen und in Bezug auf die Bodenqualität sicherstellen, daß der Boden für die gegenwärtige und für die wahrscheinliche künftige Flächennutzung geeignet sein soll[106].

Die Wiederherstellung von Schädigungen der biologischen Vielfalt soll durch die **Verpflichtung, den Schadensersatz** oder die Entschädigung auf wirksame Weise **für die Wiederherstellung zu verwenden**, sichergestellt werden. Sei eine Wiederherstellung nicht möglich, soll der Entschädigungsbetrag in Höhe des Wertes des Schadens für vergleichbare Projekte der Wiederherstellung verwendet werden[107].

Das Weißbuch schlägt bei Schädigungen der biologischen Vielfalt die Möglichkeit einer **Verbandsklage** für Umweltschutz-Interessenvereinigungen vor. Hierbei wird ein zweistufiges Konzept favorisiert. An erster Stelle sollen die Mitgliedstaaten verpflichtet sein, die Sanierung von Schädigungen der biologischen Vielfalt sicherzustellen. Öffentliche Interessenvereinigungen sollen das Recht erhalten, in Aktion zu treten, wenn der Staat nicht in angemessener Weise tätig wird. Lediglich in dringenden Fällen sollen Interessenvereinigungen das Recht haben, unmittelbar bei Gericht eine einstweilige Verfügung zu erwirken, um potentielle Verursacher zur Vornahme oder Unterlassung umweltschädigender Handlungen zu zwingen.

Um die Verlagerung riskanter Produktionen auf kleinere Nebenunternehmen zu verhindern, soll die Haftung durch eine Verpflichtung zu **Deckungsvorsorge** ergänzt werden. Das Problem, daß bislang noch keine Erfahrung über die Kosten der Wiederherstellung von Schädigungen der biologischen Vielfalt vorliegen und deshalb eine Versicherbarkeit derselben Schwierigkeiten bereiten könnte, will die Kommission mit einem schrittweisen Ansatz lösen: Die Begrenzung des Umfangs gefährlicher Tätigkeiten, die Beschränkung auf natürliche Ressourcen, die bereits durch bestehendes Gemeinschaftsrecht geschützt sind, und die Beschränkung auf erhebliche Schäden sollen insgesamt dazu beitragen, die Risiken des Systems kalkulierbar und handhabbar zu machen[108].

---

[106] Weißbuch, S. 23.
[107] Weißbuch, S. 24.
[108] Weißbuch, S. 28.

3. Verschiedene Maßnahmen der Gemeinschaft

Die Kommission hat bei der Entwicklung einer Gemeinschaftspolitik zur Umwelthaftung verschiedene Ansätze und Instrumente in Betracht gezogen. Favorisiert wird letztendlich der Erlaß einer Gemeinschaftsrichtlinie.

Ein Beitritt zur Konvention des Europarats[109] wird abgelehnt, da diese keine hinreichenden Regelungen in Bezug auf den Ersatz für Schädigungen der biologischen Vielfalt treffe. Auch gewähre der offene Geltungsbereiche für gefährliche Tätigkeiten zu wenig Rechtssicherheit.

Diskutiert wurden auch eine Beschränkung auf ein nur für grenzüberschreitende Schäden geltendes System, auf Maßnahmen der Mitgliedstaaten auf der Grundlage einer Gemeinschaftsempfehlung oder auf eine sektorspezifische Haftung auf dem Gebiet der Biotechnologie. Die Kommission hat sich letztendlich jedoch für eine umfassende Regelung durch eine Gemeinschaftsrichtlinie ausgesprochen[110].

4. Ausblick und Bewertung

Obwohl die derzeit verfügbaren Daten über die Auswirkungen der Umweltregelung auf die Wettbewerbsfähigkeit[111] keine negativen Auswirkungen erkennen lassen würden, will die Kommission ihre Forschungstätigkeit auf dem Gebiet fortsetzen und weitere Studien zu den wirtschafts- und umweltspezifischen Auswirkungen der Umwelthaftung durchführen.

Die Kommission geht davon aus, daß von kleinen und mittelständischen Unternehmen (KMU) vielfach größere Umweltschäden verursacht würden, als dies aufgrund ihrer Größe zu erwarten sei. Dies könne dazu führen, daß sie ein Haftungssystem stärker treffe. Durch den zielgerichteten Einsatz einzelstaatlicher oder gemeinschaftlicher Fördermechanismen könnten diese negativen Auswirkungen jedoch abgeschwächt werden[112].

---

[109] Konvention des Europarats über die zivilrechtliche Haftung für Schäden aus umweltgefährlichen Aktivitäten. Vgl. unten § 4.

[110] Weißbuch, S. 30 f.

[111] Die Kommission läßt offen, ob es sich bei dem nicht näher erwähnten Datenmaterial um Daten über die Auswirkung von Umwelthaftungsregelungen handelt oder um die Auswirkungen von Umweltregelungen allgemein.

[112] Weißbuch, S. 33.

Vor dem Hintergrund der mittlerweile schon Jahrzehnte dauernden Diskussion über die Umwelthaftung und die vielfältigen auch wirtschaftswissenschaftlichen Untersuchungen erstaunt es, daß die zahlreichen Vorüberlegungen oder die Ergebnisse der ökonomischen Analyse des Rechts über die Auswirkungen von Haftungsnormen keine Erwähnung finden oder anscheinend nicht bekannt sind.

Insbesondere die Vorstellungen der Kommission über ein Haftungssystem für „ungefährliche" Tätigkeiten, welches die Haftung im Bereich der Schädigungen der biologischen Vielfalt ergänzen soll, ist in sich gänzlich unschlüssig und unlogisch.

Grundsätzlich begrüßenswert sind die Überlegungen des Weißbuchs hinsichtlich erweiterter Ersatzmöglichkeiten für ökologische Schäden. Bedenklich stimmt jedoch die Beschränkung dieser erweiterten Ersatzmöglichkeiten auf solche Schäden, die in Gebieten des Natura 2000-Netzes eingetreten sind. Selbst wenn diese Gebiete nach den Vorstellungen der Kommission letztlich 10% des Territoriums der Gemeinschaft ausmachen sollten, bestünde für 90% der Gemeinschaftsgebietes lediglich ein Umweltschutz zweiter Klasse. Es bleibt offen, wie diese Begrenzung auf die Natura 2000-Gebiete und auf einen Ersatz lediglich für erhebliche Schäden mit der Zielsetzung der Gemeinschaft nach einem hohen Schutzniveau zu vereinbaren ist.

Die Diskussion der vergangenen Jahrzehnte hat sich maßgeblich bemüht, brauchbare Kriterien für die wirtschaftliche Bewertung von Umweltschäden zu finden. Die Kommission möchte diese Bemühungen fortsetzen. Davon abgesehen, daß das Auffinden von Bewertungskriterien für immaterielle Schäden mit großen Schwierigkeiten und der Gefahr erheblicher Beeinflussung verbunden ist, lassen die Überlegungen der Kommission einen eher konservativen anthropozentrischen Ansatz erkennen, da jede Bewertung sich nur an einem wirtschaftlichem Nutzen der Naturgüter für den Menschen orientieren kann.

Die Ablehnung eines Beitritt zur Konvention des Europarats macht deutlich, daß die Kommission am System einer enumerativen Anlagenhaftung festhalten möchte, da die in der Konvention enthaltenen Handlungshaftungstatbestände wegen ihrer fehlenden rechtsstaatlichen Bestimmtheit kritisiert werden.

Bereits mit dem Entwurf der Abfallhaftungsrichtlinie hat die Kommission eine Verbandsklage vorgeschlagen. Der mit dem Weißbuch vorgeschlagene zweistufige Aufbau dürfte selbst beim deutschen Gesetzgeber Aussichten auf Verwirklichung haben.

Insgesamt drängt sich der Eindruck auf, daß das Weißbuch auf Drängen des Europaparlaments unter erheblichem Zeitdruck erstellt wurde. Die Kommission selbst sieht die Schaffung eines gemeinschaftlichen Umwelthaftungssystems anscheinend als weniger vordringlich an.

Bis zum 01.07.2000 erwartet die Kommission weitere Vorschläge und Stellungnahmen zum Weißbuch. Die weitere Entwicklung bleibt abzuwarten.

§ 4 Konvention des Europarats über die zivilrechtliche Haftung für Schäden aus umweltgefährlichen Aktivitäten (Convention on Civil Liability for Damage Resulting from Activities Dangerous to the Environment)[1]

I. Allgemeines

Unter dem Eindruck des Reaktorunfalls von Tschernobyl sprach sich die 15. Konferenz der europäischen Justizminister 1986 in Oslo für den Entwurf eines "geeigneten rechtliches Instruments" für eine verschärfte Umwelthaftung aus[2]. Daraufhin wurde zwischen 1987 und 1992 von einem Expertenkomitee des Europarats der Entwurf einer Konvention über die zivilrechtliche Umwelthaftung erarbeitet[3]. Am 4. Dezember 1992 wurde der Entwurf vom Europaratskomitee für rechtliche Zusammenarbeit und am 8. März 1993 vom Ministerkomitee angenommen.

Die Konvention lag am 21. Juni 1993 beim Treffen der europäischen Justizminister in Lugano zur Unterzeichnung aus und wurde dort von acht Staaten[4] unterzeichnet. Gemäß Art. 32(3) der Konvention, der das Inkrafttreten drei Monate nach der dritten Ratifikation vorsieht, ist die Konvention am 1. Oktober 1993 in Kraft getreten[5].

Mit der Konvention soll die Möglichkeit geschaffen werden, einen angemessenen Ausgleich für Schäden, die von umweltgefährlichen Aktivitäten herrühren, zu gewährleisten. Zusätzlich zu den Vorschriften über den Schadensausgleich enthält die Konvention auch Regelungen, die die Verhinderung von Schadensereignissen und die Wiederherstellung der Umwelt bezwecken. Eine Gefährdungshaftung soll einen angemessenen Schadensausgleich sicherstellen. Die Einführung der Gefährdungshaftung wird durch das besondere Risiko einer ge-

---

[1] Die Konvention ist nur in den Amtssprachen Englisch und Französisch veröffentlicht. Der folgende Text folgt der Übersetzung in PHI 1993, 196 ff. und 211 ff.

[2] 15th Conference of European Ministers of Justice, Oslo, 17-19 June 1986, Concluisions and Resolutions of the Conference, Europarats-Dokument MJU-15 (86) Concl. 19. 6. 1986; S. 24.

[3] Zu der Entwicklung - geraume Zeit blieb es fraglich, ob überhaupt eine Konvention oder lediglich eine Empfehlung des Europarats als eine Art Modell-Gesetz geschaffen werden sollte - und den einzelnen Vorentwürfen ausführlich *Friehe*, NuR 1992, 249 f.

[4] Die Konvention wurde unterzeichnet von Zypern, Finnland, Griechenland, Island, Italien, Liechtenstein, Luxemburg und den Niederlanden.

[5] Vgl. zur Entstehung der Konvention auch *Seibt*, PHI 1993, 124; *Roller*, PHI 1990, 154, 156; *Rest*, NuR 1994, 271, 275; *Wilkinson*, European Environmental Law Review (EELR) 1993, 130; Explanatory Report DIR/JUR(93)1, 26.1. 1993 (im folgenden: Expl. Rep.), S. 2.

werblichen Ausführung gefährlicher Tätigkeiten gerechtfertigt. Um den durch die Gefährdungshaftung begründeten Ersatzanspruch sicherzustellen, sind die Vertragsparteien gehalten, die potentiellen Schädiger zu einer Deckungsvorsorge zu verpflichten[6].

II. Haftungsvoraussetzungen

Die Konvention statuiert zwei Haftungstatbestände (Art. 6 (1) und Art. 7 (1)), die durch eingehende Definitionen der verwendeten Begrifflichkeiten weiter erläutert werden.

1. Haftung für das Betreiben einer umweltgefährlichen Tätigkeit (Art. 6 (1))

Nach Art. 6 (1) haftet der Betreiber einer gefährlichen Tätigkeit für den Schaden, der durch ein (umweltrelevantes) Ereignis, das durch diese Tätigkeit ausgelöst wurde, verursacht worden ist. Die Norm stellt den zentralen Haftungstatbestand dar. Mit ihr wird die Gefährdungshaftung als grundlegendes Haftungsprinzip der Konvention verankert. Passiv legitimiert ist der Betreiber, der zum Zeitpunkt des schädigenden Ereignisses die Kontrolle über die gefährliche Tätigkeit hatte[7]. Die einzelnen Tatbestandsmerkmale, gefährliche Tätigkeit, (schädigendes) Ereignis, Betreiber, werden in Art. 2 detailliert definiert.

a) gefährliche Tätigkeit

Art. 2 (1) erläutert, welche Aktivitäten gefährliche Tätigkeiten im Sinne der Konvention darstellen. Als gefährliche Tätigkeiten werden (1) der Umgang mit gefährlichen Stoffen, (2) der Umgang mit genetisch veränderten Organismen oder Mikroorganismen, (3) das Betreiben einer Abfallanlage sowie (4) das Betreiben einer Abfalldeponie angesehen, wenn diese Tätigkeiten gewerblich (professionally) ausgeführt werden[8]. Eingeschlossen sind auch Tätigkeiten der öffentlichen Hand.

(1) Die zuerst beschriebene gefährliche Tätigkeit umfaßt das Herstellen, Behandeln, Lagern, Benutzen, Freisetzen oder den sonstigen **Umgang mit** einem oder mehreren **gefährlichen Stoffen**. Der Umgang mit gefährlichen Stoffen nimmt

---

[6]   Vgl. den Expl. Rep. S. 3; *Wilkinson*, EELR 1993, 130.
[7]   Vgl. den Exp. Rep. S. 13.
[8]   Der EXPLANATORY REPORT nennt als Beispiele für gewerbliche Tätigkeiten: industrielle, kommerzielle, landwirtschaftliche oder wissenschaftliche Tätigkeiten, Expl. Rep. S. 5.

unter den gefährlichen Aktivitäten eine zentrale Stellung ein. Die Mehrzahl der Haftungsfälle dürfte unter dieses Tatbestandsmerkmal zu fassen sein[9].

Um Haftungslücken zu vermeiden, haben die Verfasser der Konvention mit Art. 2 (2) ein dreistufiges System zur Bestimmung des Kreises gefährlicher Stoffe statuiert. Zunächst werden mit einer generalklauselartigen Regelung all diejenigen Stoffe in die Haftung einbezogen, die Eigenschaften besitzen, welche ein besonderes Risiko für Mensch, Umwelt oder Sachen darstellen (Art. 2(2)(a)S. 1). In Satz 2 werden Stoffeigenschaften[10] aufgeführt, die in jedem Fall so zu betrachten sind, als stellten sie ein solches Risiko dar (Art. 2(2)(a) S. 2). Hinsichtlich der Kriterien und Methoden, die zur Bestimmung (Überprüfung des Vorliegens) dieser Eigenschaften angewandt werden sollen, wird durch Annex I A auf die Gefahrstoff- und die Zubereitungsrichtlinie der Europäischen Gemeinschaft[11] verwiesen. In einem dritten Schritt wird eine Reihe von Stoffen namentlich genannt. Dies geschieht wiederum durch den Verweis auf eine EG-Richtlinie und zwar auf den Annex I der EG-Gefahrstoffrichtlinie[12].

Trotz der unterschiedlichen Zielsetzungen der EG-Richtlinien (Klassifizierung von Stoffen) und der Europaratskonvention (Haftung) sehen die Verfasser der Konvention die in den Richtlinien erarbeiteten Kriterien zur Bestimmung der gefährlichen Eigenschaften eines Stoffes auch für Ziel und Zweck der Konvention als brauchbaren Maßstab an[13]. Für die die Konvention anwendenden Gerichte ergibt sich demnach folgende Prüfungsreihenfolge. Zunächst ist festzustellen, ob die fragliche Substanz zu den namentlich aufgeführten Stoffen zählt. Ist dies nicht der Fall, ist zu überprüfen, ob sie eine der in Art. 2(2)(a) S. 2 aufgeführten gefährlichen Eigenschaften besitzt. Ist auch dies nicht der Fall, ist zu überlegen, ob der betreffende Stoff eine erhebliche Gefahr für Mensch, Umwelt

---

9 So die Einschätzung von *Friehe*, NuR 1992, 249, 250.

10 Stoffe, die explosiv, oxidierend, extrem entzündlich, hoch entzündlich, leicht entzündlich, sehr giftig, giftig, schädlich, ätzend, reizend, sensibilisierend, krebserregend, mutagen, fruchtschädigend oder gefährlich für die Umwelt sind.

11 Richtlinie des Rates 67/548/EWG zur Angleichung der Rechts-und Verwaltungsvorschriften für die Einstufung, Verpackung und Kennzeichnung **gefährlicher Stoffe** vom 27. Juni 1967 (ABlEG Nr. L196/1) und die durch die Richtlinien 92/32/EWG vom 30. April 1992 (ABlEG Nr. L154/1) und 92/37/EWG vom 30. April 1992 (ABlEG Nr. L154/30) ergangenen Änderungen. Richtlinie des Rates 88/379/EWG zur Angleichung der Rechts- und Verwaltungsvorschriften für die Einstufung, Verpackung und Kennzeichnung **gefährlicher Zubereitungen** vom 7. Juni 1988 (ABlEG Nr. L187/14 geändert durch die Richtlinie des Rates 90/492/EWG vom 5. Oktober 1990 (ABlEG Nr. L275/35).

12 EG-Richtlinie 67/548 EWG (ABlEG Nr. L196/1), zuletzt geändert durch 92/37/EWG vom 30. April 1992 (ABlEG Nr. L154/30).

13 Vgl. den Expl. Rep. S. 6.

oder Sachen darstellt[14]. Durch diesen letzten Schritt ist es auch möglich, radioaktive Stoffe in die Haftung einzubeziehen, obwohl diese in den Gefahrstofflisten nicht aufgeführt sind und die Konvention - anders als der Vorentwurf - eine Haftung für Schäden, die aus dem Umgang mit gefährlichen Strahlungen entstehen, nicht mehr vorsieht[15]. Um ein Schritthalten mit dem technischen Fortschritt zu gewährleisten, sieht die Konvention einerseits in Art. 30 die Möglichkeit zur Änderung der Anhänge auf Vorschlag einer Vertragspartei oder des Ständigen Ausschusses vor, andererseits in Art. 31 eine stillschweigende Anpassung der Konvention bei einer Änderung der in Anhang I der Konvention genannten Richtlinien.

(2) Als „Gefährliche Tätigkeit" im Sinne der Konvention gilt auch das Herstellen, Züchten, Behandeln, Lagern, Benutzen, Zerstören, Vernichten, Freisetzen oder der sonstige **Umgang mit genetisch veränderten Organismen oder Mikroorganismen**, die aufgrund ihrer Eigenschaften, ihrer genetischen Veränderungen und der Bedingungen, unter denen mit ihnen umgegangen wird, eine erhebliche Gefahr für Mensch, Umwelt oder Sachen darstellen (Art. 2(1)(b)).

Die Begriffe "genetisch veränderter Organismus" und "Mikroorganismus" werden in Art. 2 (3) und (4) näher definiert. Nicht von der Konvention erfaßt werden Organismen, die durch Mutagenese gewonnen werden und Pflanzen, die durch Zell- und Protoplastenfusion gewonnen werden, wenn die daraus entstehende Pflanze auch mit herkömmlichen Züchtungsmethoden erzeugt werden kann. Wie bei der Haftung für gefährliche Stoffe ist es das erhebliche Risiko für Mensch, Umwelt oder Sachen, das die Einbeziehung in den Anwendungsbereich der Konvention rechtfertigt[16]. Auch in diesem Fall haben sich die Verfasser der Konvention auf ein bestehendes Regelungssystem gestützt. Die verwendeten Definitionen sind an die EG-Richtlinien 90/219/EWG und 90/220/EWG über die Nutzung und Freisetzung genetisch modifizierter Organismen[17] angelehnt.

(3) Weiterhin ist das **Betreiben einer Betriebsstätte oder Anlage zur Verbrennung, Verarbeitung**, zum Behandeln oder Recycling **von Abfall**, die den

---

14 Expl. Rep. S. 7.
15 *Wilkinson*, EELR 1993, 130, 131; vgl. auch den Expl. Rep. S. 7.
16 Vgl. den Expl. Rep. S. 7.
17 Richtlinie 90/219/EWG des Rates vom 23. April 1990 über die Anwendung genetisch veränderter Mikroorganismen in geschlossenen Systemen (ABlEG Nr. L117/1) und Richtlinie 90/220/EWG des Rates vom 23. April 1990 über die absichtliche Freisetzung genetisch veränderter Organismen in die Umwelt (ABlEG Nr. L117/15).

in Anhang II aufgeführten Anlagen oder Betriebstätten[18] vergleichbar ist, sofern die betreffenden Mengen eine erhebliche Gefahr für Mensch, Umwelt oder Sachen darstellen als gefährliche Tätigkeit zu verstehen (Art. 2 (1)(c)) sowie

(4) das Betreiben einer Abfalldeponie (Art. 2(1)(d)).

Der Umgang mit Abfall ist nicht als Unterfall des Umgangs mit gefährlichen Stoffen, sondern als eigener Tatbestand konzipiert. Dies trägt der Tatsache Rechnung, daß Abfall meist aus einer Vielzahl verschiedener Stoffe zusammengesetzt ist und daß diese Stoffe möglicherweise allein in ihrem Zusammenwirken gefährliche Eigenschaften aufweisen[19].

Aufgrund des besonderen Risikos, das bei der Anhäufung von Abfällen auftritt, wurde auch zwischen Anlagen zur Behandlung von Abfall und Anlagen zur dauerhaften Aufbewahrung von Abfall (Deponien) unterschieden. Wegen der speziellen Probleme, die bei der Haftung für Schäden durch Abfalldeponien auftreten können (insbesondere die Feststellung des Zeitraums des schadensursächlichen Ereignisses), statuiert die Konvention hinsichtlich Abfalldeponien besondere Haftungsvorschriften[20].

b) (Schädigendes) Ereignis

Voraussetzung der Haftung ist weiterhin, daß der Schaden durch ein **Ereignis** verursacht wurde. Art. 2(11) definiert Ereignis als einen plötzlichen oder andauernden Vorfall oder eine Reihe von Vorfällen gleichen Ursprungs, die einen Schaden verursachen oder einen schwere unmittelbare Gefahr der Schadensverursachung darstellen. Nach dem Vorbild des Pariser Atomhaftungs-Übereinkommens[21], des Ölhaftungs-Übereinkommens[22] und der Konvention über die Haftung bei Gefahrguttransporten[23] liegt die Haftungsanknüpfung unter

---

[18] Anhang II enthält eine umfangreiche, wenn auch nicht abschließende Liste, die die häufigsten Behandlungsformen umfaßt.

[19] Expl. Rep. S. 5.

[20] Vgl. *Wilkinson*, EELR 1993, 130, 131; Expl. Rep. S. 5.

[21] Vgl. BGBl. 1976 II S. 311; BGBl. 1985 II S. 692.

[22] Vgl. BGBl. 1988 II S. 825.

[23] Übereinkommen über die zivilrechtliche Haftung für Schaden bei der Beförderung gefährlicher Güter auf Straße, Schiene und auf Binnenschiffen (Convention on Civil Liability for Damage caused during Carriage of dangerous Goods by Road, Rail and Inland Navigation Vessels CRTD). Die Bundesrepublik hat das Übereinkommen unterzeichnet, es aber noch nicht ratifiziert. Das Übereinkommen ist abgedruckt in: TranspR 1990, 83 ff.

der Schwelle des Unfalls[24]. Auch der Vergleich mit einer Umwelteinwirkung nach dem deutschen Umwelthaftungsgesetz liegt nahe[25].

Der EXPLANATORY REPORT nennt als Beispiele für einen plötzlichen Vorfall Feuer, Leckage oder eine Emission, für ein andauerndes Ereignis die fortgesetze Einleitung von gefährlichen Stoffen in ein Gewässer und für eine Reihe von Vorfällen mit gleichem Ursprung eine Serie von Explosionen, die nacheinander verschiedene Anlagenteile zerstören[26].

c) Betreiber

Die Konvention definiert "Betreiber" in Art. 2(5) als die Person[27], die die Kontrolle über eine gefährliche Tätigkeit ausübt. Da die Konvention den Begriff der Kontrolle nicht weiter definiert, bleibt zunächst unklar, ob mit Betreiber der Unternehmensmitarbeiter gemeint ist, der die faktische Kontrolle ausübt, d.h. mit dem gefählichen Stoff, Organismus umgeht, die Abfallanlage bedient oder derjenige, der die effektive Kontrolle, d.h. Weisungsbefugnis innehat[28]. Der EXPLANATORY REPORT stellt jedoch klar, daß bei der Feststellung des Betreibers darauf abzustellen ist, wer die effektive, umfassende Kontrolle ausübt, wobei vor allem auf die rechtlichen, finanziellen und wirtschaftlichen Gegebenheiten Rücksicht zu nehmen ist. Der Arbeitgeber und nicht der Arbeitnehmer soll als Betreiber angesehen werden. Bei der Beurteilung sollen die Gerichte auch die jeweiligen innerstaatlichen Genehmigungsverfahren, wie sie für gefährliche Anlagen oder Tätigkeiten bestehen, einbeziehen, so daß von vornherein der zur Haftung passiv Legitimierte festgestellt werden könne[29]. Anteilsinhaber oder Kreditgeber sollen solange nicht als Betreiber betrachtet werden, als sie nicht die tatsächliche Kontrolle über die fragliche Tätigkeit innehaben[30]. Mit der Inpflichtnahme des Betreibers soll demjenigen die Haftung auferlegt werden, der zum einen den Schaden am besten vermeiden oder begrenzen kann und zum anderen dessen Tätigkeit ursachsächlich für den Schaden gewesen ist[31].

Grundsätzlich haftet der Betreiber, der **die Kontrolle** über die gefährliche Tätigkeit **zum Zeitpunkt des schädigenden Ereignisses** hatte (Art. 6(1)).

---

[24] Vgl. *Friehe*, NuR 1992, 249, 251.
[25] Vgl. oben § 1 B I 2 a.
[26] Expl. Rep. S. 11.
[27] Nach Art. 2(6) ist unter Person jede natürliche oder juristische Person oder jede Körperschaft des öffentlichen oder privaten Rechts, ungeachtet, ob sie ein Unternehmen ist oder nicht, einschließlich eines Staats oder seiner Gebietskörperschaften, zu verstehen.
[28] Vgl. zu dieser Problematik: *Salje*, IUR 1992, 66, 68 f.; *Wilkinson*, EELR 1993, 130, 131.
[29] Expl. Rep. S. 8.
[30] Expl. Rep. S. 8.
[31] Expl. Rep. S. 8.

Art. 6(2) bis (4) sehen hiervon Ausnahmen vor. Besteht ein Vorfall aus einem andauernden Ereignis oder einer Reihe von Ereignissen, werden alle Betreiber, die während des Zeitraums die Kontrolle über die gefährliche Tätigkeit hatten, in die Haftung einbezogen. Sie haften gesamtschuldnerisch, es sei denn es gelingt ihnen der Nachweis, daß sie nur für einen Teil des Schadens verantwortlich sind (Art. 6 (2) und (3)). Art. 6(4) trifft eine Sonderregelung für die Fälle, in denen die gefährliche Tätigkeit bereits beendet wurde. Es haftet der letzte Betreiber dieser Tätigkeit für den Schaden, es sei denn es wird bewiesen, daß der Schaden vollständig oder teilweise auf einen Vorfall zurückzuführen ist, der sich zu einem Zeitpunkt ereignete, bevor er Betreiber der Anlage war. Mit diesen Regelungen soll der Geschädigte im Fall eines andauernden Ereignisses oder einer Reihe von Ereignissen des Nachweises enthoben werden, welcher Schadensanteil einem bestimmten Betreiber zuzurechnen ist[32].

2. Haftung für Abfalldeponien (Art. 7)

Wegen der besonderen Gefährlichkeit und der häufig auftretenden Schwierigkeiten bei der Feststellung des Zeitpunkts des schädigenden Ereignisses hat die Konvention für Schäden, die durch den auf einer Abfalldeponie gelagerten Abfall entstanden sind, ein eigenes Haftungsregime statuiert, das gegenüber dem für andere gefährliche Täigkeiten einige Besonderheiten aufweist[33]. Der Betreiber einer Abfalldeponie haftet für Schäden, die durch auf der Anlage deponierten Abfall verursacht und während der Zeit, als er Betreiber der Anlage war, bekannt wurden. Wurde der Schaden, der durch die Abfälle verursacht wurde, die vor der Schließung der Deponie dort abgelagert wurden, erst nach deren Schließung bekannt, haftet der letzte Betreiber. Die Konvention verzichtet auf die Feststellung eines umweltrelevanten Ereignisses. Zwar ist ein Schaden ohne ein solches nicht denkbar, doch soll der Geschädigte nicht mit dem Nachweis der bei Deponieunfällen oft nicht nachvollziehbaren Ursachenkette belastet werden[34].

Gegen die Haftung des letzten Betreibers sind Bedenken erhoben worden. Die Verfasser der Konvention seien davon ausgegangen, daß der Betreiber einer Abfalldeponie bei der Übernahme der Deponie am ehesten die Möglichkeit habe, Schäden vorherzusehen und Maßnahmen zu ihrer Vermeidung zu treffen. Dem sei jedoch entgegenzuhalten, daß Schäden durch Abfalldeponien, in der Regel Bodenkontaminationen und Grundwasserverunreinigungen, zwar möglicherweise vorhersehbar, in vielen Fällen jedoch nicht mehr abwendbar seien. Insofern

---

[32] Expl. Rep. S. 14.
[33] Expl. Rep. S. 5, 15.
[34] Vgl. *Friehe*, NuR 1992, 249, 251.

sei es unbillig, den letzen Betreiber für unvermeidbare Schäden, die von vorherigen Betreibern verursacht wurden, haften zu lassen[35]. Dieser Einwand ist angesichts der von der Konvention ausdrücklich vorbehaltenen Rückgriffsrechte des Betreibers gegen Dritte (Art. 7(4)) jedoch nicht berechtigt.

Die Regelung unterscheidet nicht zwischen gefährlichen Abfällen und solchen, die keine gefährlichen Stoffe enthalten; gerechtfertigt wird dies durch den Verweis auf den Umstand, daß es häufig nicht möglich sei, alle Abfallkomponenten zu bestimmen[36].

Die Haftung nach Art. 7 geht der nach Art. 6 vor. Art. 7 ist selbst dann anzuwenden, wenn derselbe Betreiber auf dem Deponiegelände eine andere gefährliche Tätigkeit ausübt (Art. 7(3)). Der Betreiber kann die Haftung nach Art. 7 jedoch begrenzen, wenn er nachweist, daß nur ein Teil des Schadens durch die dauernde Deponierung von Abfall verursacht wurde. Die Anwendung der Konvention bleibt auf die Fälle begrenzt, in denen der Schaden nach dem Inkrafttreten der Konvention bekannt wurde und der Betreiber nicht nachweisen kann, daß der Schaden ausschließlich durch Abfall verursacht wurde, der vor dem Inkrafttreten deponiert wurde (Art. 5(2)b). Ausgeschlossen ist eine Haftung in den Fällen, in denen die Deponie vor Inkrafttreten der Konvention in Übereinstimmung mit den Vorschriften des nationalen Rechts geschlossen wurde (Art. 5(2)a).

III. Haftungsumfang

Durch die Definition des Schadensbegriffs in Art. 2(7) wird der Umfang der Haftung weitgehend bestimmt. Unter den Schadensbegriff fallen neben Tod, Körperverletzung und Sachbeschädigung auch der Verlust oder Schaden durch die Beeinträchtigung der Umwelt sowie die Kosten von Rettungsmaßnahmen.

1. Tod oder Körperverletzung

Über den Ersatz bei Tod oder Körperverletzung werden keine weiteren Regelungen getroffen, so daß die Ansprüche auf Ersatz von Heilungskosten oder die Ansprüche Hinterbliebener nach innerstaatlichen Vorschriften zu bestimmen sind. Unklar bleibt, ob ein Schmerzensgeldanspruch zu gewähren ist[37].

---

[35] *Wilkinson*, EELR 1993, 130, 133.
[36] Expl. Rep. S. 15.
[37] Vgl. *Landsberg*, Stadt und Gemeinde 1992, 225, 227.

2. Sachbeschädigung

Als ersatzfähig werden auch der Verlust oder der Schaden an Vermögenswerten angesehen, ausgenommen eines Schadens an der Anlage selbst oder an Vermögenswerten, die sich am Ort der gefährlichen Aktivität im Gewahrsam oder in der Verfügungsgewalt des Betreibers befinden (Art. 2(7)b). Der von der Konvention verwandte Begriff "property" wird nicht weiter erläutert, so daß es auch hier dem innerstaatlichen Recht überlassen bleibt, den Umfang des Ersatzes, insbesondere im Hinblick auf die Ersatzfähigkeit von Vermögensschäden und Einkommensverlusten, festzulegen[38].

3. Beeinträchtigungen der Umwelt

Die Konvention will ökologische Schäden in die Haftung einbeziehen. Vom Schadensbegriff werden der Verlust oder Schaden durch Beeinträchtigungen der Umwelt umfaßt, sofern diese nicht bereits eine Verletzung von Leben oder Körper oder eine Sachbeschädigung darstellen. Ersatzfähig sind jedoch nur die Kosten für tatsächlich ergriffene oder noch zu ergreifende Wiederherstellungsmaßnahmen sowie der durch die Beeinträchtigung entgangene Gewinn (Art. 2 (7)c). Insofern sind beispielsweise auch die Einkommenseinbußen eines Hotels zu ersetzen, die auf einer Veränderung der Umgebung beruhen[39].

Näher erläutert wird das Tatbestandsmerkmal der Wiederherstellungsmaßnahme und das der Umwelt. **Wiederherstellungsmaßnahmen** sind angemessene Maßnahmen zur Wiederherstellung oder Sanierung geschädigter oder zerstörter Teile der Umwelt oder, soweit dies angemessen ist, die Einbringung gleichwertiger Teile in die Umwelt. Mit dieser Regelung soll ein direkter Schutz der Umwelt, unabhängig von der Verletzung von Individualrechtsgütern, sichergestellt werden. Angestrebt wird in erster Linie die Wiederherstellung des ursprünglichen Zustandes. Ist dies nicht mehr möglich, wie beim Verschwinden einer Tier- oder Pflanzenart, sollen die Wiederherstellungsmaßnahmen auf die Einführung ökologisch gleichwertiger Komponenten gerichtet sein[40]. Ist eine Wiederherstellung des identischen Zustandes nicht mehr möglich, soll also zumindest die Herstellung eines gleichwertigen Zustandes angestrebt werden. Wer zur Durchführung der Wiederherstellungsmaßnahmen berechtigt ist, ist durch innerstaatliches Recht zu bestimmen (Art. 2 (8)).

---

[38] Vgl. den Expl. Rep. S. 9.
[39] So das Beispiel des EXPLANATORY REPORTS S. 9.
[40] Expl. Rep. S. 10.

Der Begriff der **Umwelt** umfaßt (1) natürliche belebte und unbelebte Ressourcen, wie Luft, Wasser, Boden, Fauna und Flora, sowie das Zusammenwirken dieser Faktoren, (2) Sachen, die Bestandteile des kulturellen Erbes sind, und (3) die charakteristischen Merkmale der Landschaft (Art. 2 (10)). Die Definition der Umwelt ist jedoch nicht abschließend; auch Schäden an anderen Aspekten der Umwelt sollen ersatzfähig sein[41].

Der Begriff der Beeinträchtigung der Umwelt ist - anders als beispielsweise im Entwurf einer Abfallhaftungsrichtlinie - nicht weiter definiert. Angesichts der Breite des Umweltbegriffs dürfte dies auch kaum möglich sein. Vorbilder für diese Regelungen zum Ersatz ökologischer Schäden sind das Ölhaftungsübereinkommen von 1984 sowie die Konvention über die Haftung bei Gefahrguttransporten gewesen[42]. Die Konvention geht jedoch über die dort vorgesehenen Normen hinaus, so vor allem durch die Erweiterung des Umweltbegriffs sowie durch die Erläuterung des Begriffs der Wiederherstellungsmaßnahme[43].

4. Ersatz vorbeugender Maßnahmen

Die Konvention gewährt weiterhin Ersatz für die Kosten schadensvorbeugender Maßnahmen sowie weitere durch diese Maßnahmen verursachte Verluste oder Schäden (Art. 2 (7)d). Unter vorbeugenden Maßnahmen sind zum einen solche zu verstehen, die einen drohenden Schadenseintritt verhindern, zum anderen solche, die einer Vertiefung des Schadens entgegenwirken. Vorbeugende Maßnahmen können von jedermann ergriffen werden unanhängig davon, ob es sich um einen Schaden an der Umwelt oder um Körper- oder Sachschäden handelt[44]. Die Einbeziehung vorbeugender Maßnahmen in den Kreis der ersatzfähigen Schäden soll vor allem gewährleisten, daß in der Zeitspanne zwischen der Frei-

---

[41] Expl. Rep. S. 11.

[42] Internationales Übereinkommen von Brüssel über die zivilrechtlich Haftung für Ölverschmutzungsschäden vom 29.11.1969, BGBl. 1975 II, 301 (für die Bundesrepublik am 15.05.1998 außer Kraft getreten) abgedruckt in Burhenne, International Environmental Law - Multilateral Treaties - (Int. Umweltrecht), Bd. IV, 969:88. Übereinkommen über die zivilrechtliche Haftung für Schäden bei der Beförderung gefährlicher Güter auf Straße, Schiene und auf Binnenschiffen (Convention on Civil Liability for Damage caused during Carriage of dangerous Goods by Road, Rail and Inland Navigation Vessels CRTD). Die Bundesrepublik hat das Übereinkommen unterzeichnet, es aber noch nicht ratifiziert. Das Übereinkommen ist abgedruckt in: TranspR 1990, 83 ff. Vgl. *Friehe*, NuR 1992, 249, 251; *Wilkinson*, EELR 1993, 130, 133.

[43] Vgl. *Friehe*, NuR 1992, 249, 251; ausführlich zum Ersatz ökologischer Schäden *Friehe*, NuR 1992, 453 ff.

[44] Expl. Rep. S. 10.

setzung eines schädlichen Stoffs und dem Schadenseintritt Maßnahmen ergriffen werden[45].

5. Gefährdungszusammenhang

In der Tradition der Gefährdungshaftungstatbestände[46] fordert auch die Konvention das Vorliegen eines Gefährdungszusammenhangs zwischen der gefährlichen Tätigkeit und dem eingetretenen Schaden. Die eingetretenen Schäden sind nur dann zu ersetzen, wenn sie gerade durch die gefährlichen Eigenschaft der gefährlichen Stoffe, der gentechnisch veränderten Organismen oder Mikroorganismen oder durch Abfall entstanden sind oder dadurch verursacht wurden (Art. 2 (7) a.E.). Es muß eine kausale Beziehung zwischen dem eingetretenen Schaden und der besonderen Gefährlichkeit der Tätigkeit bestehen[47].

IV. Haftungsausschluß, -minderung

1. Begrenzung des Anwendungsbereichs

Die Konvention schließt verschiedene Schäden von ihrem Anwendungsbereich aus. Die Konvention gilt nicht für **beim Transport entstandene Schäden**, es sei denn es handelt sich um einen Transport in Pipelines oder innerhalb eines Betriebsgeländes oder einer Anlage, die für die Öffentlichkeit nicht zugänglich ist (Art. 4 (1)). Für Transportschäden sieht die Konvention die Gefahrgutkonvention[48] und das Ölhaftungsübereinkommen[49] als vorrangig an[50]. Die Konvention gilt auch nicht für Schäden, die durch radioaktive Stoffe verursacht wurden, wenn die Haftung für das nukleare Ereignis durch das Pariser Übereinkommen von 1960 oder die Wiener Konvention von 1963[51] geregelt ist oder innerstaatli-

---

[45]   Vgl. *Wilkinson*, EELR 1993, 130, 133.
[46]   Vgl. oben § 1 B I 4 a.E.
[47]   Expl. Rep. S. 9.
[48]   Übereinkommen über die zivilrechtliche Haftung für Schaden bei der Beförderung gefährlicher Güter auf Straße, Schiene und auf Binnenschiffen (Convention on Civil Liability for Damage caused during Carriage of dangerous Goods by Road, Rail and Inland Navigation Vessels CRTD). Das Übereinkommen ist abgedruckt in: TranspR 1990, 83 ff.
[49]   Internationales Übereinkommen von Brüssel über die zivilrechtlich Haftung für Ölverschmutzungsschäden vom 29.11.1969, BGBl. 1975 II, 301 (für die Bundesrepublik am 15.05.1998 außer Kraft getreten) abgedruckt in Burhenne, International Environmental Law - Multilateral Treaties - (Int. Umweltrecht), Bd. IV, 969:88.
[50]   Expl. Rep. S. 12.
[51]   Übereinkommen von Paris über die Haftung gegenüber Dritten auf dem Gebiet der Kernenergie v. 29.07.1960, BGBl. 1976 II, 310, 311, abgedruckt in Burhenne, International

che Regelungen bestehen (Art. 4(2)). Weiterhin findet die Konvention keine Anwendung, wenn eine Haftung mit den Vorschriften über die gesetzliche Unfallversicherung oder der Sozialversicherung nicht vereinbar ist (Art. 4(3)). Grundsätzlich soll die Konvention dann nicht zur Anwendung kommen, wenn innerstaatliche Vorschriften oder internationale Abkommen für den Geschädigten günstigere Vorschriften vorsehen (Art. 25 (1))[52].

2. Haftungsausschlußgründe

Auch die Konvention des Europarats sieht wie die meisten Gefährdungshaftungen als Ausgleich für die verschärfte Haftung Haftungsausschlußgründe vor. "Höhere Gewalt" ist nicht als genereller Ausschlußgrund vorgesehen. Die Konvention zählt vielmehr einzelne Ausnahmegründe auf. Gehaftet wird nicht, wenn der Schaden durch Kriegs- oder Kampfhandlungen, Bürgerkrieg, Aufstand oder ein außergewöhnliches, unvermeidbares und unabwendbares Naturereignis verursacht wurde (Art. 8(a)). Dem gleich steht die vorsätzliche Einwirkung durch einen Dritten (Art. 8(b)), das Befolgen einer ausdrücklichen staatlichen Anordnung (Art. 8(c)) sowie eine Interessenwahrnehmung zugunsten des Geschädigten, soweit diese rechtlich zulässig ist (Art. 8(e)). Vom Befolgen einer staatlichen Anordnung ist aber die bloße Genehmigung zu unterscheiden. Der EXPLANOTORY REPORT stellt diesbezüglich eindeutig klar, daß letztere keinen Haftungsausschlußgrund darstellen kann[53]. Als Haftungsausschließungsgrund bedeutsam ist vor allem auch die Vorschrift, daß eine Haftung dann entfällt, wenn die bewirkte Verschmutzung sich im Rahmen dessen gehalten hat, was **nach den maßgeblichen örtlichen Verhältnissen als zumutbar** angesehen werden durfte (Art. 8(d)). Bloße Belästigungen sollen nicht von der Gefährdungshaftung erfaßt werden[54].

Art. 35 (1) b gewährt den Vertragsstaaten die Möglichkeit, das **Entwicklungsrisiko** von der Haftung auszuschließen. Der Betreiber haftet in diesem Fall nicht, wenn er nachweist, daß es im Fall von Schäden, die durch eine gefährliche Tätigkeit im Sinne von Art. 2 (1) a und b verursacht wurden, aufgrund des Stands von Wissenschaft und Technik zum Zeitpunkt des Ereignisses nicht möglich war, das Vorhandensein der gefährlichen Eigenschaften des Stoffs oder die er-

Environmental Law - Multilateral Treaties - (Int. Umweltrecht), Bd. III, 960:57; Übeinkommen für die zivilrechtliche Haftung für Nuklearschäden v. 21.5.1963, abgedruckt in Burhenne, International Environmental Law - Multilateral Treaties - (Int. Umweltrecht), Bd. III, 963:40.
[52]   Vgl. den Expl. Rep. S. 12.
[53]   Expl. Rep. S. 16.
[54]   Expl. Rep. S. 16.

heblichen Gefahren bei der Tätigkeit in Verbindung mit dem Organismus zu entdecken[55].

3. Mitverschulden

Der Ersatz des Schadens kann ganz oder teilweise entfallen, wenn der Schaden zumindest teilweise durch ein Verschulden des Geschädigten oder einer Person, für die der Geschädigte nach nationalem Recht haftet (Angestellter, Kind), verursacht worden ist (Art. 9)[56].

V. Kausalitätsnachweis

Die Konvention will dem Geschädigten den Nachweis des ursächlichen Zusammenhangs zwischen schädigendem Ereignis und eingetretenem Schaden erleichtern. Festgelegt wird dabei jedoch weder eine Änderung des Beweismaßes, etwa durch die Forderung eines gerigeren Wahrscheinlichkeitsgrads, noch durch eine Änderung der Beweislast, etwa durch Vermutungstatbestände. Die Konvention verpflichtet lediglich die betreffenden Gerichte, bei der Prüfung der Kausalität zwischen dem Ereignis und dem Schaden oder - beim Betrieb einer Deponie - der Tätigkeit und dem Schaden die erhöhte Gefahr der Verursachung eines Schadens, der der gefährlichen Tätigkeit innewohnt, in angemessener Weise zu berücksichtigen.

VI. Auskunftsansprüche, Zugang zu Informationen

Neben den oben dargestellten Schadensersatzansprüchen sieht die Konvention eine Reihe von Auskunftsansprüchen vor, die den Schadensausgleich unterstützen und flankieren sollen. Gewährt werden zum einen Auskunftsansprüche gegen Behörden, die jedermann geltend machen kann, und zum anderen Auskunftsansprüche gegen Betreiber gefährlicher Tätigkeiten, die Geschädigten und Anlagenbetreibern vorbehalten sind.

---

[55] Vgl. zum Begriff des Standes von Wissenschaft und Technik oben § 1 A I 5 b; zur Haftung für das Entwicklungsrisiko oben § 1 B I 5 b.

[56] Expl. Rep. S. 16.

VII. Deckungsvorsorge

Die Konvention verpflichtet die Mitgliedsstaaten sicherzustellen, daß die Betreiber einer gefährlichen Tätigkeit sich an einem System zur finanziellen Absicherung der Haftung beteiligen. Näheres soll durch innerstaatliches Recht bestimmt werden, so vor allem die Höhe der jeweiligen Vorsorgeverpflichtung, die sich insbesondere an dem der jeweiligen Tätigkeit innewohnenden Schädigungspotential zu orientieren hat[57]. Eine kollektives Entschädigungssystem (Fonds, Staatshaftungsnorm) ist nicht vorgesehen.

VIII. Initiativrecht von Umweltschutzorganisationen

Die Konvention sieht für Vereinigungen, die sich zum Schutz der Umwelt zusammengeschlossen haben, einige spezielle Antragsmöglichkeiten vor. Voraussetzung für das Antragsrecht ist, daß sich die Vereinigung oder Stiftung nach ihrer Satzung um den Umweltschutz bemüht. Weitere Voraussetzungen können von den Vertragsparteien bestimmt werden (Art. 18(1)). Die Umweltschutzverbände können beantragen, a) daß eine gefährliche Tätigkeit, die rechtswidrig ausgeführt wird und durch die eine schwere Umweltschädigung droht, verboten wird, b) daß der Betreiber zur Ergreifung von Maßnahmen zur Verhinderung eines Ereignisses oder eines Schadens aufgefordert wird sowie c) nach einem Ereignis zur Ergreifung von Maßnahmen zur Schadensverhütung verpflichtet wird. Auch kann verlangt werden, d) daß der Betreiber aufgefordert wird, Wiederherstellungsmaßnahmen zu ergreifen (Art. 18(1)).

IX. Chancen für die Ratifikation der Konvention durch die Bundesrepublik Deutschland

Die Vertreter der Bundesrepublik im Expertenkommittee konnten sich mit ihrem Vorschlag, eine dem Umwelthaftungsgesetz ähnliche Anlagengefährdungshaftung zum zentralen Haftungstatbestand der Konvention zu machen, nicht durchsetzen. Insofern werden der Konvention seitens der Vertreter der Bundesrepublik Vorbehalte entgegengebracht[58].

Eine Inanspruchnahme deutscher Unternehmen nach den Reglungen der Konvention ist jedoch auch schon jetzt nicht ausgeschlossen. Nach den Regeln des deutschen Internationalen Privatrechts beurteilt sich die deliktische Haftung nach dem Recht des Tatorts. Dieser umfaßt sowohl den Handlungs- als auch den

---

[57] Vgl. dazu den Expl. Rep. S. 18; vgl. auch *Wilkinson*, EELR 1993, 130, 134.
[58] Vgl. *Seibt*, PHI 1993, 124, 129.

Erfolgsort. Liegen Handlungs- und Erfolgsort in verschiedenen Staaten, so kommt das für den Verletzten günstigere Recht zur Anwendung[59]. Die beiden Nachbarstaaten Niederlande und Luxemburg haben die Konvention bereits ratifiziert. Ginge man von dem Fall aus, daß sich ein Vorfall in einem Unternehmen in Deutschland ereignet und der Schaden in den Niederlanden eintritt, so käme das niederländische als das günstigere Recht - die Konvention ist nach der Ratifizierung Teil des nationalen Rechts - zur Anwendung[60].

X. Ausblick und Bewertung

Die Konvention des Europarats bietet ein umfassendes Haftungskonzept für den Umgang mit gefährlichen Stoffen, genetisch veränderten Organismen sowie den Betrieb von Abfallanlagen und –deponien. Insbesondere durch das weit gefaßte Tatbestandsmerkmal des „gefährlichen Stoffes" dürften kaum Haftungslücken entstehen, wie dies bei enumerativen Anlagenhaftungen vielfach der Fall sein kann. Mit der Entscheidung für Tatbestände der Handlungshaftung folgt der Europarat einem innovativen Haftungskonzept. Haftungslücken können allenfalls in Bezug auf Anlagen auftreten, die zwar keine gefährlichen Stoffe verarbeiten, deren Gefährlichkeit jedoch beispielsweise auf dem Umgang mit großen Mengen Energie oder Wasser beruht.

Die Konvention möchte auch eine Ausgleichsmöglichkeit für ökologische Schäden schaffen, gibt jedoch keine genauere Definition desselben. Zu begrüßen ist die Ersatzmöglichkeit für vorbeugende Maßnahmen.

Defizite zeigt die Konvention insoweit, als keine konkreten Regelungen zur Abhilfe bei der Beweisnot der Geschädigten aufgenommen wurden. Das weit gefaßte Antragsrecht von anerkannten Umweltschutzverbänden ist demgegenüber wiederum positiv zu bewerten.

Mit der Konvention über die zivilrechtliche Haftung für Schäden aus umweltgefährlichen Aktivitäten hat der Europarat ein innovatives Haftungskonzept erarbeitet. Aus Sicht der durch Umwelteinwirkungen Geschädigten wäre ein Beitritt der Europäischen Gemeinschaft wünschenswert. Nach der Entscheidung der Kommission, selbst eine Rahmenrichtlinie über die Haftung für Umweltschäden auszuarbeiten, dürfte ein solcher Beitritt jedoch unwahrscheinlich geworden sein.

---

[59] Vgl. *v. Bar*, IPR II, Rn 660 ff. (S. 478).
[60] Vgl. zu dem Fallbeispiel die Einleitung zur dt. Übersetzung der Konvention, PHI 1993, 196.

§ 5 Zwischenergebnis und Ausblick

Sowohl das bestehende Haftungsrecht als auch die vorgestellten Haftungsentwürfe sind Kritik ausgesetzt. Den Haftungsregelungen de lege lata wird vorgeworfen, sie würden den Anforderungen an einen gerechten Schadensausgleich nicht gerecht. Die Stellung der Geschädigten bei der Durchsetung ihrer Schadensersatzansprüche sei nicht geeignet, einen gerechten Schadensausgleich zu gewähren. Die den projektierten Haftungsregelungen entgegengebrachte Kritik ist differenzierter. Einerseits wird auch ihnen vorgeworfen, daß die Stellung der Geschädigten weiterhin unbefriedigend sei, bestehende Haftungslücken also nicht in ausreichendem Maß geschlossen würden. Von anderer Seite wird jedoch befürchtet, daß eine verstärkte Inanspruchnahme der Schadensverursacher diese stark belasten und in ihrer wirtschaftlichen Entfaltung beeinträchtigen würde. Diese Beeinträchtigung führten zu einem Eingriff in die grundrechtlich geschützten wirtschaftlichen Freiheitsrechte.

Dieses Kapitel befaßt sich zunächst mit der dem bestehenden Haftungsrecht entgegengebrachten Kritik (A). Eine Systematisierung der vorgeschlagenen Neuerungen (B) soll die Untersuchung des zweiten Teils der Arbeit, der der Überprüfung der Vereinbarkeit der vorgestellten Normen mit dem deutschen Verfassungsrecht gewidmet ist, vorbereiten. Der Gang der Untersuchung des zweiten Teils wird unter (C) kursorisch umrissen.

A. Haftungslücken und Systematisierungsdefizite im bestehenden Haftungsrecht

I. Situation in Deutschland

Vor dem Erlaß des Umwelthaftungsgesetzes standen für den Ausgleich von Umweltschäden neben den deliktischen Generalklauseln der §§ 823 Abs. 1 und Abs. 2 BGB in erster Linie § 22 WHG sowie das Produkthaftungsgesetz zur Verfügung. Soweit nicht eine Beeinträchtigung eines Gewässers oder ein Schaden aufgrund eines fehlerhaften Produkts vorlag, war ein Ersatz des eingetretenen Schadens nur nach den Regeln der Verschuldenshaftung möglich. Der Geschädigte hatte neben der Kausalität zwischen dem Handeln des Ersatzpflichtigen und der eingetretenen Rechtsgutverletzung sowie der Rechtsgutverletzung und dem Schadenseintritt nachzuweisen, daß die Schädigung auf einer schuldhaften Handlung des Ersatzpflichtigen beruht.

Grundsätzlich ist für den Nachweis der Kausalität sowie für das Vorliegen des Verschuldens der Vollbeweis zu führen. Die Rechtsprechung hat der strukturellen Beweisnot der Geschädigten lediglich insoweit abgeholfen, als sie eine Beweislastumkehr beim Vorliegen von Emissionsüberschreitungen seitens der Schädiger vorgenommen hat.

Die Haftungssituation vor Einführung des Umwelthaftungsgesetzes stellte sich so dar, daß im Bereich der Gewässerhaftung aufgrund der Gefährdungshaftungstatbestände des § 22 WHG von einem befriedigenden Haftungsniveau gesprochen werden konnte, ansonsten jedoch vielfach ein Schadensausgleich an der Nichterweislichkeit des Verschuldens seitens des potentiellen Schädigers scheiterte.

Weitere Haftungslücken bestanden (und bestehen) im Bereich der Summations- und Distanzschäden. Der Ersatz ökologischer Schäden scheiterte vielfach an der Unmöglichkeit der Naturalrestitution oder diese war nach § 251 Abs. 2 S. 1 BGB ausgeschlossen, da die Wiederherstellungskosten den wirtschaftlichen Wert des Naturguts überstiegen.

Mit dem **Umwelthaftungsgesetz** ist für durch Umweltbeeinträchtigungen entstandene Schäden eine verschuldensunabhängige Haftung eingeführt worden. Zur Verbesserung der Beweissituation der Geschädigten wurden Beweis- und Auskunftsregelungen in das Regelwerk aufgenommen. Mit der Regelung des § 16 UmweltHG über die Verhältnismäßigkeit von Wiederherstellungsmaßnahmen soll verhindert werden, daß der Ersatz ökologischer Schäden unterbleibt, wenn die Wiederherstellungskosten den Wert der Sache übersteigen.

Das Umwelthaftungsgesetz hat zwar vielfältige Beachtung in der Literatur gefunden[1], doch ist es gleichzeitig **erheblicher Kritik** ausgesetzt. Kritisiert wird zunächst, daß das Gesetz wesentliche Schutzlücken nicht geschlossen habe. Der Gesetzgeber habe mit dem Umwelthaftungsgesetz erst gar nicht den Versuch unternommen, einen Ausgleich für Summations- und Distanzschäden zu schaffen[2]. Ist ein Ausgleich für derartige Schäden, ohne die zivilrechtlichen Zurechnungskriterien zu verlassen, auch nur schwer vorstellbar[3], trifft dies nicht auf die ebenfalls vom Umwelthaftungsgesetz nicht erfaßten reinen ökologischen Schäden zu. Umweltgüter als solche werden nicht durch das Umwelthaftungsgesetz

---

[1] Die im Rahmen dieser Darstellung zitierte Literatur stellt nur einen Ausschnitt aus der beinahe unübersehbaren Flut der Beiträge zur Einführung des Umwelthaftungsgesetzes dar.

[2] Kritisiert von *Taupitz*, Jura 1992, 113, 118; *Bachmeier/ Weingärtner*, Müllmagazin 1991, 33; *Marburger*, AcP 1992, 1, 27; *Wacker-Theodorakopoulos/Kreinbaum*, Wirtschaftsdienst 1991, 423, 425; *Salje*, UPR 1990, 1, 6; *Diederichsen*, PHI 1992, 162, 172.

[3] Vgl. oben § 1 A I 7.

geschützt[4]. Wie die vorgestellten Haftungstatbestände zeigen, kann ein Ersatz derartiger Schäden jedoch zumindest teilweise auch mit den Mitteln des zivilen Haftungsrechts gewährt werden[5].

Kritik erfährt auch die vom Umwelthaftungsgesetz getroffene Auswahl der der Haftung unterworfenen Anlagen. Die Beschränkung auf eine enumerative Anlagenliste läßt viele potentielle Schädiger von der Haftung verschont[6]. Die Gesetzesverfasser haben die Begrenzung des Anlagenbegriffs mit den Traditionen der Gefährdungshaftung sowie dem Erfordernis der Rechtssicherheit begründet[7]. Der Regelung wird jedoch vorgeworfen, daß eine Abgrenzung von Anlagen mit besonderem Schadenspotential von solchen mit geringerem nicht plausibel vorgenommen worden sei. Es erfolgt "letztlich eine rein politische Dezision"[8]. Im Hinblick auf die rapide technische und wirtschaftliche Entwicklung besteht überdies die Gefahr, daß die Liste entweder schnell veraltet oder periodisch angepaßt werden muß[9]. Auch die Auswahl der Anlagen legt die Vermutung nahe, daß hierfür eher die Zumutbarkeit der Haftung für die Betreiber und nicht die Gefährlichkeit der Anlage entscheidend gewesen ist[10]. Aufgrund der Willkürlichkeit des Anlagenbegriffs ergeben sich auch wegen der mangelnden legislatorischen Bemühungen um eine Abstimmung mit dem Wasserhaushaltsgesetz und dem Atomgesetz nicht nachvollziehbare Haftungsdifferenzierungen[11].

Die geringste Zustimmung hat jedoch die Regelung der Kausalitätsvermutung nach § 6 UmweltHG gefunden. Der Regelung wird vorgeworfen, daß sie lediglich die bisherige Rechtsprechung zur Beweislastumkehr bei Emissionsüberschreitungen kodifiziere und damit eine weitere Entwicklung der Rechtsprechung blockiere[12]. Nach dem Umwelthaftungsgesetz spricht die Kausalitätsvermutung für die Schadensursächlichkeit einer Anlage, wenn im Einzelfall der Betriebsablauf, die verwendeten Einrichtungen, die Art und Konzentration der eingesetzten und freigesetzten Stoffe, die meteorologischen Gegebenheiten, Zeit und Ort des Schadenseintritts und das Schadensbild sowie allen sonstigen Gegebenheiten für die Kausalität des Betriebes sprechen. Liegen diese Voraus-

---

4 *Diederichsen*, PHI 1992, 162, 172; *Wacker-Theodorakopoulos/Kreienbaum*, Wirtschaftsdienst 1991, 423, 424; *Bachmeier/ Weingärtner*, Müllmagazin 1991, 33; *Taupitz*, Jura 1992, 113, 118.

5 Vgl. oben § 1 A I 6 e.

6 *Wacker-Theodorakopoulos/Kreienbaum*, Wirtschaftsdienst 1991, 423, 424.

7 BT-Drs. 11/6454, S. 16; BT-Drs. 11/7104, S. 17.

8 *Deutsch*, JZ 1991, 1097, 1098.

9 Landmann/ Rohmer/ *Rehbinder*, UmweltHG § 3 Rdnr. 14.

10 *Deutsch*, JZ 1991, 1097, 1098; Landmann/ Rohmer/ *Rehbinder*, UmweltHG, § 3 Rdnr. 30; *Salje*, UmweltHG §§ 1, 3 Rdnr. 38 ff.

11 *Diederichsen*, PHI 1992, 162, 172.

12 *Bachmeier/ Weingärtner*, Müllmagazin 1991, 33, 34.

setzungen jedoch tatsächlich vor, bedarf es keiner Vermutung, um die Ursächlichkeit des Unternehmens zu begründen, sondern in diesem Fall ist der Vollbeweis nach § 286 ZPO geführt[13].

Die Vermutung nach den §§ 6, 7 UmweltHG greift überdies auch nur dann ein, wenn dem Geschädigten der Nachweis einer Pflichtverletzung gelingt. Kann jedoch im konkreten Fall eine Pflichtverletzung festgestellt werden, die geeignet ist, den Schaden zu verursachen, so besteht regelmäßig auch eine Verkehrspflichtverletzung im Sinne des § 823 Abs. 1 BGB. Ein Rückgriff auf §§ 1, 6 UmweltHG ist dann entbehrlich[14].

Dem Vermutungstatbestand der §§ 6, 7 UmweltHG wird vorgeworfen, daß er lediglich den Anschein erwecke, als sei rechtspolitisch etwas für den Umweltschutz getan; in Wirklichkeit sei die Tatsachenvermutung dogmatisch verfehlt und rechtspolitisch irreführend. Sie ist darüber hinaus sogar kontraproduktiv, wenn man die übrigen Bestimmungen des Vermutungstatbestandes in die Betrachtung mit einbezieht. Die Vermutung findet nämlich dann keine Anwendung, wenn die Anlage bestimmungsgemäß betrieben wurde. Bei der Durchführung bestimmter Kontrollen wird umgekehrt die Vermutung aufgestellt, daß die dem Anlagenbetreiber auferlegten Betriebspflichten eingehalten wurden. Dieses Bestimmungsgemenge kann zu der Annahme verleiten, bei einem bestimmungsgemäßen Betrieb sei eine Haftung grundsätzlich ausgeschlossen[15].

Negativ wird auch die bleibende Verwaltungsakzessorietät des Umwelthaftungsgesetzes bewertet. Sowohl durch die Bezugnahme der Anlagenliste auf das Bundesimmissionsschutzgesetz und die Störfallverordnung als auch durch die Aufnahme des bestimmungsgemäßen Betriebs in den Tatbestand der Kausalitätsvermutung bleibt die Umwelthaftung vom öffentlichen Recht abhängig. Die der Umwelthaftung zugedachte Ergänzungsfunktion gegenüber dem Öffentlichen Recht wird dadurch nicht unerheblich beeinträchtigt[16].

Auch die durch das Umwelthaftungsgesetz vorgesehene Haftungshöchstgrenze wird weder dogmatisch noch historisch vom Wesen der Gefährdungshaftung gefordert[17]. Ungeklärt bleibt auch, wie der vom Gesetzgeber festgesetzte

---

[13] Vgl. *Diederichsen*, PHI 1990, 78, 88.

[14] *Gottwald*, FS Lange, 1992, 447, 467.

[15] *Diederichsen*, PHI 1990, 78, 88 f.

[16] Vgl. *Taupitz*, Jura 1992, 113, 118.

[17] *Taupitz*, Jura 1992, 113, 120. Die vorgestellten Regelungskomplexe verzichten alle auf Haftungshöchstgrenzen.

Höchstbetrag zu verteilen ist, wenn der Gesamtschaden diesen Betrag überschreite[18].

Unzulänglichkeiten werden dem Umwelthaftungsgesetz auch bei der Lösung der Problematik einer Mehrheit von Ersatzpflichtigen vorgeworfen. Die Frage des Haftungsumfangs bei multifaktorieller Schadensverursachung bleibt durch das Gesetz ungeklärt[19].

Vor allem die ungenügenden Regelungen zur Kausalitätsvermutung sowie die begrenzte Anlagenliste lassen eine Verbesserung der Geschädigtenstellung nicht erkennen. SALJE hat die bekanntesten Haftungsfälle im Umweltbereich, die von der Rechtsprechung in den vergangenen Jahren entschieden wurden, auf der Grundlage des Umwelthaftungsgesetzes nochmals geprüft. Die Durchmusterung dieser Fälle hat gezeigt, daß diese Fallgestaltungen nach neuem Recht nicht strenger als nach altem Recht behandelt werden. Ein weitergehender Ersatz von (Umwelt-)schäden konnte nicht festgestellt werden[20].

Die seit dem Erlaß des Umwelthaftungsgesetzes ergangene Rechtsprechung bestätigt die dem Gesetz entgegengebrachten Bedenken. Der Bundesgerichtshof ist bisher erst in einem einzigen Fall auf die Haftungsproblematik nach dem Umwelthaftungsgesetz eingegangen. Ausführungen zu Anspruchsgrundlagen oder Kausalitätsvermutungen des Umwelthaftungsgesetzes sind jedoch unterblieben, da aufgrund eines Verfahrensfehlers des Berufungsgerichts der Rechtsstreit an dieses zurückverwiesen werden mußte[21].

II. Situation in der Europäischen Gemeinschaft

Die gemeinschaftsrechtlichen Regelungen der Europäischen Union, die Ersatz auch für Umweltschäden gewähren können, beschränken sich de lege lata auf die Vorschriften der Produkthaftungsrichtlinie, die in der Bundesrepublik durch das Produkthaftungsgesetz umgesetzt wurde. Ein Ersatz für Schäden durch Umweltbeeinträchtigung ist hier nur insoweit denkbar, als es sich um eine Haftung für toxische Produkte handelt[22].

---

[18] *Taupitz*, Jura 1992, 113, 120.
[19] *Taupitz*, Jura 1992, 113, 118 f.
[20] *Salje*, UPR 1990, 1, 6.
[21] BGH, Urteil v. 17.6.1997, NJW 1997, 2748 ff.
[22] Vgl. oben § 1 B III 2.

B. Systematisierung von Haftungskomplexen

Alle untersuchten Vorschläge zur Verbesserung der Haftung im Bereich der Umweltschäden sehen ein umfassendes Haftungskonzept vor. Dieses enthält jeweils drei Normgruppen: **(1)** die eigentlichen Haftungstatbestände, welche bestimmen, unter welchen Vorausetzungen ein eingetretener Schaden vom Verursacher des Schadens zu tragen ist (bspw. Verschuldenshaftung oder Gefährdungshaftung); **(2)** Regelungen, die festlegen, in welchem Umfang eingetretene Schäden zu ersetzten sind (Ersatz immaterieller Schäden; Haftungshöchstgrenzen) und **(3)** Regelungen, die die Durchsetzung der Schadensersatzanspüche erleichtern. Hierzu sind u.a. Auskunfts- und Beweisregelungen oder Deckungsvorsorgeverpflichungen zu zählen.

Zu unterscheiden sind demnach Regelungen, die den eigentlichen Haftungstatbestand im Vergleich zu den bisherigen Regelungen ausweiten, so bspw. bei der Gefährdungshaftung durch den Verzicht auf das Verschuldenserfordernis, Regelungen, die den Schadensumfang erweitern, sowie Regelungen, die gleichsam flankierend eine bessere Durchsetzung der Ersatzansprüche gewährleisten sollen.

Der Richtlinienentwurf zur Abfallhaftung, die Konvention des Europarats und die Entwürfe für ein Umweltgesetzbuch entstammen unterschiedlichen Rechtssetzungstraditionen und weisen demnach unterschiedliche Normstrukturen auf. Da jedoch alle die oben beschriebenen Normgruppen enthalten, bietet sich eine Systematisierung der Regelungswerke an.

I. Vorschläge für erweiterte Haftungstatbestände

Alle Vorschläge sehen für die eigentlichen Haftungstatbestände Formen der Gefährdungshaftung vor. Die jeweiligen Anknüpfungspunkte differieren jedoch erheblich. Im folgenden soll deshalb eine Systematisierung in Haftungskategorien vorgenommen werden. Eine solche Klassifizierung der vorgestellten Haftungstatbestände ist für eine Prüfung der Eingriffsqualität der jeweiligen Haftungstatbestände erforderlich[23].

---

[23] In die Untersuchung werden hier nur die konkreten Vorschläge des Abfallhaftungsrichtlinienentwurfs, des Entwurfs eines Umweltgesetzbuches und der Konvention des Europarats einbezogen. Die Überlegungen der Kommission der Europäischen Gemeinschaft zur Umwelthaftung (Grünbuch der EG-Kommossion über die Sanierung von Umweltschäden, vgl. oben § 3 B II) sind zu pauschal, um einen konkreten Prüfungsgegenstand darzustellen. Insofern sollen auch die Erwägungen des Grünbuchs über eine Erweiterung der Verschuldenshaftung (vgl. oben § 3 B II 2 b) außer Betracht bleiben.

Die Unterscheidung von Haftungstatbeständen der Verschuldenshaftung und Tatbeständen der Gefährdungshaftung ist allgemein anerkannt. Weitere Differenzierungen werden jedoch nicht einheitlich bewertet. Dies liegt in erster Linie an dem Umstand, daß Gefährdungshaftungstatbestände lange Zeit lediglich einem einzigen Muster gefolgt sind. Anknüpfungspunkt der Haftung war der Betrieb einer gefährlichen Anlage, das Halten eines Fahrzeugs oder die Unterhaltung anderer verkörperter Gefahrenquellen. Lediglich § 22 Abs. 1 WHG bildete als Tatbestand der Handlungshaftung eine Ausnahme. Viele der neuen Haftungstatbestände folgen jedoch neuen Konzeptionen. Die umfangreiche Diskussion in der Literatur über Möglichkeiten zur Verbesserung der durch Umweltschäden Betroffenen hat bereits mehrere Systematisierungsvorschläge hervorgerufen.

1. Systematisierung nach DEUTSCH

In einer von DEUTSCH vorgeschlagenen Systematisierung der Gefährdungshaftungstatbestände werden sowohl Elemente des Tatbestandes als auch Regelungen über die Verteilung der Beweislast als Klassifizierungskriterien herangezogen[24]. Er schlägt vor, zwischen **enger Gefährdungshaftung, erweiterter Gefährdungshaftung** und **Kausal-Vermutungshaftung** zu unterschieden.

Der erste Begriff beschreibt die klassischen Gefährdungshaftungstatbestände. Anknüpfungspunkt der Haftung ist eine genau umschriebene Gefahr[25]. Bei der erweiterten Gefährdungshaftung ist im Gegensatz dazu die Gefahr nicht tragender Grund, sondern nur Motiv der Haftung. Die Zurechnung des eingetretenen Schadens wird nicht durch das Erfordernis eines Gefährdungszusammenhangs begrenzt[26]. Bei der dritten Kategorie der Gefährdungshaftungen, der Kausal-Vermutungshaftung, werden beweisrechtliche Elemente in die Klassifizierung einbezogen. In den Haftungsregelungen des Bundesberggesetzes, des Gentechnikgesetzes sowie des Umwelthaftungsgesetzes findet sich eine derartige Kombination von Gefährdungshaftung und Schadensvermutung[27].

2. Systematisierung nach SALJE

Von SALJE ist der Vorschlag gemacht worden, Haftungsregelungen danach einzuteilen, ob sie einem **personenbezogenen**, einem **schadensobjektbezogenen**

[24] *Deutsch*, NJW 1992, 73, 75 ff.; *ders.*, VersR 1996, 1309, 1313.
[25] *Deutsch*, NJW 1992, 73, 75.
[26] *Deutsch*, NJW 1992, 73, 75 f.
[27] *Deutsch*, NJW 1992, 73, 76 f.

oder einem **schutzobjektbezogenen** Ansatz folgen. Einem **personenbezogenen** Ansatz folgen Haftungstatbestände, die an gefährliche Handlungen anknüpfen[28]. Kennzeichen eines **schadensobjektbezogenen** Ansatzes ist die Anknüpfung an einen umweltgefährlichen (körperlichen oder unkörperlichen) Gegenstand, der menschlicher Kontrolle unterliegt[29]. Bei einem **schutzobjektbezogenen** Ansatz ist Anknüpfungspunkt für die Haftung der Eingriff in ein bestimmtes Schutzobjekt. Eine solche Haftung bietet sich an, wenn die Umweltmedien Boden, Luft, Wasser besonders geschützt werden sollen. SALJE rechnet § 22 WHG zu diesem Ansatz.

3. Systematisierung nach der herrschenden Meinung

Die Einteilung der Gefährdungshaftungstatbestände wird überwiegend durch eine Trennung in **Anlagengefährdungshaftung** und **Handlungshaftung** vorgenommen[30].

Die **Anlagengefährdungshaftung** ist der klassische Typ der Gefährdungshaftungen. Anknüpfungspunkt der Haftung ist der Betrieb einer gefährlichen Anlage oder die Ingebrauchnahme eines gefährlichen Gegenstandes. Die Tatbestände der Anlagengefährdungshaftung können durch eine Unterteilung in Tatbestände mit einer **abgeschlossenen Anlagenliste**[31] und Tatbestände mit **generalklauselartigem Anlagenbegriff** weiter klassifiziert werden.

Bei einer **abgeschlossenen Anlagenliste** werden die Anlagen, deren Betrieb mit einer Gefährdungshaftung belegt ist, abschließend festgelegt. Diesem Regelungsmuster folgt das Umwelthaftungsgesetz. § 1 UmweltHG verweist auf die Anlagenliste des Anhang 1 zum Umwelthaftungsgesetz, in welcher detailliert festgelegt wird, welche Anlagen der Haftung nach dem Umwelthaftungsgesetz unterworfen sind[32]. Vorteil dieser Regelungstechnik ist die Gewährleistung von Rechtssicherheit, entscheidender Nachteil ist jedoch die schwerfällige Anpassung der Normen an die Entwicklungen der Technik[33]. Von den im zweiten Kapitel vorgestellten Haftungsnormen folgt keine diesem Haftungsmodell. Zwar verweist auch § 111 Abs. 1 Nr. 1 UGB-AT-Entwurf auf einen abgeschlossenen

---

[28] *Salje*, IUR 1992, 66, 67.

[29] *Salje*, IUR 1992, 66, 67.

[30] *Larenz/ Canaris*, SchuldR II/2, § 84 I 4, S. 611; *Fuchs*, DeliktsR, S. 177 f. BRÜGGEMEIER, DeliktsR, Rdnr. 31, unterscheidet zwischen Verursacherhaftung und Handelndenhaftung.

[31] Synonym verwendet wird auch der Begriff "reine Anlagenhaftung". Vgl. oben § 1 B I 1.

[32] Vgl. oben § 1 B I 2 c.

[33] Vgl. oben § 1 A I 5.

Kreis von Anlagen, doch wird die Norm von weiteren Tatbeständen flankiert, die den Kreis der der Haftung unterworfenen Anlagen erweitern.

Gegenstück zu abgeschlossenen Anlagenlisten sind Haftungsregelungen, die einem **generalklauselartig bestimmten Anlagenbegriff** folgen[34]. Grenzt die abgeschlossene Anlagenliste den Kreis der der Haftung unterworfenen Anlagen genau ein, so wird bei einer Anlagengeneralklausel der Kreis der Anlagen nicht abschließend bestimmt. Bei den derzeit bestehenden deutschen Normen der Umwelthaftung findet sich ein anlagengeneralklauselartiges Modell nur in § 22 Abs. 2 WHG. Dieser begründet eine Haftung für Anlagen, die bestimmt sind, Stoffe herzustellen, zu verarbeiten, zu lagern, abzulagern, zu befördern oder wegzuleiten. Der Inhaber der Anlage haftet, wenn derartige Stoffe in ein Gewässer gelangen und daraus einem anderen ein Schaden entsteht. Der Anlagenbegriff wird lediglich eingegrenzt durch die Voraussetzung der Wassergefährlichkeit[35]. Die in der Anlage bestimmungsgemäß vorkommenden Stoffe müssen geeignet sein, die Beschaffenheit des Wassers zu verändern.

Auch der Professorenentwurf des Umweltgesetzbuches enthält eine generalklauselartige Lösung. Von den Verfassern wird das vorgeschlagene Haftungsmodell als **offenes Listensystem** bezeichnet[36]. § 111 Abs. 1 Nr. 1 UGB-AT-Entwurf grenzt zwar durch die Bezugnahme auf die Genehmigungspflicht den Kreis der Anlagen deutlich ein, doch ist dieser Anlagenbegriff zum einen gegenüber den Anlagen nach dem Anhang 1 des Umwelthaftungsgesetzes wesentlich flexibler, da er sich dynamisch dem Kreis der genehmigungspflichtigen Anlagen anpaßt und zum anderen wird er durch § 111 Abs.1 Nr. 2 und insbesondere § 111 Abs. 1 Nr. 3 UGB-AT-Entwurf noch entscheidend erweitert. Denn durch diese wird die Haftung auf alle umweltgefährlichen Anlagen erstreckt, die dazu bestimmt sind, umweltgefährliche Stoffe herzustellen, zu verwenden, zu befördern oder wegzuleiten[37]. Auch die Tatbestände des Art. 2 Nr. 1 c) und d) der Konvention des Europarats sind trotz des auf den ersten Blick entgegenstehenden Wortlauts in diese Haftungskategorie einzuordnen. Die Konvention sieht eine Haftung vor, wenn durch gefährliche Tätigkeiten ein Schaden entstanden ist. Die Konvention definiert in vier Alternativen, welche Handlungen als gefährliche

---

[34] Eine "reine" Anlagengeneralklausel stellt der Vorschlag von *Kötz*, AcP 170 (1970), 1, 41; *ders.*, DeliktsR, Rdnr. 373 dar, der denjenigen haften läßt, der eine Anlage betreibt, von der eine "besondere" Gefahr ausgeht. Bei den hier vorgestellten Regelungen ist der Kreis der der Haftung unterworfenen Anlagen jedoch durch weitere Tatbestandsmerkmale eingegrenzt.

[35] Vgl. oben § 1 B II 3, m.w.N.

[36] Begründung zum UGB-AT-Entwurf, S. 418.

[37] Weiterhin kann der Kreis der Anlagen noch durch Rechtsverordnung der Bundesregierung erweitert oder beschränkt werden (§ 111 Abs. 2 UGB-AT-Entwurf). Vgl. auch oben § 2 A II 1.

Tätigkeit im Sinne der Konvention zu verstehen sind. Art. 2 Nr. 1 c) und d) definieren als gefährliche Tätigkeit den Betrieb einer Abfallbeseitigungsanlage sowie einer Abfalldeponie. Daneben haftet der Betreiber einer Abfalldeponie nach Art. 7 der Konvention. Art. 2 Nr. 1 c) verweist zur Bestimmung des Kreises der der Haftung unterworfenen Anlagen auf einen Anhang II der Konvention, der eine umfangreiche, wenn auch nicht abschließende Liste der häufigsten Anlagenarten zur Behandlung von Abfall vorsieht[38].

Den Tatbeständen der Anlagengefährdungshaftung werden im allgemeinen Normen, die **Handlungshaftungen** statuieren, als zweites Prinzip der Gefährdungshaftung gegenübergestellt. Bei Handlungshaftungen sind gefährliche Handlungen Grundlage einer Haftung ohne Verschulden. Von den derzeit im deutschen Recht bestehenden Gefährdungshaftungen werden § 84 AMG, § 32 GenTG, § 114 BBergG, § 1 ProdHaftG, die §§ 29, 33 BJagdG sowie § 22 Abs. 1 WHG als Handlungshaftungen bewertet[39]. Im Bereich der Umwelthaftung ist Anknüpfungspunkt der Haftung hierbei entweder das durch die Norm zu schützende Umweltmedium, Boden, Luft, Wasser (**mediale Handlungshaftung**), oder es sind gefährliche Stoffe (**stoffbezogene Handlungshaftung**). Von den Normen wird entweder ein Eingriff in das jeweilige Umweltmedium sanktioniert oder eine Schadensverursachung, die auf dem Umgang mit bestimmten gefährlichen Stoffen beruht. Einige Normen kombinieren auch eine mediale mit einer stoffbezogenen Handlungshaftung.

Beispiel für eine rein **mediale Handlungshaftung** ist § 22 Abs. 1 WHG. Die Haftung wird durch das Einwirken auf ein Gewässer ausgelöst. Schadensersatzpflichtig macht sich, wer Stoffe in ein Gewässer einbringt oder einleitet oder auf ein Gewässer einwirkt[40]. Gleiches gilt für § 114 UGB-AT-Entwurf, der § 22 Abs. 1 WHG entspricht[41].

Häufiger sind **stoffbezogene Handlungshaftungen**. Eine rein stoffbezogene Handlungshaftung findet sich in § 116 UGB-AT-Entwurf, der eine Gefährdungshaftung für den Transport umweltgefährlicher Stoffe statuiert[42]. Gehaftet wird für Schäden, die durch den Transport umweltgefährlicher Stoffe, einschließlich des Be- und Entladens, verursacht worden sind[43]. Auch Haftungstatbestände der Konvention des Europarats folgen diesem Regelungsmuster. Von den vier Alternativen, die die Konvention zur Definition einer gefährlichen Tä-

---

38 Vgl. oben § 3 B I 2.
39 Vgl. *Larenz/Canaris*, SchuldR II 2, § 84 I 4, S. 611; *Fuchs*, DeliktsR S. 195.
40 Vgl. zu § 22 Abs. 1 WHG ausführlich oben § 1 B II 2.
41 Vgl. oben § 2 A II 2.
42 Vgl. oben § 2 A II 2.
43 Vgl. oben § 2 A II 2.

tigkeit im Sinne des Art. 2 Nr. 1 bereithält, begründen die beiden ersten Alternativen eine stoffbezogene Handlungshaftung. Gehaftet wird für den Umgang mit gefährlichen Stoffen sowie für den Umgang mit genetisch veränderten Organismen oder Mikroorganismen[44].

Die Einordnung der **Produkthaftung**, wie sie § 117 UGB-AT-Entwurf statuiert, in das System der verschiedenen Haftungsarten ist umstritten. Einige Autoren[45] sehen in § 1 ProdHaftG, auf den sich § 117 UGB-AT-Entwurf bezieht, eine verschuldensabhängige Haftung. Die überwiegende Meinung geht jedoch davon aus, daß § 1 ProdHaftG eine Gefährdungshaftung, und zwar eine Handlungshaftung darstellt, da sie nicht den Inhaber des Produktes, sondern dessen Hersteller treffe[46]. Haftungsgrund des § 117 UGB-AT-Entwurf ist die Fehlerhaftigkeit eines umweltgefährlichen Stoffes. Insofern ist es gerechtfertigt, in § 117 UGB-AT-Entwurf eine stoffbezogenen Handlungshaftung zu sehen.

Als eine negative **Produkthaftung** kann die Haftung nach dem Entwurf einer Abfallhaftungsrichtlinie bezeichnet werden. Nach Art. 1 Abs. 1, 3 Abs. 1, 6 AbfallhaftRLE haften die Erzeuger von Abfällen, die bei einer gewerblichen Tätigkeit entstanden sind, für die durch diese verursachten Schäden oder Umweltbeeinträchtigungen, unabhängig davon, ob sie ein Verschulden trifft oder sie im Besitz einer Genehmigung der öffentlichen Hand sind. Haftpflichtig ist, ebenso wie bei der Produkthaftung, der Erzeuger der gefährlichen Stoffe, nur, daß in diesem Fall nicht für das positive Erzeugnis des Produktionsprozesses, sondern für das negative, den Abfall, gehaftet wird.

§ 115 Abs. 1 UGB-AT-Entwurf stellt einen Handlungshaftungstatbestand dar, der einen medialen mit einem stoffbezogenen Haftungsansatz kombiniert. Zur Haftung verpflichtet ist derjenige, der umweltgefährliche Stoffe auf den Boden aufbringt, auf ihm ablagert oder in den Boden einbringt oder ableitet. Anknüpfungspunkt der Haftung sind einerseits das Umweltmedium Boden, anderseits gefährliche Stoffe, welche auf das Umweltmedium einwirken können.

II. Vorschläge für einen erweiterten Haftungsumfang

Regelungen zum Haftungsumfang sind Regelungen auf der Rechtsfolgenseite. Wenn Tatbestandsregelungen festlegen, in welchen Fällen überhaupt gehaftet

---

[44] Ausführlicher dazu oben § 4 II 1 a.
[45] *Häsemeyer*, in FS für Niederländer, 1991, S. 251, 263; *Kötz*, in FS für Werner Lorenz, S. 109, 117.
[46] Vgl. *Larenz/ Canaris*, SchuldR II/2, § 84 VI S. 644.

wird, legen Vorschriften zum Haftungsumfang fest, welche der eingetretenen Schäden ausgeglichen werden.

1. Schmerzensgeld

Sowohl § 129 UGB-AT-Entwurf als auch § 172 UGB-KomE durchbrechen die Tradition der deutschen Gefährdungshaftung und gewähren den durch Umweltbeeinträchtigungen Geschädigten einen Schmerzensgeldanspruch.

2. Ersatz ökologischer Schäden

Um beim Eintritt ökologischer Schäden[47] die Wiederherstellung des ursprünglichen oder eines ökologisch wünschenswerten Zustandes sicherzustellen, sind unterschiedliche Lösungsansätze in den einzelnen Regelungen enthalten. § 127 UGB-AT-Entwurf erweitert die Naturalrestitution um die Möglichkeit eines physisch-realen Ausgleichs und sieht eine Zweckbindung des Geschädigten zur umweltinteressengerechten Verwendung der Schadensersatzleistung vor. Art. 2 Abs. 1 d) AbfallhaftRLE sowie Art. 2 (7)c der Konvention des Europarats gewähren Ersatz für Umweltbeeinträchtigungen, die nicht mit einem konkreten Sach- oder Personenschaden verbunden sind[48].

3. Ersatz von Vorsorgemaßnahmen

Vielfach können Schädigungen der Umwelt vermieden oder zumindest in ihrem Ausmaß begrenzt werden, wenn frühzeitig Maßnahmen ergriffen werden. § 183 UGB-KomE und Art. 2 (7)d der Konvention des Europarats sehen deshalb einen Ersatzanspruch für die Kosten vorbeugende Maßnahmen vor[49].

III. Vorschläge zur erleichterten Durchsetzung von Haftungsansprüchen

1. Beweiserleichterungen

Da der Ersatz von Umweltschäden in vielen Fällen an der Nichterweislichkeit des Ursachenzusammenhang zwischen einer bestimmten umweltrelevanten Aktivität und dem eingetretenen Schaden scheitert, werden vielfach Regelungen

---

[47] Zum Begriff des ökologischen Schadens vgl. § 1 A I 6 e
[48] Vgl. oben § 4 III 3; § 3 B I 3.
[49] Vgl. oben § 2 B II; § 4 III 4.

vorgeschlagen, die der Beweisnot der Geschädigten zumindest in gewissem Umfang abhelfen sollen. Grundsätzlich sind Regelungen über eine Reduktion des Beweismaßes (überwiegende Wahrscheinlickeit statt Vollbeweis) von Änderungen der Beweislastverteilung zu unterscheiden.

§ 121 Abs. 1 UGB-AT-Entwurf sieht eine Beweislastgeneralklausel vor. Grundsätzlich soll die überwiegende Wahrscheinlichkeit als Beweis für den Kausalzusammenhang zwischen umweltrelevanter Aktivität und Umweltschaden ausreichend sein. Steht die Verletzung öffentlich-rechtlicher Pflichten fest, greift sogar eine Kausalitätsvermutung ein. § 176 UGB-KomE hat die Beweislastregelung des Professorenentwurfs übernommen, sieht aber einen Entlastungsbeweis vor[50]. Die Konvention des Europarats fordert die Einzelstaaten auf, für die Geschädigten günstige Beweisregelungen zu schaffen[51].

2. Auskunftsansprüche

Auskunftsanspürche der Geschädigten gegen Anlagenbetreiber sind Beweisregelungen vorgeschaltet, zielen aber ebenso wie diese darauf ab, das Informationsdefizit der Geschädigten zu verringern.

Sowohl der Professorenentwurf als auch der Entwurf der Sachverständigenkommission zum Umweltgesetzbuch sehen Auskunftsansprüche gegen die Anlagenbetreiber vor[52]. Art. 14 und 16 der Konvention des Europarats gewähren den Geschädigten Auskunftsansprüche gegen Behörden oder Betreiber gefährlicher Tätigkeiten[53].

3. Mehrere Verursacher

Alle Vorschläge sehen Regelungen für die Fälle einer Mehrheit von Verursachern vor. Überwiegend wird unter bestimmten Bedingungen eine gesamtschuldnerische Inanspruchnahme der Schädiger ermöglicht[54].

---

[50] Vgl. oben § 2 B II 2.
[51] Vgl. oben § 4 VII.
[52] Vgl. oben § 2 A VI 2; § 2 B II 1.
[53] Vgl. oben § 4 VI.
[54] Vgl. oben § 2 A V; § 2 B II 2; § 3 B I 5; § 4 V.

4. Deckungsverpflichtung

Damit bei einer feststehenden Haftungsverpflichtung die Durchsetzung des Anspruchs nicht an der mangelnden finanziellen Leistungsfähigkeit des Schädigers scheitert, sehen alle Vorschläge Regelungen vor, die potentielle Schädiger zum Abschluß einer Haftpflichtversicherung bzw. zu sonstigen Maßnahmen der Deckungsvorsorge verpflichten[55].

5. Klagebefugnis von Umweltschutzverbänden

Lediglich Art. 4 Abs. 3 AbfallhaftRLE sieht die Möglichkeit vor, daß die Mitgliedstaaten Umweltschutzverbänden eine Klagebefugnis bei Schäden oder Umweltbeeinträchtigungen, die durch Abfälle verursacht wurden, einräumen können.

6. Internationale Durchsetzung

Zur vereinfachten Durchsetzung von Ansprüchen bei grenzüberschreitenden Umweltschäden sehen die Art. 19-24 der Konvention des Europarats Regelungen zum Gerichtsstand sowie zur Anerkennung und Vollstreckung von Urteilen vor.

IV. Tendenzen einer künftigen Ausgestaltung des Umwelthaftungsrechts

Die Entwicklung des Umwelthaftungsrechts läßt somit im wesentlichen folgende Tendenzen erkennen:

Der allgemeinen Tendenz im Haftungsrecht folgend **verzichten** die meisten Regelwerke bei ihren Haftungstatbeständen **auf ein Verschuldenserfordernis**. Die Gefährdungshaftung ist das vorherrschende Haftungsprinzip.

Die Besonderheiten des Umwelthaftungsrechts, die Ubiquität der in Mitleidenschaft gezogenen Umweltgüter Boden, Wasser und Luft, die Vielfalt der möglichen Schadensverursacher und der möglichen Schadensszenarien haben jedoch dazu geführt, daß die maßgeblichen Regelungsentwürfe das herkömmliche Konzept der Anlagenhaftung mit enumerativer Anlagenliste verlassen haben.

---

[55]   Vgl. oben § 2 A VII 1; § 2 B II; § 3 B I 8; § 4 VII.

Lösungen für die besonderen umwelthaftungsrechtlichen Problematiken werden zum einen in einer **Erweiterung des festumrissenen Anlagenkatalogs** durch Anlagengeneralklauseln gesehen, zum anderen in der gänzlichen Aufgabe des Tatbestandsmerkmals der gefährlichen Anlage und der **Anknüpfung der Haftung an ein gefährliches Tun**. Die Abkehr von der Anlagenhaftung bietet für das Umwelthaftungrecht zum einen den Vorteil, die vielen möglichen Schadensursachen besser zu erfassen und zum anderen, gezielt die Umweltmedien Boden, Luft und Wasser in den Mittelpunkt der Haftung zu stellen und so ein umfassendes Haftungskonzept zu erreichen.

Bei der stoffbezogenen Handlungshaftung ersetzt der Begriff des „gefährlichen Stoffes" den der „gefährlichen Anlage". Auch hier ist es theoretisch denkbar, den Kreis der gefährlichen Stoffe durch eine abschließende Liste zu bestimmen, auch wenn die hier vorgestellten Haftungstatbestände einer solchen Begrenzung nicht unterliegen[56]. Die Tatbestände der medialen Umwelthaftung entfernen sich demgegenüber noch weiter von der klassischen Anlagenhaftung, da hier keine vergegenständlichte Gefahrenquelle mehr als Anknüpfungspunkt der Haftung dient.

Bei den den **Haftungsumfang** betreffenden Normen sind die Bestrebungen, auch **ökologische Schäden** in den Kreis der ersatzfähigen Schäden einzubeziehen, die auffälligsten Bemühungen bei der Fortentwicklung des Umwelthaftungsrechts. Teilweise beschränken sich die Regelwerke jedoch darauf, einen Wiederherstellung des ursprünglichen Zustandes auch dann zu gewähren, wenn die Kosten der Wiederherstellung den Wert der zerstörten Sache übersteigen. Daneben werden auch Schadenersatzleistungen gewährt, wenn der ökologische Schaden nicht mit einem konkreten Sach- oder Personenschaden verbunden ist. Ob daneben weitere Ersatzmöglichkeiten für ökologische Schäden, wie sie das Weißbuch der Kommission der Europäischen Gemeinschaften fordert, notwendig und sinnvoll sind, mag dahinstehen. Der Ersatz ökologischer Schäden, der über die Zerstörung eines einzelnen Biotops oder Naturschutzgebietes hinausgeht, wie beispielsweise das Verschwinden einer Art oder gar die Verringerung der Ozonschicht, scheitert vielfach daran, daß eine Wiederherstellung faktisch nicht möglich ist und/oder daß ein konkreter Schadensfall oder Schadensverursacher nicht feststellbar ist.

Bei den **Tatbeständen, die eine erleichterte Durchsetzung** der Ersatzansprüche gewährleisten sollen, sind nur wenige umwelthaftungsrechtliche Besonderheiten zu bemerken. Hierzu zählen die Bemühungen, durch **Beweiserleichterungen** und **Auskunftsansprüche** der Beweisnot der Geschädigten abzuhelfen,

---

[56]   Vgl oben § 2 A II 2 sowie § 4 II 1a.

187

sowie die **Klagebefugnis vom Umweltschutzverbänden.** Regelungen zur Dek-kungsvorsorge oder zur erleichterten internationalen Geltendmachung von Haf-tungsansprüchen weisen keine umweltschadensrechtlichen Besonderheiten auf.

C. Vereinbarkeit der vorgestellten Haftungsregelungen mit dem deutschen Verfassungsrecht (Ausblick auf den zweiten Teil)

Haftungsregelungen bestimmen, ob ein anderer als der Geschädigte die Kosten der Schadenskompensation zu tragen hat. Existieren keine Haftungsregelungen, hat der Geschädigte den erlittenen Schaden selbst zu tragen. Dieser Grundsatz (casum sentit dominus/the loss lies where it falls) wird zunächst durch die Nor-men der deliktischen Haftung verändert. Die Schadenstragungspflicht wird durch die Normen des Deliktsrechts auf den für den Schaden Verantwortlichen übertragen, auf denjenigen, der die Schadensverursachung verschuldet hat.

Jedoch führen nicht nur Normen der Verschuldenshaftung zu einer Schadens-verlagerung auf eine vom Geschädigten verschiedene Person. Das gleiche gilt für Normen der Gefährdungshaftung. Die Verpflichtung zum Schadensersatz stellt für den Ersatzpflichtigen eine Belastung dar.

Die Schadensverlagerung auf den Verursacher des Schadens wird bei der Ver-schuldenshaftung mit der deliktischen Verantwortlichkeit des Schadensverursa-chers gerechtfertigt. Tatbeständen der Gefährdungshaftung fehlt aufgrund der Entbehrlichkeit des Verschuldens zur Tatbestandsverwirklichung diese Recht-fertigung.

Die Belastung mir der Schadenstragungspflicht hat für die Betroffenen nicht nur wirtschaftliche Auswirkungen. Bereits die Existenz der Haftungsnormen kann Auswirkungen auf die Entscheidungsfreiheit der potentiell von der Schadenstra-gungspflicht Betroffenen haben.

Da die Schadensersatzpflicht aufgrund eines Gesetzes, der jeweiligen Haftungs-norm, eintritt, gewinnt die mit der Schadenstragungspflicht verbundene Bela-stung grundrechtliche Relevanz und bedarf der Rechtfertigung.

Es steht außer Frage, daß die Verpflichtung zum Schadensausgleich bzw. die Gefahr einer Inanspruchnahme Auswirkungen auf die Freiheitssphäre der po-tentiellen Schädiger hat. Das Bundesverfassungsgericht hat sich bereits vielfach mit der Frage, ob die Auferlegung einer Schadensersatzpflicht grundrechtlich geschützte Freiheiten nicht über Gebühr einschränkt, befaßt[57].

In der Rechtsprechung des Bundesverfassungsgerichts wird auch deutlich, daß sich der durch die Haftungsnorm bewirkte Eingriff nicht auf die finanzielle Belastung durch die Schadenstragungslast beschränkt. Mit der Auferlegung der Schadenstragungspflicht wird ein bestimmtes Handeln sanktioniert. So steht neben dem Eingriff in Eigentum bzw. Vermögen auch ein Eingriff in grundrechtlich geschützte Freiheitsrechte.

Dies gilt uneingeschränkt für die Normen der Verschuldenshaftung. Gehaftet wird für eine Schadensverwirklichung durch eine unerlaubte Handlung. Mit der Auferlegung der Schadenstragungspflicht wird gleichzeitig zum Ausdruck gebracht, daß das sanktionierte Handeln vom Gesetz nicht erwünscht, sondern verboten ist. Bei den Tatbeständen der Gefährdungshaftung ist das mit der Haftung belegte Verhalten jedoch grundsätzlich erlaubt. Dies führt zu der Frage, ob durch Gefährdungshaftungstatbestände überhaupt ein Grundrechtseingriff bewirkt wird, der über den Eingriff in das Eigentum bzw. das Vermögen durch die Auferlegung der Schadensersatzpflicht hinausgeht.

Die Übertragung der Schadenstragungslast bedarf jedoch in jedem Fall der Rechtfertigung. Die deliktische Verantwortlichkeit, d.h. das rechtswidrige und schuldhafte Verhalten des Schadensverursachers, rechtfertigt in den Fällen der deliktischen Haftung den Eingriff in die Eigentums- und Freiheitsrechte des Schädigers, der durch die Auferlegung der Verpflichtung zum Schadensersatz bewirkt wird.

Da durch die Verlagerung der Schadenstragungslast ein Grundrechtseingriff bewirkt wird, müssen die Kriterien für eine Zurechnung des Schadens auch geeignet sein, den durch die Haftungstatbestände bewirkten Eingriff zu rechtfertigen.

Bei den Tatbeständen der Gefährdungshaftung sind die Gründe, die eine Verlagerung der Haftung vom Geschädigten auf den Schädiger rechtfertigen, weniger offensichtlich. Bereits seit der Kodifizierung des BGB bestehen deshalb Bedenken, daß durch objektive Haftungstatbestände, d.h. durch Gefährdungshaftungstatbestände, die Handlungsfreiheit des einzelnen, vor allem des wirtschaftlich Tätigen, bedroht werde[58]. Auch heute wird befürchtet, daß ein zu

---

[57] Vgl. BVerfGE 7, 198; 25, 256; 34, 269; 49, 304; 54, 129; 68, 226; 82, 272; 86, 1.
[58] *Benöhr*, Tijdschrift voor Rechtsgeschiedenis 46 (1978), 1, 10 ff.

umfassendes System der Gefährdungshaftung die Industrie von Investition und Produktion abhalten könne[59].

Gefährdungshaftungstatbestände blieben deshalb lange Zeit auf den Ersatz für Schäden, die beim Betrieb einer gefährlichen Anlage entstanden waren, beschränkt. Die Begründung für eine Auferlegung der Haftung auf den Betreiber der Anlage ist zwar auch in diesen Fällen umstritten. So wird einerseits die Zurechnung der eingetretenen Schäden an den Anlagenbetreiber mit einem angeblichen Verzicht des Gesetzgebers auf ein Verbot der gefährlichen Anlage, welcher mit der Einführung der Gefährdungshaftung kompensiert werde, begründet; überwiegend wird die Rechtfertigung von Anlagengefährdungen in dem Gedanken der Zusammengehörigkeit von Risiko und Nutzen sowie der Beherrschbarkeit der Gefahrenquelle durch den Anlagenbetreiber gesehen. Unstreitig ist jedoch, daß die Haftung in diesen Fällen grundsätzlich gerechtfertigt ist[60].

Gefährdungshaftungstatbestände, die als Anknüpfungspunkt der Haftung auf den Begriff der gefährlichen Anlage verzichten, benötigen andere Rechtfertigungsgründe für die Haftungsübertragung auf den Schädiger.

Ob für die Haftungsverlagerung durch Handlungshaftungstatbestände und Tatbestände, die auf einen festumrissenen Anlagenbegriff verzichten, hinreichende Gründe bestehen, die eine Belastung des Schädigers mit der Schadenstragung rechtfertigen, wird seit langem bezweifelt. Dem ältesten deutschen Handlungshaftungstatbestand, § 22 Abs. 1 WHG, wird vielfach eine Unvereinbarkeit mit der Systematik des deutschen Haftungsrechts und den Grundrechten der potentiellen Schädiger vorgeworfen[61].

Diese Vorbehalte bestehen auch gegenüber den Handlungshaftungstatbeständen und den Anlagengefährdungshaftungstatbeständen, die auf eine enumerative Anlagenliste verzichten.

Bei einer Grundrechtsprüfung, die die Vereinbarkeit der durch Handlungshaftungstatbestände vorgenommenen Haftungsverlagerung mit den Grundrechten der potentiellen Schädiger untersucht, ist jedoch nicht isoliert auf die durch die Haftungstatbestände ausgehenden Belastungen abzustellen. Den Grundrechten der potentiellen Schädiger stehen die Grundrechte der Geschädigten auf Unversehrtheit von Körper, Leben und Eigentum gegenüber. Auch hat der Gesetzge-

---

[59] Vgl. die Mitteilung der Kommission an den Rat und das Europäische Parlament und den Wirtschafts- und Sozialausschuß: Grünbuch über die Sanierung von Umweltschäden, KOM (93) 47 endg, S. 8.

[60] Vgl. § 8 II 4 e.

[61] Vgl.Medicus, SchR II, § 148 Rdnr. 896, S. 421; hierzu ausf. Vgl. § 8 III 2.

ber mit der Staatszielbestimmung des Art. 20 a GG bereits *Akzente gesetzt*. Bei der Prüfung, ob der Eingriff in Eigentums- und/oder Freiheitsrechte der potentiellen Schädiger gerechtfertigt ist/ diese nicht verletzt, ist das Verhältnismäßigkeitsprinzip von maßgeblicher Bedeutung. Entscheidend ist, ob bei der Abwägung der Interessen der potentiellen Schädiger mit den Interessen der durch Umweltbeeinträchigungen Geschädigten und den Interessen der Allgemeinheit an einer intakten Umwelt ein gerechter Ausgleich geschaffen wird [62]

Grundsätzlich ist jedermann potentieller Verursacher eines Umweltschadens. Die vorgestellten Regelungen sind jedoch in erster Linie an gewerblich Tätige gerichtet. Umweltschäden größeren Ausmaßes sind auch kaum von Individualpersonen zu erwarten. Betroffen von möglichen Grundrechtseingriffen können demnach insbesondere grundrechtliche Gewährleistungen in Zusammenhang mit den von Grundgesetz gewährten wirtschaftlichen Freiheiten sein. Eine einheitliche Systematisierung hat sich bezüglich dieser Grundrechte noch nicht herausgebildet. Die speziellen Schutzbereiche der wirtschaftlichen Freiheiten sind insoweit vorab zu bestimmen.

Den stoffbezogenen Handlungshaftungen sowie den Tatbeständen mit Anlagengeneralklausel wird ein Grundrechtsverstoß auch aufgrund ihrer unbestimmten Tatbestandsmerkmale vorgeworfen. Den Normen wird entgegengehalten, daß sie nicht die rechtsstaatlichen Erfordernisse an die Bestimmtheit erfüllen würden. Diese Rechtsunsicherheit sei potentiellen Schadensverursachern nicht zuzumuten.

Regelungen zum Schadensumfang bestimmen ebenfalls über die Zuteilung eingetretener Schäden. Sie vertiefen jedoch lediglich die durch die „eigentlichen" Haftungstatbestände vorgenommene Zuteilung der Schadenstragungslast. Der durch die Tatbestandsnormen bewirkte Grundrechtseingriff kann demnach in seinen finanziellen Konsequenzen verstärkt werden, die einmal getroffene grundsätzliche Schadenszuteilung wird jedoch nicht verändert.

Eine gesteigerte Inanspruchnahme wirtschaftlich Tätiger kann rein faktisch auch mit der Einführung von Beweiserleichterungen, Auskunftsansprüchen oder Vorsorgeverpflichtungen verbunden sein, doch sind diese in Bezug auf die wirtschaftlichen Freiheiten ohne Relevanz. Bei der Aufstellung der eigentlichen Haftungstatbestände ist der Gesetzgeber von einer von vollkommener Transparenz geprägten Beweissituation ausgegangen. Eine gesteigerte Inanspruchnahme verwirklicht nur die vom Gesetzgeber angestrebte Schadensverteilung. Grund-

---

[62] Zum Verhältnis zwischen Verhältnismäßigkeitsprinzip und grundrechtlichen Güterabwägungen vgl. § 8 Fn. 7

rechtliche Probleme können sich allenfalls unter dem Gesichtspunkt der prozessualen Waffengleichheit ergeben[63]. Dies zu untersuchen ist jedoch nicht Anliegen dieser Arbeit.

In Zusammenhang mit der Einführung von Handlungshaftungstatbeständen und Anlagenhaftungen mit Anlagengeneralklauseln ergeben sich demnach **im wesentlichen die folgenden vier Fragestellungen:**

1. **Bewirken Tatbestände der Gefährdungshaftung einen Grundrechtseingriff,** der über die finanziellen Folgen der Auferlegung der Schadensersatzverpflichtung hinausgeht?
2. Wie sind die **Schutzbereiche der vom Grundgesetz gewährten wirtschaftlichen Freiheiten** abzugrenzen und welche können durch Haftungstatbestände betroffen sein?
3. **Verletzen Tatbestände der Handlungshaftung oder der Anlagenhaftung** ohne enumerative Anlagenliste grundrechtlich gewährleistete, **wirtschaftliche Freiheitsrechte** potentieller Schädiger, da es kein rechtfertigendes Zurechnungskriterium für die Schadensverlagerung gibt?
4. Werden die Anforderungen an die **rechtsstaatliche Bestimmtheit** von den Tatbeständen einer stoffbezogenen Handlungshaftung und Tatbeständen mit Anlagengeneralklausel erfüllt?

Der zweite Teil der Arbeit folgt in seinem Aufbau einer klassischer Grundrechtsprüfung. Die oben dargestellten Problemkreise finden bei dieser Prüfung in folgender Form Berücksichtigung:

Da die wirtschaftlichen Freiheiten im Grundgesetz nicht gesondert erwähnt sind und sich bislang auch noch keine allgemein anerkannte Systematisierung herausgebildet hat, ist im folgenden (§ 6) zunächst eine Bestandsaufnahme der grundrechtlich geschützten wirtschaftlichen Freiheiten vorzunehmen und der jeweilige Schutzbereich der einzelnen Wirtschaftsfreiheiten zu umreißen. Hierbei ist jeweils zu untersuchen, inwieweit eine Berührung des Schutzbereiches durch Haftungstatbestände denkbar ist.

Das darauf folgende Kapitel widmet sich der Frage, ob die unterschiedlichen Haftungstatbestände (Tatbestände der Verschuldenshaftung, der Gefährdungshaftung) in Freiheitsrechte eingreifen und worin diese Eingriffe begründet sind. Es ist zu fragen, ob die bislang zur Verschuldenshaftung ergangene Rechtspre-

---

[63] Vgl hierzu bspw.: BVerfGE 52, 131 ff.; *Baumgärtel,* in: Festschrift für Franz Matscher, 1993, S. 29 ff.; *Tettinger,* Fairness und Waffengleichheit, 1984; *Vollkommer,* in: Festschrift Schwab, 1990, 503, 515; *Franski/ Franski,* NJW 1975, 2225 ff.; *Bötticher,* Gleichbehandlung und Waffengleichheit, 1979.

chung auf Tatbestände der Gefährdungshaftung übertragen werden kann oder ob der Verzicht auf das Verschuldenserfordernis die durch Gefährdungshaftungstatbestände bewirkten Eingriffe auf den Eingriff in das Eigentum bzw. Vermögen durch die Auferlegung einer Geldzahltungspflicht beschränkt.

Den Überlegungen, ob durch Gefährdungshaftungstatbestände ein weitergehender Grundrechtseingriff bewirkt wird, schließt sich die Frage an, welche Grundrechte durch den Eingriff berührt sind. Hierbei ist an einen Eingriff in **Art. 12 Abs. 1 GG** sowie an einen Eingriff in **Art. 14 GG** aufgrund der durch die Schadensersatzverpflichtung auferlegten Zahlungspflicht zu denken. Liegt ein Eingriff in die Spezialgrundrechte der Art. 12 oder 14 GG nicht vor, ist ein Eingriff in **Art. 2 Abs. 1 GG** zu überdenken.

Kommt man zu dem Ergebnis, daß ein Eingriff in einen Aspekt der grundrechtlich geschützten Unternehmerfreiheit gegeben ist, ist weiter zu fragen, ob durch diesen Eingriff die Unternehmerfreiheit **verletzt** wird, d.h. der Grundrechtseingriff nicht gerechtfertigt ist. Dies wäre der Fall, wenn kein rechtfertigender Grund für eine Verlagerung der Schadenstragungslast auf die Verursacher der Schäden vorhanden wäre.

Da nicht nur auf Seiten der Schädiger, sondern auch auf Seiten der Geschädigten Grundrechtspositionen zu berücksichtigen sind, ist bei der Frage, ob die Einführung von Handlungshaftungstatbeständen oder Anlagenhaftungstatbeständen ohne enumerative Anlagenliste zu einer Verletzung grundrechtlich geschützter wirtschaftlicher Freiheiten führen würde, die Vornahme einer **umfassenden Güterabwägung** erforderlich. Hierbei ist zunächst der **Gestaltungsspielraum des Gesetzgebers** auszuloten. Dieser wird einerseits durch die ihm obliegenden **Schutzpflichten** gegenüber den Geschädigten, andererseits durch den nicht einschränkbaren **Wesensgehalt** der unternehmerischen Handlungsfreiheit begrenzt. Schutzpflichten und Wesensgehalt der unternehmerischen Handlungsfreiheit müssen gewährleistet sein und die widerstreitenden Grundrechtspositionen sind zu einem Ausgleich zu bringen.

Eine Verletzung grundrechtlich geschützter Eigentums- und Freiheitsrecht läge ebenfalls vor, wenn die Tatbestände der stoffbezogenen Handlungshaftung oder der Tatbestände mit Anlagengeneralklauseln nicht den Erfordernissen der rechtsstaatlichen Bestimmtheit genügen würden. Dieser Frage wird am Ende von § 8 nachgegangen.

Teil 2: Vereinbarkeit der vorgeschlagenen Regelungen mit den grundrechtlich geschützten Wirtschaftsfreiheiten

§ 6 Bestimmung des Schutzbereichs der wirtschaftlichen Freiheiten

I. Allgemeines

Grundsätzlich kann jedermann Verursacher eines Umweltschadens sein. Wahrscheinlicher ist es jedoch, daß Umweltschäden bei einer gewerblichen Tätigkeit - dem Betrieb einer gefährlichen Anlage, dem Umgang mit einem gefährlichen Stoff, dem Transport einer gefährlichen Flüssigkeit oder der Beseitigung von Abfällen – eintreten. Adressaten von Haftungsregelungen für Umweltschäden sind demnach in erster Linie wirtschaftlich Tätige. Dies wird bereits anhand der Anlagenlisten des Umwelthaftungsgesetzes deutlich. Adressat des Umwelthaftungsgesetzes sind ausschließlich gewerbliche Betreiber der dort berücksichtigten Anlagen. Aber auch die Konvention des Europarats und der Entwurf einer Abfallhaftungsrichtlinie wenden sich auschließlich an gewerblich Tätige.

Für die Grundrechtsprüfung hat dies zur Folge, daß die durch das Grundgesetz besonders geschützten Freiheiten der wirtschaftlich Tätigen im Mittelpunkt der Untersuchung stehen.

Da noch nicht abschließend geklärt ist, welchen Einfluß Gefährdungshaftungstatbestände auf die Handlungsfreiheit haben und ob sie Eingriffe in grundrechtlich geschützte Freiheitsrechte darstellen können, ist es von besonderer Bedeutung, daß die Schutzbereiche der grundrechtlich geschützten Wirtschaftsfreiheiten genau bestimmt werden. Nur bei einer eindeutigen Erfassung des Schutzbereichs, ist festzustellen, ob durch Gefährdungshaftungstatbestände ein über die finanzielle Belastung der Schädiger hinausgehender Eingriff erfolgt.

Obwohl eine Diskussion über die wirtschaftlichen Freiheiten des Grundgesetzes seit dessen Inkrafttreten nicht abgebrochen ist, hat sich bis heute weder eine einheitliche Terminologie gebildet, noch besteht Einigkeit über Inhalt, Systematik oder die grundrechtliche Verortung der Freiheitsrechte auf ökonomischem Gebiet.

Nachfolgend wird deshalb zunächst ein kurzer Überblick über den derzeitigen Meinungsstand zu den wirtschaftlichen Freiheiten gegeben und im Anschluß eine eigene Systematisierung, die sich an der betriebswirtschaftlichen Einteilung der einzelnen betrieblichen Funktionsbereiche orientiert, vorgeschlagen.

II. Aktueller Meinungsstand zu den wirtschaftlichen Freiheiten

Die verfassungsrechtliche Diskussion hat sich mit den durch das Grundgesetz gewährleisteten wirtschaftlichen Freiheiten schwerpunktmäßig in Zusammenhang mit **vier Themenbereichen** auseinandergesetzt.

So taucht der Begriff der Wirtschaftsfreiheit in der verfassungsrechtlichen Diskussion des Grundgesetzes erstmalig im Zusammenhang mit der Frage um die **Reichweite des Schutzbereiches des Art. 2 Abs. 1 GG auf.** Die Vertreter einer engen Schutzbereichsauslegung sahen den Schutz des Art. 2 Abs. 1 GG auf den Kernbereich der Persönlichkeit beschränkt[1]. Wirtschaftliches Handeln falle nicht in diesen Kernbereich der Persönlichkeit[2]. Art. 2 Abs. 1 GG könne für den wirtschaftlichen Bereich nur anwendbar sein, wenn für eine eigenverantwortliche, der Menschenwürde entsprechende Tätigkeit überhaupt kein Raum mehr bleibe[3]. Das Bundesverfassungsgericht hat hingegen, im Einklang mit der herrschenden Meinung in der Literatur[4], schon 1957 zum Ausdruck gebracht, daß das Grundgesetz in Art. 2 Abs. 1 GG die Handlungsfreiheit im umfassenden Sinne meint[5]. Es bedürfe insofern keiner weiteren Begründung, daß die Entfaltung des Menschen auf wirtschaftlichem Gebiet selbstverständlicher Bestandteil dieser allgemeinen Handlungsfreiheit sei[6].

---

[1]   So die Persönlichkeitskerntheorie. Vertreten vor allem von *Fischerhof* NJW 1952, 920; *Jellinek* VVDStRL 11 (1954), 124; *Ballerstedt*, DÖV 1951, 160; heute noch vertreten von *Hesse*, VerfR Rdnr. 428 :"*...geschützt ist die engere persönliche, freilich nicht auf rein geistige und sittliche Entfaltung beschränkte Lebenssphäre*"; *Grimm*, Sondervotum zu BVerfG 80, 164, 169 ff: "*...Freiheitsbetätigungen, die für die freie Entfaltung der Persönlichkeit wichtig sind*".

[2]   *Schüle*, VVDStRL 11 (1954), 144.

[3]   *Fischerhof*, NJW 1952, 920; *Abendroth*, VVDStRL 11 (1954), 141; *Jellinek* VVDStRL 11 (1954), 124; *Schüle* VVDStRL 11 (1954), 85, 143 f.

[4]   *Nipperdey*, Soziale Marktwirtschaft, S. 7; *Wernicke*, BK Art. 2 Erl. II 1a; *Maunz*, Staatsrecht (10. Aufl. 1961) S. 97; *Dürig*, in Maunz/Dürig, Art. 2 Abs. 1 Rdnr. 11; *Herbert Krüger*, NJW 1955, 202; *Ehlers*, STuW 1953, 112, 116; *Hamann*, BB 1954, 782; *ders.*, BB 1955, 106; *v. Mangoldt*, AöR 75 (1949), 273, 280; *ders.*, Grundgesetz Art. 2 Anm. II; *Forsthoff*, BB 1953, 421 ff.; *Meyer-Cording*, JZ 1952, 164.

[5]   BVerfG 6, 32, seitdem ständige Rspr.

[6]   BVerfGE 6, 32, 41 f.; 8, 274, 328; 9, 3, 11; 10, 89, 99; 12, 341, 347; 29, 260, 266 f.; 37, 1, 18; 65, 196, 210; 68, 193, 223; 74, 129, 151 f.; *Nipperdey*, Soziale Marktwirtschaft, S. 7; *ders.*, in Bettermann/ Nipperdey, GrdRe IV/2 (1962), 775; *Dürig*, FS für Nawiasky, S. 159; *ders.*, in Maunz/Dürig Art. 2 Abs. 1 Rdnr. 11; *E. R. Huber*, DÖV 1956, 135; *Scheuner*, DÖV 1954,588; *Forsthoff*, BB 1953, 421; *Ipsen*, AöR 78, 284, 310; *ders.*, in Kaiser (Hrsg.), Planung II, 1966, S. 95; *Larenz*, NJW 1955, 521; *Redeker*, DÖV 1954, 109; *Jarass*, WiVwR S. 36 Rdnr. 57.

Die Frage, **ob das Grundgesetz eine konkrete Wirtschaftsordnung determiniere**, belebte erneut die Diskussion über die wirtschaftlichen Freiheiten. Anders als die Weimarer Reichsverfassung (Art. 151-165 WRV) oder einige Landesverfassungen[7] widmet das Grundgesetz der Wirtschaft keinen eigenen Abschnitt. Mit dem Begriff der Wirtschaftsverfassung ist in der Regel lediglich der Komplex all jener Verfassungsnormen gemeint, der für die Ordnung des wirtschaftlichen Lebens bedeutsam ist[8]. Einige Autoren gehen davon aus, daß sich aus dem Panoptikum dieser Verfassungsnormen eine Entscheidung des Grundgesetzes für ein bestimmtes Wirtschaftssystem feststellen lasse. Die Meinungen über den Inhalt dieses Wirtschaftssystems gehen dann jedoch weit auseinander[9]. Die größte Bedeutung hat die Theorie NIPPERDEYs erlangt, die das System der sozialen Marktwirtschaft durch das Grundgesetz geboten sieht[10]. Das Bundesverfassungsgericht hat bereits 1954 festgestellt, daß das Grundgesetz keine bestimmte Wirtschaftsverfassung garantiere[11]. Das Gericht sieht das Grundgesetz als "*wirtschaftspolitisch neutral*" an, so daß der Gesetzgeber "*jede ihm sachgemäß erscheinende Wirtschaftspolitik verfolgen darf, sofern er dabei die Grundrechte beachtet*"[12]. Die ganz überwiegende Meinung in der Literatur ist dem gefolgt[13].

Die wirtschaftlichen Freiheiten sind als wesentlicher Maßstab bei der Frage über **Zulässigkeit und Grenzen staatlicher Einflußnahme auf die Wirtschaft**, insbesondere durch Subventionen oder Preiskontrollen, in den Mittelpunkt der Betrachtungen gerückt. IPSEN hat in diesem Zusammenhang den Versuch unternommen, aus Art. 2 Abs. 1 GG ein selbständiges, vom den speziellen Freiheitsrechten unabhängiges Grundrecht der Wirtschaftsfreiheit als unternehmerische Dispositionsfreiheit abzuleiten. Dieses Grundrecht komme vor allem dann zum Tragen, wenn staatliche Wirtschaftsplanung auf die privatautonome Disposition einwirkt[14]. Das Grundrecht wirke nicht nur vermögensmäßig, sondern eigen-

---

[7] Vgl. etwa Art. 151 ff. BayVerf; Art. 27 ff. Hamb Verf; vgl. zu diesen *Papier*, in Landesverfassungsgerichtsbarkeit, Teilband III, S. 319 ff.

[8] Vgl. dazu grundlegend *Zacher*, in FS Böhm, 1965, S. 63 ff.; so auch *Geb. Müller*, Juristen-Jahrbuch, Bd. 2, (1961/62), 17, 18.

[9] Vgl. den Überblick bei *Tettinger*, BB 1977, 1617 f.

[10] *Nipperdey*, Die soziale Marktwirtschaft 1954; ähnlich *Herzog*, in Maunz/Dürig, GG Art. 20 Rdnr. 60 f.

[11] BVerfGE 4, 7, 17f. "Investitionshilfe"; dem folgend BVerfGE 7, 377, 400; 12, 341, 347; 14, 19, 23; 14, 263, 275; 21, 73, 78; 25, 1, 19f.; 30, 292, 317.

[12] Ausführlich dazu BVerfG 50, 290, 336 ff..

[13] Vgl. etwa *Badura*, JuS 1976, 205 ff.; *Zacher*, FS Böhm, 1965, S. 63, 89 ff.; *Scholz*, in Maunz/Dürig, GG Art. 12 Rdnr. 77; *Jarass*, WiVwR, S. 19 f., Rdnr. 2 ff.; *R. Schmidt*, Wirtschaftspolitik und Verfassung, 1971, S. 89 ff.; *Tettinger*, BB 1977, 1617 ff.

[14] *H.P. Ipsen*, in Kaiser (Hrsg.), Planung II, S. 95; *ders.*, VVDStRL 25 (1967), 257, 302; *ders.*, Europ.GemeinschR, S. 722 f.; *ders.*, Kartellrechtliche Preiskontrolle als Verfassungsfrage, 1976, S. 79 ff.; ähnlich *Dürig*, in Maunz/Dürig, GG, Art. 2 Abs. 1 Rdnr. 46,

ständig aus dem Wesensgehalt des privaten Wirtschaftens über das Ob und Wie der wirtschaftlichen Disposition, über Unternehmerinitiative und Unternehmerentscheidung[15]. Diese Auffassung ist ganz überwiegend auf Ablehnung gestoßen. Ihr wird vorgeworfen, daß sie die Spezialität der Art. 12, 14, 9 GG, die ebenfalls wirtschaftliche Freiheiten schützten, verkenne[16].

Eingehende Behandlung hat die Thematik der wirtschaftlichen Freiheiten im Rahmen der Diskussion um die erweiterte **unternehmerische Mitbestimmung** erfahren. Das Mitbestimmungsgesetz von 1976[17] ist auf heftige Kritik gestoßen. Ihm wurde vorgeworfen, es begründe eine volle paritätische Mitbestimmung der Arbeitnehmerseite, so daß das Eigentumsrecht der Anteilseignerseite ausgehöhlt und Eigentumsgarantie, Vereinigungsfreiheit sowie die Unternehmerfreiheit der Kapitalgesellschaften verletzt würden. Darüber hinaus verschiebe es das Kräfteverhältnis des Tarifvertragssystems[18]. Das Bundesverfassungsgericht hat in seinem "Mitbestimmungsurteil"[19] die Kritik weitgehend zurückgewiesen[20].

---

der aus Art. 2 Abs. 1 eine allgemeine wirtschaftliche Grundfreiheit ableiten will, die jedoch nur zur Anwendung kommen solle, um prinzipielle staatliche Angriffe auf die wirtschaftliche Entfaltungsfreiheit abzuwehren.

[15] *H.P. Ipsen*, Eur. GemeinschR, S. 722.

[16] Ausführlich dazu unten § 8 III 1; so *Frotscher*, JuS 1981, 622, 655; *Henseler*, VerwArch 77 (1986), 249, 252 f.; *Scheuner*, in: Die staatliche Einwirkung auf die Wirtschaft, Einl. S. 49; *Rüfner*, DVBl 1976, 689, 690; *Badura*, in Schmidt-Aßmann (Hrsg.), BesVwR, Rdnr. 48; *Scholz*, in Maunz/Dürig, GG Art. 12 Rdnr. 114 f.; *Breuer*, in HdBStR VI § 148 Rdnr. 70; die Rechtsprechung des Bundesverfassungsgerichts ist uneinheitlich.

[17] Gesetz vom 4. Mai 1976 BGBl. I, S. 1153.

[18] Vgl. *Badura*, ZfA 1974 (5), 357 ff.; umfassende Kritik von *Badura/Rittner/Rüthers*, Mitbestimmungsgesetz 1976 und Grundgesetz, 1976.

[19] BVerfGE 50, 290 ff.

[20] BVerfGE 50, 290, 350 ff. Zunächst hat es festgestellt, daß das Gesetz keine volle paritätische Mitbestimmung vorsehe, sondern daß der Anteilseignerseite ein Übergewicht verbleibe. Unter dieser Voraussetzung bedeute die Einführung des Gesetzes nicht die Aufhebung der Privatnützigkeit des unternehmerisch genutzten Eigentums, sondern sei eine zulässige Inhalts- und Schrankenbestimmung. Auch Art. 9 GG sei, sofern er überhaupt auf Kapitalgesellschaften anwendbar sei, nicht verletzt. Die Vorschriften des Mitbestimmungsgesetzes würden schließlich weder gegen Art. 12 Abs. 1 GG verstoßen - die vom Gericht zugestandene Einschränkung der Berufsfreiheit sei durch sachgerechte und vernünftige Erwägungen des Gemeinwohls gerechtfertigt -, noch gegen Art. 2 Abs. 1 GG, da, soweit für eine Prüfung des Grundrechts neben Art. 12 Abs. 1 GG noch Raum bleibe, es nicht ersichtlich sei, daß der von Art. 2 Abs. 1 GG gewährte unantastbare Spielraum zur Entfaltung der Unternehmerinitiative berührt sei.

Die im **Bereich der wirtschaftlichen Freiheiten verwandte Terminologie ist äußerst uneinheitlich.** Begriffe wie Wirtschaftsfreiheit[21], Unternehmensfreiheit[22], Unternehmerfreiheit[23], Marktfreiheit[24], wirtschaftliche oder unternehmerische Dispositionsfreiheit[25], wirtschaftliche Betätigungs- oder Handlungsfreiheit[26] sind weitgehend deckungsgleich. Kern der Gewährleistung ist jeweils die Entscheidungsfreiheit des wirtschaftlich Tätigen. Inhaltliche Unterschiede ergeben sich in der Regel aus den verschiedenen Auffassungen über den Schutzbereich[27].

Einigkeit besteht darüber, daß das Grundgesetz in den Art. 12, 14, 9, 11 und 2 Abs. 1 GG Regelungen vornimmt, die das wirtschaftliche Handeln betreffen. Die wirtschaftliche Tätigkeit wird durch diese Regelungen einerseits gewährleistet, anderseits sind die Normen auch Grundlage für die Regelung und Begrenzung der wirtschaftlichen Freiheit. Die Art. 12, 14, 9, 11, 2 Abs. 1 GG gewährleisten eine allgemeine Wirtschaftsfreiheit, eine allgemeine Freiheit zum Handeln auf wirtschaftlichem Gebiet[28]. Geschützt werden die freie Entscheidung des wirtschaftlich Tätigen sowie die Rahmenbedingungen, die ihm die Freiheit der Entscheidung ermöglichen.

Die **wirtschaftliche Dispositions- oder Handlungsfreiheit** wird als Kern der allgemeinen Wirtschaftsfreiheit angesehen. Sie garantiere die Freiheit, ein Un-

---

21 Verwandt u.a. von *H. P. Ipsen*, Europ. GemeinschR, S. 722; *ders.*, in Kaiser (Hrsg.), Planung II, (1966), S. 95; *ders.*, AöR 90 (1965), 430; *Papier*, HdBVerfR, § 18, S. 832 ff.; *ders.*, in Maunz/Dürig, GG, Art. 14 Rdnr. 226; *Bryde*, NJW 1984, 2180; *E.R. Huber*, WiVwR I, S. 656.

22 Verwandt u.a. von *Tettinger*, AöR 108 (1983), 130; *Frotscher* JuS 1981, 665; *Badura*, in Schmidt-Aßmann (Hrsg.), BesVwR, Rdnr. 40; *Pernthaler*, Qualifizierte Mitbestimmung, S. 151; *E.R. Huber*, DÖV 1956, 136; *Dürig*, in Maunz/Dürig, GG, Art. 2 Abs. 1 Rdnr. 46.

23 Verwandt u.a. von *Rüfner*, DVBl 1976, 689; *Henseler*, VerwArch 77 (1986), 252; BVerfGE 50, 290 ff.; *H.U. Erichsen*, HdBStR VI § 152 Rdnr. 60; *Badura*, BayVBl 1971, 7, 8; *Breuer*, HdBStR VI § 147 Rdnr. 30; *Jarass*, WiVwR S. 37 Rdnr. 59.

24 Verwandt von *Ballerstedt*, in GrdRe III/1, S. 66.

25 Verwandt u.a. von *H.U. Erichsen*, HdBStR VI § 152 Rdnr. 60; *Scheuner*, Die staatliche Einwirkung auf die Wirtschaft, S. 50; BVerfGE 29, 200, 267.

26 Verwandt u.a. von *Scholz*, AöR 100 (1975), 127; *ders.*, in Maunz/Dürig, GG, Art. 12 Rdnr. 115; *Badura*, FS Ipsen S. 367, 380 ff.; *E.R. Huber*, Grundrechte und wirt. Mitbestimmung, S. 25 ff.; BVerfGE 15, 235, 239; 68, 193, 223; BVerfG NJW 1994, 1784.

27 Vgl. dazu unten § 6 III 1.

28 Vgl. *Scholz*, in Maunz/Dürig, GG, Art. 12 Rdnr. 123; *Dürig*, in Maunz/Dürig, GG, Art. 2 Abs. 1 Rdnr. 48 ff.; *Badura*, BayVBl 1971, 7, 8; *E.R. Huber*, DÖV 1956, 135; *Nipperdey*, in Bettermann/ Nipperdey, GrdRe, IV/2, S. 877 ff.

ternehmen zu gründen, nach ökonomischen Gesichtspunkten zu führen sowie gegebenenfalls wieder aufzugeben[29].

Neben der wirtschaftlichen Dispositionsfreiheit sind als weitere Gewährleistungen wirtschaftlichen Handelns die Wettbewerbs- und Vertragsfreiheit seit langem anerkannt[30]. Mit der **Wettbewerbsfreiheit** soll dem einzelnen das Recht gewährt werden, sich durch freie Leistungskonkurrenz auf dem Markt gegenüber anderen durchzusetzen[31].

Die **Vertragsfreiheit** gewähre das Recht, zum Zweck der Wirtschaftstätigkeit mit jedem beliebigen Partner Verträge beliebigen Inhalts zu schließen[32]. Die **Produktionsfreiheit** schütze die Entscheidung des wirtschaftlich Handelnden über das Ob und Wie der Produktion. Unter Produktion sei dabei nicht nur die tatsächliche Herstellung von Gütern zu verstehen, sondern auch die Erbringung von Dienstleistungen. Durch Produktionsverbote, Produktionsbeschränkungen oder Produktionsanforderungen könne in die Produktionsfreiheit eingegriffen werden.

Als weitere wirtschaftliche Teilfreiheit ist die **Investitionsfreiheit** anerkannt. Mit der Investitionsfreiheit werde dem wirtschaftlich Tätigen die freie Entscheidung über den Kapitaleinsatz garantiert[33].

Neben der Vertragsfreiheit findet auch die **Preisfreiheit** als selbständige wirtschaftliche Teilfreiheit Erwähnung[34]. Sie soll die freie Entscheidung der wirtschaftlich Handelnden gegen staatliche Preisfestsetzungen schützen.

Die **Organisationsfreiheit** soll es dem wirtschaftlich Handelnden erlauben, einerseits den rechtlichen Rahmen für sein Handeln zu wählen, anderseits auch darüber zu entscheiden, wie er die Einzelheiten der betrieblichen Organisation

---

[29] Vgl. u.a. *Papier*, VVDStRL 35 (1977), 53, 57; *Henseler*, VerwArch 77 (1986), 249, 252; *H.U. Erichsen*, HdBStR VI § 152 Rdnr. 60; *Breuer*, HdBStR VI § 147 Rdnr. 61; *Scholz*, in Maunz/Dürig, GG, Art. 12 Rdnr. 123; *Ossenbühl*, AöR 115 (1990), 1, 12.

[30] Vgl. *Nipperdey*, in Bettermann/ Nipperdey, GrdRe, IV/2, S. 877; *Bryde*, NJW 1984, 2180; *E.R. Huber*, DÖV 1956, 135; *Dürig*, in Maunz/Dürig, GG, Art. 2 Abs. 1 Rdnr. 48; *Ossenbühl*, AöR 115 (1990), 1, 22, 25.

[31] *E.R. Huber*, DÖV 1956, 135, 137; vgl. auch *Dürig*, in Maunz/Dürig, GG, Art. 2 Abs. 1 Rdnr. 48.

[32] *Papier*, in HdBVerfR, § 18 Rdnr. 76; *E.R. Huber*, WiVwR I, S. 646; *Ossenbühl*, AÖR 115 (1990), 1, 25.

[33] *Breuer*, HdBStR VI, § 147 Rdnr. 63; *Ossenbühl*, AöR 115 (1990), 1, 20; *Scholz*, in Maunz/Dürig, GG, Art. 12 Rdnr. 124, Fn 3.

[34] *Scholz*, in Maunz/Dürig, GG, Art. 12 Rdnr. 123; *Breuer*, HdBStR VI § 147 Rdnr. 63; *Ossenbühl*, AöR 115 (1990), 1, 21.

gestaltet[35]. Von der Organisationsfreiheit umfaßt sind Standortwahl und Namensgebung, die Wahl der Rechtsform, der innerbetriebliche Aufbau von Unternehmensorganen sowie die Entscheidung über die Einrichtung von Zweigstellen oder Filialen[36].

Als wirtschaftliche Teilfreiheiten werden weiterhin die **Vertriebs- und Absatzfreiheit** angesehen, die die Entscheidung des wirtschaftlich Handelnden über Vertriebsformen und Absatzwege gewährleisten[37], die **Wachstumsfreiheit** (implizit als Gegenstück auch die Schrumpfungsfreiheit), die die Wahl der Betriebsgröße sowie das Recht, sich zusammenzuschließen oder Zusammenschlüsse zu lösen, schütze[38], die **Handelsfreiheit**, zusammengesetzt aus der Veräußerungs- und der Erwerbsfreiheit[39], die Freiheit des Marktzutritts[40] sowie die **arbeitgeberische Leitungsbefugnis** über Arbeitsbedingungen, Arbeitsplätze, Arbeitsinhalte und Arbeitslohn[41].

Einige Autoren[42] zählen auch die **Konsumfreiheit** zu den wirtschaftlichen Teilfreiheiten. Die Konsumfreiheit soll danach dem Verbraucher die freie Entscheidung darüber gewähren, *"ob, was, wieviel und wo er Güter erwerben will"*[43]. In der Marktwirtschaft sei die Konsumfreiheit das notwendige Gegenstück zur Produktionsfreiheit.

III. Eigene Systematisierung

Die Einbeziehung der Konsumfreiheit in den Kreis der wirtschaftlichen Freiheiten wirft die Frage nach dem personalen Schutzbereich dieser Freiheiten auf. Zu fragen ist, ob Träger der wirtschaftlichen Freiheiten nur diejenigen sind, die mit ihrem Handeln gewerbliche oder berufliche Ziele verfolgen oder auch diejenigen, die am wirtschaftlichen Leben teilnehmen, ohne daß ihre Handlungen einen Teil ihrer Berufsausübung darstellen. NIPPERDEY sieht in der Konsumfreiheit das notwendige Gegenstück zur Produktionsfreiheit, da ohne das Vorhandensein von Endabnehmern (Konsumenten) jede wirtschaftliche Produktion ih-

---

[35] *Breuer*, HdBStR VI, § 147 Rdnr. 62; *Scholz*, in Maunz/Dürig, GG, Art. 12 Rdnr. 124 m.w.N.
[36] *Ossenbühl*, AöR 115 (1990), 1, 16 ff.
[37] *Ossenbühl*, AöR 115 (1990), 1, 22; *Scholz*, in Maunz/Dürig, GG, Art. 12 Rdnr. 124.
[38] *Scholz*, in Maunz/Dürig, GG, Art. 12 Rdnr. 123; *Ossenbühl*, AöR 115 (1990), 1, 20 f.
[39] *E.R. Huber*, DÖV 1956, 135.
[40] *Ossenbühl*, AöR 115 (1990), 1, 12; *Scholz*, in Maunz/Dürig, GG, Art. 12 Rdnr. 123.
[41] *Scholz*, in Maunz/Dürig, GG, Art. 12 Rdnr. 125.
[42] *E.R. Huber*, DÖV 1956, 135; *Nipperdey*, in Bettermann/ Nipperdey, GrdRe, IV/2, S. 886.
[43] *Nipperdey*, in Bettermann/ Nipperdey, GrdRe, IV/2, S. 886.

ren Sinn verlieren würde[44]. In die Überlegungen ist auch einzubeziehen, daß auf einigen Märkten wirtschaftliches Handeln zu einem nicht unerheblichen Teil von Privaten (im Gegensatz zu gewerblich oder beruflich Tätigen) abgewickelt wird; so zu einem nicht unerheblichen Teil auf dem Immobilien- und Wohnungsmarkt, dem Markt für gebrauchte Kraftfahrzeuge sowie generell für gebrauchte Gegenstände. Diese Bereiche des wirtschaftlichen Lebens sollten bei einer Betrachtung der wirtschaftlichen Freiheiten des Grundgesetzes nicht außen vor gelassen werden. Dies gilt umso mehr, als die wirtschaftlichen Freiheiten in ihrer Funktion als Garanten gegen unberechtigte staatliche Einflußnahmen auf das Wirtschaftsleben wirken. Wirtschaftliche Einflußnahmen des Staates haben selten allein eindimensionale Wirkungen. So berührt das Gesetz über die Ladenöffnungszeiten nicht allein die Unternehmerfreiheit der Händler, sondern ebenso die Wirtschaftsfreiheit der Kunden, denen es verwehrt ist, außerhalb der Ladenöffnungszeiten von ihrer Konsumfreiheit Gebrauch zu machen[45].

a) Terminologie

Für ein besseres Verständnis und zur Erarbeitung einer einheitlichen Systematik der wirtschaftlichen Freiheiten bietet sich die nachfolgende Terminologie an. Unter den Begriff **allgemeine Wirtschaftsfreiheit** (Wirtschaftsfreiheit im weiteren Sinn) soll jedes Handeln auf wirtschaftlichem Gebiet fallen. Von **Unternehmerfreiheit** sollte gesprochen werden, wenn das wirtschaftliche Handeln beruflichen oder gewerblichen Zwecken dient. Die **Wirtschaftsfreiheit in engerem Sinn** soll das wirtschaftliche Handeln derjenigen gewährleisten, die nicht in Ausübung eines Berufs oder Gewerbes tätig werden. Diese beschränkt sich dabei nicht auf die Konsumfreiheit, sondern umfaßt eine Vielzahl wirtschaftlicher Tätigkeiten, die nicht die Schwelle der Berufsausübung oder auch nur einer Nebenberufstätigkeit erreichen.

Um einen greifbaren Prüfungsmaßstab zu erhalten, ist es erforderlich, weiter zu differenzieren. Insbesondere die Unternehmerfreiheit bedarf weiterer Systematisierung. Sie wird als Prototyp der wirtschaftlichen Freiheiten behandelt und ist bevorzugtes Objekt staatlicher Einflußnahme.

Für eine **Systematisierung der Unternehmerfreiheit** bietet sich eine **Anlehnung an die betriebswirtschaftliche Einteilung einzelner betrieblicher Funktionsbereiche an**. Will man betriebswirtschaftliche Überlegungen heranziehen, ist darauf Rücksicht zu nehmen, daß die betriebswirtschaftliche Literatur unter "Wirtschaften" lediglich das *"Entscheiden über knappe Güter im Hinblick*

---

[44] *Nipperdey*, in Bettermann/ Nipperdey, GrdRe, IV/2, S. 886.
[45] *Ossenbühl*, AöR 115 (1990), 1, 8. BVerfGE 13, 225.

auf ihre direkte oder indirekte Verwendung zur Befriedigung menschlicher Bedürfnisse"[46] versteht. Die tatsächliche Verwendung der Güter bedeutet lediglich die Realisation der zuvor getroffenen Entscheidung. Der Schutzbereich der wirtschaftlichen Freiheiten muß jedoch sowohl die Entscheidung als auch ihre Realisation umfassen, da das eine ohne das andere nicht denkbar ist[47].

Im folgenden wird ein weitgehend vollständiger Überblick über die Teilbereiche der Unternehmerfreiheit gegeben. Bei einigen ist eine Berührung durch Haftungsnormen, insbesondere solche des Umwelthaftungsrechts, nicht wahrscheinlich. Um die Vorzugswürdigkeit einer Orientierung an der betriebswirtschaftlich bereits erarbeiteten Systematisierung der betrieblichen Funktionsbereiche darzulegen, sollen jedoch auch diese kurz erwähnt werden.

aa) Entscheidungen über den konstitutionellen und institutionellen Unternehmensrahmen

Den eigentlichen betrieblichen Funktionsbereichen (Finanzierung, Investition und Beschaffung, Leistungserstellung und Leistungsverwertung) sind Entscheidungen des Unternehmers über den konstitutionellen und institutionellen Rahmen des Betriebes vorangestellt[48].

Entscheidungen über den konstitutionellen Rahmen des Betriebes betreffen die Wahl der Rechtsform des Unternehmens[49], die Entscheidung über mögliche

---

[46] *Peters*, BetrWL, S. 3

[47] Vgl. die Parallele zur Glaubens- und Gewissensfreiheit. Dazu *Jarass*, in Jarass/ Pieroth, GG, Art. 4 Rdnr. 9, 42; *Pieroth/ Schlink*, GrdRe Rdnr. 509, 524; BVerfGE 32, 98, 106; 33, 23, 28; 41, 19, 49; 78, 391, 395.

[48] Nachfolgende Systematisierung angelehnt an *Peters*, Betriebswirtschaftslehre, 1992.

[49] Die **Wahl der Rechtsform des Unternehmens** ist durch die vom Gesetzgeber vorgegebene Typologie beschränkt. Den Unternehmen ist es nicht gestattet, frei über ihre Unternehmensorganisation zu entscheiden, sondern seitens des Gesetzgebers ist eine Auswahl an Rechtsformen vorgegeben. Diese Begrenzung der Organisationsfreiheit wird jedoch aus sozialstaatlichen Gründen sowie aus Gründen der Rechtssicherheit für gerechtfertigt gehalten. Vgl. dazu *Breuer*, HdBStR VI, § 147 Rdnr. 62; *Ossenbühl*, AöR 115 (1990), 1, 17. Darüberhinaus nimmt der Staat auf die Wahl der Rechtsform durch die Folgen, die sich mit der Wahl einer bestimmten Rechtsform verbinden, Einfluß. Zu nennen sind dabei insbesondere Steuerbelastungen, wie die unterschiedliche Besteuerung von Personen- und Kapitalgesellschaften, der je nach Rechtsform unterschiedliche Haftungsumfang, Leitungsbefugnisse (unbeschränkte Leitungsbefugnisse oder betriebliche Mitbestimmung), Finanzierungsmöglichkeiten oder Publizitätserfordernisse. Vgl. *Wöhe*, Allg. BetrWL, S. 328 ff.; *Peters*, BetrWL, S. 16; *Schierenbeck*, Grdz. d. BetrWL, S. 28 ff.

Zusammenschlüsse von Unternehmen[50] sowie die Wahl des Unternehmensstandortes[51]. Konstitutive Entscheidungen erfolgen in erster Linie in Zusammenhang mit der Gründung eines Unternehmens; sie können jedoch auch in späteren Phasen der betrieblichen Entwicklung erforderlich werden, um betriebszielgerechte Bedingungen zu schaffen oder wiederherzustellen.

Der **institutionelle Rahmen** wird durch Entscheidungen über die Betriebsgröße sowie über die Betriebsorganisation bestimmt. Die **Betriebsgröße** wird im wesentlichen durch die Anzahl der Beschäftigten, die Bilanzsumme und den Umsatzerlös bestimmt[52]. Die staatliche Einflußnahme auf die Entscheidungen über die Betriebsgröße sind eher mittelbar, etwa durch Regelungen des Arbeitsrechts, die eine Verringerung der Beschäftigtenzahl nur in eingeschränktem Maß zulassen. Die **betriebliche Organisation** wird von der betriebswirtschaftlichen Organisationslehre in der Regel in Aufbauorganisation und Ablauforganisation gegliedert. Im Rahmen der Aufbauorganisation wird über die Verteilung von Aufgaben-, Kompetenz- und Verantwortungsbereichen entschieden[53]. Der Gesetzgeber nimmt unter anderem mit den Regelungen über die Mitwirkung von Arbeitnehmervertretern in bestimmten Unternehmensorganen Einfluß auf die in-

---

[50] **Wirtschaftliche Zusammenschlüsse** von Unternehmen treten in Formen der Kooperation und Formen der Konzentration auf. Die Entscheidungsmöglichkeiten sowohl hinsichtlich der kooperativen Zusammenschlüsse als auch hinsichtlich konzentrierender Zusammenschlüsse werden durch das Gesetz gegen Wettbewerbsbeschränkungen (GWB) beschränkt. *Vgl. Wöhe*, Allg. BetrWL, S. 381 f., S. 314; *Peters*, BetrWL, S. 28 f.; *Schierenbeck*, Grdz. d. BetrWL, S. 49 f.

[51] Die **Wahl der Unternehmensstandortes** ist wegen ihrer dauerhaften Wirkung von grundlegender Bedeutung. Als Standort eines Betriebes wird der Ort bezeichnet, an dem sich die Verwaltungs- und Fertigungsstätten, Lager oder andere Baulichkeiten befinden. Vgl. *Peters*, BetrWL, S. 32; *Wöhe*, Allg. BetrWL, S. 446. Eine staatliche Beschränkung der Standortwahl erfolgt einerseits durch gemeindliche oder vom Bund oder den Ländern ausgehende Raumplanungen, die von vornherein nur bestimmte Bereiche für die unternehmerische Standortwahl vorsehen, andererseits durch die Gestaltung staatlicher Rahmenbedingungen, die auf die Wahl des Unternehmensstandortes Einfluß haben, wie vom Standort abhängige, unterschiedliche Steuerlasten, wobei die Steuerdifferenzen eine Folge des Steuersystems, der dezentralen Finanzverwaltung oder der Steuerpolitik sein können (beispielsweise Steuervergünstigungen für Investitionen in den neuen Bundesländer) oder standortabhängige Gebühren, Subventionen oder aber auch vor allem Auflagen und Beschränkungen des Umwelt- und Technikrechts. Vgl. *Peters*, BetrWL, S. 33; *Wöhe*, Allg. BetrWL, S. 449 ff.

[52] Daneben existieren noch eine Vielzahl weiterer Faktoren, die Einfluß auf die Betriebsgröße haben, wie die Anzahl der verfügbaren Arbeitsstunden, das Anlage- und Umlaufvermögen sowie der genutzte Raum oder die Ausstoßmenge. Vgl. *Peters*, BetrWL, S. 39. Zur Betriebsgrößenplanung vgl. *Schierenbeck*, Grdz. d. BetrWL, S. 207 ff.

[53] *Peters*, BetrWL, S. 43; *Wöhe*, Allg. BetrWL, S. 182 ff.

nerbetriebliche Organisation[54]. Die Ablauforganisation bezieht sich auf die Gestaltung der materiellen und immateriellen Arbeitsprozesse im Betrieb in ihrem räumlichen und zeitlichen Verlauf[55].

Die hier dargestellten vielfältigen Entscheidungen, die der Unternehmer bei der Ausgestaltung des konstitutionellen und institutionellen Rahmens seines Unternehmens zu treffen hat, werden von der grundrechtskommentierenden Literatur unter dem Begriff der **Organisationsfreiheit** zusammengefaßt[56].

Eine Einflußnahme von Umwelthaftungsnormen ist hier kaum denkbar; allenfalls in dem Sinne, daß –wie vom Weißbuch der Kommission befürchtet- Unternehmen finanzschwache Tochterunternehmen gründen, um Haftungsrisiken auf diese zu verlagern.

In diese institutionellen und konstitutionellen Rahmenbedingungen sind die wiederkehrenden Entscheidungen über den Betriebsablauf der einzelnen **betrieblichen Funktionsbereiche** eingebunden. Diese werden in der Regel unterteilt in die Bereiche Finanzierung, Investition und Beschaffung, Leistungserstellung sowie Leistungsverwertung.

bb) Finanzierung

Unter den Begriff **Finanzierung** fallen alle Maßnahmen eines Betriebes, die auf die Beschaffung und Bereitstellung von Zahlungsmitteln gerichtet sind[57]. Aufgabe der Finanzierung ist es, die Liquidität des Betriebes sicherzustellen. Die Finanzierungsfreiheit umfaßt einerseits Entscheidungen und Handlungen des Unternehmers, die darauf gerichtet sind, dieses Ziel zu erreichen, andererseits schützt sie auch die Finanzmittel vor ungerechtfertigten Zugriffen. Klassisches Beispiel für einen Eingriff in die Finanzierungsfreiheit ist das Investitionshilfegesetz von 1952[58]. Dieses verpflichtete Unternehmen der gewerblichen Wirtschaft, liquide Betriebsmittel anderen Unternehmen als Investitionsmittel zur Verfügung zu stellen. Das Bundesverfassungsgericht hat diese Beschränkung

---

[54] BVerfGE 50, 290; *Breuer*, HdBStR VI, § 147 Rdnr. 62; *Ossenbühl*, AöR 115 (1990), 1, 17 f.; vgl. dazu auch oben § 6 I 4.
[55] *Wöhe*, Allg. BetrWL, S. 182, 196 ff.; *Peters*, BetrWL, S. 43.
[56] Vgl. oben § 6 II 1 b.
[57] *Peters*, BetrWL, S. 63; zum Begriff der Finanzierung ausführlich *Wöhe*, Allg. BetrWL, S. 738 f.; *Schierenbeck*, Grdz. d. BetrWL, S. 307.
[58] Gesetz über die Investitionshilfe der gewerblichen Wirtschaft vom 07.01.1952, BGBl. I, 1952, S. 7.

der Finanzierungsfreiheit - wohl unter dem Eindruck der damaligen wirtschaftlichen Situation - für zulässig erklärt[59].

Durch Haftungsnormen ist ein Eingriff in die Finanzierungsfreiheit insoweit denkbar, als durch die Auferlegung einer Zahlungspflicht dem betroffenen Unternehmen Zahlungsmittel entzogen werden. Ist dieser Entzug von Zahlungsmitteln nicht gerechtfertigt, liegt eine Verletzung der grundrechtlich geschützten Finanzierungsfreiheit vor.

cc) Investition und Beschaffung

Eng verbunden mit dem betrieblichen Funktionsbereich der Finanzierung ist der der **Investition und Beschaffung**. Ist der Prozeß der Beschaffung und Bereitstellung von Zahlungsmitteln als Finanzierung bezeichnet worden, so kann unter Investition der Prozeß der Umwandlung dieser Zahlungsmittel in Güter, die zur Erstellung von Gütern in Form von Sach- und Dienstleistungen und zu deren Verwertung am Markt erforderlich sind, verstanden werden[60]. Neben diesem Prozeß der Sachinvestition werden freie Zahlungsmittel auch in Finanzanlagen, wie Beteiligungen an anderen Unternehmen, umgewandelt. In diesen Fällen spricht man von Finanzinvestitionen. Der Vorgang der (Sach-)investitionen umfaßt einerseits den Abfluß von Zahlungsmitteln aus dem Betrieb heraus, anderseits den Zufluß von Gütern in den Betrieb hinein. Dieser güterliche Zufluß wird als Beschaffung bezeichnet. Bei der Anschaffung von Gütern, die eine langfristige und hohe Bindung von Zahlungsmitteln aufweisen und zur Leistungserstellung oder Verwertung benötigt werden (insb. Maschinen), steht der geldliche Aspekt gegenüber dem güterlichen stark im Vordergrund, so daß die betriebswirtschaftliche Literatur allein den Umwandlungsprozeß in Güter dieser Art als Investition bezeichnet[61]. Bei Gütern ohne hohe oder langfristige Kapitalbindung, die im Prozeß der Leistungserstellung verbraucht werden (insb. Rohstoffe, Betriebsstoffe, Einzelteile etc.), steht der reale Prozeß der Hereinnahme in den Betrieb im Vordergrund; insofern versteht die betriebswirtschaftliche Literatur unter Beschaffung allein den Zufluß von Gütern dieser Art[62].

Für die grundrechtlich geschützte Investitions- und Beschaffungsfreiheit kann diese einschränkende Begriffsbildung jedoch nicht ausschlaggebend sein. Diese muß das unternehmerische Handeln im gesamten Prozeß der Umwandlung von

[59] BVerfGE 4, 7, 16 f., (Urteil vom 20. Juli. 1954); vgl. dazu ausführlich *H. P. Ipsen*, in Kaiser (Hrsg.), Planung II, S. 94 f.

[60] *Peters*, BetrWL, S. 75; *Wöhe*, Allg. BetrWL, S. 737 f.

[61] *Peters*, BetrWL, S. 89; *Wöhe*, Allg. BetrWL, S. 740 f.

[62] *Peters*, BetrWL, S. 89.

Zahlungsmitteln in Güter vor allen ungerechtfertigten staatlichen Beschränkungen und Einflußnahmen schützen.

Unmittelbare Beschränkungen der Investitionsfreiheit werden durch den Zwang zu Investitionen, z.B. durch die Auferlegung von Auflagen zur Erreichung bestimmter Sicherheitsstandards[63] sowie durch Investitionsverbote[64] bewirkt. Mittelbare Eingriffe können durch den Entzug der für Investitionen zur Verfügung stehenden Mittel verursacht werden[65] oder aber auch durch die Festsetzung von Umwelt- und Technikstandards, die eine Veränderung der betrieblichen Produktion erforderlich machen.

Die bisherige Literatur faßt die Finanzierungs- und die Investitionsfreiheit unter dem Begriff der Investitionsfreiheit zusammen.

dd) Leistungserstellung

Die **Leistungserstellung** ist der zentrale betriebliche Funktionsbereich. Unter Leistungserstellung ist sowohl die Erbringung von Sachleistungen (Produktion) als auch die Verrichtung von Dienstleistungen zu fassen[66]; beides wird vom Begriff der **Produktionsfreiheit** umfaßt. Betriebswirtschaftliche Untersuchungen haben lediglich die Produktionsplanung zum Gegenstand. Die grundrechtlich geschützte Produktionsfreiheit garantiert demgegenüber sowohl die Produktionsplanung als auch die Verwirklichung der bei dieser Planung getroffenen Entscheidungen.

Bei der Planung des betrieblichen Produktionsprozesses sind das Produktionsprogramm und der Produktionsablauf zu unterscheiden[67]. Mit dem Produktionsprogramm soll festgelegt werden, welche Arten und Mengen von Gütern innerhalb eines bestimmten Zeitraums hergestellt werden sollen[68]. Bei der Planung des Produktionsablaufs wird festgelegt, mit welchen Fertigungsverfahren, innerhalb welchen Zeitraums und in welchen Konstellationen die geplanten Produkt-

---

[63] Ein Beispiel für Investitionszwang ist die Verpflichtung zur Erdölbevorratung durch Mineralölunternehmen, die diese zur Errichtung größerer Lager zwingt.
[64] BVerfGE 25, 1 (Errichtungs- und Erweiterungsverbot für Mühlen).
[65] BVerfGE 4, 7, 16.
[66] *Peters*, BetrWL, S. 100; *Wöhe*, Allg. BetrWL, S. 15 f.; *Schierenbeck*, Grdz. d. BetrWL, S. 34.
[67] Vgl. *Wöhe*, Allg. BetrWL, S. 533 ff. Dieser sieht in der Planung der Beschaffung einen dritten Teilbereich der Produktionsplanung. Dies soll hier im Rahmen der Produktionsplanung außer Betracht bleiben.
[68] *Wöhe*, Allg. BetrWL, S. 533 ff.

mengen erzeugt werden sollen[69]. Es ist über den Einsatz der Produktionsfaktoren Betriebsmittel, Werkstoffe und menschliche Arbeit zu entscheiden[70].

Betriebsmittel sind all diejenigen Sachgüter, die im Leistungsprozeß genutzt werden, ohne mit ihrer Substanz Eingang in die Erzeugnisse zu finden[71]. Zu ihnen wird somit die gesamte technische Apparatur gezählt, deren sich der Betrieb zur Durchführung des Betriebsprozesses bedient. Dies sind vor allem Maschinen, maschinelle Anlagen und Werkzeuge, aber auch Grundstücke, Gebäude oder Verkehrsmittel[72]. Entscheidungen des Unternehmers hinsichtlich der Betriebsmittel betreffen in erster Linie die Kapazitätsnutzung der einzelnen Anlagen. Einerseits wird er erhöhten Verschleiß durch eine Überbeanspruchung der Anlage zu vermeiden versuchen, andererseits auch ein Brachliegen von Aggregaten durch zu geringe Ausnutzung[73]. Seine Entscheidungsfreiheit, diesen in quantitativer und qualitativer Hinsicht optimalen Kapazitätsnutzungsgrad anzustreben, kann jedoch in vielfältiger Weise beschränkt werden. Produktionsverbote bedeuten hierbei den gravierendsten Eingriff[74]. Am häufigsten sind Eingriffe in die Produktionsfreiheit durch Produktionsanforderungen.

Regeln des Arbeits-, Umwelt- und Gesundheitsschutzes sowie der technischen Sicherheit determinieren in großem Umfang die Produktionsabläufe eines Unternehmens[75]. Zu denken ist an Vorschriften des Umwelt- und Technikrechts, die beispielsweise eine bestimmte Emissionshöchstgrenze festsetzen, die bei einer betriebswirtschaftlich optimalen Ausnutzung der Anlage jedoch überschritten würde. Ebenso stellt sich dem Unternehmer die Frage des optimalen Einsatzes in zeitlicher Hinsicht. Die Wahl des optimalen Betriebsablaufes wird in dieser Hinsicht vor allem durch Arbeitszeitregelungen zum Schutz der Arbeitnehmer beschränkt, aber auch durch Vorschriften, die den Einsatz lärmintensiver Anlagen in der Nacht oder am Wochenende untersagen[76].

---

[69] *Wöhe*, Allg. BetrWL, S. 558 ff.

[70] Die betriebswirtschaftliche Literatur teilt heute nach einem von GUTENBERG entwickelten System die Produktionsfaktoren in Betriebsmittel, Werkstoffe und menschliche Arbeit, *Gutenberg*, Grundlagen der Betriebswirtschaftslehre, Bd. 1, S. 3; vgl. *Wöhe*, Allg. BetrWL, S. 93; *Peters*, BetrWL, S. 102; *Schierenbeck*, Grdz. d. BetrWL, S. 181.

[71] *Schierenbeck*, Grdz. d. BetrWL, S. 181; *Peters*, BetrWL, S. 103.

[72] *Wöhe*, Allg. BetrWL, S. 310.

[73] Vgl. *Wöhe*, Allg. BetrWL, S. 312 f.

[74] Vgl. *Ossenbühl*, AöR 115 (1990), 1, 20. Produktionsverbote vor dem Bundesverfassungsgericht: BVerfGE 61, 291 (repressives Verbot hinsichtlich des Besitzes, der Verarbeitung und des Vertriebs von geschützten Vogelarten); präventive Verbote: BVerfGE 9, 83, 87 (Arzneifertigwaren); BVerfGE 21, 150 (Weinanbauverbot); BVerfGE 8, 71.

[75] Vgl. *Breuer*, HdBStR VI § 147 Rdnr. 63; *Ossenbühl*, AöR 115 (1990), 1, 20.

[76] BVerfGE 41, 360, 370; vgl. auch BVerfGE 22, 1, 20 (Arbeitszeitordnung); BVerfGE 26, 259, 263 (Wochenendfahrverbot für LKW).

Auch durch Haftungsregelungen ist eine Eingriff in die Produktionsfreiheit denkbar. Wird beispielsweise durch die Verletzung von Sicherheitsstandards ein Schaden verursacht, haftet der Unternehmer für diesen Schaden nach den Normen der Verschuldenshaftung, auch wenn es sich bei den verletzten Bestimmungen möglicherweise nicht um gesetzliche Regelungen, sondern nur um technische Regelwerke handelt. Da ein Unternehmer bestrebt sein wird, Schadensersatzverpflichtungen weitestgehend zu vermeiden, können die Normen des Haftungsrechts bewirken, daß der Produktionsprozeß an den Sicherheitsstandards ausgerichtet wird.

Normen der Gefährdungshaftung ist kein derart direktes Handlungsgebot - wie beispielsweise bestimmte Sicherheitsstandards einzuhalten - wie den Verschuldenshaftungstatbeständen zu entnehmen. Eine Haftung des Unternehmers tritt auch dann ein, wenn er alle Vorschriften und technischen Normen eingehalten hat. Es könnte also davon ausgegangen werden, daß durch Normen der Gefährdungshaftung kein Einfluß auf die Produktionsfreiheit genommen wird. Durch die Einführung von Gefährdungshaftungstatbeständen kann jedoch eine bestimmte Produktionsweise aufgrund ihrer Gefährlichkeit und somit Haftungsträchtigkeit an Attraktivität verlieren. Somit ist auch durch Gefährdungshaftungstatbestände ein Eingriff in die Produktionsfreiheit denkbar. Dieser Frage soll im nächsten Kapitel nachgegangen werden.

Unter den Begriff **Werkstoffe** fallen alle Güter, aus denen durch Umformung, Substanzveränderung oder ähnlichen Prozessen neue Fertigprodukte hergestellt werden[77]. Handelt es sich bei der Leistungserstellung um eine Dienstleistung, spricht man von Leistungsobjekten, da Objekt der Dienstleistung die Personen sind, an denen sich die betriebliche Leistungserstellung vollzieht[78]. Einschränkungen der Entscheidungsfreiheit des Unternehmers über den Einsatz von Werkstoffen können in einem grundsätzlichen Verwendungsverbot, in dem Verbot ein bestimmtes Produkt aus dem Werkstoff herzustellen oder im Verbot eines bestimmten Herstellungsverfahrens liegen. Im Bereich der Dienstleistungen kann eine Leistung generell untersagt sein oder die Leistungserstellung kann hinsichtlich eines bestimmten Personenkreises verboten sein.

Ein Eingriff in die Produktionsfreiheit ist hier beispielsweise durch die Einführung einer stoffbezogenen Handlungshaftung denkbar, da durch diese der Umgang mit einem bestimmten Stoff, der der Gefährdungshaftung unterworfen ist, wesentlich weniger lohnend sein kann.

---

[77] *Wöhe*, Allg. BetrWL, S. 315.
[78] *Peters*, BetrWL, S. 105.

Weiterhin umfaßt die Produktionsfreiheit die unternehmerische Entscheidung über den Einsatz der **menschlichen Arbeit**. Entscheidungen sind hierbei in erster Linie bezüglich der Personalauswahl, Arbeitsbedingungen, Arbeitsentgelt und Arbeitsinhalten zu treffen[79]. Beschränkt wird diese Entscheidungsfreiheit durch Vorschriften des Arbeitsrechts und die Arbeitsschutzvorschriften der Berufsverbände.

ee) Leistungsverwertung

Unter dem betrieblichen Teilprozeß der **Leistungsverwertung (Absatz)** ist die Gesamtheit der betrieblichen Maßnahmen zu verstehen, die darauf gerichtet sind, zu einem Austausch der zu erstellenden oder erstellten Leistungen des Unternehmens gegen Entgelt oder andere Gegenleistungen zu gelangen[80]. Die betriebliche Absatzpolitik ist dabei in aller Regel nicht allein auf die Befriedigung der bestehenden Nachfrage gerichtet, sondern auch auf die Erzeugung neuer Nachfrage durch die Weckung neuer Bedürfnisse[81].

Zur Durchführung einer erfolgreichen Absatzpolitik ist es für den Unternehmer zunächst von entscheidender Bedeutung, sich Kenntnisse über die bestehenden Marktverhältnisse verschaffen zu können, um seine Absatzpolitik daran auszurichten (Marktforschung). Die Marktforschung beschäftigt sich mit der Untersuchung beziehungsweise Beobachtung des Bedarfs (der Nachfrage), der Konkurrenz (des Angebots) und der Absatzwege[82]. Bei der Marktforschung kann der Unternehmer einerseits auf von anderen gesammeltes Material zurückgreifen, wie beispielsweise Material des statistischen Bundesamtes oder der statistischen Landesämter, Veröffentlichungen der Presse oder von Wirtschaftsverbänden oder Materialien der Konkurrenz, wie Preislisten, Kataloge (Schreibtischforschung). Insbesondere dann, wenn diese Materialien nicht ausreichen, muß er selbst Erhebungen durchführen (Feldforschung). Beschränkungen der Marktforschungsfreiheit sind insbesondere denkbar durch die Verweigerung des Zugangs zu für den Unternehmer erheblichen, bereits gesammelten Daten oder durch Einschränkungen eigener Erhebungen durch Regelungen des Datenschutzes.

Basierend auf den durch die Marktforschung gewonnenen Erkenntnissen gestaltet der Unternehmer seine **Absatzpolitik**. Das dem Unternehmer zur Verfügung stehende absatzpolitische Instrumentarium kann hierbei in Instrumente der

---

[79] *Wöhe*, Allg. BetrWL, S. 257.

[80] *Peters*, BetrWL, S. 118.

[81] Vgl. *Wöhe*, Allg. BetrWL, S. 500 f; *Peters*, BetrWL, S. 119.

[82] *Wöhe*, Allg. BetrWL, S. 608; *Peters*, BetrWL, S. 119 f.

Preispolitik und präferenzpolitische Instrumente unterteilt werden[83]. Preispolitik vollzieht sich einerseits durch die konkrete Festsetzung von Preisen, anderseits durch die Gestaltung der den Abnehmern gewährten Konditionen (Rabatte, Lieferantenkredite, Gestaltung der Zahlungsbedingungen). Beschränkungen erfährt die Preisfreiheit einerseits durch staatliche Preisfestsetzungen, anderseits auch durch staatliche Einflußnahme auf die Gestaltung der Konditionen, wie beispielsweise das Abzahlungsgesetz. Staatliche Einflußnahmen auf die Freiheit der Preisgestaltung finden sich in erster Linie im Bereich der Energie- und der Verkehrswirtschaft sowie in den Gebührenordnungen der "Freien Berufe"[84].

Zu den präferenzpolitischen Maßnahmen zählt in erster Linie die Werbung. Weiterhin fallen die Produkt- und Sortimentsgestaltung, Kundendienstangebote und Entscheidungen des Unternehmers über Absatzformen und Absatzwege darunter[85]. Beschränkungen auf diesem Bereich sind vielfältig. Zu denken ist dabei in erster Linie an Werbeverbote[86] und Bestimmungen des Wettbewerbsrechts. Eine Einflußnahme durch Normen des Umwelthaftungsrechts liegt eher fern.

b) Ergebnis

Im Ergebnis ergibt sich für die unternehmerischen Teilfreiheiten folgende Systematik. Um die Etablierung des konstitutionellen und institutionellen Unternehmensrahmens zu gewährleisten, muß dem Unternehmer die freie Entscheidung hinsichtlich der Wahl der Rechtsform des Unternehmens, wirtschaftlicher Zusammenschlüsse, des Unternehmensstandortes sowie über Betriebsgröße und innerbetriebliche Organisation zustehen[87]. Gegliedert nach den betrieblichen Funktionsbereichen ist weiterhin von einer Aufteilung in Finanzierungsfreiheit, Investitions- und Beschaffungsfreiheit, Freiheit der Leistungserstellung (Produktionsfreiheit) sowie Absatzfreiheit auszugehen. Übergreifend und ergänzend zu diesen Teilfreiheiten sind die Vertrags[88]- und Wettbewerbsfreiheit[89] zu sehen.

---

[83] *Peters*, BetrWL, S. 123 f.

[84] BRAGO; Gebührenordnung der Vermessungsingenieure; Steuerberater (StBGebV); Ärzte; Notare; zu staatlichen Preisfestsetzungen vgl. *H.P. Ipsen*, Preiskontrolle, S. 79 ff.

[85] *Wöhe*, Allg. BetrWL, S. 634 f.; *Peters*, BetrWL, S. 124.

[86] Verbot der Werbung für bestimmte Produkte sowie bestimmte Arten der Werbung.

[87] Vgl. oben § 6 II 2 a aa.

[88] Die **Vertragsfreiheit** garantiert den ungehinderten Vertragsschluß in allen Bereichen, sei es bei Verträgen über wirtschaftliche Zusammenschlüsse, über Arbeitsverträge, den Ein- oder Verkauf. Eingriffe in die Vertragsfreiheit können in einem Kontrahierungszwang. wie er für Unternehmen der Daseinsvorsorge besteht, in der Festsetzung von Höchst-, Mindest- oder Festpreisen, in Genehmigungs- und Beanstandungsrechten oder auch in Anbietungs-, Ablieferungs- und Weiterveräußerungspflichten sowie in Gesetzen, die über

IV. Grundrechtliche Verortung der wirtschaftlichen Freiheiten

Besteht hinsichtlich des Inhalts wirtschaftlicher Freiheiten - wenn auch mit unterschiedlicher Systematisierung - weitgehend Einigkeit, so ist die grundrechtliche Verortung der wirtschaftlichen Freiheiten noch weitgehend umstritten.

Für die wirtschafltichen Freiheiten werden die Art. 12, 14, 9, 11, 2 Abs. 1 GG als maßgeblich angesehen[90]. Die unterschiedlichen Schutzbereiche und Schrankenbestimmungen machen es jedoch erforderlich, daß speziell für die möglichen Eingriffe durch Haftungsnormen der Verschuldens- oder der Gefährdungshaftung bestimmt wird, welche Grundrechte betroffen sind. Aufgrund der mit der Verpflichtung zum Schadensersatz verbundenen Zahlungsverpflichtung sind ein Eingriff in Art. 14 GG oder Art. 2 Abs. 1 GG denkbar, aufgrund des von Haftungstatbeständen möglicherweise ausgehenden Einflußnahme auf den Produktionsprozeß Eingriffe in Art. 12 Abs. 1 GG. Im folgenden ist demnach insbesondere eine Abgrenzung der Schutzbereiche der Art. 12, 14 und 2 Abs. 1 GG vorzunehmen.

---

die Zulässigkeit des Vertragsinhaltes entscheiden, liegen. Vgl. *E.R. Huber*, DÖV 1956, 135, 139; vgl. auch *Dürig*, in Maunz/Dürig, GG, Art. 2 Abs. 1 Rdnr. 53; *Scholz*, in Maunz/Dürig, GG, Art. 12 Rdnr. 131; *Jarass*, in Jarass/Pieroth, GG Art. 2 Rdnr. 4; *Nipperdey*, in Bettermann/ Nipperdey, GrdRe, IV/2, S. 886 f.; BVerfGE 12, 341, 347; 70, 115, 123; 73, 261, 270; 74, 129, 151. . Hierbei ist in erster Linie an das Gesetz zur Regelung des Rechts der allgemeinen Geschäftsbedingungen (AGBG) zu denken (Gesetz v. 09.Dezember 1976, BGBl I, S. 3317).

[89] Die **Wettbewerbsfreiheit** erfährt besondere Bedeutung einerseits bei der Beschaffung von für den Betrieb benötigten Gütern, andererseits dann, wenn der Unternehmer als Anbieter am Markt auftritt.dem Staat obliegt im Rahmen der Wettbewerbsfreiheit einerseits die Aufgabe, die Rahmenbedingungen und normativen Voraussetzungen für einen fairen Wettbewerb zu schaffen, also Mißbräuche der Wettbewerbsfreiheit im Konkurrenzkampf der wirtschaftlich Handelnden abzuwehren, so daß wettbewerbsgerechtes Handeln auf Dauer gewährleistet sei (*Ossenbühl*, AöR 115 (1990), 1, 23) andererseits muß er sich selbst wettbewerbswidriger Interventionen enthalten (*Lübbe-Wolf*, NJW 1987, 2705, 2711) Eingriffe des Staates in die Wettbewerbsfreiheit kommen in erster Linie bei einseitiger staatlicher Begünstigung von Mitkonkurrenten in Betracht, sei es durch Subventionen, sei es durch Normen, die für die einzelnen Unternehmen unterschiedliche wirtschaftliche Rahmenbedingungen schafften (*Papier*, HdBVerfR § 18 Rdnr. 77; vgl. zur Wettbewerbsfreiheit *Breuer*, HdBStR VI § 147 Rdnr. 63; *Nipperdey*, in Bettermann/ Nipperdey, GrdRe, IV/2 S. 881 ff.; *Scholz*, in Maunz/Dürig, GG, Art. 12 Rdnr. 136; *Jarass*, in Jarass/Pieroth, GG, Art. 12 Rdnr. 14; BVerfGE 32, 311, 317; 46, 120, 137 f).

[90] Vgl. *Scholz*, in Maunz/Dürig, GG, Art. 12 Rdnr. 123; *Dürig*, in Maunz/Dürig, GG, Art. 2 Abs. 1 Rdnr. 48 ff.; *Badura*, BayVBl 1971, 7, 8; *E.R. Huber*, DÖV 1956, 135; *Nipperdey*, in Bettermann/ Nipperdey, GrdRe, IV/2, S. 877 ff.

1. Schutz der wirtschaftlicher Freiheiten durch Art. 2 Abs. 1 GG

Eine frühe Auffassung sah die Wirtschaftsfreiheit allein von Art. 2 Abs. 1 GG gewährleistet. Nach Beendigung der Diskussion um die Reichweite des Schutzbereiches von Art. 2 Abs. 1 GG[91] erschien die Norm geradezu dazu geschaffen, die Freiheit des wirtschaftlichen Schaffens in weitestem Ausmaß zu gewährleisten[92]. Art. 2 Abs. 1 GG solle *"eine Reihe im Grundgesetz nicht namentlich genannter Grundfreiheiten sichern, so vor allem die Wettbewerbs- und die Vertragsfreiheit, aber auch die Produktionsfreiheit, die Veräußerungs- und Erwerbsfreiheit ("Handelsfreiheit") und die Konsumfreiheit"*[93]. Das durch Art. 2 Abs. 1 GG gewährleistete Grundrecht der Wirtschaftsfreiheit solle sich nicht in der Addition oder den Einzelausprägungen der dekliniert gewährleisteten wirtschaftserheblichen Einzelgrundrechte erschöpfen, sondern die Wirtschaftsfreiheit als unternehmerische Dispositionsfreiheit gegen staatliche Wirtschaftsplanung schützen. Die Wirtschaftsfreiheit wirke nicht nur vermögensmäßig, *"sondern eigenständig aus dem Wesensgehalt des privaten Wirtschaftens über das Ob und Wie der wirtschaftlichen Disposition, ..."*[94].

Diese Zuordnung der Wirtschaftsfreiheit zu Art. 2 Abs. 1 GG war unter anderem durch die zu diesem Zeitpunkt noch umstrittene Reichweite der Schranke der verfassungsmäßigen Ordnung motiviert. Im Gegensatz zur heute einhellig vertretenen Auffassung[95], daß hierunter die Gesamtheit der formell und materiell verfassungsmäßigen Normen zu verstehen ist, ist vielfach vertreten worden, daß die Schranken der allgemeinen Handlungsfreiheit enger als die der Einzelgrundrechte seien[96], so daß bei einer Verankerung in Art. 2 Abs. 1 GG den Wirtschaftsfreiheiten ein weiterreichender Schutz gewährt werden könne.

---

[91] Vgl. dazu oben § 6 I 1.

[92] *E.R. Huber*, DÖV 1956, 135.

[93] *E.R. Huber*, DÖV 1956, 135; *ders.*, Grundgesetz und wirtschaftliche Mitbestimmung (1970), S. 25.

[94] *H. P. Ipsen*, in Kaiser (Hrsg.), Planung II, S. 95; *ders.*, AöR 90 (1965), 393, 431; *ders.*, VVDStRL 25 (1967), 257, 302; *ders.*, Europ. GemeinschR S. 722; ähnlich auch *Dürig*, in Maunz/Dürig, GG, Art. 2 Abs. 1 Rdnr. 46, der die in Art. 2 Abs. 1 GG enthaltene allgemeine wirtschaftliche Grundfreiheit nur anwenden will, "um prinzipielle staatliche Angriffe auf die wirtschaftliche Entfaltungsfreiheit abzuwehren".

[95] Ständige Rspr. des Bundesverfassungsgerichts seit BVerfGE 6, 32, 37 ff.; vgl. etwa BVerfGE 63, 88, 108 f.; 80, 137, 153; vgl. in der Literatur etwa *Jarass*, in Jarass/Pieroth, GG Art. 2 Rdnr. 14; *v. Münch*, in v. Münch/ Kunig, GG, Art. 2 Rdnr. 31; *Erichsen*, in HdBStR VI § 152, Rdnr. 35.

[96] Vgl. dazu *E.R. Huber*, DÖV 1956, 135 f., m.w.N.; *Nipperdey*, in GrdR IV/2, S. 790 ff.

213

2. Schutz der wirtschaftlichen Freiheiten durch die Art. 12, 14, 2 Abs. 1, 9, 11 GG

Nachdem es heute als geklärt angesehen werden kann, daß sich Einzelfreiheitsrechte leges speciales zur allgemeinen Handlungsfreiheit sind[97], verstieße eine ausschließliche Zuordnung der Wirtschaftsfreiheit zu Art. 2 Abs. 1 GG gegen den Grundsatz der Spezialität, so daß heute unbestritten ist, daß die Einzelfreiheitsrechte, insbesondere die Art. 12, 14, 9 und 11 GG, wirtschaftliche Freiheiten gewährleisten[98]. Umstritten ist jedoch einerseits, welche Bedeutung Art. 2 Abs. 1 GG neben den speziellen, wirtschaftliche Freiheiten gewährenden Einzelgrundrechten zukommt, andererseits die Abgrenzung der Einzelfreiheitsrechte untereinander. Dabei ist vor allem die Abgrenzung der Schutzbereiche von Art. 12 GG und Art. 14 GG problematisch.

a) Bedeutung von Art. 12 Abs. 1 GG für die wirtschaftlichen Freiheiten

Art. 12 Abs. 1 GG ist das zentrale Grundrecht der wirtschaftlichen Betätigung. Es schützt in einem umfassenden Sinn die freie berufliche Betätigung und gewährleistet dem einzelnen das Recht, *"jede Tätigkeit, für die er sich geeignet glaubt, als Beruf zu ergreifen, d.h. zur Grundlage seiner Lebensführung zu machen und damit seinen Beitrag zur gesellschaftlichen Gesamtleistung selbst zu bestimmen"*. Unabhängig davon, ob es sich um einen Haupt- oder Nebenberuf, Erst- oder Zweitberuf, eine selbständige oder unselbständige Tätigkeit, herkömmliche oder untypische Berufe, arbeitgeberische oder arbeitnehmerische Tätigkeiten, Klein-, Mittel- oder Großbetriebe handelt[99], Beruf ist jede Tätigkeit, die in ideeller wie in materieller Hinsicht der Schaffung und Unterhaltung einer Lebensgrundlage dient[100].

Art. 12 Abs. 1 GG konkretisiert das Grundrecht auf freie Entfaltung der Persönlichkeit im Bereich der individuellen Leistungs- und Existenzerhaltung[101]. Trotz dieses personalen Grundzugs hat das Grundrecht für die Wirtschaftsordnung herausragende Bedeutung, denn der Schutzbereich des Art. 12 Abs. 1 GG umfaßt die Gewerbe- und Unternehmerfreiheit, und dies sowohl für natürliche als

---

[97] Vgl. etwa *Jarass*, in Jarass/Pieroth, GG Art. 2 Rdnr. 2; *Dürig*, in Maunz/Dürig, GG, Art. 2 Abs. 1 Rdnr. 7; *Erichsen*, in HdBStR VI § 152 Rdnr. 25.

[98] Vgl. u. a. *Ossenbühl*, AöR 115 (1990), 1, 3 f.; *Scholz*, in Maunz/Dürig, GG, Art. 12 Rdnr. 114 ff. m.w.N.

[99] BVerfGE 7, 377, 397; 14, 19, 22; 30, 292, 334; 32, 311, 316; 50, 290, 363.

[100] BVerfGE 7, 377, 397; 54, 301, 313.

[101] BVerfGE 30, 292, 334.

auch für juristische Personen[102]. Das Bundesverfassungsgericht sieht das Schutzgut des Art. 12 Abs. 1 GG bei **juristischen Personen** in der "*Freiheit, eine Erwerbszwecken dienende Tätigkeit, insbesondere ein Gewerbe, zu betreiben, soweit diese Tätigkeit ihrem Wesen und ihrer Art nach in gleicher Weise von einer juristischen wie von einer natürlichen Person ausgeübt werden*" kann[103].

Anders als Art. 151 Abs. 3 WRV, der die **Gewerbefreiheit** lediglich als ein objektives Prinzip der Gesellschafts- und Wirtschaftsordnung proklamierte, garantiert Art. 12 Abs. 1 GG die Gewerbefreiheit als Grundrecht. Neben der einfachgesetzlichen Regelung des § 1 GewO schützt auch Art. 12 Abs. 1 GG die Aufnahme jeder gewerblichen Tätigkeit, ohne administrativen Beschränkungen bei Beginn und Fortsetzung des Betriebs, ohne vor allem einer Genehmigungspflicht zu unterliegen, es sei denn Gewerbeordnung oder ein Bundesgesetz sähen eine solche Regelung vor[104].

Art. 12 Abs. 1 GG schützt auch die "**Unternehmerfreiheit**" - im Sinne freier Gründung und Führung von Unternehmen -, soweit es sich um Tätigkeiten handelt, die nach den vom Bundesverfassungsgericht aufgestellten Kriterien als Beruf angesehen werden[105]. Das Gericht macht jedoch deutlich, daß der Schutzbereich der Unternehmerfreiheit höchst unterschiedliche wirtschaftliche Sachverhalte umfaßt. Wirtschaftliches Handeln werde geschützt, unabhängig davon, ob es sich um die wirtschaftlichen Betätigungen im Rahmen eines Klein-, Mittel- oder Großbetriebs handle. Bei Großunternehmen gehe der personale Grundzug des Grundrechts fast völlig verloren; die Unternehmerfreiheit sei in diesem Fall "*nicht Element der Ausformung der Persönlichkeit des Menschen, sondern grundrechtliche Gewährleistung eines Verhaltens, dessen Wirkungen weit über das wirtschaftliche Schicksal des eigenen Unternehmens*" hinausreichten[106]. Trotzdem sei die Unternehmerfreiheit nicht auf kleine oder mittlere Unternehmen beschränkt, denn auch Großunternehmen und Konzerne seien wesentliche Elemente einer hochentwickelten und leistungsfähigen Volkswirtschaft[107].

---

[102] Zu den wirtschaftlichen und sozialen Funktionen der Berufsfreiheit vgl. *Breuer*, HdBStR § 147 Rdnr. 26 ff.

[103] BVerfGE 30, 292, 312; 50, 290, 363.

[104] Vgl. § 1 GewO; zur Bedeutung des § 1 GewO neben Art. 12 Abs. 1 GG vgl. *Jarass*, WiVwR S. 267 f., Rdnr. 33 ff.; *Frotscher*, WiVwR, Rdnr. 153 ff.

[105] BVerfGE 50, 290, 363.

[106] BVerfGE 50, 290, 363.

[107] BVerfGE 50, 290, 364.

b) Bedeutung von Art. 2 Abs. 1 GG neben Art. 12 Abs. 1 GG

Das Bundesverfassungsgericht geht davon aus, daß Art. 2 Abs. 1 GG als Ausfluß der allgemeinen Handlungsfreiheit auch die Freiheit im wirtschaftlichen Verkehr schützt, **soweit** sie nicht durch besondere Grundrechtsbestimmungen gewährleistet wird[108]. Dieser Auffassung hat sich die überwiegende Meinung in der Literatur angeschlossen[109].

Demgegenüber wird jedoch im neueren Schrifttum teilweise die Auffassung vertreten, daß die unternehmerische Betätigung bereits durch Art. 12 GG und Art. 14 GG in vollem Umfang geschützt werde, so daß für eine Anwendung des Art. 2 Abs. 1 GG kein Raum mehr bleibe[110]. Die Handlungsfreiheit auf wirtschaftlichem Gebiet werde durch die speziellen Freiheitsrechte der Art. 12 Abs. 1 GG und Art. 14 GG abgedeckt, denn die Freiheit der wirtschaftlichen Betätigung umfasse zum einen die beruflich-gewerbliche Betätigung im Sinne des Art. 12 Abs. 1 GG und sei zum anderen Ausfluß der wirtschaftlichen Nutzung des Privateigentums[111]. Um diesen spezifischen Gewährleistungszusammenhang von Berufsfreiheit und Eigentumsgarantie gruppierten sich die meisten wirtschaftlichen Freiheiten, so daß es des Rückgriffs auf das Hauptfreiheitsrecht des Art. 2 Abs. 1 GG nicht bedürfe[112].

Diese unterschiedlichen Auffassungen beruhen zum einen auf unterschiedlichen Vorstellungen über den persönlichen Schutzbereich der wirtschaftlichen Freiheiten und zum anderen auf unterschiedlichen Ansichten über die Eingriffsvoraussetzungen für mittelbare Grundrechtsbeeinträchtigungen.

Autoren, die die Anwendung des Art. 2 Abs. 1 GG verneinen, verstehen den Begriff der wirtschaftlichen Freiheiten nur im Sinne des hier gebrauchten Begriffs der Unternehmerfreiheit; in die Betrachtungen werden also nur solche

---

[108] BVerfGE 6, 32, 41 f.; 8, 274, 328; 23, 50, 56; 60, 329, 339; 65, 196, 210; 74, 129, 152.

[109] *Badura*, in Schmidt-Aßmann (Hrsg.), BesVwR, Rdnr. 41; *Henseler*, VerwArch 77 (1986), 252; *H.U. Erichsen*, HdBStR VI § 152 Rdnr. 60; *Dürig*, in Maunz/Dürig, GG, Art. 2 Abs. 1 Rdnr. 43; *Ossenbühl*, AöR 115 (1990), 1, 3 f.; *Tettinger*, AöR 108 (1983), 92, 130; Leibholz/ Rinck/ *Hesselberger*, GG, Art. 2 Rdnr. 375; *Klein*, in Schmidt-Bleibtreu/ Klein, GG Art. 2 Rdnr. 14; *Reiner Schmidt*, Wirtschaftspolitik und Verfassung, 1971, 252.

[110] So vor allem *Scholz*, in Maunz/Dürig, GG, Art. 12 Rdnr. 115; *Breuer*, HdBStR VI § 147 Rdnr. 97; *Frotscher*, JuS 1981, 662, 665; *Rüfner*, DVBl 1976, 690; ähnlich *Degenhart*, JuS 1990, 161, 165.

[111] *Scholz*, AöR 100 (1975), 80, 127; *Frotscher*, Jus 1981, 662, 665.

[112] *Scholz*, in Maunz/Dürig, GG, Art. 12 Rdnr. 115; so auch *Breuer*, HdBStR VI § 147 Rdnr. 97; vgl. auch, insbesondere zur vorrangigen Stellung des Art. 14 GG, *Rüfner*, DVBl 1976, 689, 690 f.; vgl. auch *Bryde*, NJW 1984, 2177, 2180; auch *Papier*, HdBVerfR § 18, Rdnr. 75 erkennt dem Art. 2 Abs. 1 GG nur einen marginalen Anwendungsbereich zu.

wirtschaftlichen Freiheiten einbezogen, die eine berufliche oder gewerbliche Tätigkeit darstellen[113]. Soll bei der Untersuchung wirtschaftlicher Freiheiten das wirtschaftliche Handeln "Privater" - nicht beruflich oder gewerblich Handelnder - jedoch nicht außer Betracht bleiben[114], muß Art. 2 Abs. 1 GG allein aus diesem Grund in den Kreis der wirtschaftliche Freiheiten gewährleistenden Grundrechte aufgenommen werden.

Neben diesen unterschiedlichen Auffassungen hinsichtlich des personalen Schutzbereiches der wirtschaftlichen Freiheiten ist für die Abgrenzung von Art. 2 Abs. 1 GG zu Art. 12 Abs. 1 GG jedoch vor allem der Streit um die Eingriffsvoraussetzungen bei mittelbaren oder faktischen Beeinträchtigungen des Art. 12 Abs. 1 GG bedeutsam. Entgegen einer frühen Auffassung[115] gehen heute Literatur und Rechtsprechung einhellig davon aus, daß der Schutzbereich des Art. 12 Abs. 1 GG nicht allein durch unmittelbare (finale) Eingriffe, sondern auch durch mittelbare oder faktische[116] Eingriffe berührt werden kann[117]. Umstritten ist dabei jedoch, unter welchen Voraussetzungen diese mittelbaren Eingriffe den unmittelbaren Eingriffen gleichzusetzen sind. Das Bundesverfassungsgericht und ihm folgend die herrschende Meinung in der Literatur nehmen bei mittelbaren Beeinträchtigungen einen Eingriff in den Schutzbereich der Berufsfreiheit nur dann an, wenn die in Frage stehenden Regelungen "*infolge ihrer Gestaltung in einem engen Zusammenhang mit der Ausübung eines Berufes stehen und - objektiv - eine berufsregelnde Tendenz deutlich erkennen las-*

---

[113] Vgl. beispielsweise *Frotscher*, JuS 1981, 662, 665, der von Unternehmensfreiheit spricht.

[114] Zu den Gründen für eine Einbeziehung vgl. oben § 6 II 2 a.

[115] *Bachof*, in Bettermann/ Nipperdey/ Scheuner, GrdRe, III/1, S. 185 ff.

[116] Eine allgemeingültige Terminologie oder gar Systematik hat sich noch nicht gebildet. Von mittelbaren Eingriffen wird in der Regel dann gesprochen, wenn die Folgen des staatlichen Handelns nicht beabsichtigt waren (mangelnde Finalität) oder wenn Normadressat und tatsächlich Betroffener nicht identisch sind. Vgl. dazu *Stern*, StaatsR III/1 S. 1206: "*Darunter werden Situationen verstanden, in denen die Grundrechtsrelevanz nur "mittelbar", "ungezielt", "tatsächlich", gewissermaßen als Reflex, d. h. Folge oder Nebenwirkung rechtmäßigen staatlichen Handelns auftritt.*"; Gallwas, Faktische Beeinträchtigungen im Bereich der Grundrechte, 1970 S. 10 ff.; *Ramsauer*, VerwArch 72 (1981), S. 89, 92 ff.; *Bleckmann/ Eckhoff*, DVBl 1988, 373, 374 ff.; *Friauf*, DVBl 1971, 678, 681; *Sodan*, Jura 1989, 662, 665.

[117] Seit BVerfGE 13, 181, 185 f. ständige Rechtsprechung des Bundesverfassungsgerichts; vgl. BVerfGE 37, 1, 17; 47, 1, 21; 81, 108, 121 f.; vgl. aus der neueren Rechtsprechung des Bundesverwaltungsgerichts: BVerwGE 71, 181, 193 f.; 87, 37, 43 f.; in der Literatur vgl. u.a. *H.U. Erichsen*, Jura 1980, 551, 554; *Gubelt*, in v. Münch/ Kunig, GG, Art. 12 Rdnr. 43; *Leibholz/ Rinck/ Hesselberger*, GG, Art. 12 Rdnr. 16; *Schmidt-Bleibtreu*, in Schmidt-Bleibtreu/ Klein, GG, Art. 12 Rdnr. 22; *Rittstieg*, in AltK GG, Art. 12 Rdnr. 84; *Bleckmann*, StaatsR II, GrdRe, § 33, Rdnr. 55 ff.; *Scholz*, in Maunz/Dürig, GG, Art. 12 Rdnr. 302; *Papier*, DVBl 1984, 801, 805; *ders.*, VerwArch 84 (1993), 417, 422.

sen"[118]. Liegen diese Voraussetzungen nicht vor, kommt bei dieser Art von Eingriffen lediglich eine Verletzung der allgemeinen Handlungsfreiheit des Art. 2 Abs. 1 GG in Betracht.

Die Gegenmeinung geht demgegenüber von der Identität unmittelbarer und mittelbarer Eingriffe aus[119]. Art. 12 GG gewähre dem Grundrechtsträger Freiheit *"nicht allein von gezielten, gewollten oder unmittelbaren Eingriffen der öffentlichen Gewalt, sondern von jeder hoheitlichen, rechtlichen oder tatsächlichen, unmittelbaren oder mittelbaren Einwirkung"*[120]. Um einen umfassenden Schutz der Berufsfreiheit zu gewähren, sei es erforderlich, daß alle Kategorien möglicher Beeinträchtigungen der beruflichen Betätigung von der Garantiefunktion des Art. 12 Abs. 1 GG erfaßt würden. Die Vertreter dieser Auffassung führen an, daß durch diese Sichtweise die oft schwierige Frage, wann eine Einwirkung berufsregelnde Tendenz habe, umgangen werde. Darüber hinaus entspreche das erweiterte Begriffsverständnis einem Grundzug der neueren Rechtslehre, die den Grundrechtsschutz immer weiter von formalen und modalen Einschränkungen löse und stattdessen an die materielle Betroffenheit anknüpfe[121]. Bestätigt sehen sie diese Auffassung durch die Entscheidung des Bundesverfassungsgerichts im 61. Band zum Besitz-, Verarbeitungs- und Vertriebsverbot für lebende oder tote Vögel nach § 63 Abs. 3 Nr. 4b LandschG NW[122]. Das Gericht hat in dieser Entscheidung festgestellt, daß der besondere Freiheitsraum, den Art. 12 Abs. 1 GG sichern will, *"auch durch Vorschriften ohne berufsregelnde Zielrichtung berührt werden"* kann, *"wenn sie infolge ihrer tatsächlichen Auswirkungen geeignet sind, die Berufsfreiheit zu beeinträchtigen"*[123]. Dieses Verständnis wird durch die spätere Rechtsprechung des Gerichts jedoch nicht bestätigt. Das Gericht hält unverändert daran fest, daß mittelbare Einwirkungen nur dann den Schutzbereich des Art. 12 Abs. 1 GG berühren, wenn sie infolge ihrer Gestaltung in einem engen Zusammenhang mit der Ausübung eines Berufes stehen und eine -

---

[118] BVerfGE 13, 181, 186; 31, 255, 265; 37, 1, 18; 47, 1, 21; 55, 7, 25 f.; 70, 191, 214; 75, 108, 153 f.; 81, 108, 121; BVerfG NJW 1990, 2053, 2055; NJW 1993, 2923; BVerwG NJW 1992, 1641; Leibholz/ Rinck/ *Hesselberger*, GG, Art. 12 Rdnr. 16; *Gubelt*, in v. Münch/ Kunig, GG, Art. 12 Rdnr. 43; *H.U. Erichsen*, Jura 1980, 551, 554; *Rittstieg*, in AltK GG, Art. 12 Rdnr. 84; *Schmidt-Bleibtreu*, in Schmidt-Bleibtreu/ Klein, GG Art. 12 Rdnr. 22; *Seetzen*, NJW 1974, 1222, 1223; *Selmer*, Steuerinterventionismus und Verfassungsrecht (1972), S. 246 f.; ähnlich *Stober*, HdBWiVwR, § 33 S. 479.

[119] *Scholz*, in Maunz/Dürig, GG, Art. 12 Rdnr. 302; *Papier*, DVBl 1984, 801, 805; *Breuer*, HdBStR VI § 148 Rdnr. 31 f.; *Weber/ Crezelius*, in Gedenkschrift Friedrich Klein, (1961), S. 542, 549.

[120] *Papier*, DVBl 1984, 801, 805.

[121] *Breuer*, HdBStR VI § 148 Rdnr. 31, m. w. N.

[122] BVerfGE 61, 291.

[123] BVerfGE 61, 291, 308.

objektiv - berufsregelnde Tendenz deutlich erkennen lassen[124]. In einer Entscheidung im 81. Band[125] stellt das Gericht vielmehr durch die wortgleiche Formulierung in eindeutigem Kontext klar, daß die Formulierung im 61. Band[126] lediglich eine Definition des mittelbaren Eingriffs darstellt[127]. Dieser einschränkenden Auffassung des Gerichts ist zu folgen. Die Gleichsetzung von mittelbaren und unmittelbaren Eingriffen ermöglicht es zwar, die Abgrenzung zwischen mittelbaren Beschränkungen des Art. 12 Abs. 1 GG, die in den Schutzbereich des Grundrechts eingreifen, und den Beschränkungen ohne Eingriffsqualität zu umgehen, gleichwohl birgt die Ausweitung des Eingriffsverständnisses Gefahren für die Effektivität des Grundrechtsschutzes des Art. 12 Abs. 1 GG. Der Ausweitung des Eingriffbegriffs würde notwendigerweise auch eine Ausweitung der Eingriffsschranken folgen, so daß "das besondere Freiheitsrecht des Art. 12 Abs. 1 GG weitgehend zu einem Allerweltsgrundrecht von der Art des Art. 2 Abs. 1 GG" degradiert würde[128]. Der erstrebte intensivere Grundrechtsschutz wirtschaftlicher Freiheiten würde somit gerade verfehlt.

Hält man daran fest, daß mittelbaren Beeinträchtigungen nur unter bestimmten Voraussetzungen Eingriffsqualität zukommt, sind diese Voraussetzungen näher zu konkretisieren. Das Bundesverfassungsgericht selbst hat in einigen Urteilen dargelegt, unter welchen Voraussetzungen eine Regelung "infolge ihrer Gestaltung in einem engen Zusammenhang mit der Ausübung eines Berufes steht und - objektiv - eine berufsregelnde Tendenz deutlich erkennen läßt"[129]. Diese Kriterien sind zunächst für Grundrechtsbeschränkungen durch Steuer- und Abgabenregelungen entwickelt worden, später hat sie das Bundesverfassungsgericht auf andere Normen übertragen[130]. Nicht ausreichend ist nur die allgemeine Möglichkeit der Beeinträchtigung eines nicht näher bestimmbaren Personenkreises. "Vielmehr muß sich konkret feststellen lassen, wer von den Auswirkungen der Norm selbst oder ihrer Anwendung unmittelbar in seiner Berufsausübung betroffen wird"[131]. Insbesondere bei Abgabenregelungen ist auch die Höhe der Ab-

---

[124] Vgl. BVerfGE 70, 191, 214; 75, 108, 153; 81, 108, 121; BVerfG NJW 1990, 2053, 2055; NJW 1993, 2923.

[125] BVerfGE 81, 108, 121 f.

[126] BVerfGE 61, 291.

[127] BVerfGE 81, 108, 121 f.: "Steuerrechtliche Vorschriften sind nur dann an Art. 12 Abs. 1 GG zu messen, wenn sie in einem engen Zusammenhang zur Ausübung eines Berufes stehen und objektiv eine berufsregelnde Tendenz haben. Deshalb können sie Art. 12 Abs. 1 S. 2 GG auch dann berühren, wenn sie nicht unmittelbar auf die Berufsfreiheit abzielen, sondern nur in ihrer tatsächlichen Auswirkung geeignet sind, diese zu beeinträchtigen."

[128] Selmer, AöR 101 (1976), 238, 399, 425 f.

[129] Vgl. BVerfGE 13, 181, 186; 37, 1, 17 f.; 47, 1, 21; 75, 108, 154; 81, 108, 122.

[130] BVerfGE 46, 130, 137 f.

[131] BVerfGE 47, 1, 21.

gabe ein Indiz für die Eingriffsqualität[132]. Keinen Eingriff bedeuten Regelungen, die lediglich formal an berufliche Tätigkeiten[133] oder nur an generelle Merkmale, wie Gewinn, Ertrag, Umsatz oder Vermögen anknüpfen[134]. In der für die wirtschaftlichen Freiheiten besonders bedeutsamen Entscheidung des Bundesverfassungsgerichts über die Zulässigkeit der Weinwirtschaftsabgabe nach § 16 Abs. 1 Nr. 2 WWiG[135] hat das Bundesverfassungsgericht Regelungen mit berufspolitischer Tendenz allgemeinen Marktbeeinflussungen gegenübergestellt. Letztere sollen, da sie nur Eingriffe in das freie Spiel der in der Wirtschaft tätigen Kräfte darstellen, nur die allgemeine Handlungsfreiheit nach Art. 2 Abs. 1 GG in ihrer Ausgestaltung als wirtschaftliche Betätigungsfreiheit berühren[136].

Das **Bundesverwaltungsgericht** hat diese Unterscheidung in mehreren Entscheidungen aufgenommen[137] und weiter konkretisiert. Eine bloße Veränderung sozialer Bedingungen als Reflex staatlicher Maßnahmen soll keinen Eingriff in die Berufsfreiheit bedeuten. Anders soll dies aber bei Maßnahmen sein, "*mit denen der Staat zielgerichtet gewisse Rahmenbedingungen verändert, um zu Lasten bestimmter Unternehmen einen im öffentlichen Interesse erwünschten Erfolg herbeizuführen...*". Die Maßnahmen müßten dabei "*eindeutig auf einen auf seiten des Unternehmens eintretenden nachteiligen Effekt abzielen und diesen Effekt nicht lediglich als Begleiterscheinung mit sich bringen*"[138]. In einer anderen Entscheidung ist das Gericht noch einen Schritt weiter gegangen und hat erklärt, daß auch eine mit staatlicher Autorität vorgenommene Handlung an Art. 12 Abs. 1 GG zu messen sei, die eine schwerwiegende Beeinträchtigung der beruflichen Betätigungsfreiheit zwar nicht bezweckt, aber zur voraussehbaren und in Kauf genommenen Nebenfolge hat[139].

Folgt man diesen Überlegungen, so sind Regelungen am Maßstab des Art. 2 Abs. 1 GG zu messen, wenn sie lediglich die Rahmenbedingungen wirtschaftlichen Handelns bestimmen. Dies trifft insbesondere auf global lenkende Maßnahmen der Konjunkturpolitik zu, sowie auf die von Steuervorschriften oder anderen Normen ausgehenden ungezielten Wirkungs- und Hemmungseffekte. Art. 12 Abs. 1 GG soll dagegen für alle regulierenden Eingriffe in die Wirtschaft Anwendung finden, die an bestimmte berufliche Tätigkeiten anknüpfen und deren dadurch ausgelöste Rückwirkungen auf die Berufsausübung zwar nicht un-

---

[132] BVerfGE 37, 1, 18; 75, 108, 154.
[133] BVerfGE 37, 1, 17; 75, 108, 154.
[134] BVerfGE 47, 1, 21.
[135] BVerfGE 37, 1.
[136] BVerfGE 37, 1, 18.
[137] BVerwGE 71, 183, 193; 75, 109, 115; 87, 37, 43; BVerwG NJW 1992, 1641.
[138] BVerwGE 71, 183, 193; vgl. auch BVerwGE 75, 109, 115.
[139] BVerwGE 87, 37, 43.

bedingt bezweckt, aber zumindest voraussehbar sind und in Kauf genommen werden[140]. Eingriffe in die Berufsfreiheit bedürfen somit zwar nicht des Merkmals der Finalität, aber sie erfordern eine gewisse Intensität und Vorhersehbarkeit[141].

c) Bedeutung des Art. 14 Abs. 1 GG für die wirtschaftlichen Freiheiten

Neben der Berufsfreiheit ist die Garantie des Eigentums die grundrechtliche Gewährleistung, die für die Ausübung der Wirtschaftsfreiheiten größte Bedeutung hat. Die Gewährleistung des Art. 14 GG ergänzt die Freiheitsrechte der Art. 12 Abs. 1 und Art. 2 Abs. 1 GG, indem sie dem Einzelnen vor allem den durch eigene Arbeit und Leistung erworbenen Bestand an vermögenswerten Gütern zuerkennt[142]. Dem Eigentum kommt die Aufgabe zu, "*dem Träger des Grundrechts einen Freiheitsraum im vermögensrechtlichen Bereich sicherzustellen und ihm damit die eigenverantwortliche Gestaltung des Lebens zu ermöglichen*"[143]. Wirtschaften im Kleinen wie im Großen erscheint ohne die Gewährleistung des Eigentums nicht vorstellbar[144].

Der Eigentumsbegriff des Grundgesetzes umfaßt zwar das Eigentum des Bürgerlichen Rechts, reicht jedoch erheblich darüber hinaus. Art. 14 GG schützt jedes vermögenswerte Recht[145]. Für die wirtschaftlichen Freiheiten von besonderer Bedeutung ist die Anerkennung des Rechts am eingerichteten und ausgeübten Gewerbebetrieb. Der Bundesgerichtshof, das Bundesverwaltungsgericht und die herrschende Lehre verstehen unter Gewerbebetrieb die Gesamtheit der sachlichen, personellen und sonstigen Mittel in allen ihren Erscheinungsformen und Ausstrahlungen, die in der Hand des Betriebsinhabers zu einem einheitlichen Organismus zusammengefaßt sind und zwar mit allem, was den wirtschaftlichen Wert des Betriebes ausmacht[146].

Das Bundesverfassungsgericht hat zwar betont, daß die Sach- und Rechtsgesamtheit, die der Gewerbebetrieb darstellt, dem reinen Sacheigentum gleichzu-

---

[140] Vgl. *Selmer*, AöR 101 (1976), 238, 399, 424.
[141] BVerfGE 37, 1, 18; 75, 108, 154.
[142] BVerfGE 30, 292, 334.
[143] Ständige Rspr. des Bundesverfassungsgerichts vgl. BVerfGE 24, 367, 389; 30, 292, 334; 83, 201, 208.
[144] *Frotscher*, WiVwR, Rdnr. 55.
[145] BVerfGE 24, 367, 396; 53, 257, 290; 58, 300, 336; *Jarass*, in Jarass/ Pieroth, GG, Art. 14 Rdnr. 6; *Bryde*, in v. Münch/ Kunig, GG, Art. 14 Rdnr. 57; *Frotscher*, WiVwR, Rdnr. 56.
[146] BGHZ 23, 157, 162 f.; 92, 34, 37; BVerwGE 62, 224, 226; *Papier*, in Maunz/Dürig, GG, Art. 14 Rdnr. 95; *Leisner*, HdBStR VI § 149 Rdnr. 109; *Kimminich*, BK, GG Art. 14 Rdnr. 75 ff.; *Jarass*, WiVwR, S. 30 Rdnr. 36.

stellen ist[147], doch zweifelt es, ob ein zusätzlicher verfassungsrechtlicher Schutz des Gewerbebetriebs als solcher geboten ist[148]. Eigentumsrechtlich gesehen sei das Unternehmen die tatsächliche - nicht aber die rechtliche - Zusammenfassung der zu einem Vermögen gehörenden Sachen und Rechte, die an sich schon vor verfassungswidrigen Eingriffen geschützt seien[149]. Der Schutz des Gewerbebetriebs soll jedenfalls *"nicht weitergehen als der Schutz, den seine wirtschaftliche Grundlage genießt"*[150]. Tatsächliche Gegebenheiten und günstige Umweltbedingungen fallen somit aus dem Schutzbereich des Art. 14 Abs. 1 GG heraus[151]. Diese Ausgrenzung ist auf Kritik gestoßen. Würden Geschäftsbeziehungen, *good will* oder der "Kontakt nach außen" nicht in den Schutzbereich des Art. 14 GG einbezogen, so bedeute dies eine entscheidende Schutzabschwächung; das Betriebseigentum werde auf ein "Schreibmaschineneigentum" reduziert[152].

d) Verhältnis von Art. 14 Abs. 1 zu Art. 12 Abs. 1 GG

Die Rechtsprechung des Bundesverfassungsgerichts ist jedoch die konsequente Folge der Auffassung des Gerichts zur Abgrenzung der Schutzbereiche von Art. 14 Abs. 1 und 12 Abs. 1 GG, die auch von der Literatur weitgehend übernommen worden ist. Diese Auffassung sieht die Schutzbereiche der Art. 12 Abs. 1 und 14 Abs. 1 GG in einem engen funktionalen Zusammenhang, doch sollen beide Regelungen grundsätzlich überschneidungslos nebeneinander stehen[153]. Die Abgrenzung wird folgendermaßen vorgenommen. *"Art. 14 Abs. 1 GG schützt das Erworbene, das Ergebnis der Betätigung, Art. 12 Abs. 1 GG dagegen den Erwerb, die Betätigung selbst"*[154]. Art. 12 Abs. 1 GG ist berührt, wenn ein Akt der öffentlichen Gewalt in die Freiheit der individuellen Erwerbs- und Leistungstätigkeit eingreift; *"begrenzt er mehr die Innehabung und Verwendung vorhandener Vermögensgüter, so kommt der Schutz des Art. 14 in Be-*

---

[147] BVerfGE 1, 264, 277 f.; 22, 380, 386.

[148] BVerfGE 51, 193, 221 f.; 58, 300, 353; 74, 129, 148.

[149] BVerfGE 51, 193, 221 f.; 74, 129, 148.

[150] BVerfGE 58, 300, 353.

[151] Zu den tatsächlichen Gegebenheiten werden bestehende Geschäftsverbindungen, der erworbene Kundenstamm oder die Marktstellung gerechnet (BVerfGE 77, 84, 118), zu den günstigen Umweltbedingungen etwa Parkmöglichkeiten auf öffentlicher Straße (BVerwGE NJW 1983, 770).

[152] *Leisner*, HdBStR VI, § 149 Rdnr. 109.

[153] BVerfGE 50, 290, 362; *Dörr*, NJW 1988, 1049, 1050; *Scholz*, in Maunz/Dürig, GG, Art. 12 Rdnr. 122; *Stober*, WiVwR, § 22 I 2, S. 204; *ders.*, HdBWiVwR, § 33 S. 463 f.; *Ossenbühl*, AöR 1990 (115), 1, 24.

[154] BVerfGE 30, 292, 335 unter Hinweis auf *Wittig*, FS für Gebhard Müller, 1970, S. 575, 590.

tracht"[155]. Art. 14 Abs. 1 GG schützt insofern nur den vorhandenen Bestand an vermögenswerten Gütern, nur die Rechtspositionen, die einem Rechtssubjekt bereits zustehen, nicht aber die mit der gewerblichen Tätigkeit verbundenen Erwerbschancen und Verdienstmöglichkeiten[156].

Diese Abgrenzung der Schutzbereiche - Art. 12 Abs. 1 GG als eher tätigkeitsbezogen, Art. 14 Abs. 1 GG als eher objektbezogen[157] - schließt nicht aus, daß im Einzelfall beide Schutzbereiche berührt sein können[158]. Insoweit besteht zwischen Art. 12 Abs. 1 und Art. 14 Abs. 1 GG kein Verhältnis der Gesetzeskonkurrenz, sondern überwiegend ein Verhältnis der Idealkonkurrenz[159]. Art. 14 Abs. 1 GG tritt jedoch immer zurück, wenn die Ausübung des Freiheitsrechts im Vordergrund steht[160].

Welche Konsequenzen diese enge funktionale Beziehung der Schutzbereiche für die Schrankensystematik der beiden Grundrechte hat, ist noch nicht abschließend geklärt. Das Bundesverfassungsgericht hat hervorgehoben, daß unter Berücksichtigung der funktionalen Bezogenheit, *"die verfassungsrechtliche Beurteilung* [des Art. 12 Abs. 1 GG], *auch wenn sie sich nach den zu Art. 12 Abs. 1 GG entwickelnden Regeln zu richten hat, keine andere sein kann als die zu Art. 14 Abs. 1 Satz 2 GG dargelegte"*[161]. Aus dieser Aussage ergibt sich jedoch nicht, ob die Schranken des Art. 12 Abs. 1 GG auch für Art. 14 Abs. 1 GG gelten sollen oder ob lediglich festgestellt wird, daß sich die Schranken des Art. 14 Abs. 1 GG und des Art. 12 Abs. 1 GG im wesentlichen gleichen[162]. Der BGH geht unter Bezugnahme auf die Entscheidung des Bundesverfassungsgerichts im 50. Band[163] von einer weitgehenden Schrankenidentität aus[164]. *"Wenn beide Grundrechtsgarantien sich bei der berufsmäßigen Betätigung eines Selbständi-*

---

[155] BVerfGE 30, 292, 335; dieser Abgrenzung folgen *Jarass*, in Jarass/ Pieroth, GG, Art. 12 Rdnr. 3; *Kimminich*, BK, GG, Art. 14 Rdnr. 130; *Dörr*, NJW 1988, 1049, 1050; anders *Rüfner*, DVBl 1976, 689, 690 f., der Art. 14 GG bei der Gewährleistung wirtschaftlicher Freiheiten stark in den Vordergrund rückt; ähnlich auch *Scheuner*, Die staatliche Einwirkung auf die Wirtschaft, 1971, Einleitung S. 49 f.

[156] BVerfGE 20, 31, 34; 30, 292, 334 f.; so auch *Papier*, in Maunz/Dürig, GG, Art. 14 Rdnr. 222 f.

[157] *Dörr*, NJW 1988, 1049, 1050.

[158] BVerfGE 30, 292, 335; 50, 290, 361 f.; das Bundesverfassungsgericht deutet an, daß dies dann der Fall sein kann, "wenn die einem Unternehmen auferlegten Handlungspflichten so weit gingen, daß sie sich im wirtschaftlichen Ergebnis als Eingriff in die Substanz des Gewerbebetriebs darstellten".

[159] *Scholz*, in Maunz/Dürig, GG, Art. 12 Rdnr. 122.

[160] *Jarass*, in Jarass/ Pieroth, GG, Art. 14 Rdnr. 4; *Pieroth/ Schlink*, GrdRe, Rdnr. 912, 915 f.

[161] BVerfGE 50, 290, 365.

[162] *Dörr*, NJW 1988, 1049, 1050.

[163] BVerfGE 50. 290, 365.

[164] BGHZ 97, 210.

gen überschneiden, kann die verfassungsrechtliche Beurteilung der Zulässigkeit von Einschränkungen und Bindungen bei beiden funktionell aufeinander bezogenen Grundrechten im Prinzip nicht unterschiedlich ausfallen". Auch die Literatur geht davon aus, daß eine zulässige Beschränkung der Berufsausübungsfreiheit im allgemeinen auch eine rechtmäßige Inhalts- und Schrankenbestimmung des Eigentums ist[165].

e) Abgrenzung von Art. 14 Abs. 1 und Art. 2 Abs. 1 GG

Hinsichtlich der Abgrenzung zwischen Art. 14 Abs. 1 und Art. 2 Abs. 1 GG gilt zunächst Gleiches, wie bei der Abgrenzung von Art. 12 Abs. 1 und Art. 2 Abs. 1 GG. Art. 2 Abs. 1 GG kommt nur dann zu Anwendung, wenn die wirtschaftliche Betätigung nicht von einem Spezialfreiheitsgrundrecht erfaßt ist[166].

Neben Art. 14 Abs. 1 GG erlangt Art. 2 Abs. 1 GG eigenständige Bedeutung für den grundrechtlichen **Schutz des Vermögens.** Das Bundesverfassungsgericht und die überwiegende Meinung in der Literatur gehen davon aus, daß das Vermögen als solches nicht dem Eigentumsbegriff des Art. 14 Abs. 1 GG unterfällt[167]. Die Auferlegung von Geldleistungspflichten, insbesondere von Steuern, soll keinen Eingriff in das Eigentum bedeuten und nicht an Art. 14 Abs. 1 GG zu messen sein[168]. Anderes soll jedoch gelten, wenn die Geldleistungspflichten erdrosselnd oder konfiskatorisch wirkten, beziehungsweise die Vermögensverhältnisse grundlegend beeinträchtigten[169] sowie bei Abgaben, die in die Kapitalsubstanz eingreifen[170].

Dieser Auffassung wird jedoch vorgeworfen, sie lasse gegen steuerliche Eingriffe eine *"offene Flanke"* in der Eigentumsgarantie[171]. Mit der Eigentumsgarantie werde die Wahrung eines individuellen Freiraums auf vermögensrechtlichem Gebiet und einer eigenverantwortlichen Lebensgestaltung des Bürgers inten-

---

[165] *Papier,* in Maunz/Dürig, GG, Art. 14 Rdnr. 220; *Kimminich,* BK, GG, Art. 14 Rdnr. 130 f.; *Dörr,* NJW 1988, 1049, 1051; *Frotscher,* WiVwR, Rdnr. 66.
[166] *Papier,* in Maunz/Dürig, GG, Art. 14 Rdnr. 226.
[167] BVerfGE 4, 7, 17; 74, 129, 148; 78, 232, 243; 81, 108, 122; *Papier,* in Maunz/Dürig, GG, Art. 14 Rdnr. 160 ff.; *Jarass,* in Jarass/ Pieroth, GG, Art. 14 Rdnr. 12; *Pieroth/ Schlink,* GrdRe, Rdnr. 907.
[168] Aus der umfangreichen Judikatur: BVerfGE 4, 7, 17; 10, 89, 116; 19, 119, 128; 29, 402, 413; 38, 61, 102; 63, 343, 368; 70, 219, 230; 74, 129, 148; 75, 108, 154; 78, 232, 243; 81, 108, 122; 84, 212, 232; *Selmer,* Steuerinterventionismus und Verfassungsrecht (1972), S. 302 f.
[169] BVerfGE 14, 221, 241; 76, 130, 141; 78, 232, 243; 68, 287, 310 f.
[170] BVerfGE 50, 57, 105.
[171] *Hesse,* Grdzüge des VerfR, S. 194, Rdnr. 447.

diert. Durch Abgabepflichten werde gerade dieser Freiraum unmittelbar verkürzt. Die Vermögensbelastungen nähmen dem Belasteten die Möglichkeit, über sein Einkommen und Vermögen frei und entsprechend seinen individuellen Präferenzen zu verfügen[172].

Dieser Auffassung ist jedoch entgegenzuhalten, daß der von ihr intendierte Freiraum durch das Grundrecht der allgemeinen Handlungsfreiheit nach Art. 2 Abs. 1 GG geschützt wird. Dieses gewährt die Freiheit von der Auferlegung nicht verfassungsgemäßer Geldleistungspflichten und sonstiger Vermögensopfer. Würde der Schutz dieses Freiraums Art. 14 GG zugeordnet, reduzierte sich die Eigentumsgarantie auf eine Garantie der Handlungsfreiheit auf wirtschaftlichem Gebiet. Art. 14 GG böte unterschiedlichen Schutz für zwei Klassen von Eigentumsrechten. Die subjektiven Privatrechte würden (wie bisher) Bestands- und Wertschutz genießen, wohingegen der Vermögensschutz nicht über den Garantiegehalt der allgemeinen Handlungsfreiheit hinausginge[173]. Insofern ist daran festzuhalten, daß der grundrechtliche Vermögensschutz allein durch Art. 2 Abs. 1 GG gewährleistet wird.

f) Bedeutung weiterer Grundrechte für die wirtschaftlichen Freiheiten

Art. 9 GG schützt in seinem ersten Absatz die (allgemeine) Vereinigungsfreiheit und im dritten Absatz die Koalitionsfreiheit[174]. Die Vereinigungsfreiheit des Art. 9 Abs. 1 GG gewährleistet das Recht, Vereine und Gesellschaften zu bilden sowie deren Betätigungen[175]. Da wirtschaftliche Tätigkeiten häufig von Personenvereinigungen durchgeführt werden, hat Art. 9 Abs. 1 GG für den Wirtschaftssektor erhebliche Bedeutung. Art. 9 Abs. 1 GG gewährleistet sowohl die Gründung von wirtschaftlichen Vereinigungen, wie etwa der KG, OHG, GmbH oder AG, als auch die Tätigkeiten der Vereinigung zur Sicherung ihrer Existenz- und Funktionsfähigkeit und das Verfahren der Willensbildung. Von Art. 9 Abs. 1 GG nicht geschützt sind die Tätigkeiten der Vereinigung, die keinen Be-

---

[172] *Friauf*, DÖV 1980, 480, 481 f.; *ders.*, Jura 1970, 309 ff.; *Schmidt-Bleibtreu/ Klein*, DÖV 1980, 489, 493 ff.; *R. Schmidt*, Wirtschaftspolitik und Verfassung, S. 250 m.w.N. Für eine Einbeziehung des Vermögens in den Schutzbereich des Art. 14 Abs. 1 GG auch: *Kimminich*, in BonnKomm, Art. 14 Rdnr. 65; *E.R. Huber*, WiVwR II, S. 20 ff.

[173] *Papier*, in Maunz/Dürig, GG, Art. 14 Rdnr. 160; *Rittstieg*, AltK GG Art. 14/15 Rdnr. 125 f.

[174] Das Verhältnis von Absatz 1 zu Absatz 3 ist streitig, die überwiegende Auffassung sieht den dritten Absatz als lex specialis zum ersten. Vgl. *Jarass*, in Jarass/ Pieroth, GG, Art. 9 Rdnr. 22; *Scholz*, in Maunz/Dürig, GG, Art. 9 Rdnr. 335; *Hesse*, Grundzüge des Verfassungsrechts, S. 179, Rdnr. 415; a.A.: *Kittner*, in AltK GG, Art. 9 Abs. 3, Rdnr. 1, 24, 26; so wohl auch *Stober*, WiVwR § 20 I 1, S. 187 f.

[175] Vgl. statt aller *Jarass*, in Jarass/ Pieroth, GG, Art. 9 Rdnr. 6 ff.

zug zur vereinsmäßigen Struktur haben. Hinsichtlich dieser sind allein die Individualgrundrechte einschlägig[176].

Ungeklärt ist, ob von Art. 9 Abs. 1 GG auch Kapitalgesellschaften erfaßt werden. Hinsichtlich des *"menschenrechtlichen Gehalts"* der Grundrechte hat das Bundesverfassungsgericht an der Anwendbarkeit des Art. 9 Abs. 1 GG gezweifelt, die Frage letztlich jedoch offengelassen[177]. Die Literatur geht davon aus, daß die Vereinigungsfreiheit auch von Kapitalgesellschaften beansprucht werden kann, jedoch eine stärkere gesetzliche Ausgestaltung möglich ist[178].

Art. 9 Abs. 3 GG bildet mit der Koalitionsfreiheit die Basis des kollektiven Arbeitsrechts. Garantiert wird ein von staatlicher Rechtssetzung freier Raum, der es Arbeitnehmern und Arbeitgebern ermöglicht, die Arbeits- und Wirtschaftsbedingungen *"selbst und eigenverantwortlich, grundsätzlich frei von staatlicher Einflußnahme"* zu bestimmen[179].

Art. 11 GG gewährt allen Deutschen die Freizügigkeit im ganzen Bundesgebiet. Als Gewährleistung der freien Wahl von Wohnsitz und Aufenthaltsort, ist Art. 11 GG unverzichtbare Voraussetzung für die effektive Ausübung von Grundrechten, wie der Berufsfreiheit oder des Eigentumsrechts[180]. Der Schutz des Grundrechts erstreckt sich auch auf die Mitnahme der persönlichen Habe. Die Ausübung wirtschaftlicher Freiheiten ist ohne die freie Mobilität von Arbeitskräften und Vermögen nicht denkbar. Anders als die Vorgängervorschriften schützt Art. 11 Abs. 1 GG jedoch nicht die wirtschaftliche Niederlassungsfreiheit oder die Mitnahme beruflichen Eigentums bei einem Niederlassungswechsel; insoweit ist Art. 12 Abs. 1 GG einschlägig[181].

Für die wirtschaftlichen Freiheiten im Bereich der Leistungsverwertung[182] erlangt **Art. 5 Abs. 1 GG** Bedeutung, der einerseits auch die kommerzielle Wer-

---

[176] Vgl. *Jarass*, in Jarass/ Pieroth, GG, Art. 9 Rdnr. 10.
[177] BVerfGE 50, 290, 353 ff.
[178] *Scholz*, in Maunz/Dürig, GG, Art. 9 Rdnr. 60; *Rinken*, in AltK GG, Art. 9 Rdnr. 48; *Jarass*, in Jarass/ Pieroth, GG, Art. 9 Rdnr. 4.
[179] BVerfGE 44, 322, 340 f.; 50, 290, 367; 64, 208, 215.
[180] *Randelzhofer*, in BonnKomm, Art. 11 Rdnr. 9; *Hailbronner*, in HdBStR VI § 131 Rdnr. 19.
[181] BVerwGE 12, 140, 162; *Scholz*, in Maunz/Dürig, GG, Art. 12 Rdnr. 191; *Jarass*, in Jarass/ Pieroth, GG, Art. 11 Rdnr. 1, 4; a. A. *Rittstieg*, in AltK GG Art. 11 Rdnr. 36.
[182] Vgl. oben § 6 II 2 a ee.

bung schützt[183] und anderseits den für die Marktforschung wichtigen Zugang zu allgemein zugänglichen Quellen garantiert.

Neben den Freiheitsgrundrechten findet auch der Gleichheitsgrundsatz des **Art. 3 GG** Erwähnung bei der Gewährleistung wirtschaftlicher Freiheiten, insbesondere der Wettbewerbsfreiheit. Da dem Gesetzgeber gerade auch bei wirtschaftslenkenden oder -ordnenden Maßnahmen ein weiter Beurteilungsspielraum zugestanden wird, enthält der Gleichheitssatz oft nicht mehr als ein Willkürverbot. Im Regelfall ist die vorgenommene Differenzierung Ausdruck der gesetzgeberischen Zielvorstellungen. Erst wenn die Differenzierung im Hinblick auf das gesetzgeberische Ziel vollkommen unverständlich ist, ist Art. 3 GG verletzt[184]. Im Bereich des Wirtschaftsverwaltungsrecht erlangt Art. 3 GG Bedeutung durch den Grundsatz der Selbstbindung der Verwaltung[185].

V. Personaler Schutzbereich

Die wirtschaftlichen Freiheiten können zwar von jedermann in Anspruch genommen werden, in der Literatur wird aber seit langem heftig die Frage diskutiert, ob auch Anteilseigner oder die nicht am Unternehmen beteiligte Geschäftsführung sich auf die besonderen Garantien der Unternehmerfreiheit berufen kann. Die Diskussion um Inhalt oder grundrechtliche Verankerung der wirtschaftlichen Freiheiten, insbesondere der Unternehmerfreiheit, geht von der Figur des "Eigentümer-Unternehmers" aus. Bei diesem sind wirtschaftliche Leitung und Betriebseigentum in einer Person vereint. Für die hier vorzunehmende Untersuchung über den Einfluß von Haftungsregelungen auf die wirtschaftlichen Freiheiten ist diese Frage jedoch nicht entscheidungserheblich, so daß ihr nicht weiter nachgegangen wird[186].

---

[183] *Schmidt-Jortzig*, in HdBStR § 141 Rdnr. 21; *Degenhart*, in BonnKomm GG, Art. 5 Rdnr. 125 ff.; *Jarass*, in Jarass/ Pieroth, GG, Art. 5 Rdnr. 2 a; vgl. grundsätzlich *Stober*, HdBWiVwR § 37.

[184] BVerfGE 12, 354, 367; *Jarass*, WiVwR, § 3 S. 38 f., Rdnr. 64 ff.; *Stober*, WiVwR § 23 III, 2, S. 216; *ders.*, HdBWiVwR § 35 S. 524 f.

[185] *Stober*, HdBWiVwR § 35 S. 526.

[186] Aus der umfangreichen Literatur vgl. insbesondere: *E.R. Huber*, WiVwR, Bd. 2, S. 470 f.; *ders.*, Grundgesetz und wirtschaftliche Mitbestimmung (1970), S. 28 ff.; *Rüfner*, DVBl 1976, 689 ff.; *Papier*, VVDStRL 35 (1977), 55, 56 ff.; *ders.*, in Maunz/Dürig, GG, Art. 14 Rdnr. 185 f.; *Breuer*, HdBStR VI, § 147 Rdnr. 30; *Leisner*, HdBStR VI, § 149 Rdnr. 112 ff.; *F. Böhm*, in FS Kronstein (1967), S. 11, 29 ff.; *Püttner*, DÖV 1976, 433 ff.; *Rittstieg*, in AltK GG, Art. 12 Rdnr. 166; *Pernthaler*, Qualifizierte Mitbestimmung und Verfassung (1972), S. 160 f.

§ 7 Eingriff in die wirtschaftlichen Freiheiten

I. Eingriff in die Unternehmerfreiheit

Die Ausstrahlung der Grundrechte auf das Privatrecht wird im Streit um die (un)mittelbare Wirkung der Grundrechte im Privatrecht seit Jahrzehnten intensiv diskutiert. Hierbei steht der Schutz der Verletzten im Vordergrund. Gefragt wird, ob die dem Staat obliegende Schutzpflicht fordere, daß über Generalklauseln und unbestimmte Rechtsbegriffe die Rechte der Verletzten gegenüber Dritten durchgesetzt werden.

Im folgenden stehen die Grundrechte der Anspruchsgegner im Zentrum der Diskussion. Untersucht wird, wann die Verpflichtung zur Haftung einen Eingriff oder eine Verletzung von Grundrechten bewirkt und worin dieser Eingriff, diese Verletzung besteht.

Daß die Verpflichtung zur Haftung eine Grundrechtsverletzung bedeuten kann, ist unstreitig. Eine Verletzung von Grundrechten ist zweifache Weise möglich. Sowohl die Verpflichtung zur Haftung kann eine Grundrechtsverletzung darstellen[1] als auch die Nichtgewährung von Schadensersatzansprüchen[2]. Der Schwerpunkt der vorliegenden Untersuchung liegt auf auf dem ersten Gesichtspunkt, lediglich im Rahmen der Prüfung der Verhältnismäßigkeits des Eingriffs ist auf den zweiten Aspekt einzugehen, da dort die widerstreitenden Grundrechte Geschädigter Berücksichtigung finden müssen.

1. Funktionen des Haftungsrechts

Die Funktionen des Haftungsrechts können Aufschluß über die Wirkungen des Haftungsrechts auf den Einzelnen und die Gesellschaft geben. Haftungstatbeständen werden im System der bürgerlich rechtlichen Normen unterschiedliche Aufgaben zugewiesen. Primäres Ziel jeder Haftungsnorm ist, Ausgleich für die den Geschädigten entstandenen materiellen und/oder immateriellen Nachteile zu schaffen. Die Belegung einer schadensträchtigen Tätigkeit mit einem Haftungsrisiko kann jedoch auch die Erwartung begründen, daß der potentielle Schädiger zur Schadensvermeidung angehalten wird. Überdies trifft der Gesetzgeber mit der Schaffung von Haftungsnormen eine Entscheidung über die Schadenstragung. Das System des Haftungsrechts entscheidet über die Zuteilung der einge-

---

[1] Vgl. BVerfGE 7, 198; 34, 269; 54, 129; 68, 226; 82, 272; 86, 1.
[2] Vgl. BVerfGE 25, 256; 49, 304.

tretenen Schäden. Diese Haftungsfunktionen werden als Ausgleichs-, Präventiv- und Kostenanlastungsfunktion bezeichnet[3].

Lediglich die Ausgleichsfunktion ist unstreitig als Funktion des Haftungsrechts anerkannt. Insbesondere hinsichtlich der Präventivfunktion werden Vorbehalte erhoben. Es wird bezweifelt, daß Haftungsnormen präventive Effekte bewirken können, und es werden auch Bedenken erhoben, ob das Haftungsrecht zu derartigen Funktionen berufen ist[4].

Um diese Funktionen zu erfüllen, nimmt das Haftungsrecht Einfluß auf Schädiger und Geschädigte. Die vom Haftungsrecht auf die Grundrechtssubjekte ausstrahlenden Wirkungen erschließen sich nur unter Bezugnahme auf die dem Haftungsrecht zugerechneten Funktionen.

a) Ausgleichsfunktion

Die **Ausgleichsfunktion** gewährleistet, daß der Geschädigte einen grundsätzlich vollen, regelmäßig finanziellen Ausgleich erhält. Die eingetretene Verletzung soll dem Verletzten gegenüber wieder ungeschehen gemacht werden[5]. Hauptzweck des Haftungsrechts ist die Schadensabnahme[6], nicht dagegen die Bestrafung des Schädigers[7]. Die Einbeziehung strafrechtlicher Gesichtspunkte in das zivile Schadensersatzrecht ist von den Verfassern des BGB bewußt abgelehnt worden[8]. Zwar wohnt diesem Ausgleich auch ein Element der Befriedungsfunktion des Rechts inne, da das verletzte Recht des Geschädigten durch den Ausgleich bestätigt sowie gleichsam fortgesetzt wird[9], doch erfolgt diese Befriedung nicht durch eine Bestrafung des Täters[10].

---

[3] Weitere Funktionen bei *Mertens*, in Münch/Komm, BGB, vor §§ 823-853 Rdnr. 44 ff.
[4] Vgl. unten § 7 I 2 b bb.
[5] *Esser/ Weyers*, SchuldR II, BT § 53 4b (S. 526); *Bullinger*, FS E. v. Caemmerer, 1978, S. 297, 298 f.
[6] *Deutsch*, HaftungsR I, 1976, S. 69; BGB-RGRK, *Steffen*, vor § 823 Rdnr. 6; *Schlechtriem*, SchuldR BT, Kap. 29 § 1, Rdnr. 729.
[7] MünchKomm/ *Mertens*, BGB, vor §§ 823-853, Rdnr. 41; BGB-RGRK, *Steffen*, vor § 823 Rdnr. 6.
[8] Mot. II, S. 17.
[9] Vgl. hierzu *Larenz*, SchuldR I, AT § 27 I (S. 425). LARENZ sieht den **Rechtsfortsetzungsgedanken** als einen im Ausgleichsgedanken enthaltenen Aspekt. Der Schadensersatzanspruch trete an die Stelle des verletzten Rechts. Das verletzte Recht setze sich in ihm gleichsam fort.
[10] MünchKomm/ *Mertens*, BGB, vor §§ 823-853 Rdnr. 43.

b) Präventivfunktion

Mit der Präventivfunktion wird ein Beitrag zur Schadensvermeidung geleistet. An eine unerwünschte Verhaltensweise wird für den Fall, daß aus ihr einem anderen ein Schaden entsteht, ein Nachteil in Gestalt der Schadensersatzpflicht geknüpft, um von einer solchen Verhaltensweise generell abzuschrecken und dadurch, derartige Schäden nach Möglichkeit zu verhüten[11]. Die Androhung der Haftung soll mögliche Schädiger zu einem Verhalten veranlassen, das präventiv die Entstehung von Schäden verhindert. Grundsätzlich wird davon ausgegangen, daß die Präventivfunktion des Haftungsrechts tendenziell um so stärker ist, je mehr die Vermeidung der Haftung zu Kostenvorteilen führt[12].

c) Kostenanlastungsfunktion

Neben diesen beiden Funktionen, die seit langem im Zentrum der Betrachtung stehen, werden dem Haftungsrecht noch Funktionen zugeschrieben, die sich unter dem Begriff der **Kostenanlastungsfunktion** zusammenfassen lassen. Mit dieser Funktion wird die Absicht des Gesetzgebers gekennzeichnet, durch die Aufstellung von Haftungsvorschriften die Schadenstragung demjenigen zuzuteilen, dem sie nach seiner Ansicht aus distributiven Gesichtspunkten gebührt. Haftungsnormen dienen immer dann einem Verteilungsziel, wenn der Schadensersatzanspruch des Verletzten oder auch dessen Versagung auf ökonomischen, sozialpolitischen oder ähnlichen normativen Erwägungen beruht[13]. Solche Überlegungen liegen beispielsweise den Regelungen des Arbeitsunfallrechts zugrunde. Aber auch die Gefährdungshaftung enthält ein distributives Element, wenn sie aus Gründen der verteilenden Gerechtigkeit nicht den Unfallopfern, sondern den Betriebsunternehmern die Schadensfolgen der trotz sorgfältigen Verhaltens eingetretenen Unfälle anlastet[14].

Auch die Nichtgewährung von Schadensersatz kann Ausdruck einer verteilungspolitischen Absicht sein. Eine solche liegt auch dem Grundsatz *casum sentit dominus* zugrunde, der die Schadenstragung grundsätzlich demjenigen anlastet, der den Schaden erlitten hat[15].

---

[11] *Larenz*, SchuldR I AT, § 27 I (S. 423); vgl. auch *Kötz*, FS für E. Steindorff, 1990, 643, 656.

[12] MünchKomm/ *Mertens*, BGB, vor §§ 823 Rdnr. 44.

[13] *Kötz*, FS für E. Steindorff, 1990, 643, 658 ff.; vgl. auch MünchKomm/ *Mertens*, BGB, vor §§ 823-853 Rdnr. 45 ff.

[14] *Kötz*, FS für E. Steindorff, 1990, 643, 660.

[15] Vgl. zu diesem Grundsatz *Brüggemeier*, DeliktsR Rdnr. 15 ff.; *Benöhr*, Tijdschrift voor Rechtsgeschiedenis 1979, 1 ff.

2. Haftungsfunktionen und Grundrechtseingriff

a) Auferlegung der Zahlungsverpflichtung

Die **Schadensausgleichsfunktion** verlangt, daß dem Geschädigten gegenüber die Verletzung wieder ungeschehen gemacht werden soll. Wer diesen Ausgleich leistet, ist für die Erreichung dieses Haftungszieles zunächst unerheblich. Auch die Leistung eines kollektiven Schadensträgers würde diesem Zweck gerecht werden. Die in Frage stehenden Haftungstatbestände sehen eine Belastung des Verursachers der Schäden mit dieser Verpflichtung vor. Primäre Konsequenz der Verpflichtung zum Schadensersatz ist somit die **Auferlegung einer Zahlungsverpflichtung**.

Die Untersuchung soll auf diesen Aspekt des Schadensausgleichs beschränkt bleiben; die mögliche Verpflichtung des Schädiger zur Naturalrestitution[16] kann außer Betracht bleiben, da sie einerseits im Bereich der Unfallschadensregulierung keine praktische Bedeutung hat und andererseits sich hinsichtlich der wirtschaftlichen Belastung des Schädigers keine Unterschiede ergeben. Hinsichtlich der Belastung mit einer Schadensersatzforderung gilt nichts anderes als bei sonstigen Auferlegungen von Zahlungspflichten[17].

b) Verhaltensappell der Haftungsnormen

Wesentlich schwieriger als die Konsequenzen der Ausgleichsfunktion sind die Wirkungen der **Präventivfunktion** auf den Schädiger zu beurteilen. Soll das Haftungsrecht auch präventiv den Eintritt von Schäden verhindern, muß von den Haftungsnormen ein **Verhaltensappell** an die potentiellen Schädiger ausgehen, der diese zu einem bestimmten schadensvermeidenden Verhalten veranlaßt. Ob ein solcher Verhaltensappell Haftungsnormen entnommen werden kann, ob dieser Aussicht auf Befolgung hat und ob alle Haftungsnormen der Präventivfunktion gerecht werden, wird vielfach bezweifelt[18]. Im folgenden ist deshalb zunächst zu klären, inwieweit Haftungsnormen derartige Verhaltensappelle entnommen werden können, bevor der grundrechtlichen Relevanz dieser Verhaltensappelle nachgegangen werden kann.

---

[16] Vgl. Art. 4 Abs. 1b AbfallhaftRLE (vgl. oben § 3 B I 3); die §§ 122 UGB-AT-Entwurf verweisen auf die Regelungen des BGB und somit auch auf § 249 S. 1 BGB, vgl. oben § 2 A III2 2.

[17] Vgl. im einzelnen unten § 7 II 1 c.

[18] Weyers, Unfallschäden, 1971, S. 452 ff., m.w.N.

aa) Historische Auffassung

Der historische Gesetzgeber gibt keinen Hinweis darauf, daß er bei der Schaffung der Haftungstatbestände neben dem Ziel, dem Geschädigten Ausgleich für die entstandenen Schäden zu gewähren, den Haftungsnormen auch präventive Wirkung zuerkennen wollte[19]. Nichtsdestoweniger wird seit Bestehen des Bürgerlichen Gesetzbuches davon ausgegangen, daß durch die Androhung der Auferlegung von Schadensersatzforderungen potentielle Schädiger zu einem schadensvermeidenden oder zumindest schadensmindernden Verhalten motiviert werden. v. LISZT sieht die Aufgabe des Schadensersatzes nicht nur im Ausgleich der in der Rechtssphäre des Verletzten eingetretenen Störung. Aufgabe des Schadensersatzes sei vielmehr auch die Bekämpfung des Unrechts und damit die Sicherung der Rechtsordnung[20]. Auch in der Folgezeit wird überwiegend der Standpunkt vertreten, daß dem Deliktsrecht neben anderen Zwecken, aber doch an vorderer Stelle, der Zweck der Prävention zukomme[21].

bb) Zweifel an der präventiven Wirkung (WEYERS)

Grundlegende Zweifel an der Präventionswirkung von Haftungsnormen werden erstmalig von WEYERS geäußert. Für ihn ist die Frage nach der präventiven Wirkung des Haftpflichtrechts ein empirisches Problem, das auf die Prüfung hinauslaufe, ob die Ankündigung und Auferlegung haftpflichtrechtlicher Folgen die Menschen in ihrem Verhalten so beeinflussen könne, daß sich die Unfallgefahr verringere. Es gehe schlicht um die Feststellung von Ursachen und Wirkungen[22]. Empirische Untersuchungen über diese Wirkungszusammenhänge fehlten[23]. WEYERS hält das Haftungsrecht insofern nicht für geeignet, konkrete Verhaltensstandards aufzustellen, die allein kraft ihrer Existenz und der Überzeugung von ihrer Richtigkeit wirkten. Dem stehe schon die weitgehende Technizität und Unpersönlichkeit des modernen Haftpflichtverfahrens entgegen[24]. Eine Präven-

---

[19] Dies wird schon 1898 von v. LISZT bemängelt: *"Der Gesetzgeber läßt jede Klarheit über die sociale Funktion des Schadensersatzes vermissen, der die Unrechtsfolge des privatrechtlichen Delikts bildet.",* v. *Liszt,* Die Deliktsobligationen im System des Bürgerlichen Rechts, S. 1. Vgl. auch *Weyers,* Unfallschäden, 1971, S. 453.

[20] v. *Liszt,* Die Deliktsobligationen im System des Bürgerlichen Rechts, 1898, S. 1; vgl. auch *Rümelin,* AcP 88 (1898), 285, 296.

[21] Vgl. beispielsweise *Bötticher,* AcP 158 (1959/60), 385; *Deutsch,* JZ 1968, 727 f.; *Esser,* Grundlagen und Entwicklung der Gefährdungshaftung, 1941, S. 74 Fn. 4; *Larenz,* NJW 1959, 865. Weitere Nachweise bei *Weyers,* Unfallschäden, 1971, S. 452 ff., mit Nachweisen zum damaligen internationalen Meinungsstand.

[22] *Weyers,* Unfallschäden, 1971, S. 456.

[23] *Weyers,* Unfallschäden, 1971, S. 452.

[24] *Weyers,* Unfallschäden, 1971, S. 457.

tionswirkung des Haftpflichtrechts sei lediglich von dem Umstand zu erhoffen, daß ein potentieller Schädiger die ökonomische Belastung scheue, welche die Erfüllung eines Haftpflichttatbestandes mit sich bringen könne[25]. Eine nennenswerte präventive Wirkung sei deshalb nur bei Tätigkeiten zu erwarten, deren Unfallträchtigkeit durch Planung zu beeinflussen sei[26].

cc) Ökonomische Analyse des Rechts

Die neueren Überlegungen zu Funktionen und Aufgaben des Haftungsrechts stehen zunehmend unter dem Einfluß der ökonomischen Analyse des Rechts. Die ökonomische Analyse des Rechts leitet ihre Aussagen von der Wohlfahrtstheorie und der Mikroökonomie ab[27]. Untersuchungsgegenstand ist das Problem, wie die Institutionen und Entscheidungsverfahren einer Gesellschaft beschaffen sein müssen, damit die Menschen mit den vorhandenen knappen Ressourcen ein Maximum an Befriedigung ihrer Bedürfnisse erreichen können[28]. Die ökonomische Analyse des Rechts beruht auf dem wirtschaftspolitischen Ziel, den Einsatz von Ressourcen so zu steuern, daß Allokationseffizienz[29] hergestellt und damit für die Gesellschaft insgesamt ein Wohlfahrtseffekt erreicht wird.

Die von der Gesellschaft festzusetzenden Normen haben dabei die Aufgabe, Rechte und Verantwortlichkeiten nach der Maxime zuzuteilen, daß der gesamtgesellschaftliche Wert maximiert bzw. die gesamtgesellschaftlichen Kosten minimiert werden. Die knappen Ressourcen einer Gesellschaft sollen nicht verschwendet werden. Die Maximierung der gesamtgesellschaftlichen Effizienz soll dadurch erreicht werden, daß dem einzelnen die Chance zur Maximierung seiner Zwecke und Bedürfnisse eröffnet wird (Prinzip der individuellen Nutzenmaximierung). Denn die ökonomische Analyse des Rechts definiert die gesamtgesellschaftliche Wohlfahrt als die Summe der Nutzenni-veaus aller Beteiligten - anders ausgedrückt: "Eigennutz fördert Gemeinnutz".

Die ökonomische Analyse verbindet diese Aussage mit der (modellhaften) Vorstellung eines "eigennützigen" Menschen, der in seinen Entscheidungen nicht von moralischen Kategorien oder von Pflichtbewußtsein beeinflußt wird, sondern die Nutzenmaximierung aufgrund einer Abwägung der verschiedenen Ent-

[25] *Weyers*, Unfallschäden, 1981, S. 458.
[26] *Weyers*, Unfallschäden, 1971, S. 480.
[27] *Schäfer/ Ott*, Lehrbuch der ökonomischen Analyse des Zivilrechts, 1986, S. 134.
[28] Vgl. *Kötz*, DeliktsR, Rdnr. 41.
[29] Zum Begriff der Allokationseffizienz vgl. *Schäfer/ Ott*, Lehrbuch der ökonomischen Analyse des Zivilrechts, 1986, S. 4 ff.

scheidungsalternativen rein rational wirtschaftlich denkend bewerkstelligt. Die ökonomische Analyse des Rechts sieht als Aufgabe des Rechts, das rational wirtschaftliche Nutzenstreben des einzelnen in der Weise zu begrenzen oder zu stimulieren, daß das so gesteuerte menschliche Verhalten zur optimalen Nutzung der knappen Ressourcen führt[30].

In diesem Zusammenhang ist es Aufgabe des Haftungsrechts, das Verhalten des Bürgers so zu steuern, daß alle Schadensereignisse verhütet werden, die zu verhüten wegen des damit verbundenen Gewinns an gesamtgesellschaftlicher Wohlfahrt sinnvoll ist[31].

Die ökonomische Analyse der Rechts ist seitens der Rechtswissenschaft teilweise heftig kritisiert oder vielfach auch ignoriert worden[32]. Aus der Vielzahl der Kritikpunkte[33] lassen sich im wesentlichen drei Punkte herausarbeiten, die im Zentrum der Kritik stehen: der Vorrang des Effizienzkriteriums, der Universalitätsanspruch der ökonomischen Analyse sowie die Realitätsferne ökonomischer Modelle.

Kritisiert wird der beanspruchte Vorrang des Effizienzkriteriums vor anderen möglichen Verteilungs- und Gerechtigkeitskriterien[34]. Bei der Beurteilung, ob ein sozialer Zustand, welcher Folge einer bestimmten rechtlichen Regelung ist, gesellschaftlich besser oder schlechter ist als ein alternativer Zustand, beschränkt die ökonomische Analyse ihre normativen Aussagen allein auf das Kriterium der Allokationseffizienz, deren Erreichung als wünschenswerter sozialer Zustand angesehen wird[35]. Andere Gerechtigkeitskriterien - insbesondere solche der Verteilungsgerechtigkeit - können vom theoretischen Ansatz der ökonomischen Analyse nicht berücksichtigt werden[36].

Auf Ablehnung stößt in diesem Zusammenhang auch der Universalitätsanspruch der ökonomischen Analyse, für alle rechtlich relevanten Lebensbereiche unter Einschaltung des Effizienzkriteriums praktikable Lösungen zu finden. Der ökonomischen Analyse wird vorgeworfen, daß das kosten- und nutzenorientierte Effizienztheorem der ökonomischen Rechtsanalyse die Komplexität des Rechts anhand einseitiger Wirkungszusammenhänge und Folgenbetrachtungen reduzie-

---

[30] Vgl. *Taupitz*, AcP 196 (1996), 114, 117 f.
[31] *Kötz*, DeliktsR, Rdnr. 119.
[32] Vgl. insbesondere: *Fezer*, JZ 1986, 817 ff.; *ders.*, JZ 1988, 223 ff.; *ders.* JuS 1991, 889 ff., kritisch auch *Schünemann*, ARSP 72 (1986), 502 ff.; *Rahmsdorf*, Rechtstheorie 18 (1987), 487 ff.
[33] Vgl. die Aufzählung bei *Fezer*, JZ 1988, 223, 224 f.
[34] *Fezer*, JZ 1988, 223, 224.
[33] *Ott/Schäfer*, JZ 1988, 213, 215.
[36] *Ott/Schäfer*, JZ 1988, 213, 215; *Taupitz*, AcP 196 (1996), 114, 123 f.

re. Der monumentale Theorieansatz verkürze die Multifunktionalität des Rechts[37].

Vorgeworfen wird der ökonomischen Analyse auch die Realitätsferne der ihrer Theorie zugrundeliegenden Modelle. Im Zentrum der Kritik steht hierbei das Modell des "homo oeconomicus". Modellcharakter und Realitätsferne wesentlicher Hypothesen der ökonomischen Rechtstheorie belasteten und erschwerten die Verwertbarkeit der wirtschaftswissenschaftlichen Aussagen für die Gestaltung des Rechts als einer Handelnsordnung, die sich auf reale Tatbestände der sozialen Steuerung beziehe[38]. Das der ökonomischen Analyse zugrundeliegende Menschenbild sei mit der Vorstellung des Menschen aus rechtlicher Sicht nicht vereinbar. Dem schieren Nutzenmaximierer der ökonomischen Analyse[39] stehe das offene Menschenbild des geltenden Rechts aus den grundrechtlichen Vorgaben des Verfassungsrechts diametral gegenüber[40].

Soweit Überlegungen der ökonomischen Analyse des Rechts für die Untersuchung herangezogen werden, ist dem folgendes vorauszuschicken:

Daß die Erreichung von Allokationseffizienz nicht alleinige Richtschnur für die Normgebung sein kann, ist offenkundig. Rechts- und Sozialstaat erfordern die Berücksichtigung von anderen Verteilungs- und Gerechtigkeitskriterien. Selbst die Befürworter der ökonomischen Analyse des Rechts postulieren die Herstellung von Allokationseffizienz nicht mehr als universelles Kriterium einer Sozialethik[41]. Auch die Herstellung von Verteilungsgerechtigkeit oder der Schutz bestimmter unantastbarer persönlicher Rechte sei Gegenstand der Rechtsordnung, und es könne notwendig sein, zum Schutz höherwertiger Rechtsgüter auch Effizienzverluste in Kauf zu nehmen[42]. Dies muß umso mehr für Rechtsgebiete gelten, denen anders als beispielsweise verschiedenen Normen des Haftungsrechts, wie etwa den § 251 Abs. 1 und Abs. 2 BGB, keine Effizienzerwägungen zugrundeliegen.

Auch ist es zweifellos zutreffend, daß die Hypothesen der ökonomischen Analyse ein wesentliches Stück Realität ausblenden. Jedoch sind die Alternative zu wirtschaftswissenschaftlichen Theorien mit begrenztem Erklärungswert nicht Theorien größerer Reichweite, sondern der Verzicht auf Theorien überhaupt. Den Wirtschaftswissenschaften kann es nicht um die Erklärung von Einzelfällen

---

[37] *Fezer*, JZ 1988, 223, 224.
[38] *Fezer*, JZ 1988, 223, 224.
[39] So *Fezer*, JZ 1986, 817, 822.
[40] *Fezer*, JZ 1988, 223, 224.
[41] *Ott/ Schäfer*, JZ 1988, 213, 219.
[42] *Ott/ Schäfer*, JZ 1988, 213, 219 ff.

gehen, sondern nur um die Darstellung von Tendenzen und Gesamtzusammen-hängen[43]. Dies gilt auch für das Modell des "homo oeconomicus". Die Verhal-tenshypothese dieses Modells besagt, daß ein Individuum, vor die Wahl zwi-schen zwei Zuständen gestellt, denjenigen wählen wird, der ihm den ver-gleichsweise höheren Nutzen ermöglicht[44]. Die Auswahl dieser Verhal-tenshypothese beruht auf dem methodischen Argument, daß mit dieser Hypothe-se eine Anzahl von wirtschaftlichen Vorgängen und sozialen Phänomenen bes-ser als mit konkurrierenden Hypothesen erklärt werden kann. In Ermangelung alternativer Hypothesen mit vergleichbar hoher Prognoseleistung ist auf diesen Erklärungsansatz zurückzugreifen[45].

Läßt man den normativen Anspruch der ökonomischen Analyse - soweit dieser noch vertreten wird -, mittels des Effizienzkriteriums rechtspolitische Ziele vor-zugeben, außer Betracht, so kann bei der Beurteilung der Wirkungen von Haf-tungsnormen auf das Handeln der Haftungsadressaten zumindest auf die von der ökonomischen Analyse erarbeiteten Ergebnisse hinsichtlich der Folgenprognose von Rechtsnormen zurückgegriffen werden. Wie schon der Name der ökonomi-schen *Analyse* ausdrückt, will sie Rechtsnormen nicht nur bewerten und formen, sondern in erster Linie analysieren. Die ökonomische Analyse des Rechts kann eine Realitätskontrolle des geltenden Rechts bewerkstelligen, nämlich fragen, ob das Recht die politisch vorgegebenen Ziele mit den gewählten Mitteln effektiv erreichen kann[46]. Übernehmbar sind die logische Abfolge der Prüfungsschritte, das Operieren mit Folgenanalysen und auch das Leitbild des "homo oeconomi-cus"[47].

Die ökonomische Analyse des Rechts geht davon aus, daß sich Unfallgefahren verringern lassen, wenn der Handelnde Maßnahmen zur Unfallverhütung er-greift, und zwar in der Art, daß Häufigkeit und Schwere der Unfälle sich um so stärker verringern lassen, je mehr Sicherungsmaßnahmen getroffen werden. So-wohl Unfallschäden als auch diese Sicherungsmaßnahmen führen zu Vermögen-seinbußen der beteiligten Parteien. Gemeinsam ergeben sie den gesamtgesell-schaftlichen Wohlfahrtsverlust. Den richtigen Aufwand zur Wahl des für alle Parteien optimalen Verhütungsaufwandes bestimmt das Haftungsrecht für den einzelnen Beteiligten dann, wenn es den Verhütungsaufwand fordert, der zu-

[43] *Ott/ Schäfer*, JZ 1988, 213, 219.

[44] *Ott/ Schäfer*, JZ 1988, 213, 219.

[45] vgl. *Ott/ Schäfer*, JZ 1988, 213, 219; so auch *Blaschczok*, Gefährdungshaftung und Risi-kozuweisung, 1993, S. 395.

[46] *Taupitz*, AcP 196 (1996), 114, 122.

[47] *Blaschczok*, Gefährdungshaftung und Risikozuweisung, 1993, S. 396.

sammen mit den trotz der Sicherungsmaßnahmen eingetretenen Schäden zu den geringsten Wohlfahrtsverlusten führt[48].

Die Funktion des Schadensersatzes besteht demnach darin, Anreize dafür zu schaffen, daß die sozial nützliche Menge an Ressourcen zur Abwehr von künftigen Schäden aufgewendet wird. Funktion und Legitimation des Schadensersatzes bestehen darin, Schadenskosten und Vermeideaufwand auf ein gesamtgesellschaftlich optimales Niveau zu steuern[49].

Von diesem Standpunkt aus würde das Haftungsrecht ohne die Zuerkennung einer Präventivfunktion seine Legitimation verlieren. Der bloße Ausgleich eingetretener Schäden ist für sich allein wohlfahrtstheoretisch nicht begründbar, da dies nur zu einer Umverteilung von Verlusten führen und zusätzliche (Transaktions-) Kosten verursachen würde[50]. Die ökonomische Analyse des Rechts geht von der Prämisse aus, daß mit jeder Schadenszuteilung notwendigerweise eine Anreizordnung geschaffen wird. Jede Gewährung oder Versagung von Schadensersatzzahlungen bedeute gleichermaßen die Festlegung von Gewinn- und Verlustmöglichkeiten und stelle damit einen Anreiz dar. Es wird zwar eingeräumt, daß die Antwort der Individuen auf diese Anreize unterschiedlich ausfallen könne. Aber die Existenz der anreizschaffenden Kraft von Haftungsregelungen könne auch durch eine möglicherweise schwache Reaktion der Individuen nicht in Frage gestellt werden[51].

Diese Überlegungen können sich mittlerweile auch auf einige empirische Untersuchungen stützen[52]. Hingewiesen sei auf die Untersuchung von KÖTZ/ SCHÄFER[53]. Diese haben versucht, die Auswirkungen des Beitragsausgleichsverfahrens nach § 725 Abs. 2 RVO, aufgrund dessen Mitgliedsunternehmen der Berufsgenossenschaften Beitragsnachlässe in Aussicht gestellt und Beitragszuschläge angedroht werden können, sofern dies nach Zahl, Schwere oder Kosten der Arbeitsunfälle gerechtfertigt erscheint, auf Zahl und Schwere der Arbeitsunfälle in den Mitgliedsunternehmen zu untersuchen[54]. Mit der Untersuchung sollte die These überprüft werden, ob und in welchem Umfang ökonomische Anreize verhaltenssteuernde Wirkung entfalten. Verglichen wurden die Zeiträume vor und nach der Einführung des Beitragsausgleichsverfahrens[55].

---

[48] Vgl. *Kötz*, DeliktsR, Rdnr. 121 ff.
[49] *Schäfer/ Ott*, Lehrbuch der ökonomischen Analyse des Zivilrechts, 1986, S. 134, 207.
[50] *Schäfer/ Ott*, Lehrbuch der ökonomischen Analyse des Zivilrechts, 1986, S. 93, 134, 207.
[51] *Adams*, Ökonomische Analyse der Gefährdungs- und der Verschuldenshaftung, S. 17 f., vgl. insb. Fn. 50.
[52] Vgl. die Nachweise bei *Shavell*, Economic Analysis of Accident Law, 1987, S. 292 Fn. 1.
[53] *Kötz/ Schäfer*, AcP 189 (1989), 501.
[54] *Kötz/ Schäfer*, AcP 189 (1989), 501, 505 f.
[55] *Kötz/ Schäfer*, AcP 189 (1989), 501, 507.

SCHÄFER/ KÖTZ kommen zu dem Ergebnis, daß zwischen der Einführung des Beitragsausgleichsverfahrens und dem Rückgang der Häufigkeit der Arbeitsunfälle ein statistisch hochsignifikanter Zusammenhang besteht. Es sei deshalb davon auszugehen, daß die betroffenen Unternehmer durch die vom Beitragsausgleichsverfahren vermittelten ökonomischen Anreize zu Unfallverhütungsmaßnahmen angespornt worden seien, die ihrerseits den erheblichen Rückgang der Arbeitsunfälle zu Folge gehabt hätten. Die Autoren folgern weiter, daß sich dabei kein Unterschied ergebe, ob solche Anreize durch ein Beitragsausgleichsverfahren, die Sanktionen des Haftungsrechts, durch entsprechende Prämiendifferenzierungen oder Selbstbehalte im Versicherungsrecht geschaffen würden. In allen diesen Fällen müsse davon ausgegangen werden, daß solche Anreize in der Realität nicht folgenlos blieben, vielmehr menschliches Verhalten tatsächlich in die gewünschte Richtung zu steuern geeignet seien[56].

Bezugnehmend auf diese Zusammenhänge erkennt die überwiegende Meinung in der zivilrechtlichen Literatur die Prävention zumindest als Nebenzweck der Haftungsnormen an[57]. Schäden sollen dadurch verhütet werden, daß die Rechtsordnung an unerwünschte Verhaltensweisen für den Fall, daß aus ihrer Nichtbefolgung einem anderen ein Schaden entsteht, ein Nachteil in Form der Schadensersatzpflicht geknüpft wird, um von einem solchen Verhalten generell abzuschrecken[58]. Auch der Gesetzgeber nimmt Rückgriff auf die ökonomische Analyse des Rechts, wenn er in der Begründung zum Umwelthaftungsgesetz auf die Präventivfunktion des Haftungsrechts eingeht. Das Risiko künftiger Schadensersatzleistungen solle den einzelnen zu einem vorsichtigen, schadensvermeidenden Verhalten veranlassen[59].

---

[56]   *Kötz/ Schäfer*, AcP 189 (1989), 501, 525; vgl. auch BGH NJW 1971, 698.
[57]   *Larenz*, SchuldR I § 27, S. 423; MünchKomm/ *Mertens*, BGB, vor §§ 823-853 Rdnr. 44; *Kötz*, DeliktR Rdnr. 136; *Wagner*, JZ 1991, 175, 176; *Quentin*, Kausalität und deliktische Haftungsbegründung, 1994, S. 110; *Steiner*, Schadensverhütung als Alternative zum Schadensersatz, 1983, S. 138; *Adams*, ZZP 99 (1986), 129, 135; *Rosengarten*, NJW 1996, 1935 ff.; *Engel*, JZ 1995, 213, 215 ff.
[58]   *Larenz*, SchuldR I, § 27, S. 423.
[59]   BT-Drs. 11/6454, S. 13; BT-Drs. 11/7104, S. 14. Auf die Erwägungen der ökonomischen Analyse wird direkt Bezug genommen, wenn ausgeführt wird, daß die Belastung umweltgefährdender Produktionsprozesse mit einer strengen Umwelthaftung tendenziell zu einer Verteuerung der betroffenen Produkte und Dienstleistungen am Markt führe, da die Unternehmer mögliche Ersatzleistungen für umweltbedingte Schäden in ihre Kostenrechnung einstellen und versuchen müßten, diese Kosten über den Preis auf Dritte abzuwälzen. Hierdurch würden umweltgefährdende Produktionsprozesse zurückgedrängt und schadensvermeidende Maßnahmen dort getroffen, wo sie am kostengünstigsten seien. Das Umwelthaftungsgesetz könne somit über den Preis- und Marktmechanismus dazu beitragen, daß die knappen ökologischen Ressourcen möglichst effizient eingesetzt würden.

Diese Annahme wird jedoch vielfach dahingehend eingeschränkt, daß eine abschreckende Wirkung durch die Androhung der Ersatzpflicht nur dann anzuerkennen sei, wenn der Adressat der Norm die Möglichkeit habe, sich hierdurch zu einem Verhalten bestimmen zu lassen, das den Schaden vermeide. Präventive Wirkungen könnten Haftungsnormen deshalb insbesondere dann entfalten, wenn der Handelnde die Möglichkeit habe, die langfristigen Folgen seiner Entscheidung planend zu überdenken. Von einer verhaltenssteuernden Wirkung könne dort ausgegangen werden, wo die maßgeblichen Entscheidungen nach zweckrationalen Gesichtspunkten getroffen würden[60]. In Situationen akuter Unfallgefahr wird die präventive Wirkung von Haftungsnormen jedoch eher gering eingeschätzt. Zu erwarten sei lediglich eine Einflußnahme auf das Aktivitätsniveau[61].

dd) Einfluß von Versicherungsschutz

Auch wenn den Normen des Haftungsrechts Präventionswirkung zuerkannt wird, wird vielfach eingewandt, daß gesetzlich vorgeschriebener oder freiwillig eingegangener Versicherungsschutz die präventiven Effekte der Haftung wieder entfallen lasse[62]. Die weite Verbreitung von Haftpflichtversicherungsschutz führe dazu, daß kaum noch ein potentieller Schädiger sich von dem Risiko voller Haftung für den von ihm verursachten Schaden bedroht fühlen müsse. Von ihm müsse höchstens in Erwägung gezogen werden, daß bestimmte besonders gefährliche Tätigkeiten nur zu besonders hohen Prämien versichert werden könnten oder daß bei bestehendem Versicherungsschutz der Haftungsfall ihn des Schadensfreiheitsrabatts berauben könnte und er höhere Prämien für die Zukunft zu erwarten habe[63].

Diesen Überlegungen kann jedoch entgegengehalten werden, daß durch eine risikogerechte Ausgestaltung der Haftpflichtversicherungsverträge die Anreizwirkung des Haftungsrechts auch beim Bestehen von Versicherungsschutz aufrechterhalten werden kann. Entscheidend ist, daß unfallträchtiges Verhalten sowohl bei einer Gefahrerhöhung als auch bei einem tatsächlichen Unfall mit individuell spürbaren Sanktionen belegt wird und gefahrenfreie Verhaltensweisen

---

[60] *Kötz*, DeliktR, Rdnr. 131.

[61] Vgl. dazu ausführlich, mit Bezugnahme auf Erwägungen der ökonomischen Analyse des Rechts *Kötz*, DeliktR, Rdnr. 133.

[62] *Larenz*, SchuldR I § 27, S. 423; *Esser/ Weyers*, SchuldR II BT § 53, 4, S. 527. Da durch die privatversicherungsvertragliche Möglichkeit der Enthaftung die Gefahr gesehen wurde, daß keinerlei Anreize für eine individuelle Schadensverhütung mehr gesetzt würden, führte dies beim Aufkommen von Versicherungsverträgen zunächst dazu, derartige Haftpflichtversicherungsverträge für sittenwidrig zu erklären. Vgl. dazu *Brüggemeier*, DeliktsR Rdnr. 18.

[63] *Kötz*, DeliktR, Rdnr. 130.

entsprechend entlastet werden[64]. Die versicherungsvertraglichen Möglichkeiten, die zur Aufrechterhaltung der haftungsrechtlichen Anreizwirkung beitragen können, sind vielfältig; hingewiesen sei nur auf die Möglichkeit von Bonus-Malus-Regelungen, Selbstbehalten, die differenzierte Abgrenzung von Risikogruppen, risikogerechte Regionalprämien oder die Nutzung von Informationen über staatlich geahndete Verkehrsverstöße[65].

Die folgenden Überlegungen gehen vom Bestehen eines Versicherungssystems aus, das die Anreizwirkung des Haftungsrechts trotz des Bestehens von Versicherungsschutz aufrechterhält.

Der Einfluß von Versicherungsschutz auf Funktionen und Wirkungen des Haftungsrechts soll deshalb außer Betracht bleiben.

ee) "Präventionswirkung" von Haftungsnormen in der Rechtsprechung des Bundesverfassungsgerichts

Das Bundesverfassungsgericht hat in zahlreichen Entscheidungen die Verfassungsmäßigkeit der Gewährung oder Versagung von Schadensersatzansprüchen geprüft[66]. Soweit sich diese Schadensersatzansprüche auf deliktische Haftungsnormen, insbesondere § 823 Abs. 1 BGB gründen, betreffen die Fälle in der überwiegenden Zahl die Problematik des Ausgleichs zwischen Meinungs-, Presse- und Kunstfreiheit und dem allgemeinen Persönlichkeitsrecht[67].

In seinen frühen Entscheidungen bemühte sich das Gericht insbesondere um Legitimation und Eingrenzung seiner Jurisdiktion[68]. In Auseinandersetzung mit den Kritikern einer Überprüfung zivilrechtlicher Entscheidungen durch das Bundesverfassungsgericht[69] findet das Gericht jedoch schon bald zu der Formel, daß das Bundesverfassungsgericht zwar die Auslegung und Anwendung der bürgerlich-rechtlichen Vorschriften als solche nicht nachzuprüfen habe, sondern

---

[64]   *Adams*, Ökonomische Analyse der Gefährdungs- und der Verschuldenshaftung, 1985, S. 250. Vgl. auch *Koziol*, in Nicklisch (Hrsg.), Prävention im Umweltrecht, 1988, S. 147.

[65]   Vgl. hierzu *Adams*, Ökonomische Analyse der Gefährdungs- und Verschuldenshaftung, 1985, S. 225 ff. Hingewiesen sei auch auf die eindrucksvolle Untersuchung über die Zusammenhänge zwischen der Ausgestaltung des Versicherungssystems und der Zahl der Verkehrstoten in der Bundesrepublik und Großbritannien, in *Adams*, Ökonomische Analyse der Gefährdungs- und Verschuldenshaftung, 1985, S. 246 ff.

[66]   Vgl. BVerfGE 7, 198; 25, 256; 34, 269; 49, 304; 54, 129; 68, 226; 82, 272; 86, 1.

[67]   Vgl. BVerfGE 7, 198; 25, 256; 34, 269; 54, 129; 86, 1.

[68]   BVerfGE 7, 198 (Urteil vom 15.1.1958, "Lüth").

[69]   Vgl. *Klein*, in v. Mangold/ Klein, GG, vor Art. 1 Anm. A II 4c (S. 63 ff.). Vgl. auch die Nachweise bei *Dürig*, in FS Nawiasky, 1956, S. 157 ff. In neuerer Zeit kritisch hinsichtlich einer dichten verfassungsrechtlichen Bindung des Privatrechts *Medicus*, AcP 192 (1992), S. 35 ff.

es ihm lediglich obliege, "*die Beachtung der grundrechtlichen Normen und Maßstäbe durch die ordentlichen Gerichte sicherzustellen*[70]. Die späteren Entscheidungen konzentrieren sich dann zunehmend auf die Frage, ob das Zivilgericht bei seiner Entscheidung über die Gewährung von Schadensersatz die betroffenen Grundrechte beider Parteien angemessen gewürdigt habe.

Im hier zu erörternden Zusammenhang sind insbesondere die Entscheidungen von Interesse, in denen die Verfassungsmäßigkeit der Verurteilung zum Schadensersatz wegen Bedenken hinsichtlich der Gewährleistung der Meinungs-, Presse- oder Kunstfreiheit geprüft wird, da die Beurteilung, ob und wie Schadensersatzverpflichtungen in grundrechtlich geschützte Freiheitsrechte eingreifen, hinsichtlich aller Freiheitsrechte gleichermaßen zu treffen ist. Dies erlaubt es, die in Bezug auf die Meinungs-, Presse- und Kunstfreiheit angestellten Überlegungen des Bundesverfassungsgerichts auf andere Grundrechte und so auch auf die unternehmerische Handlungsfreiheit zu übertragen.

Auch das Bundesverfassungsgericht geht auf die Präventionswirkung von Schadensersatzverpflichtungen ein. Bereits im "Lüth"-Urteil gibt das Gericht dem Beschwerdeführer Recht, wenn dieser befürchtet, "*daß durch die Beschränkung der Redefreiheit einem einzelnen gegenüber die Gefahr heraufgeführt werden könnte, der Bürger werde in der Möglichkeit, durch seine Meinung in der Öffentlichkeit zu wirken allzusehr beengt und die unerläßliche Freiheit der öffentlichen Erörterung gemeinschaftswichtiger Fragen sei nicht mehr gewährleistet*"[71]. In einer Entscheidung im 49. Band[72] geht das Gericht auf die Ausführungen der Beschwerdeführer zur besonderen Qualität der deliktsrechtlichen Vorschriften hinsichtlich des Schutzes von Leben, Gesundheit, Freiheit, Eigentum und anderer absoluter Rechte ein. Das Deliktsrecht als Grundlage jeder Kulturnation verpflichte jedermann, stets und überall Eingriffe in geschützte Rechte Dritter zu unterlassen und für die Folgen schuldhafter Eingriffe einzustehen. Das Gericht nimmt dies auf und betont die Bedeutung des § 823 Abs. 1 BGB als Ausprägung des besonderen Schutzgehalts der betroffenen Grundrechte[73]. Dies gelte auch, soweit diese Vorschrift Schadensersatzansprüche wegen schuldhaft rechtswidriger Freiheitsentziehung auslöse; denn solche Ansprüche seien grundsätzlich ein angemessenes Mittel der Wiedergutmachung und bewirkten darüberhinaus einen präventiven Schutz[74].

---

[70] BVerfGE 42, 143, 148 (Urteil vom 11.5.1976); 68, 226, 230.
[71] BVerfGE 7, 198, 206.
[72] BVerfGE 49, 304 (Urteil vom 11.10.1978 "Sachverständige").
[73] BVerfGE 49, 304, 319.
[74] BVerfGE 49, 304, 319 f.

Auf diesen Zusammenhang zwischen Schadensersatzverpflichtung und präventivem Schutz wird in einem Urteil[75] im 54. Band näher eingegangen. Die Beschwerdeführer, zwei Journalisten, waren im Ausgangsverfahren aufgrund ihrer öffentlich geäußerten Kritik an Aussagen des Klägers, die dieser in einem öffentlichen Diskussionsforum geäußert hatte, zu Schadensersatzleistungen verurteilt worden. Das Bundesverfassungsgericht ist der Auffassung, daß eine solche Sanktion zur Folge habe, daß die Kundgabe von Meinungen behindert werde. Denn die Verurteilung zur Zahlung von Schmerzensgeld führe nicht nur zu einer Genugtuung für eine in der Vergangenheit liegende Ehrverletzung, sondern entfalte unvermeidlich präventive Wirkung, indem sie das Äußern kritischer Meinungen einem hohen finanziellen Risiko unterwerfe; dadurch könne sich die Bereitschaft mindern, in Zukunft Kritik zu üben und auf diese Weise eine Beeinträchtigung freier geistiger Auseinandersetzung bewirken[76].

In einer jüngeren Entscheidung[77] zieht das Gericht einen Vergleich zu Normen des Strafrechts. Ein ebenso nachhaltiger Eingriff wie bei der strafgerichtlichen Ahndung eines dem Schutz des Art. 5 Abs. 1 GG unterliegenden Verhalten könne auch bei zivilgerichtlichen Entscheidungen anzunehmen sein, wenn diese geeignet seien, über den konkreten Fall hinaus präventive Wirkung zu entfalten, das heißt in künftigen Fällen die Bereitschaft mindern könnten, von dem betroffenen Grundrecht Gebrauch zu machen[78].

ff) Tatbestandswirkung von Haftungsnormen

Trotz des wiederholten Abstellens auf die präventive Wirkung von Schadensersatzpflichten bleibt auch in den Entscheidungen des Bundesverfassungsgerichts offen, wodurch der Grundrechtseingriff letztendlich bewirkt wird.

Bei allen bisher angestellten Überlegungen zur Prävention von Haftungsnormen ist außer Betracht geblieben, welche den Haftungsnormen immanenten Steuerungsmechanismen die Präventivfunktion initiieren. Durch die Androhung von Schadensersatzverpflichtungen knüpft die Rechtsordnung an die zurechenbare Verwirklichung eines bestimmten Risikos belastende Rechtsfolgen. Damit wird zum Ausdruck gebracht, daß diese Risikoverwirklichung von der Rechtsordnung als unerwünscht anerkannt wird. Anknüpfungspunkt der Haftung ist die Mißbilligung der schadensstiftenden Handlung. Der Zuweisung der Kompensationspflicht kommt insoweit Sanktionscharakter zu. Schadensträchtige Aktivitäten

---

[75] BVerfGE 54, 129 (Urteil vom 13.5.1980 "Kunstkritik").
[76] BVerfGE 54, 129, 135 f.
[77] BVerfGE 86, 1 (Urteil v. 25.3.92 "Titanic").
[78] BVerfGE 86, 1, 10.

werden durch die Statuierung von Verhaltensstandards definiert und durch die Androhung eines entsprechenden Haftungsrisikos negativ konditioniert. Somit enthalten alle eine Schadensersatzpflicht begründenden Haftungsnormen zugleich die negative Beschreibung jener Verhaltensweisen, die von der Rechtsordnung als unerwünscht angesehen werden[79].

Haftungsnormen vereinen demnach zwei Elemente: zum einen die Anordnung von Schadensersatz als Rechtsfolge eines bestimmten schadensverursachenden Verhaltens, zum anderen ein imperatives Element, das dieses schadensverursachende Verhalten grundsätzlich untersagt. DEUTSCH spricht in diesem Zusammenhang von zwei Normen, deren Zusammenspiel erst zur Haftung führe. Regelmäßig im Gesetz angeordnet sei die **Rechtsfolgenorm**, die bei einem bestimmten schuldhaft rechtswidrigen Verhalten Schadensersatz gewähre. Vom Gesetz stillschweigend vorausgesetz sei dagegen eine sogenannte **Tatbestandsnorm**[80]. Durch diese im Gesetz wesentlich weniger deutlich ausgeprägten Normen werde nicht auf den eingetretenen Schaden reagiert, sondern sie sollten schon der Verletzung entgegentreten und so den Schaden verhindern. Tatbestandsnormen erfüllten rechtsguterhaltende, also primäre Funktionen. Dagegen setzten die Rechtsfolgenormen erst ein, wenn die Tatbestandsnorm schuldhaft übertreten worden sei. Rechtsfolgenormen komme die sekundäre Funktion, den Gleichstand des Vermögens wiederherzustellen, zu[81]. Rechtsfolgenormen setzten demnach die Tatbestandsnormen voraus[82]. Das Deliktsrecht normiere allge-

---

[79] Vgl. hierzu *Steiner*, Schadensverhütung als Alternative zum Schadensersatz, 1983, S. 131; *Quentin*, Kausalität und deliktische Haftungsbegründung, 1994, S. 110.

[80] *Deutsch*, Unerlaubte Handlungen, Rdnr. 11; *ders.*, HaftungsR I, 1976, S. 41 f. In der Neuauflage spricht DEUTSCH nunmehr nur noch von "Tatbestand" und "Rechtsfolge", die gemeinsam den "Gesamttatbestand" der Haftungsnorm bildeten (*Deutsch*, Allgemeines Haftungsrecht, S. 31 ff., 2. Auflage 1996). Da die Begriffe "Tatbestandsnorm" und "Rechtsfolgenorm jedoch im hier zu verdeutlichenden Zusammenhang eindeutiger sind, soll im folgenden lediglich auf die Vorauflage verwiesen werden.

[81] *Deutsch*, Unerlaubte Handlungen, Rdnr. 11.

[82] Dies klingt bereits bei V. LISZT, Die Deliktsobligationen im System des Bürgerlichen Rechts, 1898, S. 1, an, wenn er betont, daß Entschädigung und Strafe letztendlich demselben Zweck dienten, nämlich dem Schutze der Rechtsordnung durch Bekämpfung des Unrechts. Sorge das Privatrecht eines Staates nicht für genügende Entschädigung der Verletzten, so fördere es mittelbar das Unrecht. Verwandte Überlegungen auch bei *Steiner*, Schadensverhütung als Alternative zum Schadensersatz, 1983, S. 131 ff.; *Quentin*, Kausalität und deliktische Haftungsbegündung, S. 110. A.A. *Schmidt-Salzer*, Internationales Umwelthaftungsrecht II, Rdnr. 191, der die Auslösung konkreter Überlegungen über Verhaltensalternativen durch Haftungsnormen als rechtspolitische Illusion und Träumerei ansieht. Er will lediglich eine Vermeidung einer allgemeinen Gleichgültigkeit gegenüber eventuellen schädlichen Ausstrahlungen aus dem eigenen Herrschafts- und Verantwortungsbereich auf die Rechtsgütersphäre Dritter anerkennen. Haftungsrechtliche

meine, gegen jedes Mitglied der Gesellschaft gerichtete Verhaltensregeln. Das Risiko für eingetretene Schäden werde verteilt, soweit diese Schäden durch die Verletzung dieser Regeln verursacht worden seien[83].

Das Erscheinungsbild der Tatbestandsnormen ist vielfältig. Insbesondere weisen sie unterschiedliche Stufen der Konkretisierung auf. So können Tatbestandsnormen in Form eines Schutzgesetzes im Sinne des § 823 Abs. 2 BGB auftreten. In diesem Fall wird das gebotene oder verbotene Verhalten explizit festgelegt; so wenn beispielsweise § 5 Abs. 1 StVO das Rechtsüberholen oder § 2 Abs. 1 Nr. 2 AbfG eine das Wohl der Allgemeinheit beeinträchtigende Abfallentsorgung verbietet[84]. § 836 BGB droht dem Besitzer eines Grundstückes mit Schadensersatzverpflichtungen, wenn beim Einsturz eines Gebäudes jemand zu Schaden kommt; korrespondierend enthält die Norm somit die Verhaltensaufforderung, ein Gebäude nicht unzulänglich zu unterhalten.

Die Verhaltensappelle des § 823 Abs. 1 BGB sind weniger konkret. Es wird eine Ersatzpflicht bei der Verletzung der durch die Vorschrift geschützten Rechte oder Rechtsgüter angeordnet. Der Verhaltensappell besteht somit im Verbot der Verletzung der genannten Rechte oder Rechtsgüter[85]. Eine Konkretisierung dieses allgemeinen Appells zur Schadensvermeidung tritt immer dann ein, wenn zur Begründung der Haftung ein Verstoß gegen Verkehrs(sicherungs)pflichten herangezogen wird. Verkehrspflichten sind somit als Ausdruck der Schutzpositionen des § 823 Abs. 1 BGB zu verstehen. Die Verhaltensanweisungen für das Aktionsfeld des sozialen Umgangs werden mit ihnen konkretisiert und umgesetzt[86]. Sie verteilen unter Würdigung der jeweils betroffenen relevanten Interessen die Handlungsfreiheiten und Haftungsrisiken in den einzelnen Sozialbereichen. Sie sind Grenzlinien im Spannungsfeld zwischen Integrität und Handlungsfreiheit; sie bestimmen, welches Interesse gegen welche Art der Beeinträchtigung geschützt ist[87].

Auch wenn Tatbestandsnormen in unterschiedlicher Gestalt auftreten, sind Verkehrs(sicherungs)pflichten, Schutzgesetze oder die Verletzung von Amtspflichten nur bereichsspezifische Varianten eines delikts- und zivilrechtlichen Einheitstatbestands[88]. BGB- und sondergesetzliche Deliktstatbestände lassen sich

---

Prävention führe lediglich zu einem Einfluß auf die allgemeine Bewußtseinshaltung und Einstellung zur Verantwortung für den eigenen Herrschaftsbereich.

[83] Vgl. *Brüggemeier*, DeliktsR, Rdnr. 9.
[84] § 2 Abs. 1 Nr. 2 AbfG als Schutzgesetz anerkannt. Vgl. OLG Hamm, NJW-RR 1990,794.
[85] Vgl. zum Inhalt der durch § 823 Abs. 1 BGB postulierten Ge- und Verbote auch *Stoll*, Handeln auf eigene Gefahr, 1961, 282.
[86] Vgl. *Steffen*, VersR 1980, 409.
[87] Vgl. *Brüggemeier*, DeliktR, Rdnr. 98; *Steffen*, VersR 1980, 409.
[88] Vgl. *Brüggemeier*, DeliktR, Rdnr. 176; so auch *Steffen*, VersR 1980, 409.

auf einen einheitlichen Deliktsbegriff zurückführen, der die verkehrs- oder pflichtwidrige vorsätzliche Verletzung rechtlich geschützter Interessen umfaßt[89].

Überträgt man diese Überlegungen auf das verfassungsrechtliche Eingriffsdenken, wird deutlich, worin der eigentliche Eingriff in das jeweilige Freiheitsrecht liegt. Bereits die den einzelnen Haftungstatbeständen immanenten Tatbestandsnormen besitzen Eingriffsqualität. Sie enthalten eindeutige Ge- und Verbote, die an den jeweils Handelnden gerichtet sind. Eingriffsqualität hat nicht erst die zum Schadensersatz verurteilende Entscheidung, sondern bereits das imperative Element der abstrakten Haftungsnorm.

Das Verhältnis von abstrakter Norm und individuellem Urteil bestimmt sich demnach in der Weise, daß das Urteil lediglich die Festsetzung der Rechtsfolge darstellt, die der Nichtbefolgung des Verhaltensappells folgt. Eingriff in das Freiheitsrecht ist bereits das durch die Norm statuierte Verhaltensge- oder -verbot. Die Eingriffsqualität der Tatbestandsnormen wird um so deutlicher, wenn man in Betracht zieht, daß ein großer Teil der konkretisierten Tatbestandsnormen - Schutzgesetze, Verkehrs(sicherungs)pflichten - sich an öffentlich-rechtlichen oder strafrechtlichen Normen orientiert[90].

Der imperative Charakter läßt eine Wertung als **unmittelbaren Eingriff** in die betroffenen Grundrechte zu[91]. Denn nach der Auflösung des klassischen Eingriffsbegriffs spricht die heute h.M. zumindest dann von unmittelbaren Eingriffen, wenn es sich um Ge- oder Verbote handelt, die direkt an den Grundrechtsträger gerichtet sind[92].

c) Verhaltensappell von Gefährdungshaftungstatbeständen

Dieses Ergebnis gilt uneingeschränkt für alle Normen der Verschuldenshaftung. Fraglich ist dagegen, ob Gefährdungshaftungstatbestände gleichermaßen Tatbestandswirkungen entfalten, die einen unmittelbaren Eingriff in Freiheitsrechte bewirken.

---

[89] Vgl. *Brüggemeier*, DeliktR, Rdnr. 176.
[90] Vgl. oben § 1 A I 5, § 1 A II.
[91] A.A. *Engel*, JZ 1995, 213, 217 f., der nur von einem mittelbaren Grundrechtseingriff ausgeht.
[92] Vgl. *Jarass*, in Jarass/ Pieroth, vor Art. 1 Rdnr. 20; *Stern*, StaatsR III/1, S. 1205 f.; *Pieroth/ Schlink*, GrundRe, Rdnr. 246; *Bleckmann*, StaatsR II, GrdRe § 12 Rdnr. 41 ff.; *Bleckmann/ Eckhoff*, DVBl 1988, 373; *Lerche*, HdBStR V § 121 Rdnr. 52; *Ramsauer*, VerwArch 72 (1981), 89, 92; *Lübbe-Wolff*, NJW 1987, 2705, 2710.

Die **Verfasser des BGB** sahen durch Normen der Gefährdungshaftung die Handlungsfreiheit der am öffentlichen Verkehr Teilnehmenden gegenüber der Verschuldenshaftung in erhöhtem Maße beschränkt. So befürchtete die Reichstagskommission, daß "*die Annahme einer Schadensersatzpflicht für unverschuldetes Unrecht die Freiheit der Bewegung in bedauerlicher Weise beschränken*" werde[93] und auch die für die Erarbeitung des Schuldrechts zuständige II. Kommission war der Auffassung, daß mit der Einführung einer Gefährdungshaftung "*keineswegs der Entwicklung des Verkehrs gedient, wohl aber die Bewegungsfreiheit des Einzelnen allzu sehr eingeschränkt*" werde[94]. Auch RÜMELIN stellt fest, daß "*wenn die gewöhnlichsten Lebensäußerungen, essen, trinken, spazierengehen, ..., ohne jede Rücksicht auf Verschulden oder besondere Gefährdung Dritter zum Ersatz führen könnten, so würden in der That wenig erquickliche Zustände sich ergeben. Der Aengstliche könnte seines Lebens nicht mehr froh werden, der Leichtsinnige würde, ..., auch die gebotene Vorsicht außer Acht lassen*"[95].

Als der gegenüber der Verschuldenshaftung strikteren, da auf das Verschuldenserfordernis verzichtenden Haftung, erscheint dies auf den ersten Blick auch plausibel. Doch steht dem die Überlegung entgegen, daß Gefährdungshaftungstatbestände eine Haftung für das erlaubte Risiko statuieren. Die zur Haftung führenden Handlungen sind trotz ihrer Gefährlichkeit für Rechtsgüter anderer aufgrund ihrer Sozialnützlichkeit vom Gesetzgeber gerade nicht verboten worden, sondern nur für den Fall, daß das Risiko sich realisiert, mit einer Haftung belegt. Der Betrieb von Anlagen, welche der Gefährdungshaftung unterworfen sind, wird heute anerkanntermaßen nicht als rechtswidrige, sondern als erlaubte Tätigkeit gesehen, auch wenn damit unvermeidbar gewisse Gefahren für andere verbunden sind[96]. Der Halter und Nutznießer einer Gefahrenquelle, die trotz der mit ihr verbundenen Risiken von seiten des Staates nicht verboten ist, soll im Fall der Verwirklichung des Risikos für den Schaden aufkommen. Die Haftung

---

[93] Bericht der Reichstags-Kommission über den Entwurf eines Bürgerlichen Gesetzbuches, 1896, S. 57.

[94] Protokolle II, S. 2714.

[95] *Rümelin*, Die Gründe der Schadenszurechnung, 1896, S. 28. So auch noch nach der Verabschiedung des BGB *ders.*, AcP 88 (1898), 285, 294. Es kann in diesem Zusammenhang dahinstehen, ob die Ablehnung der Gefährdungshaftung dem Gedankengut einer liberalen Wirtschaftsauffassung entstammt, die die wirtschaftliche Entfaltung unbehindert durch drohenden Haftungsansprüche in den Vordergrund stellt, oder ob finanzielle Argumente entscheidend für das Scheitern der Gefährdungshaftung waren. Vgl. dazu ausführlich *Benöhr*, Tijdschrift voor Rechtsgeschiedenis 46 (1978), 1, 14 ff. Vgl auch *Esser*, Grundlagen und Entwicklung der Gefährdungshaftung, 1941, S. 93 sowie *Kötz*, DeliktsR, Rdnr. 32; *ders.*, AcP 170 (1970), 1, 2 ff. sowie *Wieacker*, in Hundert Jahre deutsches Rechtsleben, FS zum hundertjährigen Bestehen des deutschen Juristentages, 1960, S. 1 ff.

[96] *Larenz*, JuS 1965, 373, 374.

tritt auch dann ein, wenn die Verwirklichung der Gefahr trotz aller Sorgfalt nicht vermieden werden konnte[97].

Da das mit einer Gefährdungshaftung belegte Verhalten nicht rechtswidrig, sondern vielmehr von der Rechtsordnung gebilligt ist, können, anders als Normen der Verschuldenshaftung, Gefährdungshaftungstatbeständen keine unmittelbar an den Handelnden gerichteten, konkreten Verhaltensappelle entnommen werden. Dem Gesetzgeber sind die Schäden Dritter zwar nicht erwünscht, aber er hat sich damit abgefunden, daß das technische Risiko sich immer wieder einmal in einem Schaden niederschlägt. Allein des technischen Risikos wegen soll der Betrieb nicht eingestellt werden. Der jeweilige Gefährdungshaftungstatbestand enthält nicht die rechtliche (Tatbestands-)Norm, den Betrieb wegen des Risikos zu unterlassen, das mit einer Gefährdungshaftung belegt ist[98]. Das Fehlen der Tatbestandsnorm in den Gefährdungshaftungstatbeständen wird von einigen Autoren mit dem Fehlen präventiver Wirkungen der Gefährdungshaftungstatbestände gleichgesetzt. Das einzige rechtliche Ziel der Gefährdungshaftung sei die Schadensabnahme. Die Gefährdungshaftung interessiere sich nicht für die Schadensvermeidung. Mit der Gefährdungshaftung sei lediglich eine Risikoverlagerung vom Geschädigten auf den Schädiger bezweckt[99].

Eindeutige Ge- oder Verbote zur Verhaltenssteuerung sind den Gefährdungshaftungstatbeständen nicht zu entnehmen[100]. Enthalten Normen der Verschuldenshaftung ein Tatbestandselement sowie ein Rechtsfolgeelement, deren Zusammenspiel zur Haftung führt[101], so sind Gefährdungshaftungstatbestände auf das Rechtsfolgeelement beschränkt[102]. Der imperative Charakter der Tatbestandsnorm ist bei der Verschuldenshaftung das Element der Haftung, das den Eingriff in das jeweilige Freiheitsrecht bedingt. Das Fehlen dieses Tatbestandselementes bei der Gefährdungshaftung läßt es nicht zu, auch bei diesen Normen von einem durch die abstrakte Norm begründeten unmittelbaren Grundrecht-

---

[97] *Wagner*, JZ 1991, 175, 176; *Kötz*, AcP 170 (1970), 1, 21; *v. Caemmerer*, Reform der Gefährdungshaftung, 1971, 15; *Deutsch*, HaftungsR I, 1976, S. 77; *ders.*, Unerlaubte Handlungen, Rdnr. 355; *Schäfer/ Ott*, Lehrbuch der ökonomischen Analyse des Rechts, S. 210.

[98] *Deutsch*, HaftungsR I, 1976, S. 43.

[99] *Steffen*, NJW 1990, 1817, 1818; *Deutsch*, Unerlaubte Handlungen, Rdnr. 355; *ders.*, HaftungsR I, 1976, S. 77; *Esser*, Grundlagen und Entwicklung der Gefährdungshaftung, 1941, S. 74 Fn. 4.

[100] A.A. *Steiner*, Schadensverhütung als Alternative zum Schadensersatz, 1983, S. 135, der von einem gegenüber der Verschuldenshaftung stärkeren Appell an die Verantwortlichkeit des Betreibers einer Gefahrenquelle ausgeht; ähnlich auch *Stoll*, Das Handeln auf eigene Gefahr, 1961, S. 346, der die gesetzliche Schutzpflicht der Gefährdungshaftung zu einer gegenständlich gebundenen Schutzgarantie gesteigert sieht.

[101] Vgl. oben § 7 I 2 b ff.

[102] *Deutsch*, HaftungsR I, 1976, S. 43.

seingriff auszugehen, auch wenn die um Rechtswidrigkeit und Verschulden verringerten Haftungsvoraussetzungen den möglichen Schädiger tatsächlich intensiver belasten. Ein Eingriff in Freiheitsgrundrechte scheint insoweit nicht in Betracht zu kommen.

d) Folgen der Kostenanlastungsfunktion von Gefährdungshaftungstatbeständen

Es wäre jedoch zu kurz gegriffen, den Normen der Gefährdungshaftung keinen Einfluß auf das Verhalten potentiell Haftpflichtiger zuzubilligen. So ist denn auch zumindest der These der mangelnden Präventionswirkung von vielen Seiten widersprochen worden. So insbesondere von Vertretern der ökonomischen Analyse des Rechts, die wie oben bereits erwähnt, eine Haftung ohne Präventionswirkung für wohlfahrtsökonomisch nicht vertretbar halten, da durch eine solche lediglich tertiäre Transaktionskosten[103] entstünden, ein sonstiger Wohlfahrtsgewinn aber nicht zu verzeichnen sei[104]. Aber auch die Rechtswissenschaft geht vielfach von einer präventiven Wirkung der Gefährdungshaftungstatbestände aus[105].

Die von Gefährdungshaftungstatbeständen ausgehenden Wirkungen auf das Verhalten potentiell Haftpflichtiger sind jedoch von grundlegend anderer rechtlicher Qualität. Um zu beurteilen, inwieweit den von Gefährdungshaftungstatbeständen ausgehenden Wirkungen ebenfalls Eingriffsqualität zuzuschreiben ist, ist zunächst auf den Haftungsgrund und die der Gefährdungshaftung zugrundeliegenden Gerechtigkeitserwägungen einzugehen.

Zur Begründung einer Einstandspflicht für schädigendes Verhalten bedarf es eines besonderen Zurechnungsgrundes. Bei der Verschuldenshaftung liegt dieser Grund in dem rechtswidrig schuldhaften Verhalten, das zur Schädigung von Rechtsgütern anderer geführt hat. Verschuldenshaftung kann insofern als Haftung für Unrecht verstanden werden. Der Haftungsgrund der Gefährdungshaftung liegt auf anderer Ebene. Die für den Schaden kausalen Handlungen müssen

---

[103] Unter tertiären Kosten sind alle Aufwendungen zu verstehen, die bei eingetretenem Schaden zur Abwicklung und Verteilung dieses Schadens entstehen. Vgl. *Schäfer/ Ott*, Lehrbuch der ökonomischen Analyse des Zivilrechts, 1986, S. 92.

[104] Vgl. oben § 7 I 2 b cc; vgl. auch *Adams*, ZZP 99 (1986), 129, 136 ff.; *Schäfer/ Ott*, Lehrbuch der ökonomischen Analyse des Zivilrechts, 1986, S. 209.

[105] *Hager*, FS OLG Jena, 1994, S. 235, 238; *Koziol*, in Nicklisch (Hrsg.), Prävention im Umweltrecht, 1988, S. 143; *Kötz*, DeliktsR, Rdnr. 343 ff.; *v. Caemmerer*, Reform der Gefährdungshaftung, 1971, S. 13; *Stoll*, Das Handeln auf eigene Gefahr, 1961, S. 347; selbst *Deutsch*, HaftungsR I, 1976, S. 78 will eine betriebswirtschaftliche Prävention anerkennen.

weder rechtswidrig noch schuldhaft sein. Rechtsgrund für die Haftung kann nicht eine der Rechtsordnung entsprechende Handlung sein. Auch der eingetretene Handlungserfolg kann nicht rechtswidrig sein, denn gebieten oder verbieten kann die Rechtsordnung nur ein bestimmtes Verhalten, nicht bestimmte Erfolge, die sich möglicherweise unabhängig von der Einwirkungsmöglichkeit des Handelnden verwirklichen[106]. Die eingetretenen Schäden stellen deshalb kein Unrecht dar, sondern sind vielmehr als Unglück zu verstehen[107]. Das Verständnis der Verschuldenshaftung als Haftung für Unrecht sowie das der Gefährdungshaftung als Haftung für Unglück führen zu der Einsicht, daß den beiden Haftungsprinzipien unterschiedliche Gerechtigkeitsformen zugrundeliegen.

ESSER hat zuerst darauf hingewiesen, daß die Gefährdungshaftung im Gegensatz zur Verschuldenshaftung nicht auf dem Prinzip der "kommutativen" Gerechtigkeit beruht, sondern auf dem der "distributiven" Gerechtigkeit[108]. ESSER bezieht sich hierbei auf die Erkenntnis ARISTOTELES in das Bestehen zweier unabhängiger Gerechtigkeitsfunktionen. ARISTOTELES geht von zwei Grundformen der Gerechtigkeit aus: die eine sei wirksam bei der Verteilung von öffentlichen Anerkennungen, von Geld und sonstigen Werten, die den Bürgern eines Gemeinwesens zustünden (distributive Gerechtigkeit); die zweite Grundform sei die, welche dafür sorge, daß die vertraglichen Beziehungen von Mensch zu Mensch rechtens seien (kommutative Gerechtigkeit). Zu diesen vertraglichen Beziehungen sollen sowohl die freiwilligen, rechtsgeschäftlichen, wie auch die unfreiwillig, deliktischen zählen[109]. Es wird somit unterschieden zwischen der *iustitia distributiva*, die die Zuteilung der Güter regelt und der *iustitia commutativa* (*correctiva*), die den freiwilligen und unfreiwilligen vertraglichen Verkehr ordnet[110].

Die Verschuldenshaftung dient der kommutativen Gerechtigkeit. Ihre Aufgabe ist die Rückgängigmachung eines durch einen einseitigen Akt zugunsten des

---

[106] *v. Caemmerer*, Wandlungen des Deliktsrechts, in Hundert Jahre deutsches Rechtsleben, Festschrift zum hundertjährigen Bestehen des Deutschen Juristentags, 1960, S. 49, 127.

[107] *Esser*, Grundlagen und Entwicklung der Gefährdungshaftung, 1941, S. 69 ff.; ihm folgend: *Larenz*, JuS 1965, 373, 374; *Kötz*, AcP 170 (1970), 1, 21.

[108] *Esser*, Grundlagen und Entwicklung der Gefährdungshaftung, 1941, S. 73.

[109] *Aristoteles*, Nikomachische Ethik Buch V, Kap. 5 übersetzt von Franz Dirlmeier, 1979, S. 100. Zu den freiwilligen vertraglichen Beziehungen zählt ARISTOTELES unter anderem: Verkauf und Kauf, Zinsdarlehen und Bürgschaft, Leihe, Hinterlegung und Miete. Zu den unfreiwilligen Diebstahl, Ehebruch, Freiheitsberaubung, Totschlag, üble Nachrede oder entehrende Beschimpfung. Auch die unfreiwilligen Beziehungen waren nach attischem Rechtsverständnis in erster Linie Gegenstand privatrechtlichen Ausgleichs, in Form von Schadensersatzleistungen. Vgl. dazu *Quentin*, Kausalität und deliktische Haftungsbegründung, 1994, S. 116 f., Fn. 47 m.w.N.

[110] Vgl. *Dirlmeier*, Kommentierung zur Nikomachischen Ethik, S. 404, Anm. 100, 3. Zum Gerechtigkeitsverständnis des Aristoteles vgl. auch *Huster*, Rechte und Ziele, 1993, S. 36 ff.

einen und zu Lasten des anderen entstandenen, der proportionalen Gleichheit widersprechenden Zustandes. Aufgabe der distributiven Gerechtigkeit ist die Zuteilung der in einem Gemeinwesen anfallenden Güter oder Lasten. Unverschuldete Schadensfälle sind Kosten, die die Gemeinschaft aufgrund der sozialen Nützlichkeit der sie verursachenden Tätigkeit als unvermeidbar akzeptiert. Die Gefährdungshaftung als Element der distributiven Gerechtigkeit regelt, wer die Lasten dieser Schäden zu tragen hat[111]. Die Entscheidung über die Verteilung dieser Unglücksschäden ist nicht a priori vorgegeben, sondern obliegt weitgehend dem Ermessen des Gesetzgebers[112].

Der Gesetzgeber hat sich gegen eine Gefährdungshaftungsgeneralklausel entschieden und nur für sondergesetzlich geregelte Einzelfälle eine Schadensverlagerung vom Geschädigten auf den Schädiger vorgesehen. Die Lasten der Unglücksschäden sind somit folgendermaßen verteilt: grundsätzlich hat der Geschädigte den Schaden zu tragen (casum sentit dominus), nur beim Eingreifen eines Gefährdungshaftungstatbestandes obliegt die Schadenstragung dem Schädiger.

Über den Rechtsgrund für diese Schadensverteilung besteht keine Einigkeit. Teilweise wird der Haftungsgrund für die Gefährdungshaftung im Ausgleich für die Gewährung von Sonderrechten gesehen. Der Staat habe den Betrieb der Anlage gestattet und als Ausgleich für diese Gestattung werde dem Betreiber der Anlage die Einstandspflicht für die eintretenden Schäden auferlegt[113]. Gegen diese Überlegung spricht jedoch, daß die Gefährdungshaftung auch eingreifen muß, wenn der Betrieb von Anfang an unerlaubt war[114]. Die Einstandspflicht wird deshalb überwiegend auf die Überlegung gestützt, daß der Nutznießer einer Gefahrenquelle, die trotz ihrer Gefährlichkeit für die Güter anderer nicht verboten sei, im Fall der Verwirklichung der Gefahr auch für den Schaden aufzukommen habe. Es wird als sozial gerecht angesehen, daß der, der zu eigenen Zwecken eine gefährliche Anlage betreibt, auch die besonderen Wagnisse des Betriebs auf sich zu nehmen habe. Die Haftung gründe sich auf die mit der Risikobegründung in Zusammenhang stehende Wagnisübernahme[115].

---

[111] Kritisch zu diesen Überlegungen *Weyers*, Unfallschäden, 1971, S. 577 ff., der davon ausgeht, daß auch die Verschuldenshaftung zunehmend distributive Funktionen übernimmt.

[112] Vgl. dazu unten § 8 II 4.

[113] *Esser*, Grundlagen und Entwicklung der Gefährdungshaftung, 1941, S. 97; so wohl auch *Koziol*, in Nicklisch (Hrsg.), Prävention im Umweltrecht (1988), S. 145.

[114] *Kötz*, AcP 170 (1970), 1, 21; *Stoll*, Das Handeln auf eigene Gefahr, 1961, S. 347.

[115] *Larenz*, JuS 1965, 373, 374; *ders.*, SchuldR II, S. 699 f.; *Kötz*, AcP 170 (1970), 1, 21; *Wagner*, JZ 1991, 175, 176; *Stoll*, Das Handeln auf eigene Gefahr, 1961, S. 347; *v. Caemmerer*, Reform der Gefährdungshaftung, 1971, S. 15; *Deutsch*, Unerlaubte Handlungen, Rdnr. 355.

Tatbestände der Gefährdungshaftung tragen somit in erster Linie neben dem Schadens-ausgleich zur Verwirklichung der Kostenanlastungsfunktion des Haftungsrechts bei. Diese Verteilung der Schadenskosten kann jedoch nicht ohne Rückwirkung auf das Verhalten derjenigen bleiben, die diese Kosten zu tragen haben. Auch wenn man davon ausgeht, daß die Gefährdungshaftung keine Verhaltensappelle an mögliche Schädiger enthält, sondern vielmehr mit der Verteilung der Unglücksschäden distributive Funktionen erfüllt, ist nicht zu verkennen, daß die als bloße Verteilungsmaßnahme gedachte Haftungslastzuordnung notwendigerweise auch die relative Vorteilhaftigkeit der von dieser Verteilungsmaßnahme betroffenen Aktivitäten verändert und damit auch deren Aktivitätsniveau beeinflußt[116].

Die ökonomische Analyse des Rechts macht deutlich, daß einerseits die Gefährdungshaftung, obwohl sie keine konkreten Verhaltensanforderungen postuliert, nicht die Beziehung zwischen Schadensvermeideaufwand und Schadenskosten aufhebt und der Handelnde nach eigenem Ermessen den für ihn günstigsten Schadensvermeideaufwand treiben wird[117].Anderseits betont sie vor allem die Auswirkungen der Gefährdungshaftung auf das Aktivitätsniveau des Handelnden. Denn die Gefährdungshaftung läßt den Handelnden auch dann haften, wenn der konkrete Schaden nur durch einen prohibitiv hohen Schadensvermeideaufwand hätte verhindert werden können. Diese Haftung führt zu höheren Produktionskosten und somit zu höheren Preisen. Die Belegung einer Tätigkeit mit einer Gefährdungshaftung hat demnach großen Einfluß auf den Ausübungsumfang der betroffenen Tätigkeit[118].

Die mit der Gefährdungshaftung beabsichtigten Verteilungswirkungen sowie deren zwangsläufige Auswirkungen auf das Aktivitätsniveau der Betroffenen lassen den Schluß zu, daß die grundrechtlich geschützte wirtschaftliche Handlungsfreiheit durch die Statuierung einer Gefährdungshaftung ebenfalls berührt wird. Da die Normen keinen direkten Einfluß auf das Verhalten der potentiellen Schädiger nehmen, sondern die oben beschriebenen Verteilungswirkungen sowie die Einflußnahme auf den Handlungsumfang nur mittelbare Folge der Haftungsstatuierung sind, ist lediglich von einem mittelbaren Eingriff auszugehen.

---

[116] *Adams*, ZZP 99 (1986), 29, 136; *Schäfer/ Ott*, Lehrbuch der ökonomischen Analyse des Zivilrechts, 1986, S. 210; *Kötz*, DeliktsR, Rdnr. 349.
[117] *Schäfer/ Ott*, Lehrbuch der ökonomischen Analyse des Zivilrechts, 1986, S. 209; *Kötz*, DeliktsR, Rdnr. 343 ff.
[118] *Adams*, ZZP 99 (1986), 129, 136; *ders.*, Ökonomische Analyse der Verschuldens- und Gefährdungshaftung, 1985, S. 45 ff.; *Schäfer/ Ott*, Lehrbuch der ökonomischen Analyse des Zivilrechts, 1986, S. 209 f.

II. Eingriffsqualität der betreffenden Tatbestände

1. Eingriff in die Investitions- und Finanzierungsfreiheit

Konsequenz der Ausgleichsfunktion der Haftungsnormen ist die Auferlegung einer Geldleistungspflicht auf eine vom Geschädigten verschiedene Person[119]. Die vorgestellten Haftungstatbestände erlegen diese Zahlungspflicht demjenigen auf, der durch seine gewerbliche Tätigkeit die Schäden verursacht hat. Für ein Unternehmen bedeutet die Auferlegung einer Geldleistungspflicht einen Entzug von Finanzmitteln. Es ist insofern an einen Eingriff in die Investitions- und/oder die Finanzierungsfreiheit zu denken. Unterschiede in der Eingriffsrichtung bestehen zwischen den einzelnen Normen nicht. Sowohl die Anlagengefährdungshaftungstatbestände als auch die Handlungshaftungstatbestände sehen als Schadensausgleich eine monetäre Entschädigung vor.

a) Eingriff in die Finanzierungsfreiheit

Gegenstand der Finanzierungsfreiheit sind die Entscheidungen und Handlungen des Unternehmers, die auf die Bereitstellung und Beschaffung von Zahlungsmitteln gerichtet sind, sowie der Schutz dieser Finanzmittel vor ungerechtfertigten Zugriffen seitens des Staates[120]. Der Begriff der Finanzierung wird hier umfassend als Kapitalbeschaffung im weitesten Sinne verstanden. Umfaßt ist die Bereitstellung von finanziellen Mitteln jeder Art, sowohl zur Durchführung der betrieblichen Leistungserstellung und Verwertung als auch zur Vornahme bestimmter außerordentlicher finanztechnischer Vorgänge wie der Gründung, Fusion, Sanierung oder Liquidation eines Unternehmens[121]. Aufgabe der Finanzierung ist die Sicherung der Liquidität des Unternehmens. Liquidität ist die Fähigkeit eines Unternehmens, seinen Zahlungsverpflichtungen der Höhe und dem Zeitpunkt nach gerecht zu werden[122]. Die jeweils fälligen Verbindlichkeiten müssen durch flüssige Mittel oder durch fristgerecht in Zahlungsmittel transformierbare Vermögensteile gedeckt werden können[123]. Die Sicherung der Liquidität ist für einen Betrieb essentiell, damit er den betrieblichen Zweck, die Erstellung von Gütern und deren Angebot am Markt, erreichen kann. Produktion und Absatz setzen die Bereitstellung finanzieller Mittel voraus. Die Ermittlung des Kapitalbedarfs und die Beschaffung der erforderlichen Mittel müssen dem Prozeß der Leistungserstellung und -verwertung soweit vorausgehen, bis der

---

[119]   Vgl. oben § 7 I 2 a
[120]   Vgl. oben § 6 II 2 a bb.
[121]   Finanzierungsbegriff nach *Wöhe*, Allg. BetrWL, S. 738.
[122]   *Peters*, BetrWL, S. 65.
[123]   Wöhe, Allg. BetrWL, S. 801.

durch den Absatz der Güter einsetzende Rückfluß an finanziellen Mitteln die Fortsetzung des Leistungsprozesses möglich macht[124]. Der betriebliche Umsatzprozeß kann nur dann ohne Unterbrechung ablaufen, wenn es dem Betrieb gelingt, seinen Zahlungsverpflichtungen fristgerecht nachzukommen[125]. Die Betriebe versuchen dieses Ziel zum einen über den Umsatzprozeß durch Liquidisierung von Vermögensgegenständen, insbesondere solchen des Umlaufvermögens, zum anderen durch Zuführung finanzieller Mittel (aus Eigen- oder Fremdkapital) von außen zu erreichen[126].

Die Verpflichtung zum Schadensersatz bedeutet einen Eingriff in dieses Finanzierungsgefüge. Die Verpflichtung zu einer konkreten Schadensersatzleistung entzieht dem Unternehmen finanzielle Mittel. Der Unternehmer wird gezwungen, entweder flüssige Mittel bereitzustellen oder andere Vermögensteile in Zahlungsmittel zu transformieren, um dieser Zahlungsverbindlichkeit nachzukommen. Ein Eingriff liegt sowohl in der Beeinflussung der Entscheidung des Unternehmers über Bereitstellung und Beschaffung von Finanzmitteln als auch im Entzug der Finanzmittel selbst.

b) Eingriff in die Investitionsfreiheit

Die Investitions- (Beschaffungs-)freiheit stellt das Gegenstück zur Finanzierungsfreiheit dar. Finanzierung ist als Prozeß der Beschaffung und Bereitstellung von Zahlungsmitteln beschrieben worden. Investition ist der Prozeß der Umwandlung dieser Zahlungsmittel in Güter[127].
Ein Eingriff in die Investitionsfreiheit ist dahingehend denkbar, daß durch die Auferlegung einer Schadensersatzverpflichtung dem Unternehmen die Möglichkeit genommen wird, die dadurch in Anspruch genommenen finanziellen Mittel für die Umwandlung in andere Güter zu verwenden. Der Eingriff ist jedoch nur reflexiv. Primäre Folge der Auferlegung einer Schadensersatzverpflichtung ist der Entzug finanzieller Mittel. Die Verhinderung von Anschaffungen ist bloße Folge diese Entzugs und soll insofern außer Betracht bleiben.

2. Eingriff in Art. 14 GG

Durch die Bestandsgarantie für die vermögenswerten Rechte sichert Art. 14 GG die wirtschaftliche Grundlage der Unternehmen. Die Belastung mit einer Scha-

---

[124] *Wöhe*, Allg. BetrWL, S. 801.
[125] *Wöhe*, Allg. BetrWL, S. 801.
[126] *Wöhe*, Allg. BetrWL, S. 803.
[127] Vgl. oben § 6 II 2 a cc.

densersatzverpflichtung entzieht dem betroffenen Unternehmen einen Teil seiner Vermögenswerte. Damit wird auch die Disposition des Unternehmers über diese eingeschränkt. Insoweit ist auch an einen Eingriff in Art. 12 GG zu denken. Die Abgrenzung zwischen Art. 12 Abs. 1 und Art. 14 Abs. 1 GG wird von der überwiegenden Meinung in Rechtsprechung und Literatur dahingehend getroffen, daß durch Art. 14 das Erworbene, das Ergebnis der Betätigung, geschützt werde, durch Art. 12 demgegenüber die Betätigung selbst[128].

Durch die Auferlegung einer Schadensersatzverpflichtung ist der Unternehmer verpflichtet, auf vorhandene Vermögensgüter zurückzugreifen; die Nichtverfügbarkeit dieses Kapitals für andere wirtschaftliche Betätigungen ist erst mittelbare Folge der Auferlegung der Schadensersatzpflicht. Das Bundesverfassungsgericht grenzt in diesen Fällen die Schutzbereiche der beiden Grundrechte in der Weise ab, daß Art. 12 Abs. 1 GG berührt sein soll, wenn in die Freiheit der individuellen Erwerbs- und Leistungsfähigkeit eingriffen werde; Art. 14 soll dagegen betroffen sein, wenn durch den Eingriff die Innehabung und Verwendung vorhandener Vermögensgüter begrenzt werde[129]. Die Verpflichtung zum Schadensersatz zwingt den Unternehmer, vorhandene oder noch aufzubringende finanzielle Mittel zur Erfüllung des Anspruchs zu verwenden. In beiden Fällen läßt dies auf einen Eingriff in Art. 14 GG schließen, da der Unternehmer, auch wenn er die erforderlichen Mittel erst noch beschaffen muß, dies nur im Rückgriff auf bereits erworbene Vermögenspositionen bewerkstelligen kann. Auch eine Fremdfinanzierung ist nur bei bereits vorhandenen Sicherheiten möglich. Diese einem Rechtssubjekt bereits zustehenden Vermögenspositionen, diesen bereits vorhandenen Bestand an vermögenswerten Gütern schützt Art. 14 GG[130].

Zweifel an einem Eingriff in den Schutzbereich des Art. 14 GG können jedoch insofern bestehen, als durch die Auferlegung einer Schadensersatzverpflichtung nicht in konkrete Vermögenspositionen eingegriffen wird, sondern nur das Vermögen des Unternehmers berührt ist. Das Bundesverfassungsgericht und die überwiegende Meinung in der Literatur gehen übereinstimmend davon aus, daß der Schutzbereich des Art. 14 GG nicht durch die Auferlegung von Geldleistungspflichten berührt werde. Das Vermögen als solches werde nicht vom Eigentumsbegriff des Art. 14 Abs. 1 GG erfaßt. Anderes solle nur dann gelten,

---

[128] BVerfGE 30, 292, 335; vgl. ausführlich zur Abgrenzung zwischen Art. 12 Abs. 1 GG und Art. 14 Abs. 1 GG oben § 6 III 2 d.

[129] BVerfGE 30, 292, 335.

[130] BVerfGE 20, 31, 34; 30, 292, 334 f.

wenn die Geldleistungspflichten erdrosselnd oder konfiskatorisch wirkten, beziehungsweise die Vermögensverhältnisse grundlegend beeinträchtigten[131].

Die durch die Schadensausgleichsfunktion des Haftungsrechts auferlegten Zahlungspflichten sind demnach als reine Geldleistungspflichten nur an Art. 2 Abs. 1 GG zu messen, da der Eingriff in die Finanzierungsfreiheit lediglich das Vermögen des Unternehmers berührt.

3. Eingriff in Art. 2 Abs. 1 GG

Art. 2 Abs. 1 GG kommt bei Eingriffen in Teilbereiche der Unternehmerfreiheit immer dann zur Anwendung, wenn wie in diesem Fall speziellere Grundrechte wie Art. 12 GG oder Art. 14 GG nicht eingreifen[132]. Art. 2 Abs. 1 GG gewährleistet mit der Garantie der allgemeinen Handlungsfreiheit einen umfassenden Schutz menschlicher Tätigkeit[133]. Umfaßt sind somit auch die Entscheidungen des Unternehmers über die Bereitstellung finanzieller Mittel zur Sicherung der Liquidität seines Unternehmens. Das Bundesverfassungsgericht hat in vielen Entscheidungen einen Eingriff in Art. 2 Abs. 1 GG durch die Auferlegung von Geldleistungspflichten anerkannt[134].

Teilweise wird vertreten, daß von einem Eingriff in Art. 2 Abs. 1 GG nur bei einer gewissen Intensität der dem Grundrechtsträger auferlegten Belastungen gesprochen werden könne. Lediglich faktische Eingriffe in Art. 2 Abs. 1 GG begründeten noch keinen Eingriff in den Schutzbereich des Grundrechts[135]. Die Auferlegung von Geldleistungspflichten beruht jedoch unmittelbar auf einem imperativen Akt, so daß auch in dieser Hinsicht von einem Eingriff in Art. 2 Abs. 1 GG ausgegangen werden kann.

---

[131] Ausführlich zur Abgrenzung von Art. 14 Abs. 1 und Art. 2 Abs. 1 GG sowie den abweichenden, das Vermögen dem Schutz des Art. 14 GG unterstellenden Meinungen vgl. oben § 6 III 2 e.

[132] Vgl. oben § 6 III 1.

[133] St. Rspr. des Bundesverfassungsgerichts seit BVerfGE 6, 32, 36 (Urteil vom 16.1.1957 "Elfes"); BVerfGE 80, 137, 152. Zur ganz herrschenden Meinung in der Literatur vgl. z.B. *Kunig*, in v. Münch/ Kunig, GG, Art. 2 Rdnr. 12 ff.; *Gallwass*, Grundrechte, Rdnr. 280; *Bleckmann*, StaatsR II, GrdRe, § 22 Rdnr. 1 ff.; *Pieroth/ Schlink*, GrdRe, Rdnr. 368; Schmidt-Bleibtreu/ *Klein*, GG, Art. 2 Rdnr. 4; weitere Nachweise vgl. oben § 6 I 1 auch zu den abweichenden Meinungen.

[134] Für Steuern: BVerfGE 9, 3, 11; 21, 1, 3; 26, 1, 7; 42, 374, 385; Gebühren: BVerfGE 28, 66, 76; Unfallversicherungsbeiträge: BVerfGE 23, 12, 30; weitere Nachweise bei *Bleckmann*, StaatsR II, GrdRe, § 22 Rdnr. 22 ff.

[135] Ausführlich zu dieser Diskussion unten § 9 II 4.

4. Eingriff in die Produktionsfreiheit

Gefährdungshaftungstatbestände haben neben der Schadensausgleichsfunktion in erster Linie distributive Funktionen. Anders als die Normen der Verschuldenshaftung, die durch die mit ihnen immanent aufgestellten Ge- oder Verboten direkt in das betroffene Grundrecht eingreifen, ist den Normen der Gefährdungshaftung nur eine mittelbare Wirkung auf die jeweils betroffenen Grundrechte zuzuerkennen. Jedoch können auch diese einen Grundrechtseingriff darstellen.

So ist an einen Eingriff in die als Teilbereich der Unternehmerfreiheit gewährleistete Produktionsfreiheit zu denken. Die Produktionsfreiheit umfaßt den gesamten Bereich der betrieblichen Leistungserstellung. Hierbei sollen nicht nur betriebliche Tätigkeiten, wie die Gewinnung von Rohstoffen, die Herstellung von Erzeugnissen, die Bearbeitung von Rohstoffen und Fabrikaten, sondern auch die Ausführung von Dienstleistungen erfaßt werden. Umfaßt sind folgende betriebliche Grundfunktionen: der Transport, die Lagerhaltung, die Fertigung bzw. Ausführung von Dienstleistungen sowie die Verwaltung und Kontrolle dieser Bereiche[136].

Gegenstand betriebswirtschaftlicher Untersuchungen ist lediglich die Produktionsplanung. Die grundrechtlich geschützte unternehmerische Produktionsfreiheit garantiert demgegenüber sowohl die Produktionsplanung, das heißt die unternehmerische Entscheidung über alle die Produktion betreffenden Fragen, als auch die Verwirklichung dieser Entscheidungen[137]. Gewährleistet werden die zielgerichtete Planung, Gestaltung und Verwirklichung des Produktionsprozesses. Bei der Planung des betrieblichen Produktionsprozesses sind hierbei das Produktionsprogramm und der Produktionsablauf zu unterscheiden[138].

Durch das **Produktionsprogramm** wird bestimmt, welche Arten und Mengen von Gütern innerhalb eines bestimmten Zeitraums hergestellt werden sollen[139]. Mit der Planung des **Produktionsablaufs** wird festgelegt, mit welchen Fertigungsverfahren, innerhalb welches Zeitraums und in welchen Konstellationen die geplanten Produktmengen erzeugt werden sollen. In diesen Bereich fallen

---

[136] Begriffsbestimmung in Anlehnung an *Wöhe*, Allg. BetrWL, S. 464. Im Gegensatz zu WÖHE soll jedoch der betriebliche Funktionsbereich der Beschaffung aus dem Begriff der Produktionsfreiheit ausgeklammert werden. Vgl. die Systematisierung in § 6 II 2 a cc.

[137] Vgl. zu dieser Problematik oben § 6 II 2 a.

[138] Vgl. *Wöhe*, Allg. BetrWL, S. 533 ff. WÖHE sieht in der Planung der Beschaffung einen dritten Teilbereich der Produktionsplanung. Dieser soll hier im Rahmen der Produktionsfreiheit außer Betracht bleiben. Vgl. oben § 6 II 2 a cc.

[139] *Wöhe*, Allg. BetrWL, S. 533 ff.

auch die Entscheidungen des Unternehmers über die Auswahl eines bestimmten technischen Fertigungsverfahrens aus den insgesamt zur Verfügung stehenden Verfahren, wobei das ausgewählte Verfahren eine Leistungserstellung mit den geringsten Kosten ermöglichen soll[140].

a) Eingriffe durch Tatbestände der Anlagengefährdungshaftung

Die oben angestellten Erwägungen über die Eingriffswirkung von Gefährdungshaftungstatbeständen basieren auf Überlegungen hinsichtlich der Tatbestände der klassischen Anlagengefährdungshaftung. Im folgenden soll deshalb zunächst untersucht werden, inwieweit Normen, die dem Typ der Anlagengefährdungshaftung entsprechen, einen Eingriff in die Produktionsfreiheit darstellen. In einem zweiten Schritt ist dann die Übertragbarkeit dieser Überlegungen auf Normen der Handlungshaftung zu überprüfen.

Jegliche Überlegungen zur Verhaltenssteuerung durch Haftungsnormen müssen von der Prämisse ausgehen, daß sich durch Maßnahmen zur Unfallverhütung Unfallgefahren verringern lassen. Und zwar in der Art, daß Häufigkeit und Schwere der Unfälle sich um so stärker verringern lassen, je mehr Sicherungsmaßnahmen getroffen werden.

Diese aus allgemeinen Erfahrungssätzen gewonnene Prämisse liegt der Verschuldenshaftung zugrunde. Gehaftet werden soll nur für solche Schäden, die aus Handlungen resultieren, die der Schädiger zu vertreten hat. Ein Verschulden kann nur dann angenommen werden, wenn der Schaden durch sorgfältiges Handeln hätte vermieden werden können. Diese Prämisse trifft gleichermaßen für die Gefährdungshaftung zu. Denn der Verzicht auf das Verschuldenserfordernis hebt nicht die Beziehung zwischen Schadensvermeideaufwand und Schadenskosten auf.

Folgt man dieser Prämisse, ist davon auszugehen, daß mit jeder Schadenszuteilung eine bestimmte Anreizordnung aufgestellt wird. Jede Gewährung oder Versagung von Schadensersatzansprüchen bedeutet eine Festlegung von Gewinnoder Verlustmöglichkeiten und stellt somit für denjenigen, der den Schaden zu tragen hat, einen Anreiz dar, diesen zu vermeiden[141]. In welchem Umfang die handelnden Individuen auf diese Anreize reagieren, ist fraglich und bedürfte einer empirischen Untersuchung, die an dieser Stelle nicht geleistet werden kann. Doch steht außer Frage, daß der Anreiz, auf diese Haftungsverteilung zu reagie-

---

[140] *Wöhe*, Allg. BetrWL, S. 558 f.

[141] Vgl. *Adams*, Ökonomische Analyse der Gefährdungs- und der Verschuldenshaftung, 1985, S. 17.

ren, zunimmt, je mehr die Individuen in der Lage sind, die langfristigen Folgen ihrer Handlungen zu überdenken. So erkennen auch diejenigen, die an der präventiven Funktion der Gefährdungshaftung zweifeln, eine verhaltenssteuernden Wirkung an, wenn die maßgeblichen Entscheidungen nach zweckrationalen Mitteln getroffen werden[142]. Auch die infolge der distributiven Funktion der Gefährdungshaftung vorgenommene Haftungslastzuordnung verändert notwendigerweise die relative Vorteilhaftigkeit der von dieser Verteilungsmaßnahme betroffenen Aktivitäten[143].

Von allen in den personalen Schutzbereich der Unternehmerfreiheit einbezogenen Handelnden[144] kann angenommen werden, daß sie ihr Handeln nach zweckrationalen Gesichtspunkten ausrichten und die Folgen ihrer Entscheidungen planend überdenken, so daß davon ausgegangen werden kann, daß sie in verstärktem Maße auf die durch das Haftungsrecht geschaffene Anreizordnung reagieren werden.

Eine Einflußnahme dieser Anreizordnung ist sowohl auf die Entscheidungen und die Durchführung des Produktionsprogramms als auch auf die Entscheidungen und die Durchführung des Produktionsablaufs denkbar. Es steht zu erwarten, daß die Entscheidungen des Betreibers einer der Gefährdungshaftung unterworfenen Anlage in zweifacher Hinsicht beeinflußt werden. Sowohl die eintretenden Unfallschäden als auch von ihm getroffene Sicherungsmaßnahmen führen für den Betreiber zu Vermögenseinbußen. Ein rational handelnder Unternehmer wird auf ein geändertes Haftungsregime in der Art reagieren, daß er zum einen in einem gewissen Umfang Unfallverhütungsmaßnahmen trifft, zum anderen, daß er sein Aktivitätsniveau den veränderten Haftungsbedingungen anpaßt. Hierbei wird der Unternehmer den Unfallverhütungsaufwand solange vergrößern, wie dadurch insgesamt seine Kosten (Schadensersatzkosten plus Kosten für Sicherheitsmaßnahmen) reduziert werden können. Dem Unternehmer stehen eine Vielzahl von Maßnahmen der Unfallverhütung zur Verfügung. Zu denken ist hierbei in erster Linie an die Wahl eines weniger unfallträchtigen Produktionsverfahrens, an die Einstellung qualifizierter Beschäftigter oder die Drosselung der Arbeitsgeschwindigkeit.

Wie oben beschrieben, wird mit der Planung des **Produktionsablaufs** festgelegt, mit welchen Fertigungsverfahren, innerhalb welches Zeitraums und in welchen Konstellationen die geplanten Produktmengen erzeugt werden sollen. Entschieden wird auch über die Auswahl eines bestimmten technischen Fertigungs-

---

[142] *Weyers*, Unfallschäden, 1971, S. 458; *Deutsch*, HaftungsR I, 1976, S. 77 f.

[143] *Schäfer/ Ott*, Lehrbuch der ökonomischen Analyse des Zivilrechts, 1986, S. 210; *Adams*, ZZP 99 (1986), 29, 136. Vgl. oben § 7 I 2 b cc.

[144] Vgl. dazu oben § 6 IV.

verfahrens aus den insgesamt zur Verfügung stehenden Verfahren, wobei das ausgewählte Verfahren eine Leistungserstellung mit den geringsten Kosten ermöglichen soll. In diese Entscheidungen wird somit durch die Veränderung des Haftungsregimes eingegriffen, da der rational handelnde Unternehmer dazu bewegt wird, seinen Produktionsablauf den geänderten Bedingungen anzupassen, sei es, daß er sein gesamtes Fertigungsverfahren ändert oder andere, weniger einschneidende Maßnahmen trifft, um die Kosten für den von ihm zu leistenden Schadensersatz zu senken[145]. Da es dem Haftenden selbst überlassen bleibt, das Maß des Schadensvermeideaufwands zu bestimmen, ist lediglich von einem mittelbaren Eingriff auszugehen. Der Unternehmer wird bei rationalem Verhalten Vorkehrungen zur Schadensvermeidung insoweit treffen, als er dadurch höhere Schadenskosten einsparen kann[146].

Neben der Veranlassung des Unternehmers zur Ergreifung von Schadensverhütungsmaßnahmen beeinflußt die Einführung einer Gefährdungshaftung auch das Aktivitätsniveau des Unternehmers und somit auch seine Entscheidungen über das Produktionsprogramm. Denn im Rahmen der Gefährdungshaftung hat der Unternehmer auch für solche Schäden einzustehen, die nicht oder nur durch einen prohibitiv hohen Schadensvermeidungsaufwand hätten verhindert werden können. Dies führt zu höheren Kosten und somit zu höheren Preisen des zu erstellenden Produkts[147]. Hiermit wird die Entscheidung des Unternehmers über die Menge der innerhalb einer bestimmten Zeit zu erstellenden Güter beeinflußt.

Als Ergebnis der Untersuchung der Eingriffswirkung von Tatbeständen der Anlagengefährdungshaftung in die grundrechtlich geschützte Produktionsfreiheit ist somit folgendes festzuhalten: Erkennt man die Prämisse des ursächlichen Zusammenhangs zwischen dem Ergreifen von Unfallverhütungsmaßnahmen und einer Verringerung der Schadenshäufigkeit und -schwere an, so ist in der Veränderung des bestehenden Haftungsregimes gleichzeitig eine Veränderung der durch dieses bewirkten Anreizordnung zu sehen. Der Unternehmer, der eine der Gefährdungshaftung unterliegende Anlage betreibt, wird hierdurch zu Entscheidungen sowohl hinsichtlich der Gestaltung seines Produktionsprogramms als auch hinsichtlich seines Produktionsablaufs veranlaßt. Ein Eingriff in die Produktionsfreiheit ist somit gegeben.

---

[145] Eingehend zu dieser Problematik, insbesondere zur Berechnung des optimalen Schadensvermeideaufwands *Schäfer/ Ott*, Lehrbuch der ökonomischen Analyse des Zivilrechts, 1986, S. 107 ff., S. 209 f.; *Kötz*, DeliktsR, Rdnr. 343 ff.; *Adams*, Ökonomische Analyse der Gefährdungs- und der Verschuldenshaftung, 1985, S. 33 ff.
[146] *Schäfer/ Ott*, Lehrbuch der ökonomischen Analyse des Zivilrechts, 1986, S. 209.
[147] *Schäfer/ Ott*, Lehrbuch der ökonomischen Analyse des Zivilrechts, 1986, S. 209.

b) Übertragbarkeit auf Tatbestände der Handlungshaftung

Anlagenhaftungstatbestände gewähren Ausgleich für Schäden, die bei dem Betrieb einer bestimmten Anlage entstanden sind. Tatbestände der Handlungshaftung knüpfen entweder an ein schadensverursachendes Einwirken auf ein bestimmtes Umweltmedium an oder an den Umgang mit bestimmten gefährlichen Stoffen[148]. Ist auch bei der Anlagenhaftung ein besonders enger Zusammenhang zwischen der Unterwerfung einer bestimmten Anlage unter die Gefährdungshaftung und der Entscheidungen des Unternehmers über mögliche Veränderungen von Produktionsprogramm und Produktionsablauf anzunehmen, so ist jedoch nicht zu verkennen, daß auch Tatbestände der Handlungshaftung eine den Unternehmer beeinflussende Anreizordnung errichten. Sowohl Tatbestände einer medialen als auch einer stoffbezogenen Handlungshaftung werden den Unternehmer zu schadensvermeidendem oder schadensverminderndem Handeln veranlassen. Entscheidend ist nicht der veränderte Anknüpfungspunkt der Haftung, sondern, daß auch hinsichtlich der Handlungshaftungen der Zusammenhang zwischen Schadensvermeideaufwand und Schadenskosten bestehen bleibt[149]. Für den Unternehmer, der Handlungen vornimmt, die mit einer Handlungshaftung belegt sind, besteht ebenso der Anreiz, Schäden durch das Ergreifen von Unfallverhütungsmaßnahmen zu vermeiden oder sein Aktivitätsniveau den veränderten Bedingungen anzupassen. Ein Eingriff in die grundrechtlich geschützte Produktionsfreiheit ist somit auch durch Handlungshaftungen statuierende Normen anzunehmen.

5. Eingriff in Art. 12 Abs. 1 GG

Gefährdungshaftungstatbestände dienen in erster Linie dem Schadensausgleich. Ihr primäres Ziel ist die Verlagerung der Schadenskosten vom Geschädigten auf den Verursacher der Schäden. Diese Verlagerung der Schadenszuteilung kann als sekundären Effekt eine Vermeidung von Schäden durch die Motivation der der Haftung Unterworfenen zu Schadensverhütungsmaßnahmen oder zur Senkung des Aktivitätsniveaus bewirken. Der betroffene Unternehmer wird zur Ergreifung von Schadensverhütungsmaßnahmen oder zur Veränderung seines Aktivitätsniveaus jedoch nicht durch rechtliche Ge- oder Verbote veranlaßt, sondern lediglich durch die wirtschaflichen Auswirkungen eines veränderten Haftungsregimes. Die von den Haftungsnormen ausgehende Beeinflussung der einzelnen Unternehmer kann nur einen mittelbaren Eingriff in die grundrechtlich geschützte unternehmerische Freiheitssphäre bedeuten[150].

---

[148] Vgl. die Systematisierung der Haftungstatbestände oben § 5 B III.

[149] Vgl. oben § 7 I 2 d.

[150] Ausführlich dazu oben § 7 I 2 d.

Für die Gewährleistung wirtschaftlicher Freiheiten ist das Grundrecht des Art. 12 Abs. 1 GG von herausragender Bedeutung. Bei mittelbaren Eingriffen nehmen Rechtsprechung und herrschende Lehre einen Eingriff in den Schutzbereich des Art. 12 Abs. 1 GG jedoch nur dann an, wenn der Eingriff eine **objektiv berufsregelnde Tendenz** hat[151].

Im Rahmen der Untersuchung über die grundrechtliche Verankerung der wirtschaftlichen Freiheiten sind die von Bundesverfassungs- und Bundesverwaltungsgericht aufgestellten Kriterien bereits dargestellt worden[152]. Das **Bundesverfassungsgericht** geht danach von einer objektiv berufsregelnden Tendenz einer Norm aus, wenn sich konkret feststellen läßt, wer von den Auswirkungen der Norm selbst oder ihrer Anwendung unmittelbar in seiner Berufsausübung betroffen ist[153]. Kein Eingriff soll vorliegen, wenn die berufliche Tätigkeit lediglich den formalen Anknüpfungspunkt für die belastende Norm darstellt[154] oder wenn diese nur auf generelle Merkmale wie Gewinn, Ertrag oder das Vermögen abstellt[155]. Ein Eingriff ist zu verneinen, wenn die Norm nur zu einer allgemeinen Marktbeeinflussung führt[156].

Das **Bundesverwaltungsgericht** geht in Fortsetzung der Rechtsprechung des Bundesverfassungsgerichts von einer berufsregelnden Tendenz aus, wenn durch die Maßnahmen, mit denen der Staat gewisse Rahmenbedingungen verändert, zu Lasten bestimmter Unternehmer ein im öffentlichen Interesse gewünschten Erfolg herbeigeführt werden soll. Gefordert wird, daß die Maßnahmen dabei eindeutig auf einen auf seiten des Unternehmens eintretenden nachteiligen Effekt abzielen und dieser Effekt nicht lediglich Begleiterscheinung der Maßnahme ist[157].

Hinsichtlich des Merkmals der Konkretisierbarkeit eines bestimmten, von der Norm betroffenen Personenkreises ist zwischen den einzelnen Haftungstatbeständen zu differenzieren. Gefordert ist, daß sich konkret feststellen läßt, wer von den Auswirkungen der Norm selbst oder ihrer Anwendung unmittelbar betroffen ist. Hinsichtlich der Tatbestände der Anlagenhaftung ist dieses Kriterium erfüllt. Auch bei den generalklauselartig ausgestalteten Haftungsnormen ist feststellbar, welche Unternehmer der Haftung unterliegen. Gleiches gilt für die stoffbezogenen Handlungshaftungen. Der Personenkreis, der mit den gefährli-

---

[151] Vgl. dazu oben § 6 III 2 b.
[152] Vgl. oben § 6 III 2 b.
[153] BVerfGE 47, 1, 21.
[154] BVerfGE 37, 1, 17; 75, 108, 154.
[155] BVerfGE 47, 1, 21.
[156] BVerfGE 37, 1, 18.
[157] BVerwGE 71, 183, 193.

chen Stoffen umgeht, steht zwar nicht abschließend fest, doch ist er konkret bestimmbar. Tatbeständen einer medialen Handlungshaftung läßt sich demgegenüber kein bestimmter oder zumindest bestimmbarer Personenkreis, der von der Haftung unmittelbar betroffen ist, zuordnen. Anknüpfungspunkt der Haftung bei der medialen Umwelthaftung ist das betroffene Umweltmedium. Wer in dieses, wenn auch nur potentiell, eingreifen wird, ist a priori nicht feststellbar. Den Tatbeständen einer medialen Umwelthaftung ist somit bereits aus diesem Grund eine objektiv berufsregelnde Tendenz nicht zuzusprechen.

Die von den Haftungstatbeständen ausgehenden Eingriffswirkungen gehen in ihrer Intensität über bloße Marktbeeinflussungen hinaus. Eine bloße Marktbeeinflussung läge vor, wenn die Statuierung eines neuen Haftungsregimes lediglich zu einer Veränderung des Aktivitätsniveaus der betroffenen Unternehmer führen würde. Es ist jedoch davon auszugehen, daß ein verändertes Haftungsregime auch die unternehmerischen Entscheidungen hinsichtlich des Produktionsablaufs beeinflußt und den Unternehmer zur Ergreifung von Schadensverhütungsmaßnahmen veranlaßt[158].

Zieht man jedoch die konkretisierenden Kriterien des Bundesverwaltungsgerichts heran, wird deutlich, daß die Haftungstatbestände keinen Eingriff in die Berufsfreiheit darstellen. Berufsregelnde Tendenz sollen hiernach Maßnahmen haben, mit denen der Staat zielgerichtet gewisse Rahmenbedingungen verändert, um zu Lasten bestimmter Unternehmen einen im öffentlichen Interesse erwünschten Erfolg herbeizuführen. Die Maßnahmen müssen dabei eindeutig auf einen auf seiten des Unternehmers eintretenden nachteiligen Effekt abzielen und diesen Effekt nicht lediglich als Begleiterscheinung mit sich bringen[159]. Primäres Ziel der Haftungsnormen ist jedoch der Schadensausgleich. Durch die Schaffung erweiterter Haftungstatbestände soll in erster Linie eine gerechtere Zuordnung der Schadenskosten gewährleistet werden. Die Schadensprävention durch eine Einflußnahme auf das Aktivitätsniveau und durch die Veranlassung zu Schadensverhütungsmaßnahmen ist lediglich ein erwünschter und erhoffter Nebeneffekt der Belastung der betroffenen Unternehmer mit einem zusätzlichen Haftungsrisiko. Die von Haftungsnormen ausgehenden schadenspräventiven Wirkungen haben somit nur die Qualität weitgehend ungezielter Wirkungs- und Hemmungseffekte. Eine objektiv berufsregelnde Tendenz ist ihnen nicht zuzusprechen. Der Schutzbereich des Art. 12 Abs. 1 GG wird nicht berührt. In Betracht kommt somit lediglich ein Eingriff in Art. 2 Abs. 1 GG.

---

[158] Vgl. oben § 7 I 2 a ff.
[159] BVerwGE 71, 183, 193.

Soweit durch das gesetzgeberische Handeln - wie hier - ledigliche Berufsausübungsregelungen betroffen sind, ist die Zuordnung des Eingriffs in den Schutzbereich des Art. 12 Abs. 1 GG oder alternativ in den Schutzbereich des Art. 2 Abs. 1 GG nicht von besonderer Tragweite, da die vom Bundesverfassungsgericht aufgestellten Schranken für Eingriffe in die Berufsfreiheit durch Berufsausübungsregelungen einerseits und Eingriffe in die allgemeine Handlungsfreiheit andererseits sich nicht mehr grundlegend unterscheiden.

Nach dem grundlegenden Urteil zur Drei-Stufen-Theorie sollten Eingriffe in die Berufsfreiheit des Art. 12 Abs. 1 GG durch Berufsausübungsregelungen durch sachgerechte und vernünftige Erwägungen des Gemeinwohls gerechtfertigt sein[160]. In der Folgezeit hat das Bundesverfassungsgericht mit seiner Rechtsprechung zu den Schrankenregelungen der Berufsfreiheit zwar grundsätzlich an der Drei-Stufen-Theorie festgehalten, diese jedoch sukzessive in eine umfassende Verhältnismäßigkeitsprüfung überführt [161]. Da dem Gesetzgeber bei der Auswahl der mit einer Berufsausübungsregelung verbundenen Ziele ein weitreichender Gestaltungsspielraum zugestanden wird und auch Gesichtspunkte der Zweckmäßigkeit zur Rechtfertigung eines Eingriffs in die Berufsfreiheit als ausreichend angesehen werden[162], verkürzt sich die grundrechtliche Kontrolle von Berufsausübungsregelungen praktisch auf die Abwehr übermäßig belastender und nicht zumutbarer Eingriffe[163].

Da bei einer Verhältnismäßigkeitsprüfung im Rahmen des Art. 2 Abs. 1 GG auch die besondere rechtliche Qualität der Einzelfreiheitsverbürgungen der Produktions- und Finanzierungsfreiheit im Rahmen des Art. 2 Abs. 1 GG zu berücksichtigen sind, wird eine Verhältnismäßigkeitsprüfung gemessen am Schutzbereich der im Rahmen des Art. 2 Abs. 1 GG geschützten unternehmerischen Handlungsfreiheit zu keinem anderen Ergebnis kommen als eine Eingriffsprüfung im Rahmen des Art. 12 Abs. 1 GG.

---

[160] BVerfGE 7, 377.

[161] Vgl. *Tettinger*, in Sachs, GG, Art.12, Rdnr. 109.

[162] BVerfGE 7, 377, 406; 23, 50, 56; 28, 21, 31; 77, 308, 332; als Gemeinwohlinteressen sind bisher unter anderem anerkannt worden: die Funktionsfähigkeit des öffentlichen Fernrufnetzes (BVerfGE 46, 129, 145 f.); Schutz der Rechtssuchenden (BVerfGE 36, 212, 219 ff.); Schutz des Verbrauchers vor Täuschung (BVerfGE 53, 135, 145); Finanzielle Stabilität der gesetzlichen Krankenversicherung (70, 1, 29).

[163] Vgl. *Scholz*, in Maunz/Dürig, GG, Art. 12 Rdnr. 319; *Tettinger*, in Sachs, GG, Art. 12, Rdnr. 114 ff.; *Leibholz-Rinck/ Hesselberger*, GG, Art. 12, Rdnr. 296.

6. Eingriff in Art. 2 Abs. 1 GG

Nach der Rechtsprechung des Bundesverfassungsgerichts und der Auffassung der herrschenden Lehre werden die wirtschaftlichen Freiheiten neben den Spezialfreiheitsgrundrechten wie Art. 12, 14, 9 GG auch von Art. 2 Abs. 1 GG gewährleistet[164].

In frühen Entscheidungen hat das Bundesverfassungsgericht einen Eingriff in den durch Art. 2 Abs. 1 GG geschützten Bereich wirtschaftlicher Betätigung nur dann angenommen, wenn dem Betroffenen kein angemessener Spielraum verbleibe, sich als verantwortlicher Unternehmer wirtschaftlich frei zu entfalten[165]. Diese sogenannte "Spielraum-Formel" ist nur vereinzelt auf Zustimmung gestoßen, da dadurch der objektiv-rechtliche Gehalt der Freiheitsrechte über Gebühr strapaziert werde[166]. Von anderer Seite sind jedoch Bedenken geäußert worden[167].

Das Bundesverfassungsgericht hat in weiteren Entscheidungen diese Formulierung nicht beibehalten. Es ist zunächst auf die Formulierung ausgewichen, daß Art. 2 Abs. 1 GG die Handlungsfreiheit auf wirtschaftlichem Gebiet schütze und ein angemessener Spielraum zur Entfaltung der Unternehmerinitiative unantastbar sei[168]. Hierbei bleibt offen, ob ein Eingriff erst bei Erreichen dieses unantastbaren Spielraums unternehmerischer Entfaltungsfreiheit anzunehmen ist oder ob hiermit die Schranken für Eingriffe in die unternehmerische Handlungsfreiheit aufgezeigt werden sollen. Daß die Formulierung im zweiten Sinn zu verstehen ist, macht das Gericht in seiner Entscheidung vom 08.04.1987 deutlich. Bei der Überprüfung der Zulässigkeit einer Abgabenbelastung wird ausgeführt: "*Die Pflicht zur Zahlung einer Abgabe berührt zwar die wirtschaftliche Freiheit des Einzelnen, sie* **verletzt** (Hervorhebung vom Verfasser) *aber nicht den durch Art. 2 Abs. 1 GG geschützten Bereich, wenn dem Betroffenen angemessener Spielraum verbleibt, sich als verantwortlicher Unternehmer wirtschaftlich frei zu entfalten. Dieser Spielraum ist gegeben, wenn die Abgabenbelastung verhältnismäßig ist*[169]." Diese Rechtsprechung macht deutlich, daß ein Eingriff in Art. 2 Abs. 1 GG auch dann vorliegen kann, wenn dieser nicht von einer derartigen Intensiät ist, daß dem Unternehmer kein Spielraum mehr verbleibt, sich als verantwortlicher Unternehmer wirtschaftlich zu betätigen.

---

[164] Vgl. oben § 6 III 2.
[165] Vgl. BVerfGE 12, 341, 347 f. (Beschluß vom 16.5.1961); 23, 12, 30; 27, 375, 384.
[166] *Selmer*, Steuerinterventionismus und Verfassungsrecht, 1972, S. 241 ff.
[167] H.P. *Ipsen*, in Kaiser (Hrsg.), Planung II, 1966, S. 97.
[168] BVerfGE 29, 260, 266 f.
[169] BVerfGE 75, 108, 154; gleiche Formulierung in BVerfGE 78, 232, 245.

Bedenken gegen einen Eingriff in den Schutzbereich des Art. 2 Abs. 1 GG können sich jedoch auch aus dem Umstand ergeben, daß es sich bei den Eingriffen in die unternehmerische Produktionsfreiheit lediglich um mittelbare Eingriffe handelt. Einige Autoren[170] kritisieren die Rechtsprechung des Bundesverfassungsgerichts, in jeder Belastung durch eine staatliche Maßnahme einen Eingriff zu sehen[171]. Sie befürchten, daß die allgemeine Handlungsfreiheit zu einem Grundrecht auf Abwehr jeglicher Interessenbeeinträchtigung mutiere, da nahezu jede staatliche Entscheidung Auswirkung auf die tatsächlichen Voraussetzungen und Umstände grundrechtlicher Betätigung haben könne[172]. Zur Lösung dieses Problems wird vorgeschlagen, die Auflösung des klassischen Eingriffsbegriffs nur für die Einzelverbürgungen des Art. 2 Abs. 1 GG gelten zu lassen, nicht aber für die allgemeine Handlungsfreiheit[173]. Folgt man diesem Ansatz, greifen die Bedenken nicht durch, denn wenn die unternehmerische Handlungsfreiheit auch noch keine beispielsweise dem infomationellen Selbstbestimmungsrecht vergleichbare Konkretisierung erfahren hat, steht sie den unbenannten Freiheitsrechten doch so nahe, daß auch in diesem Fall die Auflösung des klassischen Eingriffsbegriffs gelten kann.

Es ist somit von einem umfassenden Schutz der wirtschaftlichen Freiheiten durch Art. 2 Abs. 1 GG auszugehen. Trotz der Mittelbarkeit der Einwirkung liegt ein Eingriff in den Schutzbereich des Art. 2 Abs. 1 GG vor.

---

[170] *H. U. Erichsen*, HdBdStR VI, § 152 Rdnr. 17 ff.; *Pietzcker*, FS Bachof, 1984, 131, 145 f.; *Pieroth/ Schlink*, GrdRe, Rdnr. 379 ff.

[171] Vgl. die Entscheidungen BVerfGE 9, 83, 88; 17, 306, 313; 19, 206, 215; 19, 253, 257; 21, 1, 3; 25, 216, 223 f.; 26, 1, 7; 27, 375, 384; 29, 402, 408; 31, 145, 173; 33, 44, 48; 42, 20, 27 f.

[172] *H. U. Erichsen*, HdBdStR § 152 Rdnr. 19.

[173] *Pieroth/ Schlink*, GrdRe, Rdnr. 380.

§ 8 Rechtfertigung des Eingriffs, Schranken der Unternehmerfreiheit

Die von Art. 2 Abs. 1 GG als Ausfluß der allgemeinen Handlungsfreiheit geschützte Unternehmerfreiheit ist nur in den Schranken des zweiten Halbsatzes von Art. 2 Abs. 1 GG gewährleistet und steht damit insbesondere unter dem Vorbehalt der verfassungsmäßigen (Rechts-) Ordnung[1].

Die dem Grundrecht der allgemeinen Handlungsfreiheit gesetzten Schranken machen deutlich, daß nicht nur Grundrechte der Unternehmer betroffen sind, sondern auch grundrechtlich geschützte Interessen der Geschädigten in die Überlegungen einzubeziehen sind. Zentrale Aufgabe des Privatrechtsgesetzgebers ist es, die in Frage stehenden Grundrechtssphären gegeneinander abzugrenzen[2]. Die Vorbehalte des zweiten Halbsatzes des Art. 2 Abs. 1 GG ermächtigen und verpflichten auch den Zivilgesetzgeber, im Rahmen der verfassungsrechtlichen Vorgaben die aus den Grundrechten resultierenden Achtungs- und Schutzpflichten aufeinander abzustimmen[3].

Normen des Haftungsrechts sind für die Regelungen von Lebenslagen, in denen die (Privat-)parteien keine ihren Nutzungsvorstellungen gerecht werdenden Vereinbarungen über ihre gegenseitigen Einflußnahme und Grenzziehung miteinander abschließen können, von besonderer Bedeutung[4]. Die Parteien sind auf die durch den Gesetzgeber vorgenommene Interessenabwägung angewiesen. Bei der Gestaltung dieser Interessenabwägung hat der Gesetzgeber einen erheblichen Gestaltungsspielraum, dem die Verfassung nur äußerste Grenzen zieht. Im Vordergrund stehen Sachgerechtigkeit und eine Abwägung der betroffenen Rechte und Pflichten. Neben den Grundrechten sind jedoch auch Verfassungsprinzipien wie die des sozialen Rechtsstaats und des Übermaßverbots zu beachten[5]. Mit dem Grundrecht der unternehmerischen Handlungsfreiheit kollidieren hier die Grundrechte der Geschädigten nach Art. 2 Abs. 2 und Art. 14 GG sowie das mit Art. 20 a GG statuierte Staatsziel des Schutzes der natürlichen Lebensgrundlagen.

Die Beschränkungen, die der Ausübung eines Grundrechts, hier der unternehmerischen Handlungsfreiheit, gesetzt werden, um ein oder mehrere kollidierende Grundrechte oder grundrechtlich geschützte Prinzipien zu schützen, müssen je-

---

[1] Ständige Rechtsprechung des Bundesverfassungsgerichts seit BVerfGE 3, 32, 41; vgl.
      BVerfGE 74, 129, 152; 80, 137, 153.
[2] Vgl. *Stern*, StaatsR III/1, S. 1579; vgl. auch *Adams*, ZZP 1986 (99), 129.
[3] *Gallwas*, GrdRe, Rdnr. 378.
[4] *Adams*, ZZP 1986 (99), 129, 140.
[5] *Stern*, StaatsR III/1, S. 1579.

doch zu dem intendierten Zweck in einem angemessenen Verhältnis stehen. Das Verhältnismäßigkeitsprinzip setzt der vorzunehmenden Interessenabwägung wichtige Leitlinien[6]. Der Eingriff muß in Einklang mit dem Prinzip der Verhältnismäßigkeit stehen. Beschränkungen der unternehmerischen Handlungsfreiheit sind im Zuge der Güterabwägung zwischen der unternehmerischen Handlungsfreiheit und den widerstreitenden Verfassungswerten einer Prüfung auf ihre Eignung, Erforderlichkeit und Zumutbarkeit zu unterziehen[7].

I. Gesetzesvorbehalt

Die allgemeine Handlungsfreiheit gemäß Art. 2 Abs. 1 GG unterliegt der Schrankentrias der "verfassungsmäßigen Ordnung", der "Rechte anderer" und dem "Sittengesetz". Hierbei hat die Schranke der "verfassungsmäßigen Ordnung" eine überragende Bedeutung erlangt, von der die übrigen Elemente der Schrankentrias weitgehend überlagert werden[8]. Dies ist die Konsequenz der von der Literatur weitgehend akzeptierten Rechtsprechung des Bundesverfassungsgerichts, die unter "verfassungsmäßiger Ordnung" die verfassungsgemäße Rechtsordnung, also die Gesamtheit der formell und materiell mit der Verfassung in Einklang stehenden Normen versteht[9]. Der Vorbehalt der "Rechte anderer" sowie das "Sittengesetz" haben hierdurch weitgehend an Bedeutung verloren.

---

[6] *Rüfner*, in Bundesverfassungsgericht und Grundgesetz, Bd. 2, 1976, S. 452, 467.

[7] Das Verhältnis zwischen Güterabwägung und Verhältnismäßigkeitsprinzip ist grundrechtsdogmatisch nicht abschließend geklärt. Es wird kritisiert, daß es für das im Rahmen einer Güterabwägung erforderliche eigenständige Gewichten und Abwägen der jeweils einschlägigen öffentlichen und privaten Güter an verbindlichen und rationalen Maßstäben fehle. Güterabwägungen sollten deshalb regelmäßig nach den Grundsätzen einer Verhältnismäßigkeitsprüfung vorgenommen werden. Die Güterabwägung sei daher als Bestandteil der Verhältnismäßigkeit im weiteren Sinne zu verstehen (*Harald Schneider*, Die Güterabwägung des Bundesverfassungsgerichts bei Grundrechtskonflikten, 1979, S. 207; *Schlink*, Abwägung im Verfassungsrecht, 1976, S. 15 f.; *Rüfner*, in Bundesverfassungsgericht und Grundgesetz, Bd. 2, 1976, S. 452, 467; *Pieroth/ Schlink*, GrundRe, Rdnr. 293 ff.; teilweise übereinstimmend auch *Larenz*, Methodenlehre der Rechtswissenschaft, 1991, S. 412). Terminologie und Praxis der **Bundesverfassungsgerichts** sind uneinheitlich. Bei der bundesverfassungsgerichtlichen Kontrolle des Gesetzgebers findet eine Abwägung jedoch regelmäßig unter dem Gebot der Verhältnismäßigkeit statt (Vgl. dazu grundlegend BVerfGE 7, 377 Urteil vom 11.06.1958. Ausführlich zur Rechtsprechung des Bundesverfassungsgerichts *Schlink*, Abwägung im Verfassungsrecht, 1976, S. 48 ff. sowie *Stern*, StaatsR III/1, S. 817 mit weiteren Rechtsprechungsnachweisen).

[8] Vgl. dazu *Bleckmann*, StaatsR II, GrdRe § 22 Rdnr. 41 ff.; *Pieroth/ Schlink*, GrundRe, Rdnr. 383; *Jarass*, in Jarass/ Pieroth, Art. 2 Rdnr. 14 f.

[9] Ständige Rechtsprechung seit BVerfGE 6, 32, 38 (Urteil vom 16.01.1957).

Bedeutung soll der Vorbehalt der "Rechte anderer" jedoch dann erlangen, wenn nicht die Regelung des Verhältnisses Staat-Bürger, sondern die Regelung der Verhältnisse der Bürger untereinander im Vordergrund steht[10]. Zivilrechtliche Ansprüche können dem Recht auf freie Entfaltung der Persönlichkeit Grenzen setzen. Die "Rechte anderer" sollen überdies bei der im Rahmen des Verhältnismäßigkeitsprinzips vorzunehmenden Abwägung einen maßgeblichen Gesichtspunkt bezeichnen: Beschränkungen der allgemeinen Handlungsfreiheit sollen umso weitgehender gerechtfertigt sein, als deren Ausübung Rechte anderer beeinträchtigt[11]. Die Zuordnung der in Frage stehenden Haftungsnormen als Schranken der unternehmerischen Handlungsfreiheit unter den Vorbehalt der "verfassungsmäßigen Ordnung" oder alternativ unter die "Rechte anderer" bleibt jedoch ohne Konsequenz. Denn auch die "Rechte anderer" bedürfen, um als Grundrechtsschranke wirken zu können, der Positivierung durch den Gesetzgeber[12].

Die zur Diskussion stehenden Haftungstatbestände werden bei entsprechender Verabschiedung oder durch den Beitritt zur Konvention Teil der verfassungsmäßigen Ordnung und als solche von der Schrankentrias des Art. 2 Abs. 1 GG erfaßt.

II. Vorbehalt des verhältnismäßigen Gesetzes

Das die unternehmerische Handlungsfreiheit einschränkende Gesetz muß jedoch nicht nur den Voraussetzungen der Vorbehalte des Art. 2 Abs. 1 2. HS GG entsprechen, sondern auch ansonsten formell und materiell mit der Verfassung übereinstimmen.

Wichtigste "Schranken-Schranke" ist der Grundsatz der Verhältnismäßigkeit. Er bietet in materieller Hinsicht den Maßstab, nach dem die allgemeine Handlungsfreiheit eingeschränkt werden darf[13]. Der Grundsatz der Verhältnismäßigkeit wird weitgehend übereinstimmend in drei Elemente gegliedert[14]: Die getroffene Maßnahme muß **geeignet** sein, einen bestimmten legitimen Zweck zu erreichen; die Maßnahme muß **erforderlich** sein und schließlich muß die Maßnahme im

---

[10] So *H.U. Erichsen*, HdBStR VI § 152 Rdnr. 39; ähnlich auch *Gallwas*, GrdRe Rdnr. 377.

[11] *Degenhart*, JuS 1990, 161, 164.

[12] *Degenhart*, JuS 1990, 161, 164; *H.U. Erichsen*, HdBStR VI § 152 Rdnr. 39; *Jarass*, in Jarass/ Pieroth, Art. 2 Rdnr. 15.

[13] BVerfGE 17, 306, 314; 55, 159, 165; 75, 108, 154; 80, 137, 153.

[14] BVerfGE 30, 292, 316; 37, 1, 21 ff; 39, 210, 230 f.; 51, 193, 208; 67, 157, 173; 81, 156, 189. Vgl. bspw. *Stern*, StaatsR III/2, S. 775 ff.; *Richter/ Schuppert*, Casebook, B, II 8, S. 24; *Schnapp*, JuS 1983, 850, 852.

engeren Sinne verhältnismäßig sein, das heißt **in angemessenem Verhältnis** zu dem Gewicht und der Bedeutung des Grundrechts stehen.

1. Zweck/Ziel der Regelung

Der mit der Regelung verfolgte Zweck muß legitim sein. Er muß vom Staat als solcher verfolgt werden dürfen. Der Gesetzgeber ist bei der Wahl des verfolgten Zweckes jedoch weitgehend frei. Er ist, anders als die Verwaltung, lediglich an die im Grundgesetz, besonders in den Grundrechten, bestimmten Zwecke gebunden[15].

Die Verfasser des Abfallrichtlinienentwurfes, der Entwürfe zum Umweltgesetzbuch sowie der Europaratskonvention erläutern nur kursorisch, welche Intensionen den einzelnen Regelungen zugedacht werden. Mit der **Abfallhaftungsrichtlinie** soll in erster Linie eine Verbesserung der Geschädigtenstellung erreicht werden. Daneben soll zur Verwirklichung des Verursacher- und Vorsorgeprinzips sowie zur Verwirklichung von Wettbewerbsgleichheit und freiem Warenverkehr beigetragen werden[16]. Die Verfasser des **UGB-AT-Entwurfs** versuchen, eine Harmonisierung der Umwelthaftung zu erreichen. Vorhandene Haftungslücken sollen geschlossen und eine Angleichung unterschiedlich ausgestalteter Haftungsvoraussetzungen geschaffen werden[17]. Die Konvention des **Europarats** will die Möglichkeit eines angemessenen Ausgleichs für Schäden, die durch umweltgefährliche Aktivitäten entstanden sind, gewährleisten. Gleichfalls sollen Schadensereignisse verhindert und eine Wiederherstellung der Umwelt gesichert werden[18].

Bei allen Regelungen steht somit die Gewährleistung des Ausgleichs der eingetretenen Schäden im Vordergrund. Die Stellung der durch Umweltschäden Betroffenen soll gegenüber den Verursachern der Schäden gestärkt werden. Durch ergänzende Normen, die den Umfang des zu ersetzenden Schadens regeln, soll überdies ein Schutz der Umwelt unabhängig von individuellen Schäden erreicht werden[19].

---

[15] *Pieroth/ Schlink*, GrundRe, Rdnr. 280 ff.
[16] ABlEG Nr. C 192 v. 23.03.1991, S. 7 f.; vgl. ausführlicher oben § 3 B I 1.
[17] Begründung zum UGB-AT-Entwurf, S. 416 ff.
[18] Expl. Rep. S. 3.
[19] Hierbei ist an Normen zu denken, die den Ersatz ökologischer Schäden gewährleisten sollen (Art. 4 Abs. 1 AbfallhaftRLE, § 127 UGB-AT-Entwurf; Art. 2(7)c Konvention des Europarats) oder an solche, die die Dispositionsfreiheit des Geschädigten einschränken (§ 127 Abs. 2 UGB-AT-Entwurf).

Weitgehend unerwähnt bleibt, daß mit der Ausgestaltung der Haftungsregelungen auch eine Entscheidung über die Zuteilung der durch bestimmte Tätigkeiten oder Anlagen entstehenden Unglücksschäden getroffen wird. Bei der Einführung eines Gefährdungshaftungstatbestandes wird gleichzeitig die Entscheidung getroffen, daß eingetretene Unglücksschäden nicht bei dem Geschädigten verbleiben sollen, sondern von den Betreibern der gefährlichen Anlage oder Tätigkeit zu tragen sind[20].

2. Geeignetheit der Regelung

Die in Frage stehenden Regelungen sind im Sinne der Verhältnismäßigkeitsprüfung geeignet, wenn sie in der Lage sind, den erstrebten Rechtsgüterschutz überhaupt zu fördern. Das Bundesverfassungsgericht sieht ein Mittel dann als geeignet an, den angestrebten Zweck zu erreichen, "wenn mit seiner Hilfe der gewünschte Erfolg gefördert werden kann"[21]. Hierbei reicht es aus, wenn der Erfolg zumindest teilweise erreicht werden kann[22]. Eine Norm darf somit nur nicht schlechthin ungeeignet sein, den erstrebten Zweck zu erreichen[23]. Bei der Beurteilung, ob ein Mittel zur Zweckerreichung geeignet ist, steht dem Gesetzgeber ein weiter Ermessensspielraum zu. Die Frage der Eignung ist grundsätzlich aus der *ex ante*- Sicht des Gesetzgebers zu beurteilen. Verfassungswidrig ist eine Maßnahme nur dann, wenn sie auch unter Berücksichtigung dieses Beurteilungsspielraums von vornherein ungeeignet ist, den festgesetzten Zweck zu erreichen[24].

Normen der Gefährdungshaftung enthalten zwar keine unmittelbar an den Handelnden gerichteten, konkreten Verhaltensge- oder -verbote, doch bleibt das Handeln des der Haftung Unterworfenen von den Haftungsregelungen nicht unbeeinflußt[25]. Gefährdungshaftungstatbestände regeln die Zuteilung von Unglücksschäden. Abweichend vom Grundprinzip des *"casum sentit dominus"* werden die Kosten der eingetretenen Schäden den Verursachern der Schäden auferlegt[26]. Mit der distributiven Funktion des Haftungsrechts kommt der Gesetzgeber bestimmten Gerechtigkeitsvorstellungen nach. Diese Zuteilung der

---

[20] Vgl. ausführlich zur Verteilungsfunktion der Gefährdungshaftungstatbestände oben § 7 I 2 d sowie unten § 8 II 4 e.
[21] BVerfGE 30, 292, 316; 33, 131, 181.
[22] BVerfGE 16, 147, 183.
[23] Std. Rspr. BVerfGE 19, 119, 126 f.; 30, 250, 263 f.; 50, 142, 163; 61, 291, 313; 67, 157, 175; 71, 206, 215 ff.; BVerfG NJW 1986, 1241, 1242.
[24] Vgl. *Grabitz*, AöR 98 (1975), S. 568, 573; *Bleckmann*, StaatsR II, GrundRe, § 12 Rdnr. 125.
[25] Vgl. oben § 7 I 2 d.
[26] Vgl. oben § 7 I 2 d.

Schäden hat jedoch wiederum Rückwirkungen auf das Verhalten derjenigen, die die Schadenskosten nunmehr zu tragen haben. Die Haftungslastzuordnung verändert die relative Vorteilhaftigkeit der von der Verteilungsmaßnahme betroffenen Aktivitäten. Die Statuierung von Haftungsnormen schafft eine Anreizordnung, die die der Haftung Unterworfenen einerseits zur Ergreifung von Unfallverhütungsmaßnahmen anderseits zur Veränderung ihres Aktivitätsniveaus veranlaßt[27].

Die Stellung des durch Umwelteinwirkungen Geschädigten wird somit auf zweierlei Weise verbessert. Die aus der Kostenanlastungsfunktion folgende Einflußnahme auf den Betreiber gefährlicher Anlagen oder Tätigkeiten bewirkt einen primären Rechtsgüterschutz. Sowohl das Ergreifen von Unfallverhütungsmaßnahmen als auch eine Senkung des Aktivitätsniveaus führen zu einer Verringerung der Schadenshäufigkeit. Der durch die Ausgleichsfunktion gewährte Ersatz für den erlittenen Schaden stellt überdies einen sekundären Rechtsgüterschutz dar. Der dem Geschädigten gewährte Schadensersatzanspruch tritt an die Stelle des verletzten Rechtsguts[28]. Umfaßt der ersatzfähige Schaden auch Umweltgüter unabhängig davon, ob diese von einer individuellen Schadensposition abhängig sind oder nicht, so werden auch diese in gleicher Weise geschützt oder zumindest ihre Wiederherstellung ermöglicht[29]. Die Regelungen sind demnach grundsätzlich geeignet, den erstrebten Rechtsgüterschutz zu fördern.

3. Erforderlichkeit der Regelung

Das Bundesverfassungsgericht hält ein Mittel dann für erforderlich, um den angestrebten Zweck zu erreichen, wenn die staatliche Maßnahme nicht durch ein anderes, gleich wirksames Mittel erreicht werden kann, das das betreffende Grundrecht nicht oder weniger fühlbar einschränkt[30]. Das Gebot der Erforderlichkeit ist verletzt, wenn das mildere Mittel zur Erreichung des Regelungszwecks ebenso geeignet ist und zudem Dritte und die Allgemeinheit nicht stärker belastet[31]. Das Bundesverfassungsgericht gesteht dem Gesetzgeber jedoch

---

27 Vgl. ausführlich oben § 7 I 2 d.
28 Vgl. *Larenz*, SchuldR I, AT § 27 I, S. 425.
29 Hinsichtlich der Einzelheiten vgl. die Ausführung zu den einzelnen Haftungstatbeständen. Ebenso hinsichtlich der Geeignetheit der Normen bezüglich der weiteren Regelungszwecke.
30 Vgl. bspw.: BVerfGE 53, 135, 145 f.; 67, 157, 177; 68, 193, 219.
31 Vgl. zum Gebot der Erforderlichkeit *Bleckmann*, StaatsR II, GrdRe, § 22 Rdnr. 126; *Pieroth/ Schlink*, GrundRe, Rdnr. 285 ff.; *Jarass*, in Jarass/ Pieroth, Art. 20 Rdnr. 60.

bei der Beurteilung der Erforderlichkeit einer Regelung einen gewissen Ermessensspielraum zu[32].

Alternative Maßnahmen, die geeignet sind, die oben genannten Ziele in ähnlicher Weise zu erreichen, sind unter anderem ein Verbot der gefährlichen Tätigkeiten oder Anlagen, der Erlaß öffentlich rechtlicher Vorschriften, die den Betrieb der gefährlichen Anlage oder Tätigkeit detailliert regeln, sowie die Belastung der betreffenden Tätigkeiten mit Steuern. Ein Verbot der Tätigkeiten wäre gegenüber den Haftungsregelungen kein milderes Mittel, sondern würde vielmehr einen wesentlich intensiveren Eingriff in die Handlungsfreiheit der Betreiber bedeuten. Gleiches gilt hinsichtlich des Erlasses verwaltungsrechtlicher Vorschriften. Eine Besteuerung der gefährlichen Tätigkeiten könnte zwar ebenso wie die Statuierung einer Gefährdungshaftung zu einer Senkung des Aktivitätsniveaus und somit zu einer Verringerung des Schadensaufkommens führen, doch würden die Betreiber der gefährlichen Anlagen oder Tätigkeiten nicht zum Ergreifen von Unfallverhütungsmaßnahmen veranlaßt werden, da die Besteuerung unabhängig vom Eintritt oder Ausbleiben von Schadensfällen ist.

Das Haftungsrecht erweist sich somit gegenüber den öffentlich-rechtlichen Regelungen zumindest als der schonendere Eingriff[33].

4. Verhältnismäßigkeit im engeren Sinn

Das Bundesverfassungsgericht spricht das Gebot der Verhältnismäßigkeit im engeren Sinn an, wenn es ausführt, eine Maßnahme dürfe den Betroffenen "nicht übermäßig belasten" oder für ihn nicht "unzumutbar" sein. Grundsätzlich wird die Überprüfung des Eingriffs in der Weise vorgenommen, daß ein Vergleich zwischen dem verfolgten Zweck und dem angewandten Mittel vorzunehmen ist. Hierbei wird nicht positiv verlangt, daß Zweck und Mittel in einem angemessenen Verhältnis zueinander stehen müssen. Das Gericht prüft lediglich, ob dieses Verhältnis unangemessen ist[34]. Bei der Kollision zweier Grundrechte ist diese Prüfung jedoch zu modifizieren. Hierbei sowie generell bei der Kollision verschiedener verfassungsrechtlicher Grundsätze ist der Schutz beider erforderlich. Die Verhältnismäßigkeit ist nach beiden Seiten zu wahren[35]. Widerstreitende Grundrechtspositionen stellen den Privatrechtsgesetzgeber vor die Aufgabe, die

---

[32] *Bleckmann*, StaatsR II, GrdRe, § 22 Rdnr. 126; vgl. auch *Pieroth/ Schlink*, GrundRe, Rdnr. 287.

[33] Vgl. auch *Johannes Hager*, JZ 1994, 373, 378.

[34] Vgl. *Bleckmann*, StaatsR II, GrdRe, § 22 Rdnr. 127.

[35] Vgl. *Rüfner*, in Bundesverfassungsgericht und Grundgesetz, Bd.2, 1976, S. 453, 468.

Grundrechtssphären gegeneinander abzugrenzen und eine Güterabwägung vorzunehmen [36].

a) Gestaltungsspielraum des Gesetzgebers bei der Güterabwägung

Die Verfassung setzt dem dem Gesetzgeber hierbei zustehenden Gestaltungsspielraum nur äußerste Schranken[37]. Bei der Einführung von Normen des Umwelthaftungsrechts wird dieser Gestaltungsspielraum von zwei Seiten begrenzt. Dem Eingriff in die Handlungsfreiheit steht die staatliche Verpflichtung zum Schutz der Rechtsgüter der durch Umweltmedien tangierendes Handeln Geschädigten gegenüber. Die Verhältnismäßigkeitsprüfung hat zu berücksichtigen, daß bei der Gewährung eines privatrechtlichen Anspruchs nicht nur zu beachten ist, daß hierdurch in grundrechtlich gewährleistete Freiheitsrechte der potentiell Inanspruchgenommenen eingeriffen wird, sondern daß durch die Gewährung des Anspruchs der Staat seine ihm obliegenden Schutzpflichten hinsichtlich der Rechtsgüter der Geschädigten erfüllt[38]. Der Gestaltungsspielraum des Gesetzgebers wird sowohl durch die Freiheitsrechte der betroffenen Unternehmer als auch durch die dem Staat gegenüber den Geschädigten obliegenden Schutzpflichten beschränkt. Weitere verfassungsrechtliche Vorgaben können überdies durch den in Art. 20 a GG manifestierten Mitweltschutz sowie durch das Verursacherprinzip gegeben sein.

b) Schutzpflichten gegenüber den potentiell Geschädigten

Der Gedanke, daß die Grundrechte nicht lediglich Abwehrrechte des Bürgers gegen Eingriffe des Staates sind, sondern aufgrund ihres Charakters als wesentliche Entscheidungen des Verfassungsgebers über bestimmte Schutzgüter und Freiheiten auch verlangen, daß der Staat diese wirksam in Schutz nimmt, ist seit langem fester Bestandteil der Rechtsprechung des Bundesverfassungsgerichts[39]. Das Gericht beschreibt die sich aus den Grundrechten ergebende Schutzpflicht des Staates als umfassend. Sie verbiete nicht nur unmittelbare Eingriffe in das Rechtsgut, sondern gebiete dem Staat auch, sich schützend und fördernd vor das Rechtsgut zu stellen[40].

---

[36] Zum Verhältnis zwischen Güterabwägung und Verhältnismäßigkeitsprinzip vgl. oben § 8 Fn. 7.

[37] *Stern*, StaatsR III/1 S. 1579 f.

[38] Vgl. *Gallwas*, GrdRe Rdnr. 364.

[39] Grundlegend hierzu die Entscheidung im 39. Band über die Zulässigkeit des Schwangerschaftsabbruchs BVerfGE 39,1 ff.

[40] BVerfGE 39, 1, 42.

Der Schutzpflichtgedanke hat sich in der Rechtsprechung gefestigt[41]. Auch wenn er vorwiegend im Zusammenhang mit Art. 2 Abs. 2 S. 1 GG erörtert wurde, ist die Rechtsprechung des Bundesverfassungsgerichts jedoch nicht so zu verstehen, daß Schutzpflichten allein aus dieser Grundrechtsnorm abgeleitet werden können. Der Schutzpflichtansatz gehört mittlerweile zum Bestandteil der allgemeinen Grundrechtsdogmatik[42]. Aus einer Reihe von Grundrechten wird eine Pflicht des Staates abgeleitet, die grundrechtlichen Güter vor Eingriffen Dritter zu schützen[43]. Der Staat wird durch diese Schutzgebote verpflichtet, positive Maßnahmen zu ergreifen, um Grundrechtsausübungen vor Behinderungen durch Private zu schützen[44]. Schutzpflichten können bei evidenten Pflichtverletzungen durch Unterlassen hinreichender Schutzvorkehrungen äußerstenfalls einen grundrechtlichen Anspruch des Betroffenen hervorbringen[45].

In Hinblick auf die zu überprüfenden Haftungstatbestände kommen Schutzpflichten aus den Grundrechten der körperlichen Unversehrtheit gemäß Art. 2 Abs. 2 S. 1 GG sowie der Eigentumsgarantie gemäß Art. 14 S. 1 GG in Betracht. Die vom Bundesverfassungsgericht für das Rechtsgut des menschlichen Lebens beschriebene Pflicht des Staates, "*sich schützend und fördernd vor das Leben zu stellen; d.h. vor allem es auch vor rechtswidrigen Eingriffen von seiten anderer zu bewahren*"[46], besteht auch zugunsten der körperlichen Unversehrtheit[47]. Der Staat hat auch und gerade einer Gefährdung durch Privatpersonen vorzubeugen[48]. Ebenso enthält Art. 14 GG staatliche Schutz- und Förderpflichten der durch Art. 14 GG geschützten Rechtsgüter[49].

---

[41] Der Schutzpflichtgedanke ist auch in der Literatur ganz überwiegend auf Zustimmung gestoßen; kritisiert wird allerdings die mangelnde dogmatische Begründung. So *Isensee*, HdBStR V, § 111 Rdnr. 82: "*Dennoch hindert die Schwäche der Begründung nicht die nahezu einhellige Akzeptanz der Schutzpflicht.*" Vgl. auch *Stern*, StaatsR III/1 § 69 S. 945; *Jarass*, AöR 110 (1985), 363, 378 f.; *Pieroth/ Schlink*, GrundRe, Rdnr. 88 ff.; *Bleckmann*, StaatsR II, GrdRe, § 11 Rdnr. 204 ff.; *Robbers*, Sicherheit als Menschenrecht, 1987, S. 194 f.; *Hesse*, Grdzge des VerfR, S. 155, Rdnr. 350; *Isensee*, Das Grundrecht auf Sicherheit, 1983, S. 49; *Hermes*, Das Grundrecht auf Schutz, 1987, S. 63.

[42] Vgl. *Stern*, StaatsR III/1 S. 943 f. m.w.N.

[43] Vgl. bspw.: BVerfGE 56, 54, 63; 61, 274, 279; 63, 131, 142 f.; 69, 315, 355; 73, 118, 201; 77, 381, 402 f.; 81, 242, 255; 85, 360, 384.

[44] Vgl. *Jarass*, in Jarass/ Pieroth, vor Art. 1 Rdnr. 8.

[45] Vgl. *Badura*, Staatsrecht, 1986, C Rdnr. 22, S. 98.

[46] BVerfGE 39, 1, 42.

[47] BVerfGE 56, 54, 63.

[48] BVerfGE 66, 39, 61.

[49] *Jarass*, in Jarass/ Pieroth, Art. 14 Rdnr. 24; *Papier*, in Maunz/Dürig, GG, Art. 14 Rdnr. 16 f.; *Bullinger*, in FS v. Caemmerer, 1978, S. 297, 299.

Bei der Erfüllung der Schutzpflicht hat der Staat jedoch einen erheblichen Gestaltungsspielraum[50]. Zu dem Instrumentarium, mit dem der Gesetzgeber seiner Verpflichtung zum Schutz der Rechtsgüter nachkommen kann, gehört auch und nicht zuletzt das Haftungsrecht[51]. Der durch Haftungsnormen bewirkte Schutz wird hierbei nicht allein durch die Präventivfunktion des Haftungsrechts erreicht, sondern vor allem auch durch den von Haftungsregelungen ausgehenden sekundären Rechtsgüterschutz. Die Ausgleichsfunktion gewährt dem Geschädigten Ersatz für den von ihm erlittenen Schaden. Der dem Geschädigten gewährte Schadensersatzanspruch tritt an die Stelle des verletzten Rechtsguts. Haftungsregelungen bewirken eine Garantie individueller Rechtsgüter als solcher. Diese werden in ihrem essentiellen Bestand nicht nur gegen hoheitlich staatliche Eingriffe abgeschirmt, sondern auch gegen eine Beeinträchtigung im Rahmen des allgemeinen Rechtsverkehrs[52].

Dies führt zu der Frage, ob Konstellationen denkbar sind, bei deren Vorliegen die grundrechtlichen Schutzpflichten die Einführung einer Gefährdungshaftung verlangen, weil das Verschuldensprinzip für eine gerechte Verteilung der Schäden nicht ausreichend ist. Im Schrifttum ist umstritten, ob das Verschuldensprinzip in allen Fällen zu einem gerechten Schadensausgleich führen kann. Bereits OTTO GIERKE hat es als eine Verkennung der sozialen Aufgabe des Privatrechts angesehen, wenn die Gesamtordnung des Schadensersatzrechts auf den Deliktsbegriff aufgebaut werde[53]. Aufgabe des Privatrechts sei es, nicht lediglich einen Unrechtsausgleich zu schaffen, sondern einer distributiv gerechten Schadenszuteilung zu dienen. Die ausgleichende Gerechtigkeit fordere, soweit dies tunlich sei und nicht zu unbilliger Härte auf der Gegenseite führe, eine Überwälzung der Folgen[54]. Auch BULLINGER sieht den von der Verfassung gebotenen Rechtsgüterschutz nicht ohne weiteres gewahrt, wenn ein Schadensausgleich nur bei Verschulden gewährt werde. Werde der primäre Rechtsgüterschutz, etwa durch einen Verzicht auf ein Verbot des gefährlichen Handelns, versagt, müsse der sekundäre Rechtsgüterschutz vom Verschulden befreit werden. Gleiches müsse auch dann gelten, wenn das Abwehrrecht faktisch, zum Beispiel aufgrund von Beweisschwierigkeiten, nicht ausreiche, um einen Schaden abzuwenden[55].

---

[50] BVerfGE 46, 160, 164; 56, 54, 80 ff.; 79, 174, 200; 85, 191, 212.
[51] *Hermes*, NJW 1990, 1764, 1765; *Klein*, NJW 1989, 1633, 1639 ff.; *Canaris*, AcP 184 (1984), 201, 225 ff; *Johannes Hager*, JZ 1994, 373, 378.
[52] Vgl. *Bullinger*, in FS v. Caemmerer, 1978, S. 297, 299.
[53] *Gierke*, Die soziale Aufgabe des Privatrechts, 1889, S. 33.
[54] *Gierke*, Die soziale Aufgabe des Privatrechts, 1889, S. 33; ihm folgend *Esser*, Grundlagen und Entwicklung der Gefährdungshaftung, S. 73 f.
[55] *Bullinger*, FS für v. Caemmerer, 1978, S. 297, 300.

Demgegenüber gesteht CANARIS dem Gesetzgeber einen nahezu unbeschränkten Gestaltungsspielraum zu und sieht die verfassungsrechtlichen Schutzpflichten gegenüber den Geschädigten in aller Regel durch die Statuierung einer bloßen Deliktshaftung gewahrt[56]. Die differierenden Meinungen beruhen in erster Linie auf unterschiedlichen Ansichten hinsichtlich der möglichen Zurechnungsgründe der Gefährdungshaftung. Während diejenigen, die in bestimmten Konstellationen die Statuierung einer Gefährdungshaftung für erforderlich halten, die Einführung eines Gefährdungshaftungstatbestands als Ausgleich für die Erlaubtheit eines besonderen Risikos betrachten[57], sieht Canaris lediglich die besondere Gefahr als hinreichenden Zurechnungsgrund für die Statuierung eines Gefährdungshaftungstatbestandes an[58].

Das Bundesverfassungsgericht betont den weiten Spielraum des Gesetzgebers. Eine Pflicht des Gesetzgebers zu legislatorischem Handeln bestehe nur in Ausnahmefällen[59]. Das Gericht begründet diese Beschränkung einerseits mit einem Hinweis auf den Grundsatz der Gewaltenteilung und des demokratischen Prinzips, wonach die Entscheidung über die zu treffenden Maßnahmen, die häufig die Schließung von Kompromissen erforderten, in die Verantwortung des vom Volk unmittelbar legitimierten Gesetzgebers fielen; anderseits sei es eine höchst komplexe Frage, wie eine staatliche Schutzpflicht, die erst im Wege der Verfassungsinterpretation aus den in den Grundrechten verkörperten Grundentscheidungen hergeleitet werden würde, durch aktive gesetzgeberische Maßnahmen zu verwirklichen sei und zum dritten gebühre dem Gesetzgeber ein angemessener Erfahrungs- und Anpassungsspielraum[60]. Es sei zwar nicht ausgeschlossen, daß eine Schutzpflicht den Gesetzgeber zum Erlaß einer Regelung im Wege der Verfassungsinterpretation aus den in den Grundrechten verkörperten Grundentscheidungen verpflichte, die gesetzgeberische Entscheidung sei jedoch inhaltlich von mannigfachen wirtschaftlichen, politischen und haushaltsrechtlichen Gegebenheiten abhängig[61]. Anhaltspunkte für eine inhaltliche Ausgestaltung seien die Art, die Nähe und das Ausmaß möglicher Gefahren, die Art und der Rang des verfassungsrechtlichen Rechtsguts sowie die vorhandenen Regeln[62]. Maßstab für eine verfassungsrechtliche Beurteilung sei deshalb nicht, ob bestimmte Schutzmaßnahmen richtig oder falsch seien, sondern ob die Gesamtheit der Regelun-

---

[56] Larenz/ *Canaris*, Lehrbuch des SchuldR, Bd. II/2, S. 606.

[57] Vgl. *Esser*, Grundlagen und Entwicklung der Gefährdungshaftung, 1941, S. 97.

[58] Larenz/ *Canaris*, Lehrbuch des SchuldR, Bd. II/2, S. 607.

[59] BVerfGE 39, 1, 44; 46, 160, 164; 56, 54, 70 f.; BVerfGE NJW 1983, 2931. Ausführlich zu dieser Problematik *Hermes*, Das Grundrecht auf Schutz, 1987, S. 50 ff.

[60] BVerfGE NJW 1983, 2931, 2932 (Beschluß des Vorprüfungsausschusses vom 14.9.1983).

[61] BVerfGE NJW 1983, 2931, 2932 (Beschluß des Vorprüfungsausschusses vom 14.9.1983).

[62] BVerfGE 48, 89, 140 ff.

gen und Maßnahmen im Ergebnis das erforderliche Maß an Schutz hervorbringe[63]. Die Schutzpflichten verlangten nicht, daß jegliche Gefahr ausgeschlossen werde. Ein gewisses Restrisiko sei unvermeidlich; für ein "Null-Risiko" - sollte es überhaupt möglich sein - bestehe keine Verfassungspflicht[64].

Konsequenz dieser Rechtsprechung ist, daß von einer Handlungspflicht des Gesetzgebers zum Erlaß von Normen nur bei einer evidenten Verletzung der in den Grundrechten verkörperten Grundentscheidung auszugehen ist[65]. Unerheblich ist, ob durch die bestehenden Regelungen befriedigende Verhältnisse geschaffen worden sind. Ein gesetzgeberisches Handlungsgebot besteht erst, wenn die Situation so untragbar wird, daß der Gesetzgeber seine Schutzpflicht evident verletzt hat[66]. Bei der Beurteilung der Frage, ob der Gesetzgeber durch die unterbliebene Minderung der Gesamtemissionsmenge die verfassungsrechtlichen Schutzpflichten gegenüber den Waldbesitzern verletzt habe, hat das Bundesverfassungsgericht eine evidente Schutzpflichtverletzung verneint[67].

Auch für den Fall, daß durch gewerblich bedingte Umwelteinwirkungen die Schutzgüter der Geschädigten derart unerträglich betroffen wären, daß von einer evidenten Schutzpflichtverletzung auszugehen wäre, wäre der Gesetzgeber nicht zum Erlaß einer Gefährdungshaftung verpflichtet. Es steht ihm vielmehr frei, stattdessen öffentlich-rechtliche Verbotsnormen oder gar Straftatbestände zu erlassen, um seiner verfassungsrechtlichen Verpflichtung zum Schutz der Rechtsgüter der Geschädigten gerecht zu werden.

Das Bundesverfassungsgericht hat diese Rechtsprechung in seinem Beschluß über die verfassungsrechtliche Geeignetheit der im Bundesimmissionsschutzgesetz festgesetzten Grenzwerte erhöhter Ozonkonzentrationen bestätigt. Eine Verletzung der Schutzpflicht könne nur dann festgestellt werden, wenn die staatlichen Organe gänzlich untätig geblieben seien oder wenn die bisher getroffenen Maßnahmen evident unzureichend seien[68]. Unter Zugrundelegung dieses Prüfungsmaßstabs sei nicht erkennbar, daß der Gesetzgeber seine Pflicht, die

---

[63] BVerfGE 39, 1, 46.

[64] BVerfGE 49, 89, 143; 53, 30, 59. Vgl. hierzu auch *Stern*, StaatsR III/1 § 69 IV 1, S. 953 f.

[65] BVerfGE 56, 54, 80 ff.; BVerfGE NJW 1983, 2931, 2932 (Beschluß des Vorprüfungsausschusses vom 14.9.1983).

[66] BVerfGE 56, 54, 81.

[67] BVerfGE NJW 1983, 2931, 2932 (Beschluß des Vorprüfungsausschusses vom 14.9.1983). Diese Rechtsprechung ist jetzt auch 15 Jahre später bestätigt worden, vgl BVerfG NJW 1998, 3264.

[68] BVerfG (Beschluß v. 29.11.1995), NJW 1996, 651; m.w.N.

Bürger vor Gesundheitsgefahren durch erhöhte Ozonkonzentrationen zu schützen, verletzt habe[69].

Geht man davon aus, daß Gefährdungshaftungstatbestände einen Ausgleich für ein von der Rechtsordnung erlaubtes erhöhtes Risiko darstellen, ist es konsequent, gemäß dem aus Art. 3 GG abgeleiteten Prinzip der Systemgerechtigkeit[70], den Verzicht auf den Primärrechtsschutz aufgrund der Erlaubtheit des gefährlichen Tuns mit der Statuierung eines Gefährdungshaftungstatbestandes zu kompensieren. Die Auffassung, die Statuierung von Gefährdungshaftungstatbeständen sei Ausgleich für die Zulassung des Risikos bzw. den Verzicht auf ein Verbot der gefährlichen Anlage, vermag jedoch nicht zu überzeugen. So greifen Gefährdungshaftungstatbestände auch ein, wenn der Schadenseintritt auf einer rechtswidrigen Handlung beruht[71].

Auch wenn die Einführung von Gefährdungshaftungstatbeständen aus gesetzessystematischer Sicht für erforderlich erachtet werden sollte, aufgrund der verfassungsrechtlich verankerten Schutzpflichten ist sie nur ein Mittel unter mehreren, um der staatlichen Schutzverpflichtung nachzukommen[72].

Die grundgesetzliche Schutzpflicht ist somit nicht geeignet, Konstellationen zu bestimmen, die die Einführung einer Gefährdungshaftung erfordern. Bedeutung haben die den Geschädigten gegenüber bestehenden Schutzpflichten jedoch bei der Abwägung der widerstreitenden Grundrechtspositionen als Gegengewicht gegenüber der unternehmerischen Handlungsfreiheit.

---

[69] BVerfG (Beschluß v. 29.11.1995), NJW 1996, 651. A.A.: *Wollenteit/ Wenzel*, NuR 1997, 60 ff. Vgl. auch den Beschluß des BVerfG (Beschluß v. 26.10. 1995), NJW 1996, 651 f. zum Bestehen einer verfassungsrechtlichen Schutzpflicht, die zulässige Höchstgeschwindigkeiten für Kraftfahrzeuge zu reduzieren.

[70] Der Grundsatz der Systemgerechtigkeit fordert vom Gesetzgeber, sich bei legislatorischen Maßnahmen nicht selbst zu widersprechen und aus einer einmal gefaßten Konzeption alle notwendigen Konsequenzen zu ziehen. Das Bundesverfassungsgericht sieht den Gesetzgeber nur in beschränktem Maß an das Gebot der Systemgerechtigkeit gebunden. So liege für den Fall, daß die selbst statuierte Sachgesetzlichkeit ohne zureichenden Grund verlassen werde, lediglich ein Indiz für einen Gleichheitsverstoß vor (BVerfGE 34, 103, 115; 66, 214, 224; 67, 70, 84). Eine bloße Systemwidrigkeit stelle an sich noch keinen Grundrechtsverstoß dar (BVerfGE 68, 237, 253; 81, 156, 207). Von einem selbstgesetzten Regelsystem dürfe der Gesetzgeber abweichen, wenn es dafür zureichende Gründe gebe (BVerfGE 85, 238, 347). Weiterführend: *Bleckmann*, StaatsR II, Die Grundrechte, § 24 Rdnr. 74 ff.; *Jarass*, in Jarass/ Pieroth, GG, Art. 3 Rdnr. 20 a; *Kirchhoff*, in HdBStR V, § 124 Rdnr. 205.

[71] Vgl. hierzu ausführlich § 8 II 4 e.

[72] Vgl. zum gesetzgeberischen Gestaltungsspielraum bei der Ausgestaltung des Deliktsrechts: BVerfGE 49, 304, 319.

c) Verfassungsrechtliche Handlungspflichten des Gesetzgebers aus Art. 20 a GG

Seit der in Zusammenhang mit der Wiedervereinigung Deutschlands erfolgten Verfassungsänderung von 1994 enthält Art. 20 a GG die Verpflichtung der öffentlichen Gewalt, "*auch in Verantwortung für die künftigen Generationen die natürlichen Lebensgrundlagen im Rahmen der verfassungsmäßigen Ordnung durch die Gesetzgebung und nach Maßgabe von Gesetz und Recht durch die vollziehende Gewalt und die Rechtsprechung*" zu schützen[73]. Die Norm ist das Ergebnis einer jahrzehntelangen Diskussion um die grundrechtliche Verankerung des Umweltschutzes[74].

Von Interesse ist in diesem Zusammenhang, ob Art. 20 a GG eine Verpflichtung des Gesetzgebers zum Erlaß von (Haftungs-)normen bestimmten Inhalts entnommen werden kann.

Art. 20 a GG ist nach übereinstimmender Meinung eine Staatszielbestimmung[75]. Staatszielbestimmungen sind Verfassungsnormen mit rechtlich bindender Wirkung, die der Staatstätigkeit die fortdauernde Beachtung oder Erfüllung bestimmter Aufgaben vorschreiben. Sie umreißen ein bestimmtes Programm der Staatstätigkeit und sind dadurch eine Richtlinie oder Direktive für das staatliche Handeln, auch für die Auslegung von Gesetzen und sonstigen Rechtsvorschriften[76]. Eine Staatszielbestimmung gewährt im Gegensatz zu einem Grundrecht keinen subjektiven Anspruch eines einzelnen, sondern es handelt sich nur um eine objektive Verpflichtung des Staates[77]. Von einem bloßen Gesetzgebungsauftrag unterscheidet sich die Staatszielbestimmung dadurch, daß sie sich an alle Staatsorgane wendet und nicht lediglich den Gesetzgeber verpflichtet[78].

---

[73] BGBl I, 1994, S. 3146.

[74] Vgl. bspw. *Rupp*, JZ 1971, 401 ff.; Rat von Sachverständigen für Umweltfragen, Umweltgutachten 1978, BT-Drs 8/1938, Ziff. 1946.

[75] *Ossenbühl*, NuR 1996, 53, 57; *Wolf*, KritV 1997, 280; *Murswiek*, NVwZ 1996, 222, der jedoch aufgrund der Eigenschaft der natürlichen Lebensgrundlagen als natürlichem Schutzobjekt, welches der Staat vor Beeinträchtigungen zu bewahren habe, Art. 20 a GG zumindest in diesem Zusammenhang den Charakter eines Grundrechts zuerkennen will (*Murswiek*, NVwZ 1996, 222, 224).

[76] BMI/BMJ (Hrsg.), Staatszielbestimmung/Gesetzgebungsaufträge, Bericht der Sachverständigenkommission, 1983, Rdnr. 7 u. 130 ff.

[77] Vgl. *Jarass*, in Jarass/ Pieroth, Art. 20 a Rdnr. 1.

[78] *Murswiek*, NVwZ 1996, 222, 223. Die dem Auftrag an die öffentliche Gewalt beigefügten "Angstklauseln", die der verfassungsändernde Gesetzgeber eingefügt hat, um die Rechtssetzungsbefugnis nicht an die Rechtsprechung zu verlieren, werden allgemein als überflüssig und zudem wirkungslos erachtet (*Murswiek*, NVwZ 1996, 222 f.; *Wolf*, KritV 1997, 280, 283; *Ossenbühl*, NuR 1996, 53, 57; *Kuhlmann*, NuR 1995, 1, 5 ff.). Sie wiederholen lediglich, verfassungsrechtliche Selbstverständlichkeiten.

Der Begriff der natürlichen Lebensgrundlagen umfaßt u.a. die Umweltmedien Luft, Wasser und Boden, Pflanzen, Tiere und Mikroorganismen in ihren natürlichen Lebensräumen, alle natürlichen Lebensmittel, Bodenschätze, klimatische Bedingungen oder die Ozonschicht[79]. Nach der Rechtsprechung des Bundesverwaltungsgerichts soll sogar die rein ästhetische Qualität des Landschaftsbildes zu den Lebensgrundlagen zu rechnen sein[80].

Im Gesetzgebungsverfahren stand zur Diskussion, die Staatszielbestimmung auf den Schutz der natürlichen Lebensgrundlagen des Menschen zu beschränken und einen entsprechenden Zusatz einzufügen, um einen anthropozentrischen Ansatz des Art. 20 a GG hervorzuheben. Dieser Zusatz ist, wohl auch der Überlegung heraus, daß es beim derzeitigen geringen Wissensstand um ökologische Zusammenhänge nicht feststellbar ist, welche Lebensgrundlagen speziell für den Menschen unentbehrlich sind, unterblieben[81]. Geschützt sind damit die Grundlagen des natürlichen Lebens insgesamt und nicht nur diejenigen, denen eine für das Überleben der menschlichen Gattung unverzichtbare Funktion zugeschrieben wird[82]. Art. 20 a GG schützt jedoch nicht einzelne Pflanzen, Tiere oder Biotope, sondern Gattungen und ökologische Funktionen[83].

Art. 20 a GG verpflichtet den Gesetzgeber, die natürlichen Lebensgrundlagen zu schützen. Es ist deshalb zu fragen, welche Konsequenzen der Gesetzgeber aus diesem Auftrag zum Schutz zu ziehen hat. Der Schutz der natürlichen Lebensgrundlagen umfaßt sowohl die Abwehr von Schädigungen Dritter und das Unterlassen der Schädigung durch staatliches Handeln als auch das Erfordernis eines positiven Tuns seitens des Staates zur Beseitigung bereits eingetretener Schäden sowie die Pflege natürlicher Lebensgrundlagen, die ohne menschliche Pflege nicht erhalten blieben[84].

Im einzelnen bedeutet dies einerseits eine Pflicht zur Gefahrenabwehr und Gefahrenvorsorge andererseits auch die Pflicht zur nachhaltigen Ressourcenbewirtschaftung. Es muß sichergestellt sein, daß die natürlichen Lebensgrundlagen nicht durch ihre wirtschaftliche Nutzung einer weiteren künftigen Nutzung entzogen werden[85].

---

[79] *Murswiek*, NVwZ 1996, 222, 224 f.; *Wolf*, KritV 1997, 280, 285.
[80] BVerwG, NJW 1995, 2648.
[81] *Murswiek*, NVwZ 1996, 222, 224; *Wolf*, KritV 1997, 280, 291.
[82] *Murswiek*, NVwZ 1996, 222, 224; *Wolf*, KritV 1997, 280, 287.
[83] *Wolf*, KritV 1997, 280, 288.
[84] *Jarass*, in Jarass/ Pieroth, Art. 20 a , Rdnr. 3; *Murswiek*, NVwZ 1996, 222, 225.
[85] *Murswiek*, NVwZ 1996, 222, 225; *Wolf*, KritV 1997, 280, 294.

Es besteht deshalb Einigkeit darüber, daß Art. 20 a GG das umweltrechtliche Vorsorgeprinzip verwirklicht[86]. Umstritten ist jedoch, ob Art. 20 a GG auch die konsequente Verwirklichung des Verursacherprinzips fordert. MURSWIEK leitet dies aus der Verpflichtung des Gesetzgebers, sich jeglicher Förderung von Umweltbeeinträchtigungen zu enthalten, ab. Eine Umweltbeeinträchtigung werde auch als solche gefördert, wenn der Staat die Inanspruchnahme von Umweltgütern direkt oder indirekt subventioniere. Dies tue er immer dann, wenn er Umweltbeeinträchtigungen zulasse, ohne dem Verursacher die damit verbundenen Kosten anzulasten, die stattdessen dem Steuerzahler oder den Betroffenen aufgebürdet würden[87]. Hiergegen spricht jedoch, daß das Verursacherprinzip nicht wie das Vorsorgeprinzip von einer materiell ausgerichteten Ziel- oder Zweckbestimmung beherrscht wird, sondern nur ein Muster für eine Zurechnungsregel enthält[88]. Für den Bereich des Haftungsrechts würde die konsequente Umsetzung des Verursacherprinzips bedeuten, daß die Haftungszurechnung auf die bloße Kausalität beschränkt wird. Dies widerspricht jedoch den Grundsätzen des deutschen Haftungsrechts, welches eine Überwälzung des Schadens nur bei Vorliegen eines über die reine Kausalität hinausgehenden Haftungsgrundes für gerechtfertigt erachtet[89].

Auch wenn unstreitig ist, daß aus Art. 20 a GG gewisse Schutzpflichten des Staates folgen, so bleibt jedoch das schwierigste Konkretisierungsproblem, daß Art. 20 a GG nichts über das geforderte Schutzniveau aussagt. Hier sind nur einige Eckpunkte festzustellen.

Als Minimalforderung des Art. 20 a GG kann festgestellt werden, daß alle Güter, die auf Dauer Voraussetzung für menschliches Leben sind, erhalten bleiben müssen. Für die Tier- und Pflanzenwelt müssen die Bedingungen erhalten bleiben oder wiederhergestellt werden, die ihr Überleben als Art in freier Natur ermöglichen. Umweltschutzmaßnahmen, die auf Dauer die Existenz der natürlichen Lebensgrundlagen nicht sichern können, genügen der Staatszielbestimmung nicht[90]. Ziel des verfassungsändernden Gesetzgebers war überdies eine Verbesserung der Umweltsituation. Hieraus ist ein generelles Verschlechterungsverbot abzuleiten[91].

---

[86] *Wolf*, KritV 1997, 280, 293 ff.; *Murswiek*, NVwZ 1996, 222, 225.
[87] *Murswiek*, NVwZ 1996, 222, 225.
[88] *Wolf*, KritV 1997, 280, 295.
[89] Vgl. ausführlich unten § 8 II 4 e.
[90] *Murswiek*, NVwZ 1996, 222, 226; *Wolf*, KritV 1997, 280, 303.
[91] *Murswiek*, NVwZ 1996, 222, 226. So auch *Wolf*, KritV 1997, 280, 303 f., der die Staatszielbestimmung dann als verletzt ansieht, wenn der Gesetzgeber eine explizit umweltfeindliche Legislation betreibt.

Wenn es aber um die Frage geht, wie dieses Schutzniveau zu verwirklichen ist, kann eine reine Staatszielbestimmung nur wenige Antworten geben. Staatszielbestimmungen geben den Staatsorganen ein grundlegendes Ziel vor, das anzustreben sie verpflichtet sind. Die Wahl der Mittel zur Zielverwirklichung steht der öffentlichen Gewalt jedoch frei. Hieraus ergibt sich ein weiter Gestaltungsspielraum des Gesetzgebers[92].

Das Staatsziel des Art. 20 a GG richtet an den Gesetzgeber demnach kein konkretes Handlungsgebot. Zu fragen bleibt, welches Gewicht Art. 20 a GG bei der Abwägung mit anderen grundgesetzlich geschützten Gütern hat. Bereits vor der Statuierung des Umweltschutzes als Staatsziel war es dem Gesetzgeber möglich, den Schutz der natürlichen Lebensgrundlagen in die Abwägung mit anderen Staatszielen und Staatsaufgaben einzustellen und ihm sogar den Vorrang zu gewähren[93]. Durch die Einführung des Art. 20 a GG hat sich an dieser Rechtslage nichts geändert. Dem Schutz der natürlichen Lebensgrundlagen ist nunmehr bei einer Abwägung mit anderen Staatsaufgaben auch nicht zwangsläufig der Vorrang einzuräumen. Anders ist nur zu entscheiden, wenn es um die Erfüllung der oben beschriebenen Minimalforderungen geht. Soweit die Verwirklichung der Minimalforderung an die Gewährleistung natürlicher Lebensbedingungen in Frage steht, müssen andere Ziele im Konfliktfall hintangestellt werden[94].

Bedeutung erlangt Art. 20 a GG gegenüber den formell schrankenlosen Grundrechten, wie beispielsweise der Kunstfreiheit. Diesen sind nach der Rechtsprechung des Bundesverfassungsgerichts nur immanente Schranken gesetzt, soweit diese sich aus der Verfassung ableiten lassen[95]. Art. 20 a GG ist nunmehr als materielle Grundsatznorm der Verfassung grundsätzlich geeignet, den formell schrankenlosen Grundrechten eine immanente verfassungsrechtliche Schranke entgegenzusetzen[96].

d) Die unternehmerische Handlungsfreiheit als Eingriffsgrenze (Wesensgehaltsgarantie)

Der Gestaltungsspielraum des Gesetzgebers bei der Einführung neuer Gefährdungshaftungstatbestände wird somit in erster Linie durch die Eingriffsgrenzen der unternehmerischen Handlungsfreiheit begrenzt.

---

92 *Murswiek*, NVwZ 1997, 222, 223; *Wolf*, KritV 1997, 280, 304; *Kuhlmann*, NuR 1995, 1, 2; *Ossenbühl*, NuR 1996, 53, 57 f.
93 *Murswiek*, NVwZ 1997, 222, 228.
94 *Murswiek*, NVwZ 1997, 222, 228; *Wolf*, KritV 1997, 280, 299 f.
95 Vgl. bspw. BVerfGE 28, 243, 261; 30, 173, 193; 53, 30, 56; 69, 1, 59; 83, 130, 139.
96 *Wolf*, KritV 1997, 280, 300.

Das Bundesverfassungsgericht hat vielfach die Vereinbarkeit von staatlichen Maßnahmen mit dem Grundrecht der unternehmerischen Handlungsfreiheit anhand des Maßstabs des Art. 2 Abs. 1 GG überprüft[97], eine differenzierende Eingriffs- oder Eingriffsschrankendogmatik ist bisher jedoch noch nicht zu erkennen[98]. Das Gericht hat lediglich wiederholt festgestellt, daß dem Unternehmer ein angemessener Spielraum verbleiben müsse, sich als verantwortlicher Unternehmer frei zu entfalten[99]. Ein angemessener Spielraum zur Entfaltung der Unternehmerinitiative sei unantastbar[100]. Keine der bisher überprüften Maßnahmen hat nach Auffassung des Gerichts diesen Spielraum verletzt.

In seiner Entscheidung im 37. Band zur Zulässigkeit der Weinwirtschaftsabgabe[101] sieht das Gericht zwar Art. 2 Abs. 1 GG aufgrund der fehlenden berufsregelnden Tendenz der Weinwirtschaftsabgabe als thematisch einschlägig an, mißt die Abgabe sodann aber ausschließlich an Art. 12 Abs. 1 GG. Das Gericht geht offenbar davon aus, daß bei der Vereinbarkeit einer Maßnahme mit Art. 12 Abs. 1 GG auf eine Vereinbarkeit mit Art. 2 Abs. 1 GG zu schließen sei, da es in Art. 12 Abs. 1 GG die im Vergleich zu Art. 2 Abs. 1 GG schärfere Bindung des Gesetzgebers angelegt sieht[102].

Auch in der Literatur sind bisher nur wenige Versuche unternommen worden, den Spielraum näher zu bestimmen, der nach der verfassungsgerichtlichen Rechtsprechung dem Unternehmer zur Entfaltung der Unternehmerinitiative verbleiben muß. DÜRIG sieht den Wesensgehalt der Vertragsfreiheit verletzt, wenn diese staatlicher Totaldisposition anheimgestellt werde, so daß der Grundrechtsträger als Objekt dem staatlichen Geschehen ausgeliefert werde[103]. Im Hinblick auf Maßnahmen der hoheitlichen Wirtschaftsplanung sieht H.P. IPSEN den Wesensgehalt der autonomen wirtschaftlichen Dispositionsbefugnis betroffen, wenn durch hoheitlichen Wirtschaftsplanung die freie Disposition über Betriebsmittel entzogen oder quantitativ so eingeschränkt werde, daß der private Wirtschaftsträger an der seiner Wirtschaftskraft entsprechenden üblichen Investitionsentfaltung gehindert werde[104].

Ebenso wie bei der Eingriffsdogmatik ist es auch hier sinnvoll, die wirtschaftliche Handlungsfreiheit weiter zu systematisieren. Wie oben dargelegt, gewährlei-

---

[97] Vgl. unter anderem die Entscheidungen BVerfGE 6, 32; 8, 274; 23, 50; 60, 329; 65, 196; 74, 129.

[98] Vgl. auch *Selmer*, AöR 101 (1976), 238, 420.

[99] BVerfGE 12, 341, 347 f.; 27, 375, 384.

[100] BVerfGE 29, 260, 266.

[101] BVerfGE 37, 1 ff.

[102] BVerfGE 37, 1, 18 ff.; vgl. auch *Selmer*, AöR 101 (1976), 238, 420 f.

[103] *Dürig*, in Maunz/Dürig, GG, Art. 2 Abs. 1, Rdnr.. 64.

[104] *H.P. Ipsen*, in Kaiser (Hrsg.), Planung II, 1966, S. 99.

stet die Unternehmerfreiheit verschiedene Teilfreiheiten, wie die unternehmerische Freiheit der Entscheidung über den konstitutionellen Unternehmensrahmen, die Finanzierungs-, Investitions-, Produktions- und Absatzfreiheit[105]. Jede dieser Teilfreiheiten ist unverzichtbarer Bestandteil der Unternehmerfreiheit. Die Ausübung aller dieser Freiheiten muß gewährleistet sein.

e) Zivilrechtliche Vorüberlegungen zur Abwägungsgerechtigkeit

Bei der Abwägung[106] zwischen Geschädigten- und Unternehmerinteressen kann auf zivilrechtliche Überlegungen zur Zuteilungsgerechtigkeit von Unglücksschäden zurückgegriffen werden. Die verfassungsrechtlichen Überlegungen zur Abwägung von Schutzpflichten und Handlungsfreiheit finden sich in den zivilrechtlichen Überlegungen zur Schadenszuteilung wieder.

Haftungstatbestände regeln die Verteilung eingetretener Schäden. Das deutsche Haftungsrecht folgt grundsätzlich dem Grundsatz *"casum sentit dominus"*, d. h. der eingetretene Schaden verbleibt bei demjenigen, der ihn erlitten hat. Dieser Grundsatz wird der Überlegung gerecht, daß der Schutz der Würde des Menschen und die Sicherung freier Entfaltung der Persönlichkeit nicht ohne die Möglichkeit der Verfolgung individueller Interessen durch den eigenverantwortlichen Bürger zu erreichen ist. Dieser Überlegung steht der Gedanke gegenüber, daß die Gemeinschaft ihren Bürgern ein der Menschenwürde entsprechendes Dasein zu sichern hat und deshalb verpflichtet ist, das freie Spiel der Privatautonomie einzuschränken, wo dies zu Gewährleistung der Existenz des Bürgers erforderlich ist[107]. Eine erste wenn auch durchgreifende Korrektur dieses Grundsatzes wird deshalb durch das Verschuldensprinzip bewirkt. Die Normen der Verschuldenshaftung lasten die Kosten der Schadensbeseitigung demjenigen an, der durch sein vorwerfbares zurechenbares Verhalten den Schaden verursacht hat.

Auch Gefährdungshaftungstatbestände bewirken eine Umverteilung der Schadenskosten und somit eine Beschränkung der Handlungsfreiheit[108]. Dies bedeutet, daß die Einstandspflicht nur von einer Zurechnung abhängen kann, deren Annahme das Ergebnis einer sozialen Wertung über die Angemessenheit der Schadensverteilung ist. Diese soziale Wertung wird im einzelnen durch die jeweilige Ausformung der Wirtschafts- und Sozialordnung bestimmt. Grundgedanke der Gefährdungshaftung ist nicht, daß ein Schaden allein nach Kausalität

---

[105] Vgl. oben § 6 II 2 a.
[106] Zur Abwägung und den Pribzip der Verhältnismäßigkeit vgl. oben § 8 Fn. 7.
[107] Vgl. *Kötz*, AcP 170 (1970), 1, 6.
[108] Vgl. oben § 7 I 2 d.

und Erfolg verteilt wird[109]. Entscheidend ist, daß zur Kausalität zusätzlich eine wie auch immer konkretisierte soziale Wertung hinzukommt[110]. Die Gefahrveranlassung ist zwar unverzichtbares Tatbestandsmerkmal jedes Gefährdungshaftungstatbestandes zur Identifizierung des Haftpflichtigen, doch ist die Schaffung und Aufrechterhaltung einer Gefahr kein ausreichender Zurechnungsgrund. Die wertblinde Schadensverursachung als solche ist für sich allein kein ausreichender Haftungsgrund. Neben die Gefahrveranlassung müssen weitere Zurechnungsgründe treten, um die Verlagerung des Risikos auf den Schadensverursacher zu rechtfertigen. Eine reine Verursachungshaftung würde die Handlungsfreiheit auf ein nicht mehr hinnehmbares Maß beschränken.

Der durch die Tatbestände der Anlagengefährdungshaftung vorgenommenen Schadenszuteilung liegt im wesentlichen das Prinzip der Zusammengehörigkeit von Vorteil und korrespondierendem Risiko sowie der Gedanke der Gefahrbeherrschung zugrunde. Grundgedanke einer jeden Gefährdungshaftung ist es, daß die Personen, die eine Gefahrenquelle betreiben und den Nutzen aus ihrem Betrieb ziehen, alle typischen Schäden ersetzen sollen, die Dritten aus diesem Betrieb entstehen. Unvermeidliche Unglücksschäden soll derjenige tragen, der die Gefahr veranlaßt hat und der in erster Linie den Nutzen aus der gefährlichen Aktivität zieht[111]. Der Gedanke der **Zusammengehörigkeit von Vorteil und korrespondierendem Risiko** als fundamentalem Gerechtigkeitskriterium[112] ist in Rechtsprechung und Literatur seit langem anerkannt - wenn auch wie alle Prinzipien nicht durchgehend verwirklicht. Die Kosten der Verfolgung eigener Interessen sind von einem jeden selbst zu tragen und die dabei eintretenden Verletzungen fremder Interessen sind wiedergutzumachen[113].

Ähnlichkeiten mit diesem Zurechnungskriterium hat auch der Gedanke der Erlaubtheit des Risikos. Die Belegung einer gefährlichen Anlage mit einer Gefährdungshaftung wird als der Preis angesehen, um den die Rechtsordnung darauf verzichtet, den Betrieb der Anlage trotz der damit verbundenen Gefahren für die

---

[109] *Lukes*, Reform der Produkthaftung, 1979, S. 102.

[110] *Leßmann*, JA 1989, 117, 118; *Lukes*, Reform der Produkthaftung, 1979, S. 103; *Brüggemeier*, AcP 182 (1982), 385, 400; *Köndgen*, Haftpflichtfunktionen und Immaterialschaden, 1983, S. 32; *Larenz*, VersR 1963, 593, 597.

[111] *Mertens*, in MünchKomm, BGB, vor §§ 823-853 Rdnr. 19; *Larenz*, VersR 1963, 593, 597; *Deutsch*, Jura 1983, 617; *Hübner*, VersR 1983, 126, Beiheft Nr. 33; Larenz/ *Canaris*, SchR Bd. 2 BesT Hb. 2, S. 605; *Leßmann*, JA 1989, 117, 118; *Cosack*, VersR 1992, 1439.

[112] *Bydlinski*, Fundamentale Rechtsgrundsätze, 1988, 292 f.

[113] Larenz/ *Canaris*, SchR Bd. 2 BesT Hb. 2, S. 605; *Rudolf Merkel*, Die Kollision rechtmäßiger Interessen und die Schadensersatzpflicht bei rechtmäßigen Handlungen, 1885, S. 148; BGHZ 13, 351.

Allgemeinheit nicht schlechthin zu verbieten[114]. Der Gedanke kann als Zurechnungskriterium jedoch nicht überzeugen, denn die Gefährdungshaftung ist keine Haftung allein für rechtmäßiges Verhalten. Sie greift auch in Fällen ein, die als unerlaubte Handlung oder gar als Straftat einzuordnen sind[115]. Auch der Verweis darauf, daß der Gesetzgeber vor der Wahl gestanden hätte, entweder die gefährlichen Aktivitäten zu verbieten oder eine Gefährdungshaftung zu statuieren, ist nicht zu belegen. Bei der Einführung von Gefährdungshaftungstatbeständen stand es bislang nie zur Diskussion, daß ein Verbot bisher erlaubter Aktivitäten ansonsten nicht hätte vermieden werden können[116].

Weiteres Zurechnungskriterium der Anlagengefährdungshaftung ist die **abstrakte Beherrschbarkeit der Gefahrenquelle**. Unvermeidliche Unglücksschäden sollen von demjenigen getragen werden, in dessen Bereich die Gefahrenquelle liegt[117]. Zurechnungsgrund ist nicht die konkrete, sondern die abstrakte Gefahrbeherrschung. Der Inhaber der Gefahrenquelle kann das Risikopotential durch die Entscheidung über Art und Ausmaß der Sicherungsmaßnahmen beeinflussen. Es ist ihm unbelassen, über die durch die Verkehrssicherungspflichten geforderte Sorgfalt weit hinauszugehen und somit sein Gefahrenpotential zu verringern. Er ist am besten in der Lage, die Risiken zu beurteilen und für etwaige Schadensfälle vorzusorgen[118].

Nicht jede Gefahrenquelle wird jedoch mit einer Gefährdungshaftung belegt, obwohl ihr Inhaber aus ihr Nutzen zieht und sie in ihrer abstrakten Gefährlichkeit auch beherrscht. Gemeinsames Kriterium aller Anlagengefährdungshaftungen ist die besondere Gefahr, die von der betriebenen Anlage ausgeht. Wann eine derartige Besonderheit der Gefahr vorliegt, um eine Gefährdungshaftung zu rechtfertigen, ist nur schwer allgemeingültig festzulegen. Der Gesetzgeber hat einen erheblichen Entscheidungsspielraum[119]. Es finden sich jedoch gemeinsame Anhaltspunkte. "Besonders" ist eine Gefahr in der Regel aufgrund ihres un-

[114] *Larenz*, VersR 1963, 593, 597; *Deutsch*, JuS 1981, 317, 319; *Kötz*, DeliktsR Rdnr. 341; *Cosack*, VersR 1992, 1439, 1440.

[115] Vgl. Larenz/ *Canaris*, SchR Bd. 2 BesT Hb. 2, S. 606; *Blaschczok*, Gefährdungshaftung und Risikozuweisung, 1993, S. 48.

[116] Vgl. *Blaschczok*, Gefährdungshaftung und Risikozuweisung, 1993, S. 48 f.

[117] *Mertens*, in MünchKomm, BGB, vor §§ 823-853 Rdnr.19; *Lukes*, Reform der Produkthaftung, 1979, S. 104; *Larenz*, VersR 1963, 593, 597; *Deutsch*, Jura 1983, 617, 618; *Hübner*, VersR 1983, 126, Beiheft Nr. 33 S. 128; *Leßmann*, JA 1989, 117, 118; Larenz/*Canaris*, SchR Bd. 2 BesT Hb. 2, S. 605.

[118] Larenz/*Canaris*, SchR Bd. 2 BesT Hb. 2, S. 605; BR-Ds 777/75 S. 7, Begründung des Entwurfs eines Gesetzes zur Änderung schadensersatzrechtlicher Vorschriften v. 19.12.1975.

[119] Larenz/*Canaris*, SchR Bd. 2 BesT Hb. 2, S. 607.

ausweichlichen, ungewöhnlichen, schwer beherrschbaren Charakters[120], der hohen Wahrscheinlichkeit des Schadenseintritts[121] oder wegen des ihr innewohnenden Schadensrisikos, d.h. wenn der potentielle Schaden besonders schwer, hoch, außergewöhnlich oder häufig ist[122]. Ein besonderes Schadensrisiko liegt auch vor, wenn der Eintritt des Schadens vom Verantwortlichen nur schwer oder trotz Anwendung aller Sorgfalt nicht auszuschließen ist. Die Besonderheit der Gefahr liegt vielfach auch darin, daß die potentiellen Schadensopfer auf die Verwendung des gefährlichen Gegenstandes angewiesen sind oder ein Kontakt mit diesem bei normalem Verhalten nicht vermieden werden kann[123]. Eine besondere Gefahr kann auch in der Unbekanntheit des Risikopotentials liegen. Diese Überlegung war ausschlaggebend für die Statuierung einer Gefährdungshaftung im Gentechnikgesetz[124]. Die Gefahr muß aus zumindest einem dieser Gründe über der von allen hinzunehmenden "Durchschnittsgefahr" liegen, die mit jeder Art von menschlicher Tätigkeit, insbesondere mit der Teilnahme am Verkehr, verbunden ist[125].

Entscheidend ist, daß die Zurechnungskriterien kein starres Schema darstellen, das von allen Gefährdungshaftungen erfüllt werden müßte, sondern sie wirken in *"der Weise eines kombinatorischen Systems"*[126], in dem die Schwäche des einen durch die Stärke eines anderen Zurechnungsgrundes aufgefangen werden kann.

III. Verhältnismäßigkeit des Eingriffs durch die vorgeschlagene Einführung von Tatbeständen der Anlagenhaftung ohne festen Anlagenbegriff und durch die Einführung von Tatbeständen der Handlungshaftung

1. Ziel der Regelungen

Ziel aller Vorschläge ist die Verbesserung der Geschädigtenstellung[127]. Angestrebt werden auch der Ersatz ökologischer Schäden[128] und die Verwirklichung

---

120 *Hübner*, VersR 1983, 126, Beiheft Nr. 33 S. 128; *Leßmann*, JA 1989, 117, 118.
121 *Larenz/Canaris*, SchR Bd. 2 BesT Hb. 2, S. 607.
122 *Deutsch*, JuS 1981, 317, 319; *Leßmann*, JA 1989, 117, 118; *Hübner*, VersR 1983, 126, Beiheft Nr. 33 S. 128.
123 *Lukes*, Reform der Produkthaftung, 1979, S. 105; *Larenz/Canaris*, SchR Bd. 2 BesT Hb. 2, S. 606; *Cosack*, VersR 1992, 1439, 1440; *Leßmann*, JA 1989, 117, 118; *Köndgen*, Haftpflichtfunktionen und Immaterialschäden, 1983, S. 25.
124 *Larenz/Canaris*, SchR Bd. 2 BesT Hb. 2, S. 607.
125 *Will*, Quellen erhöter Gefahr, 1980, S. 283; *Larenz*, VersR 1963, 593, 598.
126 *Larenz/Canaris*, SchR Bd. 2 BesT Hb. 2, S. 606.
127 Begründung zum UGB-AT-Entwurf, S. 417; Art. 1 sowie die Präambel der Konvention des Europarats; Präambel des Abfallhaftungsrichtlinienentwurfs.

des Verursacherprinzips[129]. Die den Grundrechtseingriff bewirkenden Haftungsregelungen sind das Mittel, um dieses Ziel zu erreichen.

Die Verbesserung der Geschädigtenstellung wird von allen Vorschlägen durch eine Mehrzahl von Maßnahmen zu erreichen versucht, so daß die Vorschläge zur Umwelthaftung jeweils aus einem "*Konglomerat*" von Normen bestehen. Die Regelungskomplexe enthalten neben den eigentlichen Haftungstatbeständen Regelungen zum Schadensumfang sowie flankierende Normen wie Auskunftsansprüche, Beweisregelungen, Regelungen zur Gesamtschuldnerschaft oder zu Versicherungsfragen.

Für das in der Abwägung relevante Gewicht des Eingriffs sind allein die eigentlichen Haftungstatbestände sowie die Regelungen zum Schadensumfang von Bedeutung. Die flankierenden Regelungen sichern nur die Durchsetzung der aufgrund dieser Normen bestehenden Ansprüche. Nur mit den Haftungstatbeständen und den Normen zum Schadensumfang wird eine Entscheidung über die Verteilung der eintretenden Schäden getroffen. Ist dies oben bereits für die eigentlichen Haftungstatbestände deutlich geworden[130], so gilt das gleichermaßen für die Regelungen zum Schadensumfang. Denn die Entscheidung über die Ersatzfähigkeit immaterieller[131] oder ökologischer Schäden bestimmt darüber, ob immaterielle Schäden beim Geschädigten verbleiben, ökologische Schäden von der Allgemeinheit getragen oder dem Schädiger angelastet werden.

2. Geeignetheit, Erforderlichkeit der Regelungen

Daß auch Gefährdungshaftungstatbestände grundsätzlich geeignet und erforderlich sind, die vom Gesetzgeber gesetzten Ziele zu erreichen, ist oben bereits dargelegt worden[132].

---

[128] Zum Begriff des ökologischen Schadens vgl. oben § 1 A I 6 e. In diesem Fall ist der Begriff im weiteren Sinn zu verstehen, d.h.es sind jegliche Beeinträchtigungen des Naturhaushalts darunter zu verstehen, im Gegensatz zu Beeinträchtigungen des Naturhaushalts, die nicht in Geld auszudrücken sind, also keine Beeinträchtigungen von Vermögens- sondern allein von Nutzungsinteressen darstellen (ökologischer Schaden im engeren Sinn).

[129] Vgl. UGB-AT-Entwurf, Begründung S. 13; Präambel der Konvention des Europarats; Präambel des Abfallhaftungsrichtlinienentwurfs.

[130] Vgl. oben § 7 I 2 d.

[131] Der Ersatz immaterieller Schäden betrifft vornehmlich die Gewährung eines Schmerzensgeldanspruchs.

[132] Vgl. oben § 8 II 2 und 3.

3. Verhältnismäßigkeit der Regelungen

Die vorzunehmende Interessenabwägung hat zunächst zu berücksichtigen, daß durch die Verbesserung der Geschädigtenstellung verfassungsrechtliche Schutzpflichten erfüllt werden. Einerseits werden die eingetretenen Schäden von den Geschädigten auf die Schädiger verlagert. Anderseits wird durch die Präventionswirkung der Haftungstatbestände einem möglichen Schadenseintritt vorgebeugt.

Soweit, insbesondere durch die Regelungen zum Schadensumfang, eine Verbesserung des Ersatzes von "ökologischen Schäden i. w. S" [133] erreicht wird, wird der Gesetzgeber dem Auftrag des **Art. 20 a GG** zum **Schutz der natürlichen Lebensgrundlagen** gerecht. Aufgrund seiner Ausgestaltung als Staatszielbestimmung gewährt Art. 20 a GG keine subjektiven Einzelrechte[134]. Der Gesetzgeber wird durch Art. 20 a GG jedoch verpflichtet, den in der Norm enthaltenen Auftrag umzusetzen, indem er geeignete Umweltschutzvorschriften erläßt[135]. Darüberhinaus ist Art. 20 a GG auch geeignet, grundrechtliche Gewährleistungen zu verstärken. So kann sich eine sich wechselseitig verstärkende Schutzrichtung bei der Ableitung von objektiv-rechtlichen Schutzpflichten des Staates, insbesondere im Rahmen der Art. 2 Abs. 2 und Art. 14 Abs. 1 GG ergeben[136].

Die mit den Handlungshaftungstatbeständen oder den Anlagengefährdungshaftungstatbeständen mit Anlagengeneralklausel getroffene Abwägung der widerstreitenden Interessen könnte jedoch dann fehlerhaft sein, wenn die den Eingriff in die Handlungsfreiheit der Unternehmer bewirkenden Tatbestände nicht mehr von den das Recht der Gefährdungshaftung bestimmenden Grundsätzen getragen werden. Ausgangspunkt für Überlegungen hinsichtlich der Verhältnismäßigkeit i.e.S. sind die klassischen Gefährdungshaftungstatbestände der Anlagengefährdungshaftung. Bei einer Verhältnismäßigkeitsprüfung der neuen Haftungstatbestände ist zu untersuchen, ob die potentiellen Schädigern auferlegte Belastung oder der den Gesetzgeber motivierende Grund für die veränderte Schadenszuteilung von den die Anlagengefährdungshaftung bestimmenden Grundsätzen derart abweichen, daß der dadurch bewirkte Eingriff unverhältnismäßig ist.

---

[133] Ökologischer Schaden im weiten Sinn: jegliche Beeinträchtigungen des Naturhaushalts. Im Gegensatz dazu: Ökologischer Schaden im engeren Sinn: Beeinträchtiugungen des Naturhaushalts, die nicht in Geld auszudrücken sind, also keine Beeinträchtigungen von Vermögens- sondern allein von Nutzungsinteressen darstellen.

[134] Vgl. oben § 8 II 4 d.

[135] *Jarass*, in Jarass/ Pieroth, Art. 20 a Rdnr. 7.

[136] Vgl. *Henneke*, NuR 1995, 325, 331; *Jarass*, in Jarass/ Pieroth, Art. 20 a Rdnr. 6.

Hierbei ist auf die oben dargestellte Systematisierung der vorgeschlagenen Einzeltatbestände zurückzugreifen. Nach der gebräuchlichen Systematisierung ist zunächst zwischen Anlagengefährdungs- und Handlungshaftung zu unterscheiden, wobei diese wiederum bei den Tatbeständen der Anlagengefährdungshaftung in solche mit abgeschlossener Anlagenliste, solche mit einem generalklauselartigen Anlagenbegriff sowie mit einer offenen Anlagenliste und bei denen der Handlungshaftung zwischen solchen mit medialem und solchen mit stoffbezogenem Ansatz unterteilt werden[137].

Die dargestellten Zurechnungsgrundlagen haben im wesentlichen das Bild der Anlagengefährdungshaftung zur Grundlage. Leitbild ist die vergegenständlichte Anlage mit besonderem Gefahrenpotential. Auch das Umwelthaftungsgesetz folgt diesem Regelungsmuster. Von den vorgestellten Haftungsnormen folgt keine dem Modell der Anlagengefährdungshaftung mit geschlossener Anlagenliste. Das Prinzip der Anlagenhaftung wird zwar vielfach aufgenommen, doch beschränkt sich kein Vorschlag auf eine geschlossene Anlagenliste. Gegenüber dem Anlagenbegriff des § 22 Abs. 2 WHG, der einen generalklauselartigen Anlagenbegriff hat, wird der Kreis der Anlagen bei den vorgeschlagenen Tatbeständen durch offene Anlagenlisten festgesetzt. § 111 Abs. 1 Nr. 1 UGB-AT-Entwurf bestimmt die mit einer Haftung belegten Anlagen zunächst durch die Bezugnahme auf die Genehmigungspflicht, § 111 Abs. 1 Nr. 1 und Nr. 2 UGB-AT-Entwurf erweitern die Haftung dann auf alle Anlagen, die dazu bestimmt sind, umweltgefährliche Stoffe herzustellen, zu verwenden, zu befördern oder wegzuleiten[138]. Die Konvention des Europarats sieht in ihren Art. 2 Nr. 1 c) und d) eine Haftung für den Betrieb von Abfallbeseitigungsanlagen und für Abfalldeponien vor. Art. 2 Nr. 1 c) verweist hierbei zur Bestimmung des Kreises der der Haftung unterworfenen Anlagen auf einen Anhang II der Konvention, der eine umfangreiche, wenn auch nicht abschließende Liste der häufigsten Anlagearten zur Behandlung von Abfall vorsieht. Art. 2 Nr. 1 d) und Art. 7 statuieren eine Haftung für das Betreiben einer Abfalldeponie[139].

Haftungstatbeständen mit offener Anlagenliste oder mit einer Anlagengeneralklausel liegen die gleichen Zurechnungskriterien wie den klassischen Gefährdungshaftungstatbeständen zugrunde. Auch hier kommt der Gedanke des Risiko-Nutzen-Zusammenhangs zum Tragen. Die Betreiber der gefährlichen Anlagen sollen für durch den Betrieb entstandene Schäden einstehen. Auch der Zurechnungsgrund der Gefahrbeherrschung ist verwirklicht. Die Schadensverlagerung wird auch hier durch die von den Anlagen ausgehenden besonderen Gefahren veranlaßt. Die Problematik der vorgeschlagenen Anlagenhaftungstatbestän-

---

[137] Vgl. oben § 5 B III 3.
[138] Ausführlich vgl. oben § 2 A II 1.
[139] Ausführlich vgl. oben § 4 II 2.

de liegt nicht in fehlenden oder veränderten Zurechnungskriterien, sondern an der Unbestimmtheit des Anlagenbegriffs. Dies berührt jedoch nicht die Problematik der Abwägung zwischen Schädiger- und Geschädigteninteressen, sondern die rechtsstaatlichen Anforderungen an die Bestimmtheit von Normen. Diese Problematik ist gesondert zu erörtern[140].

Dies gilt jedoch nicht für die Handlungshaftungstatbestände. Im Bereich des Umwelthaftungsrechts ist zwischen stoffbezogenen und medialen Handlungshaftungen zu unterscheiden. Stoffbezogene Handlungshaftungen begründen eine Einstandspflicht für Schäden, die durch den Umgang mit bestimmten gefährlichen Stoffen verursacht wurden. Von den bestehenden Haftungsnormen enthält nach dieser Definition § 1 ProdHaftG eine stoffbezogene Handlungshaftung, von den vorgeschlagenen Tatbeständen § 116 UGB-AT-Entwurf, Art. 2 Nr. 1 a) und b) der Konvention des Europarats sowie Art. 1 Abs. 1, Art. 3 Abs. 1, 6 AbfallhaftRLE. Anknüpfungspunkt von medialen Handlungshaftungen sind die durch die Norm geschützten Umweltmedien Boden, Luft oder Wasser. Haftungsauslösend ist der Eingriff in das jeweilige Umweltmedium. § 22 Abs. 1 WHG und der diesem im wesentlichen nachgebildete § 114 UGB-AT-Entwurf begründen eine rein mediale Handlungshaftung für das Umweltmedium Wasser. § 116 UGB-AT-Entwurf kombiniert einen medialen mit einem stoffbezogenen Haftungsansatz, indem er denjenigen zur Haftung verpflichtet, der umweltgefährliche Stoffe auf den Boden aufbringt, auf ihm ablagert oder in den Boden einbringt oder ableitet.

Handlungshaftungstatbestände scheinen sich zunächst nicht in das Schema der Haftungszurechnung für die Schadensverteilung bei Gefährdungshaftungen einzufügen, da das haftungsauslösende Moment der durch eine bestimmte Gefahrenquelle, sprich eine gefährliche Anlage, verursachten besonderen Gefahr fehlt, denn Anknüpfungspunkt der Haftung ist ein Handeln.

Das Kriterium der Zusammengehörigkeit von Risiko und Nutzen wird jedoch auch von allen Handlungshaftungstatbeständen erfüllt. Auch bei einer Haftungsanknüpfung an ein gefährliches Handeln bleibt der Zusammenhang zwischen Vorteil und Risiko bestehen. Zurechnungskriterium ist nicht die Vorteilsziehung aus dem Betrieb einer gefährlichen Anlage, sondern der Vorteil aus der Vornahme der mit der Haftung belegten Handlung. Bei allen vorgeschlagenen Handlungshaftungstatbeständen wird dieser Zusammenhang besonders deutlich, da die Haftungsvorschläge vornehmlich eine Einstandspflicht bei gewerblichem Handeln vorsehen[141].

---

[140] Vgl. unten § 4 IV.

[141] Der Entwurf der Abfallhaftungsrichtlinie und die Konvention des Europarats beschränken die Haftung auf gewerbliche Tätigkeiten (Art. 2 (1) der Konvention des Europarats,

Auch das Zurechnungskriterium der abstrakten Gefahrbeherrschung wird von den Handlungshaftungstatbeständen erfüllt. Auch hier kann derjenige, der die Handlung vornimmt, das Risikopotential durch die Entscheidung über Art und Ausmaß der Sicherungsmaßnahmen beeinflussen. Der Handelnde ist am besten in der Lage, die Risiken zu beurteilen und für etwaige Schadensfälle vorzusorgen.

Probleme bereitet jedoch das Fehlen einer vergegenständlichten Gefahrenquelle, denn Anknüpfungspunkt für die Haftung ist nicht die von einer Anlage ausgehende besondere Gefahr, sondern Gefahren, die aus bestimmten Handlungen resultieren. Die **stoffbezogenen Handlungshaftungen** stehen den Anlagengefährdungshaftungstatbeständen sehr nahe. Haftungsauslösendes Moment ist der Umgang mit einem bestimmten als gefährlich erachteten Stoff. Anhaltspunkte für die Beurteilung der Gefährlichkeit sind hier nahezu in gleicher Weise gegeben wie bei der Anlagengefährdungshaftung. Der Schritt von der verkörperten Gefahrenquelle Kraftfahrzeug gemäß § 7 StVG zu der des gefährlichen Stoffes ist nicht weit. Ob die Eingrenzung auf gefährliche Stoffe ein hinreichend konkretes Tatbestandsmerkmal ist, gehört wiederum zur Problematik der erforderlichen Bestimmtheit von Normen und ist gesondert zu überprüfen.

Bei den medialen Handlungshaftungen fehlt die Bezugnahme auf eine gegenständlich verkörperte Gefahrenquelle jedoch gänzlich. So löst bei § 22 Abs. 1 WHG das Einwirken auf ein Gewässer die Haftung aus. Die Statuierung einer Gefährdungshaftung ohne Vorhandensein einer vergegenständlichten Gefahrenquelle wird deshalb auch teilweise als gesetzgeberischer Fehlgriff gewertet[142]. § 22 WHG wird als *"eine die Rechtstradition mißachtende, schlechtbedachte Überreaktion eines allzusehr nach der öffentlichen Meinung schielenden Gesetzgebers"* erachtet[143].

Bei den Tatbeständen der medialen Handlungshaftung wird das Fehlen einer vergegenständlichten Gefahrenquelle jedoch durch die besondere Gefährdetheit des zu schützenden Umweltmediums ersetzt. Namentlich das Umweltmedium Wasser ist erhöht schutzbedürftig. Die Verfügbarkeit des Wassers ist von fundamentaler Bedeutung für jegliches Leben und Wirtschaften, sowohl als Trinkwasser für Mensch und Tier als auch als Brauchwasser für Industrie und Land-

---

Art. 1 (1) AbfallhaftRLE). § 111 Abs. 2 UGB-AT-Entwurf ermächtigt die Bundesregierung, Anlagen, die nur geringe Umweltbeeinträchtigungen bewirken, von der Haftung auszunehmen.

[142] *Medicus*, SchR II, § 148 Rdnr. 896, 1997, S. 421; *Köndgen*, Haftpflichtfunktionen und Immaterialschaden, 1983, S. 26 f.; *Diederichsen*, PHI 1990, 78, 83; vgl. auch Esser/ *Weyers*, SchR Bd. II BT, S. 657.

[143] *Medicus*, SchR II, § 148 Rdnr. 896, S. 421.

wirtschaft. Durch die Industrialisierung ist es in erhöhtem Maße der Verunreinigung und Verseuchung ausgesetzt[144]. Die spezifischen Gefahren, die sich aus einem Eingriff in das Umweltmedium ergeben können, beruhen einerseits darauf, daß das Wasser einmal eingebrachte Schadstoffe ober- und/oder unterirdisch über weite Strecken verbringen kann, anderseits darauf, daß es sich nur schwer wieder reinigen läßt. Auch die natürlichen Eigenschaften des Wassers wie die Strömungs- und Lösungsfähigkeit und die leichte Zugänglichkeit des Umweltmediums begründen eine erhöhte Schadensanfälligkeit[145].

Diese Besonderheiten des Umweltmediums Wasser gegenüber anderen potentiell schützenswerten Gegenständen rechtfertigen es bei der Haftungsstruktur die besondere Gefährdetheit des Wassers an die Stelle der gegenständlich verkörperten Gefahrenquelle zu setzen. Es ist kein Gerechtigkeitspostulat erkennbar, das eine verschuldens-unabhängige Haftung zwingend vom Vorliegen einer gegenständlichen Gefahrenquelle abhängig macht[146]. Der Gesetzgeber kann ohne Konflikt mit tragenden Gestaltungskriterien das Haftungskriterium der gefährlichen Anlage durch das der besonderen Gefährdetheit auswechseln, so daß Folgen bestimmter gefährlicher Tätigkeiten dem Handelnden und nicht dem zufällig Verletzten aufgebürdet werden[147].

Eine derart erhöhte Schutzbedürftigkeit läßt sich auch für das durch den UGB-AT-Entwurf geschützte Umweltmedium Boden begründen. Auch dieser besitzt fundamentale Bedeutung für jegliches Leben und Wirtschaften. Die besondere Gefährdetheit liegt hier vor allem in der vielfachen Irrevisibilität der möglichen Schäden.

Die vorgestellten Handlungshaftungen nehmen keine Verlagerung von Schadenstragungspflichten vor, die zu einer Verschiebung des Abwägungsgleichgewichts führen würde. Die Ersetzung des Kriteriums der besonderen Gefährlichkeit einer Risikoquelle durch das der besonderen Gefährdetheit eines Umweltmediums rechtfertigt die Überwälzung des Schadensrisikos. Die Einführung medialer oder stoffbezogener Handlungshaftungtatbestände oder darauf beruhende Entscheidungen zu Schadensersatzleistungen verletzen nicht die Unternehmerfreiheit durch eine unzureichende Interessenabwägung.
Eine unzulängliche Interessenabwägung zwischen den Interessen der handelnden Unternehmer und der potentiell Geschädigten wird vielfach auch in dem **Verzicht auf Haftungshöchstgrenzen** gesehen[148]. Eine summenmäßige Be-

---

[144] *Leßmann*, JA 1989, 117, 124; Larenz/*Canaris*, SchR Bd. 2 BesT Hb. 2, S. 631.
[145] Vgl. Larenz/*Canaris*, SchR Bd. 2 BesT Hb. 2, S. 631.
[146] Esser/ *Weyers*, SchR Bd. II, BT, S. 657.
[147] Esser/ *Weyers*, SchR Bd. II, BT, S. 657.
[148] *Canaris*, Systemdenken und Systembegriff in der Jurisprudenz, 1983, S. 120.

grenzung der Haftung sei erforderlich, um einer ruinösen Schadenszurechnung vorzubeugen und das Risiko versicherbar zu halten[149]. Weder die Konvention des Europarats, noch der Entwurf des Umweltgesetzbuches oder der der Abfallhaftungsrichtlinie sehen eine summenmäßige Haftungsbegrenzung vor. Das Argument, der potentielle Schädiger müsse vor einer ruinösen Haftungszurechnung bewahrt werden, verkennt, daß das Haftpflichtrecht nur zwischen der Belastung von Verursachern und der von Verletzten entscheiden kann, Schäden aber nicht dadurch verschwinden oder gar verhütet werden, daß man sie für nicht ersatzfähig erklärt. Deshalb wird nunmehr vielfach gefordert, auf Haftungshöchstgrenzen zu verzichten[150].

Keines der oben genannten Zurechnungskriterien legt es nahe, den einen bestimmten Betrag übersteigenden Schaden nicht dem Schädiger, sondern dem Geschädigten aufzuerlegen. Es ist nicht einsichtig, weshalb gerade bei besonders gravierenden Schäden von der als gerecht erkannten Schadenszuteilung wieder Abstand genommen werden soll. Wenn der Schutz der Geschädigten vor einer ruinösen Schadenszurechnung nur dadurch erreicht werden kann, daß der ruinöse Schaden bei den Geschädigten verbleibt, so liegt kein Abwägungsfehler vor, wenn die Schutzpflichten zum Schutz der Rechtsgüter der Geschädigten der Handlungsfreiheit der Unternehmer vorgezogen werden und auf eine Rückverlagerung des Schadensrisikos auf die Geschädigten verzichtet wird. Der Gedanke des Risiko-Nutzen-Zusammenhangs gebietet es nicht, die Schadenszuteilung bei der Gefahr wirtschaftlich ruinöser Schäden gesondert vorzunehmen. Auch der Verzicht auf eine summenmäßige Haftungsbegrenzung verändert das Abwägungsgleichgewicht nicht derart, daß der Eingriff in die unternehmerische Handlungsfreiheit unverhältnismäßig würde.

IV. Rechtsstaatliche Bestimmtheit

Aufgrund des Erfordernisses, daß die Normen, die die Handlungsfreiheit des Art. 2 Abs. 1 GG einschränken, in Einklang mit der verfassungsmäßigen Ordnung stehen müssen, das heißt formell und materiell mit den Normen der Verfassung in Einklang stehen müssen[151], sind die hier in Frage stehenden Normen auch dahingehend zu untersuchen, ob sie hinreichend bestimmt sind[152].

---

[149] *Canaris,* Systemdenken und Systembegriff in der Jurisprudenz, 1983, S. 120.
[150] *v. Caemmerer,* Reform der Gefährdungshaftung, 1971, S. 23 f.; *Will,* Quellen erhöhter Gefahr, 1980, S. 305; *Kötz,* Gutachten und Vorschläge zur Überarbeitung des Schuldrechts, II, 1981, S. 1824 ff.
[151] BVerfGE 80, 137, 153; ständige Rechtsprechung seit BVerfGE 6, 23; vgl. oben § 8 II.
[152] BVerfGE 6, 32, 42 f.; 80, 137, 161.

Der Gesetzgeber des Umwelthaftungsgesetzes hat den Weg der Enumeration gewählt. Die der Haftung unterworfenen Anlagen sind einzelnen im Anhang zum Umwelthaftungsgesetz aufgeführt. Die alternativen Vorschläge wählen alle einen anderen Weg. Sie verwenden unbestimmte Rechtsbegriffe oder Generalklauseln. Der Weg des Umwelthaftungsgesetzes garantiert Rechtssicherheit. Zu fragen ist, ob der alternative Weg ebenfalls den rechtsstaatlichen Anforderungen an Rechtssicherheit und Bestimmtheit der Norm genügt.

Jedes Gesetz muß hinreichend bestimmt sein. Andernfalls kann es seine Funktion, das Verhalten der Bürger sowie der beiden anderen Gewalten zu steuern, nicht erfüllen. Diese Forderung ist Ausfluß des Rechtsstaatsprinzips. Rechtsstaatlichkeit garantiert dem Bürger, daß die Ausübung staatlicher Gewalt im Rahmen der Rechtsordnung erfolgt. Die rechtlich gesicherte Sphäre des Bürgers wird gegenüber dem Staat geschützt[153]. Namentlich mit der in Art. 2 Abs. 1 GG zum Ausdruck kommenden Freiheitsvermutung verlangt der Grundsatz der Rechtsstaatlichkeit, daß der einzelne vor unnötigen Eingriffen der öffentlichen Gewalt bewahrt bleibt; ist ein solcher Eingriff unerläßlich, so müssen seine Voraussetzungen möglichst klar und für den Bürger erkennbar umschrieben werden[154]. Bestimmtheit, Klarheit und Verläßlichkeit der Rechtsordnung sind Gebote des Rechtsstaats[155].

Die Verwendung von unbestimmten Rechtsbegriffen und Generalklauseln durch den Gesetzgeber wird dadurch nicht ausgeschlossen. Die grundsätzliche Zulässigkeit unbestimmter Rechtsbegriffe entbindet den Gesetzgeber jedoch nicht davon, die Vorschriften so zu fassen, daß sie den rechtsstaatlichen Grundsätzen der Normklarheit und Justiziabilität entsprechen. Sie müssen in ihren Voraussetzungen und in ihrem Inhalt so formuliert sein, daß die von ihnen Betroffenen die Rechtslage erkennen und ihr Verhalten danach einrichten können[156]. Es liegt jedoch im Ermessen des Gesetzgebers, ob er bei der Festlegung eines gesetzlichen Tatbestandes sich eines Begriffes bedient, der einen Kreis von Sachverhalten deckt oder eng umschriebene Tatbestandsmerkmale aufstellt[157]. Keine Bedenken bestehen gegen die Verwendung von unbestimmten Rechtsbegriffen und Generalklauseln, wenn diese durch die Rechtsprechung in langer Tradition hinreichend konkretisiert worden sind oder eine solche Konkretisierung durch Rückgriff auf die üblichen Auslegungsmethoden möglich ist[158].

---

[153] *Degenhart*, StaatsR I, Rdnr. 300.
[154] BVerfGE 17, 306, 313 mit Hinweis auf BVerfGE 9, 137, 147 ff.
[155] *Degenhart*, StaatsR I, Rdnr. 300.
[156] BVerfGE 21, 73, 79.
[157] BVerfGE 21, 73, 79.
[158] *Bleckmann*, StaatsR I, StaatsorgR, § 10, Rdnr. 488; *Degenhart*, StaatsR I, Rdnr. 302 f.; BVerfGE 54, 224, 235; 76, 1, 74.

Die Forderung, ein Gesetz müsse derart differenziert sein, daß die rechtliche Lösung des Einzelfalls mit Sicherheit vorausgesehen werden könne, ist nicht erfüllbar. Bei der Anwendung von Spezialnormen ist zwar die Berechenbarkeit der Lösung dem Grad nach höher als bei der Anwendung von Blankettbegriffen und allgemeinen Rechtsregeln, gleichwohl verwendet der Gesetzgeber unbestimmte Rechtsbegriffe und allgemeine Regeln, weil es unmöglich ist, mit Spezialnormen der Vielfalt der Lebensverhältnisse Herr zu werden und zugleich einen Weg zu der rechtlichen Differenzierung zu eröffnen, die im Einzelfall eine gerechte Entscheidung oft erst ermöglicht[159]. So ist bei einigen Regelungsgegenständen eine geringere Regelungsintensität möglich, wenn nicht gar erforderlich. Die Besonderheiten des jeweiligen Regelungsgegenstandes sind zu berücksichtigen. Geringere Anforderungen sind vor allem bei vielgestaltigen Sachverhalten zu stellen[160] oder wenn zu erwarten ist, daß sich die tatsächlichen Verhältnisse rasch ändern werden[161].

Zentraler Haftungsbegriff der meisten der neuen Haftungstatbestände ist der des gefährlichen Stoffes. Gefährlicher Stoff des Entwurfs einer Abfallhaftungsrichtlinie ist der Begriff des Abfalls. Art. 2 Abs. 1 b) AbfallhaftRLE verweist hinsichtlich des Abfallbegriffs auf die Richtlinie 75/442/EWG[162]. Der Abfallbegriff ist somit an anderer Stelle ausführlich definiert und bestimmt. Konflikte mit dem rechtsstaatlichen Bestimmtheitsgebot treten nicht auf. Beim Entwurf eines Umweltgesetzbuches wird der Begriff des umweltgefährlichen Stoffes als Anknüpfungspunkt sowohl der Anlagengefährdungshaftung als auch der Handlungshaftungstatbestände verwandt[163]. Auch die Konvention des Europarats verwendet den Begriff des gefährlichen Stoffes[164]. Der Begriff wird in Art. 2 Abs. 2 der Konvention konkretisiert. Unter gefährlichen Stoffen sollen solche Stoffe und Präparate verstanden werden, die eine erhebliche Gefahr für Mensch, Um-

---

[159] BVerfGE 3, 225, 243.
[160] BVerfGE 11, 234, 237; 21, 1, 4; 28, 175, 183; 49, 89, 113.
[161] BVerfGE 8, 274, 326; 14, 245, 251; 49, 89, 113; vgl. auch *Bleckmann*, StaatsR I, StaatsorgR, § 10, Rdnr. 492.
[162] Richtlinie 75/442/EWG v. 15.07.1975 über Abfälle, ABlEG Nr. L 194 v. 25.07.1975, S. 47. Diese Richtlinie ist 1991 durch die Richtlinie 91/156/EWG geändert worden (Richtlinie 911/156/EWG v. 18.03.1991 zur Änderung der Richtlinie 75/442/EWG über Abfälle, ABlEG Nr. L 78 v.26. März 1991, S. 32.). Der **Abfallbegriff** der EG umfaßt gemäß Art. 1 a) der geänderten Richtlinie "*alle Stoffe oder Gegenstände, die unter die in Anhang I aufgeführten Gruppen fallen und deren sich der Besitzer entledigt, entledigen will oder entledigen muß*". Ausführlich zum Abfallbegriff der Gemeinschaft vgl. oben § 3 B I 2.
[163] Vgl. § 111 Abs. 1 Nr. 3 UGB-AT-Entwurf sowie § 115 UGB-AT-Entwurf. Da § 114 UGB-AT-Entwurf den bestehenden § 22 Abs. 1 WHG übernimmt, sind auch hier nur wassergefährliche Stoffe haftungsbegründend.
[164] Art. 2 Abs. 1 a) der Konvention.

welt oder Sachen darstellen. Des weiteren wird auf die im Anhang zur Konvention aufgeführten Stoffe verwiesen.

Die Verwendung des Begriffes des gefährlichen Stoffes erfüllt die Anforderungen des rechtsstaatlichen Bestimmtheitsgebotes. Die Verwendung von unbestimmten Rechtsbegriffen und Generalklauseln ist unzweifelhaft zulässig, wenn die jeweiligen Begriffe von der Rechtsprechung konkretisiert worden sind oder eine solche Konkretisierung wahrscheinlich erscheint[165]. Der Begriff des gefährlichen Stoffes enthält das Tatbestandselement der Gefahr. Der Begriff der Gefahr wurde vom Gesetzgeber bislang schon vielfältig verwendet. Durch die Rechtsprechung hat der Begriff der Gefahr eine eingehende Konkretisierung erfahren. Es steht zu erwarten, daß auch der Begriff des gefährlichen Stoffes eine derartige Konkretisierung erfahren wird.

Überdies sind bei der Beurteilung der hinreichenden Bestimmtheit eines Tatbestandsmerkmals die Besonderheiten des jeweiligen Regelungsgegenstandes zu berücksichtigen. Geringere Anforderungen sind vor allem bei vielgestaltigen Sachverhalten zu stellen [166] oder wenn zu erwarten ist, daß sich die tatsächlichen Verhältnisse rasch ändern werden[167]. Das Umwelthaftungsrecht ist sowohl von vielgestaltigen Sachverhalten als auch von sich rasch ändernden Verhältnissen geprägt. Die Vielzahl der für die Umwelt gefährlichen Stoffe sowie der rasante technische Fortschritt lassen die Verwendung des unbestimmten Rechtsbegriffs des gefährlichen Stoffes zulässig, wenn nicht gar erforderlich erscheinen. Auch unter Hinweis auf den dem Gesetzgeber zustehenden Gestaltungsspielraum läßt sich der Begriff mit dem rechtsstaatlichen Gebot der Bestimmtheit vereinen.

---

[165] *Bleckmann*, StaatsR I, StaatsorgR, § 10, Rdnr. 488; BVerfGE 76, 1, 74.

[166] BVerfGE 11, 234, 237; 21, 1, 4; 28, 175, 183; 49, 89, 113.

[167] BVerfGE 8, 274, 326; 14, 245, 251; 49, 89, 113; vgl. auch *Bleckmann*, StaatsR I, StaatsorgR, § 10, Rdnr. 492.

§ 9 Zusammenfassung

I. Zusammenfassung des zweiten Teils

Der zweite Teil widmet sich der Frage, welche grundrechtlichen Auswirkungen durch die neuen Haftungstatbestandsmodelle der vorgestellten Umwelthaftungsregelungen zu erwarten sind. Die vorgestellten Haftungstatbestände zeichnen sich im wesentlichen durch die Einführung von Gefährdungshaftungstatbeständen aus, die den klassischen Anlagenbegriff aufgegeben haben. Soweit an dem Modell der Anlagenhaftung festgehalten wird, ersetzt eine Anlagengeneralklausel die sonst regelmäßig bestehende enumerative Anlagenliste, die eine Haftung auf die in dieser Liste aufgeführten Anlagen beschränkt. Handlungshaftungstatbestände verlassen das Modell der Anlagengefährdungshaftung gänzlich und küpfen die Haftung an eine Schadensverwirklichung durch ein gefährliches Handeln.

Da mit jedem Haftungstatbestand eine Entscheidung über die Zuteilung von Schäden getroffen wird, wird im zweiten Teil der Arbeit untersucht, ob durch die Einführung von Handlungshaftungstatbeständen oder von Anlagengefährdungshaftungen ohne enumerative Anlagenliste eine Haftungsverlagerung auf die Schadensverursacher vorgenommen wird, die keine hinreichende Rechtfertigung findet und somit in die Grundrechte der möglichen Schadensverursacher eingreift und diese verletzt.

Nicht nur die konkrete Inanspruchnahme nach dem Eintreten eines Haftungsfalls wird vom Schädiger als Belastung empfunden, auch die bloße Möglichkeit einer Haftung, die einer bestimmten Aktivität nachfolgen kann, hat Einfluß auf die Entscheidungsfreiheit des Handelnden. Dies gilt insbesondere für Gefährdungshaftungstatbestände. Gefährdungshaftungstatbeständen wurde bereits bei Kodifizierung des BGB unterstellt, daß sie das wirtschaftliche Handeln lähmen und die Freiheit der Betätigung des Einzelnen zu sehr beschneiden würden.

Prüfungsmaßstab für die Vereinbarkeit neuer Haftungsregime für Umweltschäden mit den wirtschaftlichen Freiheiten kann bei einer juristischen Untersuchung nicht das wirtschafts- oder umweltpolitisch Sinnvolle sein, sondern nur die im rechtlichen Bereich maßgeblichen Rahmenbedingungen. Dies sind vor allem die Grundrechte, die sowohl die wirtschaftlichen Freiheiten der unternehmerisch Tätigen schützen als auch Schutz für die körperliche Unversehrtheit und das Eigentum der durch Umweltbeeinträchtigungen Geschädigten fordern.

In der Diskussion über den **Schutzbereich der wirtschaftlichen Freiheiten** ist bislang noch keine Einigkeit über eine Systematisierung und den konkreten Gehalt der wirtschaftlichen Freiheiten erzielt worden. Die Arbeit definiert den Begriff der Unternehmerfreiheit als Ausschnitt der allgemeinen Wirtschaftsfreiheit. Von Unternehmerfreiheit soll gesprochen werden, wenn das wirtschaftliche Handeln beruflichen oder gewerblichen Zwecken dient.

Bei der Bestimmung des Schutzbereichs ist eine Orientierung an betriebswirtschaftlichen Systematisierungen erforderlich. Folgt man der wirtschaftswissenschaftlichen Gliederung unternehmerischen Handelns, gliedert sich die Unternehmerfreiheit in die folgenden Teilfreiheiten: Freiheit über die Bestimmung des Unternehmensrahmens, Produktionsfreiheit, Finanzierungs- und Investitionsfreiheit, Absatzfreiheit sowie die Wettbewerbsfreiheit.

Die Unternehmerfreiheit findet ihre grundrechtliche Verortung in den Art. 12, 14 und Art. 2 Abs. 1 GG. Die jeweiligen Schutzbereiche werden dabei folgendermaßen abgegrenzt: Die Abgrenzung zwischen Art. 12 GG und Art. 14 GG wird im wesentlichen so vorgenommen, daß Art. 14 GG das Erworbene, das Ergebnis der Betätigung, Art. 12 GG hingegen den Erwerb, die Betätigung selbst schützt. Art. 2 Abs. 1 GG hat neben Art. 12 GG Bedeutung, wenn der konkreten Maßnahme eine objektiv berufsregelnde Tendenz fehlt. Neben Art. 14 GG findet Art. 2 Abs. 1 GG Anwendung, wenn der Eingriff in der bloßen Auferlegung einer Zahlungsplicht besteht.

Das Bundesverfassungsgericht hat in einer Vielzahl von Entscheidungen bereits die Rechtmäßigkeit von Eingriffen durch die Anwendung von Haftungstatbeständen in Freiheitsrechte überprüft.

Bislang weitgehend ungeklärt blieb jedoch, worin die Eingriffsqualität von Haftungsnormen liegt. Um diese Frage zu beantworten ist ein Rückgriff auf die Funktionen, die das Haftungsrecht erfüllt bzw. erfüllen soll, erforderlich. Dies sind im wesentlichen die Schadensausgleichsfunktion, die Präventivfunktion und die Kostenanlastungsfunktion. Die einzelnen Haftungsfunktionen werden von den Tatbeständen der Verschuldens- und der Gefährdungshaftung unterschiedlich ausgefüllt.

Der Schwerpunkt der Verschuldenshaftungtatbestände liegt bei der Schadensausgleichs- und der Präventivfunktion. Dem Tatbestandmerkamal des Verschuldens ist in unterschiedlicher Konkretisierung ein Handlungsgebot immanent. Dieses Handlungsgebot wird als Tatbestandswirkung der Verschuldenshaftung bezeichnet. Die Realisation der Schadensausgleichsfunktion und der Präventivfunktion bewirken einen Eingriff in das Vermögen des Schädigers sowie durch die Tatbestandswirkung der Verschuldenshaftungtatbestände ein unterschiedlich weit konkretisiertes, aber sanktioniertes Handlungsgebot, welches einen Eingriff in die Handlungsfreiheit des Schädigers darstellt.

Bislang existiert keine obergerichtliche Rechtsprechung zu Eingriffen durch Gefährdungshaftungstatbestände in Freiheitsrechte. Gefährdungshaftungstatbeständen fehlt das konkretisierte Handlungsgebot, denn auch erlaubtes Tun kann mit einer Haftung belegt werden, wenn daraus ein Schaden resultiert. Gefährdungshaftungstatbeständen wird deshalb von einigen Stimmen in der Literatur jede präventive Wirkung abgesprochen. Die Kostenanlastungsfunktion kommt hier jedoch verstärkt zum Tragen. Verdeutlicht wird dies durch die der Gefährdungshaftung zugrunde liegende Gerechtigkeitsvorstellung der iustitia distributiva (verteilende Gerechtigkeit), die der Gefährdungshaftung grundsätzlich andere Funktionen zuweist als der Verschuldenshaftung, welche dem Gerechtigkeitsprinzip der iustitia commutativa (ausgleichende bzw. wiederherstellende Gerechtigkeit), folgt.

Diese Auffassung steht in Einklang mit den Erkenntnissen der ökonomischen Analyse des Rechts, welche durch Gefährdungshaftungstatbestände ein Haftungsregime etabliert sieht, welches durch die Schadenszuteilung eine Anreizordnung mit verhaltenssteuernder Wirkung schafft, welche den einzelnen zu schadensvermeidendem Handeln veranlaßt.

Da den Gefährdungshaftungstatbeständen ein konkretes Handlungsgebot nicht immanent ist und lediglich durch die Kostenanlastungsfunktion Handlungsanreize gesetzt werden, bewirken Gefährdungshaftungstatbestände keinen unmittelbaren, sondern nur einen mittelbaren Grundrechtseingriff.

Die Auferlegung der Zahlungspflicht im konkreten Haftungsfall sowie die Schaffung der mit den Gefährdungshaftungstatbeständen verbundenen Anreizordnung bewirken einen Eingriff in die Produktionsfreiheit sowie die Finanzierungs- und Investitionsfreiheit.

Bei der Frage nach der konkreten Grundrechtsbetroffenheit ist festzustellen, daß ein Eingriff in die durch Art. 12 Abs. 1 GG geschützte Berufsfreiheit nicht vorliegt. Da es sich lediglich um einen mittelbaren Eingriff handelt, läge eine Eingriff in Art. 12 Abs. 1 GG nur vor, wenn der Eingriff eine objektiv berufsregelnde Tendenz hat. Da durch die Gefährdungshaftungstatbestände lediglich eine allgemeine Anreizordnung geschaffen wird, ist dies hier nicht der Fall. Auch ein Eingriff in Art. 14 Abs. 1 GG liegt nicht vor, da die Verpflichtung zum Schadensersatz lediglich eine Auferlegung einer allgemeinen Geldleistungspflicht ist. Ein Eingriff in Art. 2 Abs. 1 GG liegt jedoch vor.

Der Eingriff in die durch Art. 2 Abs. 1 GG geschützte Unternehmerfreiheit ist nur gerechtfertigt, wenn der Eingriff von den Schranken des Art. 2 Abs. 1 GG gedeckt wird. Art. 2 Abs. 1 GG fordert, daß die die Handlungsfreiheit beschränkenden Gesetze formell und materiell mit der Verfassung übereinstimmen. In Frage steht die Vereinbarkeit mit den Prinzipien der Verhältnismäßigkeit und der Rechtsstaatlichkeit.

Normen entsprechen den Grundsätzen des Verhältnismäßigkeitsprinzips, wenn sie geeignet sind, das gesetzgeberische Ziel zu erreichen, zur Zielerreichung erforderlich und verhältnismäßig (i.e.S.) sind. Zentrales Ziel aller Haftungsregelungen ist die Verbesserung der Stellung der durch Umweltschäden Geschädigten. Es ist gezeigt worden, daß Gefährdungshaftungstatbestände eine Veränderung der Kostenanlastung bewirken, was zu einem Haftungsregime führt, welches potentielle Schädiger veranlaßt, ihre Produktionsverfahren weniger schadensträchtig zu gestalten oder zur Vermeidung von Schäden die Produktion allgemein zu drosseln. Auch Gefährdungshaftungstatbeständen sind demnach geeignet, daß vom Gesetzgeber verfolgte Ziel zu erreichen.

Eine Norm ist erforderlich, wenn es kein alternatives milderes, d.h. weniger belastendes Mittel gibt, welches zur Zweckerreichung gleichermaßen geeignet ist. Das Ziel eines besseren Geschädigtenschutzes wäre auch durch die Verschärfung ordnungsrechtliche Maßnahmen oder die Einführung weiterer Straftatbestände zu erreichen. Gegenüber diesen Maßnahmen stellt die Einführung von Gefährdungshaftungstatbestände jedoch das wesentlich mildere Mittel dar.

Im Rahmen der Prüfung der Verhältnismäßigkeit im engeren Sinne ist eine Abwägung der grundrechtlich geschützten Interessen vorzunehmen. Die grundrechtliche Vereinbarkeit der vorgestellten Haftungstatbestände entscheidet sich danach, ob zwischen den widerstreitenden Interessen der durch Umwelteinwirkungen Geschädigten und den Interessen der Schadensverursacher eine adäquate Abwägung getroffen wird.

Eckpunkte für die Abwägung sind auf der Seite der Schadensverursacher der Wesensgehalt der unternehmerischen Handlungsfreiheit und auf der Seite der Geschädigten die dem Staat diesen gegenüber obliegenden Schutzpflichten.

Der Wesensgehalt der unternehmerischen Handlungsfreiheit ist verletzt, wenn der Eingriff so intensiv ist, daß kein Raum mehr bleibt, sich wirtschaftlich frei zu betätigen. Derartige Eingriffe verletzen die unternehmerische Handlungfreiheit und sind nicht zu rechtfertigen. Diese Grenze wird jedoch durch die vorgestellten Haftungsnormen nicht erreicht.

Dem Wesensgehalt korrespondierend gegenüber stehen die dem Staat obliegenden Schutzpflichten für die potentiell Geschädigten. In der Grundrechtsdogmatik ist seit langem anerkannt, daß der grundrechtliche Gehalt sich nicht in bloßen Abwehrrechten des Bürgers gegen den Staat erschöpft, sondern der Staat auch verpflichtet ist, sich schützend und fördernd vor das Rechtsgut zu stellen.

Nach der Rechtsprechung des Bundesverfassungsgerichts hat der Gesetzgeber bei der Erfüllung der ihm obliegenden Schutzpflichten einen erheblichen Gestaltungsspielraum, der ihm die Möglichkeit gewährt, seinen Schutzverpflichtungen auf vielfältige Weise nachzukommen. Auch wenn er auf die Aufstellung von ordnungsrechtlichen oder strafrechtlichen Vorschriften verzichtet, ist er nicht verpflichtet, gefährliches aber erlaubtes Handeln mit einer Gefährdungshaftung zu belegen.

Auch die Einfügung des Art. 20 a GG verpflichtet den Gesetzgeber nicht zum Erlaß von Nomen bestimmten Inhalts. Art. 20 a GG ist als Staatszielbestimmung ausgestaltet. Dies hat zur Folge, daß durch Art. 20 a GG kein konkretes Handlungsgebot an den Gesetzgeber gerichtet wird. Art. 20 a GG fordert jedoch, daß alle Güter, die auf Dauer Voraussetzung für menschliches Leben sind, erhalten bleiben müssen. Soweit es sich jedoch nicht um die Erfüllung dieser Minimalforderung handelt, ist dem Schutz der natürlichen Lebensgrundlagen nicht zwangsläufig vor anderen Staatsaufgaben oder Grundrechten der Vorrang einzuräumen. Art. 20 GG gewährt dem Gesetzgeber bei der Wahl der Mittel zur Zielverwirklichung einen weiten Gestaltungsspielraum. Ein konkretes Gebot für die Ausgestaltung die Umwelt betreffender Normen wird nicht statuiert.

Maßgebliche Hinweise für eine gerechte Schadenszuteilung können auch beim Ausgleich zwischen Geschädigten- und Unternehmerinteressen auf verfassungsrechtlicher Ebene zivilrechtliche Vorüberlegungen geben. Das deutsche Haftungsrecht wird vom Grundsatz "casum sentit dominus" beherrscht. Dieser besagt, daß eine Verlagerung der Schadensrisiken von den Geschädigten auf die Schädiger nur beim Vorliegen bestimmter Schadenszuteilungskriterien zulässig ist. Bei der Verschuldenshaftung ist das Verschulden des Schädigers, bei der klassischen Anlagengefährdungshaftung das mit dem Betrieb der Anlage verbundene erhöhte Risiko sowie die Risiko-Nutzen-Zusammengehörigkeit das Zuteilungskriterium, welches die Verlagerung des Schadens auf die Schädiger rechtfertigt.

Soweit die vorgeschlagenen Haftungstatbestände dem Typus der Anlagengefährdungshaftung folgen, liegen ihnen ebenfalls diese Gerechtigkeitserwägungen zugrunde. Gleiches gilt für die Handlungshaftungstatbestände, die Gefahren, welche sich aus dem Umgang mit gefährlichen Substanzen ergeben, mit einer

Haftung belegen. Auch hier rechtfertigt das erhöhte Risiko, das mit dem Umgang mit dem gefährlichen Stoff verbunden ist, die Verlagerung des Schadensrisikos.

Bei den Tatbeständen der medialen Handlungshaftungen fehlt jedoch das Zuteilungskriterium der vergegenständlichten Gefahrenquelle. Die besondere Gefahr kann hier jedoch durch die besondere Gefährdetheit der Umweltmedien Wasser, Boden und Luft ersetzt werden. Die erhöhte Schutzbedürftigkeit des jeweiligen Umweltmediums rechtfertigt die Zuteilung der Schadens an den Verursacher.

Keine Gruppe der vorgestellten Haftungstatbestände verletzt die grundrechtliche gebotene Abwägungsgerechtigkeit. Durch Tatbestände der Handlungshaftung und durch Gefährdungshaftungstatbestände ohne enumerative Anlagenliste wird zwar in die grundrechtlich geschützten Freiheiten der Unternehmer eingegriffen, doch werden diese hierdurch nicht verletzt.

Da ein Eingriff in Art. 2 Abs. 1 GG nur gerechtfertigt ist, wenn die den Eingriff begründende Norm formell und materiell der Verfassung entspricht, sind die Tatbestände der Anlagengefährdungshaftung sowie der stoffbezogenen Handlungshaftung, die keiner abgeschlossenen Anlagen- oder Stoffliste folgen, überdies unter dem Gesichtspunkt der hinreichenden rechtsstaatlichen Bestimmtheit zu überprüfen. Das Bestimmtheitsgebot als Ausfluß des Rechtsstaatsprinzips verbietet nicht die Verwendung von unbestimmten Rechtsbegriffen oder Generalklauseln, wenn diese durch die Rechtsprechung in langer Tradition hinreichend konkretisiert worden sind oder eine solche Konkretisierung durch Rückgriff auf die üblichen Auslegungsmethoden erwartet werden kann. Den verwendeten Rechtsbegriffen liegt in allen Fällen der Begriff der Gefahr zugrunde. Dieser ist durch die Rechtsprechung bereits hinreichend konkretisiert. Ein Verstoß gegen das Bestimmtheitsgebot liegt somit nicht vor.

II. Gesamteinschätzung

Zu Beginn der 90er Jahre sind die „nicht-regulativen" Instrumente des Umweltschutzes in den Mittelpunkt der Diskussion gerückt. Von den privatwirtschaftlichen Instrumenten wurde erwartet, daß sie ökonomisch verträglich die verwaltungsrechtlichen Umweltschutzvorschriften ergänzen, wenn nicht gar ersetzen. Zu diesen privatwirtschaftlichen Instrumenten gehört vor allem auch die Umwelthaftung.

Diese Erwartungen haben sich nicht erfüllt. Die drängendsten Umweltprobleme, die Distanz- und Summationsschäden, die durch die ubiquitäre Umweltbelastung verursacht werden, können durch Haftungstatbestände nicht erfaßt werden. Haftungstatbestände können nur Ersatz für eingetretene Schäden gewähren oder präventiv Schäden verhindern, wenn eine kausale Zurechnung möglich ist. Dies ist bei den Distanz- und Summationsschäden, zu denen nicht nur die Schädigungen des Waldes, die zunehmenden Erkrankungen des Menschen, sondern auch die Schädigungen der Ozonschicht zu rechnen sind, nicht der Fall.

Eine Weiterentwicklung des deutschen und europäischen Umwelthaftungsrechts durch Tatbestände der Handlungshaftung oder zumindest erweiterten Anlagenhaftungstatbeständen ist dennoch zu begrüßen. Haftungstatbestände sind immer dort sinnvoll, wo es um den Ersatz konkret zurechenbarer Schäden geht. Folgt man den Überlegungen der ökonomischen Analyse des Rechts, sind Haftungstatbestände in diesen Fällen in der Lage, eine volkswirtschaftlich und betriebswirtschaftlich optimale Schadensverteilung zu erreichen.

Die Arbeit hat gezeigt, daß diese Tatbestände auch nicht zu einer ungerechtfertigten Inanspruchnahme unternehmerisch Tätiger führen, die mit einer Verletzung grundrechtlich geschützter Freiheits- oder Eigentumsrechte verbunden wären.

Es steht zu hoffen, daß sich der nationale und europäischer Gesetzgeber nochmals der Thematik der Umwelthaftung annehmen und die innovativen Konzepte verwirklichen.

Literaturverzeichnis:

Abendroth, Wolfgang Redebeitrag, in: Die staatliche Intervention im Bereich der Wirtschaft, Rechtsformen und Rechtsschutz, VVDStRL 11 (1954), S. 141

Adams, Michael Ökonomische Analyse der Gefährdungs- und Verschuldenshaftung, Heidelberg 1985

Adams, Michael Zur Aufgabe des Haftungsrechts im Umweltschutz - Eine Abhandlung zur Theorie optimaler Beweislast- und Haftungsregeln bei Unsicherheit-, ZZP 99 (1986), 129-165.

Alexy, Robert Theorie der Grundrechte, Baden-Baden 1985

Alternativ Kommentar Kommentar zum Grundgesetz für die Bundesrepublik Deutschland (Reihe Alternativkommentare) bearb. von Axel Azzola, u.a.; Neuwied: 2. Auflage 1989

Aristoteles Nikomachische Ethik, Übersetzt und kommentiert von Franz Dirlmeier, in: Aristoteles Werke in deutscher Übersetzung, hrsg v. H. Flashar, Bd. 6, Berlin 1979.

Bachmeier, Hermann/ Weingärtner, Dieter Alles nur Makulatur - Das Gesetz über die Umwelthaftung hält nicht, was es auf den ersten Blick verspricht, Müllmagazin 1991, 33-35

Bachof, Otto Freiheit des Berufs, in Bettermann/ Nipperdey/ Scheuner, Die Grundrechte. Handbuch der Theorie und Praxis der Grundrechte, hrsg. von Karl August Bettermann, Hans Carl Nipperdey, Ulrich Scheuner, Bd. III/1, Berlin 1958, S. 155-265

Badura, Peter Staatsrecht: systematische Erläuterung des Grundgesetzes für die Bundesrepublick Deutschland, München: 2. Auflage 1996

Badura, Peter Gesetzgebung und Grundrechtsschutz wirtschaftlicher Tätigkeit, BayVBl 1971, 7-10.

Badura, Peter Der Regierungsentwurf eines Mitbestimmungsgesetzes - Verfassungsrechtliche Einwände -, ZfA 1974 (5), 357-382.

Badura, Peter Grundprobleme des Wirtschaftsverfassungsrechts, JuS 1976, 205-213

Badura, Peter Wachstumsvorsorge und Wirtschaftsfreiheit, in: Hamburg, Deutschland, Europa. Festschrift für Hans Peter Ipsen zum siebzigsten Geburtstag, hrsg. von Rolf Stödter und Werner Thieme, Tübingen 1977, S. 367-384

Badura/ Rittner/ Rüthers Mitbestimmungsgesetz 1976 und Grundgesetz: Gemeinschaftsgutachten von Peter Badura, Fritz Rittner, Bernd Rüthers, München 1976

Ballerstedt, Kurt Staatsverfassung und Wirtschaftsfreiheit, DÖV 1951, 159-161

Ballerstedt, Kurt Wirtschaftsverfassungsrecht, in Bettermann/ Nipperdey/ Scheuner, Grundrechte. Handbuch der Theorie und Praxis der Grundrechte, Bd. III/1, hrsg. von Karl August Bettermann, Hans Carl Nipperdey, Ulrich Scheuner, Berlin 1958, S. 1-90

v. Bar, Christian Verkehrspflichten: richterliche Gefahrsteuerungsgebote im deutschen Deliktsrecht, Köln u.a. 1980

v. Bar, Christian Internationales Privatrecht, Bd. 2 Besonderer Teil, München 1991

Baumann, Peter Die Haftung für Umweltschäden aus zivilrechtlicher Sicht, Jus 1989, 433-440.

Baumbach/ Hefermehl Wettbewerbsrecht: Gesetz gegen den unlauteren Wettbewerb, Zugabeverordnung, Rabattgesetz und Nebengesetze von Wolfgang Hefermehl, München: 18. Auflage 1995

Baumgärtel, Gottfried Anmerkung zu BGH Urteil, vom 18.9.1984, JZ 1984, 1106, JZ 1984, 1109-1110

Baumgärtel, Gottfried Ausprägungen der prozessualen Grundprinzipien der Waffengleichheit und der fairen Prozeßführung im zivilen Beweisrecht, in: Verfahrensgarantien im nationalen und internationalen Prozeßrecht: Festschrift Franz Matscher zum 65. Geburtstag, hrsg. von Oskar J. Ballon, u.a., Wien 1993

Baur/ Stürner Lehrbuch des Sachenrechts, von Fritz Baur, fortgeführt von Jürgen F. Baur und Rolf Stürner, München: 16. Auflage 1992

Bender/ Sparwasser Umweltrecht, Grundzüge des öffentlichen Umweltschutzrechts von Bernd Bender, Hein-

	rich Sparwasser und Rüdiger Engel, Heidelberg: 3. Auflage 1995
Benöhr, Hans-Peter	Die Entscheidung des BGB für das Verschuldensprinzip, Tijdschrift voor Rechtsgeschiedenis 46 (1978), 1-31.
Berg, Hans	Anmerkung zu BGH NJW 1969, 2268 (=NJW 1970, 515 Nr. 5), NJW 1970, 515-516
Beyerlin, Ulrich	Staatliche Ersatzansprüche gegen ausländische private Umweltschädiger und ihre Durchsetzung, in: Ersatzansprüche und ihre Durchsetzung bei grenzüberschreitenden Umweltschäden, Texte des Umweltbundesamts 12/97, S. 31-54
Blaschczok, Andreas	Gefährdungshaftung und Risikozuweisung, Köln, u.a. 1993
Bleckmann, Albert	Staatsrecht, 1. Staatsorganisationsrecht: Grundlagen, Staatszielbestimmungen und Staatsorganisationsrecht des Bundes; Köln, u.a., 1993
Bleckmann, Albert	Staatsrecht, 2. Die Grundrechte, Köln, u.a.: 4. Aufl. 1997
Bleckmann, Albert	Neue Aspekte der Drittwirkung der Grundrechte, DVBl 1988, 938-946
Bleckmann, Albert	Die Rechtsnatur des Europäischen Gemeinschaftsrechts - Zur Anwendbarkeit des Völkerrechts im Europäischen Rechtsraum, DÖV 1978, 391-398
Bleckmann, Albert/ Eckhoff, Rolf	Der "mittelbare" Grundrechtseingriff, DVBl 1988, 373-382.
Boecken, Winfried	Umwelthaftungsgesetz: zeitlicher Anwendungsbereich und Beweislast für Altlast? (§ 23), VersR 1991, 962-966.
Böhm, Franz	Der Zusammenhang zwischen Eigentum, Arbeitskraft und dem Betreiben eines Unternehmens, in : Das Unternehmen in der Rechtsordnung: Festgabe für Heinrich Kronstein aus Anlaß seines 70. Geburtstages am 12. September 1967, hrsg. von Kurt H. Biedenkopf, u.a., Karlsruhe 1967, S. 11-45
Bötticher, Eduard	Zur Ausrichtung der Sanktion nach dem Schutzzweck der verletzten Privatrechtsnorm AcP 158 (1959/60), 385-409

Bötticher, Eduard	Gleichbehandlung und Waffengleichheit: Überlegungen zum Gleichheitssatz, Heidelberg 1979
Bonner Kommentar	Bonner Kommentar zum Grundgesetz. Hrsg. v. Rudolf Dolzer und Klaus Vogel. Losebl. Heidelberg, Stand August 1999
Breining, Walter	Die Versicherung der Umwelthaftung, VP 1991, 279-281.
Breuer, Rüdiger	Öffentliches und privates Wasserrecht, 2. Aufl. München 1987
Breuer, Rüdiger	Empfiehlt es sich eine Umweltgesetzbuch zu schaffen, gegebenenfalls mit welchen Regelungsbereichen ?, Gutachten B 1 - B 128, in: Verhandlungen des 59. Deutschen Juristentages, Band 1, Gutachten, München 1992
Brüggemeier, Gert	Deliktsrecht: ein Hand- und Lehrbuch, Baden-Baden: 1986
Brüggemeier, Gert	Gesellschaftliche Schadensverteilung und Deliktsrecht, AcP 182 (1982), 385-403
Brüggemeier, Gert	Umwelthaftungsrecht - Ein Beitrag zum Recht der "Risikogesellschaft"?, KJ 1989, 209-230.
Brüggemeier, Gert	Unternehmenshaftung für "Umweltschäden" im deutschen Recht und nach EG-Recht, in: Festschrift für Günter Jahr zum siebzigsten Geburtstag: vestigia iuris, Tübingen 1993, S. 223-250.
Bryde, Brun-Otto	Art. 12 Grundgesetz - Freiheit des Berufs und Grundrecht der Arbeit, NJW 1984, 2177-2184.
Bullinger, Martin	Verfassungsrechtliche Aspekte der Haftung, in: Festschrift für Ernst v. Caemmerer zum 70. Geburtstag, hrsg. von Hans Claudius Fikker, Detlef König, Karl F. Kreuzer, Hans G. Leser, Wolfgang Frhr. Marschall von Biberstein, Peter Schlechtriem, Tübingen 1978, S. 297-312
BUND	Stellungnahme des Bundes für Umwelt- und Naturschutz Deutschland e.V. (BUND) zum Umweltinformationsgesetz
Bydlinski, Franz	Fundamentale Rechtsgrundsätze: zur rechtsethischen Verfassung der Sozietät, Wien, u.a. 1988

v. *Caemmerer, Ernst*   Wandlungen des Deliktsrechts in: Hundert Jahre Deutsches Rechtsleben, Festschrift zum hundertjährigen Bestehen des Deutschen Juristentages 1860 - 1960, hrsg. v. Ernst v. Caemmerer, Ernst Friesenhahn, Richard Lange, Karlsruhe 1960, Bd. 2, S. 49-136

v. *Caemmerer, Ernst*   Reform der Gefährdungshaftung - Vortrag gehalten vor der Berliner Juristischen Gesellschaft am 20. November 1970 -, Berlin, New York 1971

Canaris, Claus-Wilhelm   Die Produzentenhaftpflicht in dogmatischer und rechtspolitischer Sicht, JZ 1968, 494-506

Canaris, Claus-Wilhelm   Systemdenken und Systembegriff in der Jurisprudenz: entwickelt am Beispiel des deutschen Privatrechts, Berlin: 2. Auflage 1983

Canaris, Claus-Wilhelm   Grundrechte und Privatrecht, AcP 184 (1984), 201-246.

Cosack, Tilman   Die Gefährdungshaftung im Vordringen, VersR 1992, 1439-1444

Czychowski, Manfred   Wasserhaushaltsgesetz unter Berücksichtigung der Landeswassergesetze und des Wasserstrafrechts. Kommentar begr. von Paul Gieseke und Werner Wiedemann. München: 7. Auflage 1998

Degenhart, Christoph   Die allgemeine Handlungsfreiheit des Art. 2 Abs. 1 GG, JuS 1990, 161-169

Degenhart, Christoph   Staatsrecht I, Staatszielbestimmungen, Staatsorgane, Staatsfunktionen, Heidelberg: 14. Auflage 1998

Deutsch, Erwin   Haftungsrecht. Erster Band: Allgemeine Lehren, Köln, u.a. 1976

Deutsch, Erwin   Allgemeines Haftungsrecht, Köln u.a.: 2. Auflage 1996

Deutsch, Erwin   Unerlaubte Handlungen. Schadensersatz und Schmerzensgeld, Köln, u.a.: 3. Auflage 1995

Deutsch, Erwin   Grundmechanismen der Haftung nach deutschem Recht, JZ 1968, 721-727

Deutsch, Erwin   Gefährdungshaftung: Tatbestand und Schutzbereich, JuS 1981, 317-325

Deutsch, Erwin   Das Recht der Gefährdungshaftung, Jura 1983, 617-628

Deutsch, Erwin Umwelthaftung: Theorie und Grundsätze, JZ 1991, 1097-1102.

Deutsch, Erwin Das neue System der Gefährdungshaftungen: Gefährdungshaftung, erweiterte Gefährdungshaftung und Kausal-Vermutungshaftung, NJW 1992, 73-77

Diederichsen, Uwe Die Entwicklung der Produzentenhaftung, VersR 1984, 797-799

Diederichsen, Uwe Die Verantwortlichkeit für Altlasten im Zivilrecht, in: Altlasten und Umweltrecht, Trierer Kolloquium zum Umwelt- und Technikrecht vom 20.-22. Nov. 1985, Umwelt- und Technikrecht Band 1, Düsseldorf 1986, S. 117-138

Diederichsen, Uwe Referat zum Thema: Ausbau des Individualschutzes gegen Umweltbelastungen als Aufgabe des bürgerlichen und des öffentliche Rechts, in: Verhandlungen des 56. Deutschen Juristentages, Band 2, Sitzungsberichte, München 1986, L 48-106

Diederichsen, Uwe Umwelthaftung zwischen gestern und morgen, in: Festschrift Rudolf Lukes zum 65. Geburtstag, hrsg. von Herbert Leßmann, Bernhard Großfeld, Lothar Vollmer, Köln, u.a. 1989, S. 41-56

Diederichsen, Uwe BR-Deutschland: Industriegefährdung durch Umweltgefährdungshaftung?, PHI 1990, 78-95.

Diederichsen, Uwe Die Haftung für Umweltschäden in Deutschland, PHI 1992, 162-173

Diederichsen, Uwe/ Scholz, Andreas Kausalitäts- und Beweisprobleme im zivilrechtlichen Umweltschutz, Wi-Verw 1984, 23-46

Dirlmeier, Franz Kommentierung, in: Aristoles Werke in deutscher Übersetzung, begründet von Ernst Grumach, hrsg. von Hellmut Flaschar, Bd. 6: Nikomachische Ethik, übersetzt und kommentiert von Franz Dirlmeier, Berlin: 7. Auflage 1979

v. Dörnberg, Hans-Friedrich Die Haftung für Umweltschäden, Beiheft 1, NuR 1992, 9-32.

Dörr, Dieter Die neuere Rechtsprechung des Bundesverfassungsgerichts zur Eigentumsgarantie des Art. 14 GG, NJW 1988, 1049-1054.

Dürig, Günter   Grundrechte und Privatrechtsprechung in: Vom
                       Bonner Grundgesetz zur gesamtdeutschen Ver-
                       fassung, Festschrift zum 75. Geburtstag von
                       Hans Nawiasky, hrsg. von Theodor Maunz,
                       München 1956, S. 157-180

Ebersbach, Harry   Ausgleichspflicht des Staates bei neuartigen
                       immissionsbedingten Waldschäden, NuR 1985,
                       165-170

Ehlers, Hans   Über die rückwirkende Kraft von Steuergeset-
                       zen, StuW 1953, 112-126

Enders, Rainald/ Reiter, Birgit   Die Umwelthaftung im System des
                       Umweltgesetzbuches, VersR 1991, 1329-1341.

Engel, Christoph   Zivilrecht als Fortsetzung des Wirtschaftsrechts
                       mit anderen Mitteln, JZ 1995, 213-218

Engelhardt, Wolfgang   Die deliktsrechtliche Haftung für Umweltschä-
                       den: ein Beitrag zur Reform des Umwelthaf-
                       tungsrechts, Hamburg 1992

Erbguth, Wilfried   Entwicklung der Umwelthaftung - Ansätze ei-
                       nes Haftungsregimes für die Verschmutzung
                       der Meere im deutschen Recht, NuR 1994, 377-
                       381

Erichsen, Hans Uwe   Das Grundrecht der Berufsfreiheit, Jura 1980,
                       551-560

Erman, Walter   Handkommentar zum Bürgerlichen Gesetz-
                       buch, hrsg. von Harm P. Westermann. Unter
                       redaktioneller Mitarbeit von Klaus Küchenhof,
                       2 Bde, Aschendorff: 9. Auflage 1993

Esser, Josef   Grundlagen und Entwicklung der Gefähr-
                       dungshaftung: Beiträge zur Reform des Haft-
                       pflichtrechts und zu seiner Wiedereinordnung
                       in die Gedanken des allgemeinen Privatrechts,
                       München 1941

Esser/ Weyers   Schuldrecht. Ein Lehrbuch begründet von Josef
                       Esser. Bd. 2 Bes. Teil, fortgeführt von Hans-
                       Leo Weyers, Heidelberg: 7. Auflage 1991

Explanatory Report   Council of Europe, Explanatory Report on the
                       Convention on civil Liability for Damage re-
                       sulting from Activities dangerous to the envi-
                       ronment

Feldhaus, Gerhard   Umwelthaftungsgesetz und Bundesimmissions-
                       schutzgesetz, UPR 1992, 161-167.

Feldmann, Franz-Josef	Umwelthaftung aus umweltpolitischer Sicht - zum Inkrafttreten des Gesetzes über die Umwelthaftung am 1. Januar 1991 -, UPR 1991, 45-50.
Fezer, Karl Heinz	Aspekte einer Rechtskritik an der economic analysis of law und am property rights approach, JZ 1986, 817-824
Fezer, Karl Heinz	Nochmals - Kritik an der ökonomischen Analyse der Rechts, JZ 1988, 223-228
Fezer, Karl Heinz	Homo Constitutionis - Über das Verhältnis von Wirtschaft und Verfassung, JuS 1991, 889-896
Fikentscher, Wolfgang	Schuldrecht, Berlin, u.a.: 9. Auflage 1997
Fischerhof, Hans	Das Investitionshilfegesetz als Lenkungsgesetz, NJW 1952, 919-921
Forkel, Hans	Immissionsschutz und Persönlichkeitsrecht: Eine privatrechtliche Untersuchung, Köln, u.a. 1968
Forsthoff, Ernst	Zur verfassungsrechtlichen Problematik der Investitionshilfe, BB 1953, 421-426
Franzki/ Franzki	Franzki, Harald; Franzki, Dietmar, Waffengleichheit im Arzthaftungsprozeß, NJW 1975, 2225-2229
Friauf, Karl Heinrich	Zur Rolle der Grundrechte im Interventions- und Leistungsstaat, DVBl 1971, 674-682.
Friauf, Karl Heinrich	Eigentumsgarantie und Steuerrecht - Zum zweiten Teil der Staatsrechtslehrertagung 1980 -, DÖV 1980, 480-488
Friehe, Heinz-Josef	Der Konventionsentwurf des Europarats über die zivilrechtliche Haftung für Schäden, die aus umweltgefährlichen Aktivitäten herrühren, NuR 1992, 249-253.
Friehe, Heinz-Josef	Der Ersatz ökologischer Schäden nach dem Konventionsentwurf des Europarats zur Umwelthaftung, NuR 1992, 453-459.
Frotscher, Werner	Grundfälle zum Wirtschaftsverfassungs- und Wirtschaftsverwaltungsrecht, JuS 1981, 662-665.
Frotscher, Werner	Wirtschaftsverfassungs- und Wirtschaftsverwaltungsrecht: eine systematische Einführung anhand von Grundfällen, München: 3. Auflage 1999
Fuchs, Maximilian	Deliktsrecht, Berlin, u. a.: 2. Auflage 1997

Gallwas, Hans-Ulrich Faktische Beeinträchtigungen im Bereich der Grundrechte: ein Beitrag zum Begriff der Nebenwirkung, Berlin 1970

Gallwas, Hans-Ulrich Grundrechte, Neuwied, u.a.: 2. Auflage 1995

Ganten, Reinhard H.,/ Lembke, Michael Haftungsprobleme im Umweltbereich, UPR 1989, 1-14.

Gassner, Erich Der Ersatz des ökologischen Schadens nach dem geltenden Recht, UPR 1987, 370-374.

Gerlach, Johann W. Privatrecht und Umweltschutz im System des Umweltrechts (Untersuchung im Auftrag des Umweltbundesamts), Berlin 1989

Gerlach, Johann W. Die Grundstrukturen des privaten Umweltrechts im Spannungsverhältnis zum öffentlichen Recht, JZ 1988, 161-176.

Giampietro, Franco Responsabilità per danno all'ambiente: la Convenzione di Lugano, il Libro verde della Commissione CEE e le novità italiane, Rivista giuridica dell'Ambiente 9, 1994, 19-33.

Gierke, Otto Die soziale Aufgabe des Privatrechts. Vortrag gehalten am 5. April 1889 in der juristischen Gesellschaft zu Wien, Berlin 1889

Gottwald, Peter Die Schadenszurechnung nach dem Umwelthaftungsgesetz, in: Festschrift für Hermann Lange zum 70. Geburtstag am 24. Januar 1992, hrsg. von Dieter Medicus, Hans-Joachim Mertens, Knut Wolfgang Nörr, Wolfgang Zöllner, Stuttgart, u.a. 1992, S. 447-467

Grabitz, Eberhard Der Grundsatz der Verhältnismäßigkeit in der Rechtsprechung des Bundesverfassungsgerichts, AöR 98 (1975), 568-616

Grabitz/ Hilf Kommentar zur Europäischen Union. Vertrag über die Europäische Union. Vertrag zur Gründung der Europäischen Gemeinschaft, hrsg. von Eberhard Grabitz und Meinhard Hilf

Gramm, Christof Zur Gesetzgebungskompetenz des Bundes für ein Umweltgesetzbuch – Zugleich ein Beitrag zur Auslagung von Art. 75 Abs. 2 GG -, DÖV 1999, 540-549

Gröschner, Rolf Öffentlichkeitsaufklärung als Behördenaufgabe, DVBl 1990, 619-629

Gutenberg, Erich Grundlagen der Betriebswirtschaftslehre, Bd. 1: Die Produktion., Berlin, u.a.: 24. Auflage 1983

Häde, Ulrich	Das Recht der öffentlichen Sachen, JuS 1993, 113-116
Hager, Günter	Umweltschäden - ein Prüfstein für die Wandlungs- und Leistungsfähigkeit des Deliktsrechts, NJW 1986, 1961-1971
Hager, Günter	Umwelthaftung und Produkthaftung, JZ 1990, 397-409
Hager, Günter	Das neue Umwelthaftungsgesetz, NJW 1991, 134-143.
Hager, Günter	Die Haftung des Abfallerzeugers nach dem Vorschlag der EG-Abfallhaftungsrichtlinie aus Sicht des deutschen Rechts, UTR 15 (1991), 149-168.
Hager, Günter	Umwelthaftung, in: Koch (Hrsg.), Auf dem Weg zum Umweltgesetzbuch, Symposium über den Entwurf eines AT-UGB, Baden-Baden 1992, S. 125-147.
Hager, Günther	Haftungsrecht als Instrument des Bodenschutzes in Festschrift zur Wiedererrichtung des Oberlandesgerichts in Jena, hrsg. v. Hans Joachim Bauer und Olaf Werner, München 1994, S. 235-252.
Hamann, Andreas	Das Investitionshilfeurteil des Bundesverfassungsgerichts, BB 1954, 781-783
Hamann, Andreas	Die Freiheit der Persönlichkeitsentfaltung im wirtschaftlichen Bereich, BB 1955, 105-107
Handbuch des Staatsrecht	Handbuch des Staatsrechts der Bundesrepublik Deutschland, hrsg. von Josef Isensee und Paul Kirchhof: Bd. IV: Finanzverfassung - Bundesstaatliche Ordnung, Heidelberg 1989 Bd. V: Allgemeine Grundrechtslehren, Heidelberg 1992 Bd. VI: Freiheitsrechte, Heidelberg 1989
Handbuch des Umweltrechts	Handbuch des Umweltrechts, von Steffen Himmelmann, Andreas Pohl, Christian Tünnesen-Harmes, Loseblattsammlung: München: Stand Januar 1998
Handbuch des Verfassungsrechts	Handbuch des Verfassungsrechts der Bundesrepublik Deutschland; hrsg. von Ernst Benda, Werner Maihofer, Hans-Werner

Vogel unter Mitwirkung von Konrad Hesse, Wolfgang Heyde, Berlin, u.a.: 2. Aufl. 1994

Handwörterbuch des Umweltrechts   Handwörterbuch des Umweltrechts (HdUR). Hrsg. von Otto Kimminich, Heinrich Freiheirr v. Lersner, Peter-Christoph Storm, Berlin: 2. Auflage 1994

Häsemeyer, Ludwig   Das Produkthaftungsgesetz im System des Haftungsrechts, in: Festschrift für Hubert Niederländer zum 70. Geburtstag am 10. Februar 1991, hrsg. von Erik Jayme, Adolf Laufs, Karlheinz Misera, Gert Reinhart und Rolf Serick, Heidelberg 1991, S. 251-265

Henneke, Hans - Günther   Der Schutz der natürlichen Lebensgrundlagen in Art. 20 a GG. Inhalt und Wirkungen einer ausbalancierten Staatszielbestimmung, NuR 1995, 325-335

Henseler, Paul   Staatliche Verhaltenslenkung durch Subventionen im Spannungsfeld zur Unternehmerfreiheit des Begünstigten, VerwArch 77 (1986), 249-284

Hermes, Georg   Das Grundrecht auf Schutz von Leben und Gesundheit. Schutzpflicht und Schutzanspruch aus Art. 2 Abs. 2 Satz 1 GG, Heidelberg 1987

Hermes, Georg   Grundrechtsschutz durch Privatrecht auf neuer Grundlage? Das Bundesverfassungsgericht zu Schutzpflicht und mittelbarer Drittwirkung der Berufsfreiheit, NJW 1990, 1764-1768.

Hesse, Konrad   Grundzüge des Verfassungsrechts der Bundesrepublik Deutschland, Heidelberg: 20. Auflage 1995

Hippel, Eike v.   Staatshaftung für Waldsterben? NJW 1985, 30-32

Hippel, Eike v.   Keine Entschädigung für Waldsterben?, NJW 1998, 3254-3255

Hippel, Eike von   Verbraucherschutz, Tübingen: 3. Auflage 1986

Hopp, Wolfgang   1. Speyerer Forum zum Umweltgesetzbuch – Umsetzung der IVU-, UVP- und Seveso II-Richtlinien in Europa -, DVBl 2000, 400-402

Huber, Ernst Rudolf   Der Streit um das Wirtschaftsverfassungsrecht (II), DÖV 1956, 135-143.

Huber, Ernst Rudolf   Wirtschaftsverwaltungsrecht Bd. 1, 2. Auflage, Tübingen 1953

Huber, Ernst Rudolf	Wirtschaftsverwaltungsrecht Bd. 2, 2. Auflage Tübingen 1954
Huber, Ernst Rudolf	Grundgesetz und wirtschaftliche Mitbestimmung, Stuttgart 1970
Hübner, Ulrich	Die Bestimmung des Ersatzpflichtigen in der Gefährdungshaftung nach dem Kriterium der abstrakten Gefahrbeherrschung - Zugleich Anmerkung zum Urteil des BGH vom 08.01.1981 (III ZR 157/78) BGHZ 80, 1 = VersR 81, 458 -, VersR 1983, Beiheft Nr. 33, 126-129
Hulst, Ernst H./ Klinge-van Rooij, Ingrid	Europäisches Haftungsrecht Das "Umwelt-Grünbuch" - Ökologie oder Ökonomie, PHI 1994, 108-120
Hüßtege, Rainer	Internationales Privatrecht. Einschließlich der Grundzüge des Internationalen Verfahrensrechts. Examenskurs für Rechtsreferendare. München: 3. Auflage 1999
Huster, Stefan	Rechte und Ziele. Zur Dogmatik des allgemeinen Gleichheitssatzes. Berlin 1993.
Ipsen, Hans Peter	Europäisches Gemeinschaftsrecht, Tübingen 1972
Ipsen, Hans Peter	Kartellrechtliche Preiskontrolle als Verfassungsfrage, Baden-Baden 1976
Ipsen, Hans Peter	Rechtsfragen zur Investitionshilfe, AöR 78 (1952), 284-334
Ipsen, Hans Peter	Rechtsfragen der Wirtschaftsplanung, in: Joseph H. Kaiser (Hrsg.), Planung II, Baden-Baden 1966, S. 63-112
Ipsen, Hans-Peter	Verwaltung durch Subventionen, VVDStRL 25 (1967), 257-307
Isensee, Josef	Das Grundrecht auf Sicherheit: zu den Schutzpflichten des freiheitlichen Verfassungsstaats; Vortrag gehalten vor der Berliner Juristischen Gesellschaft am 24. November 1982, Berlin, u.a. 1983
Jarass, Hans	Grundrechte als Wertentscheidung bzw. objektrechtliche Prinzipien in der Rechtsprechung der Bundesverfassungsgerichts, AöR 110 (1985), 363-397
Jarass, Hans	Wirtschaftsverwaltungsrecht mit Wirtschaftsverfassungsrecht, Neuwied, u.a.: 3. Auflage 1997

Jarass/ Kloepfer/ Kunig/ Papier/ Peine/ Rehbinder/ Salzwedel/ Schmidt-Aßmann	Umweltgesetzbuch, Besonderer Teil, Berichte 4/ 94 des Umweltbundesamts, Berlin 1994
Jarass/ Pieroth	Grundgesetz für die Bundesrepublik Deutschland: Kommentar von Hans D. Jarass und Bodo Pieroth, München: 4. Auflage 1997
Jauernig, Otmar	Bürgerliches Gesetzbuch. Hrsg. von Otmar Jauernig. München: 9. Auflage 1999
Jellinek, Walter	Redebeitrag, in: Die staatliche Intervention im Bereich der Wirtschaft, Rechtsformen und Rechtsschutz, VVDStRL 11 (1954), S. 124
Kaiser, Joseph H.	Der Plan als ein Instrument des Rechtsstaats und der Marktwirtschaft. Umrisse eines Aktionsmodells. Einleitung zu: Joseph H. Kaiser (Hrsg.), Planung II, Begriff und Insitut des Plans, Baden-Baden 1966
Kegel, Gerhard	Internationales Privatrecht. Ein Studienbuch. München: 7. Auflage 1995
v. Kempis, K	La proposition de directive communautaire concernant la responsabilité civile pour les dommages causés par les déchets, Eur Transport Law 1991, 155-160.
Kiethe, Kurth/ Schwab, Michael	EG-rechtliche Tendenzen zur Haftung für Umweltschäden, EuZW 1993, 437-440.
Kirchner, Hildebert	Abkürzungsverzeichnis der Rechtssprache, 4. Auflage 1993
Klein, Eckart	Grundrechtliche Schutzpflicht des Staats, NJW 1989, 1633-1640
Kleindorfer, Paul R.	Die Umweltschaden - Haftpflicht - Versicherung. Ein Ausblick auf die Krise in der US-Versicherungswirtschaft, ZGesVersW 1987, 1-23
Kloepfer, Michael	Umweltrecht, München: 2. Auflage 1998
Kloepfer, Michael	Systematisierung des Umweltrechts: Umweltforschungsplan ds Bundesministers des Innern, Querschnittsfragen, Forschungsbericht 77 - 10106007, Berlin 1978 (Berichte 8/78 des Umweltbundesamtes)
Kloepfer, Michael	Umweltrisiken und Haftungsregeln - Rechtspolitische Aspekte -, ZfU 1988, 243-258.

Kloepfer, Michael	Umweltschutz als Aufgabe des Zivilrechts - aus öffentlich-rechtlicher Sicht, NuR 1990, 337-349
Kloepfer, Michael	Empfiehlt es sich, ein Umweltgesetzbuch zu schaffen, gegebenenfalls mit welchen Regelungsbereichen? JZ 1992, 817-828
Kloepfer, Michael; Kunig, Philip; Rehbinder Eckard; Schmidt-Aßmann, Eberhardt	Zur Kodifikation des Allgemeinen Teils eines Umweltgesetzbuches (UGB-AT), DVBl 1991, 339-346.
Kloepfer, Michael/ Durner, Wolfgang	Das Umweltgesetzbuch - Entwurf der Sachverständigenkommission, DVBl 1997, 1081-1107
Kloepfer/ Messerschmidt	Innere Harmonisierung des Umweltrechts: Umweltforschungsplan des Bundesministers für Umwelt, Naturschutz und Reaktorsicherheit, Forschungsbericht 10106117, Umweltplanung, erstellt von Michael Kloepfer und Klaus Messerschmidt, Berlin 1987 (Berichte 6/86 des Umweltbundesamts)
Knebel, Jürgen	Überlegungen zur Fortentwicklung des Umwelthaftungsrechts, JbUTR 1988, 261-280.
Knopp, Günther-Michael	Wiedergutmachung ökologischer Schäden nach § 22 WHG, ZfW 1988, 261-269.
Köndgen, Johannes	Haftpflichtfunktionen und Immaterialschaden: am Beispiel von Schmerzensgeld und Gefährdungshaftung, Berlin 1976
Köndgen, Johannes	Überlegungen zur Fortbildung des Umwelthaftpflichtrechts, UPR 1983, 345-356.
Kolodziejcok, Karl/ Recken, Josef	Naturschutz, Lanschaftspflege und einschlägige Regelungen des Jagd- und Forstrechts. Ergänzbare Kommentierung und Sammlung der nationalen und internationalen Rechtsgrundlagen der Sicherung von Natur und Landschaft, des Artenschutzes, des Wildschutzes sowie der Erhaltung des Waldes. Unter Mitarbeit von Dieter Apfelbacher. Loseblattausgabe Stand 1999
Kötz, Hein	Deliktsrecht, Neuwied: 7. Auflage 1996
Kötz, Hein	Haftung für besondere Gefahr - Generalklausel für die Gefährdungshaftung - AcP 170 (1970), 1-41.

Kötz, Hein   Gefährdungshaftung. Empfiehlt sich eine Vereinheitlichung und Zusammenfassung der gesetzlichen Vorschriften über die Gefährdungshaftung im BGB und erscheint es erforderlich, das Gesetz der Gefährdungshaftung weiterzuentwickeln? in: Gutachten und Vorschläge zur Überarbeitung des Schuldrechts, Bd. II, hrsg. vom Bundesminister der Justiz, Köln 1981, S. 1779-1834

Kötz, Hein   Ziele des Haftungsrechts, in Festschrift für Ernst Steindorff zum 70. Geburtstag am 13. März 1990, hrsg. v. Jürgen F. Baur, Klaus J. Hopt, K. Peter Mailänder, Berlin, u.a. 1990, 643-666.

Kötz, Hein   Ist die Produkthaftung eine verschuldensunabhängige Haftung? in: Festschrift für Werner Lorenz, hrsg. von Bernhard Pfister; Michael R. Will, Tübingen 1991, S. 109-121

Kötz, Hein/ Schäfer, Hans-Bernd Schadensverhütung durch ökonomische Anreize, AcP 189 (1989), 501-525

Koziol, Helmut   Möglichkeiten und Grenzen des Umwelthaftungsrechts. Erlaubte Risiken und Gefährdungshaftung, in: Nicklisch (Hrsg.), Prävention im Umweltrecht, Heidelberg 1988, 143-153

Kuhlmann, Hartmut Der Mitweltschutz im gesamtdeutschen Grundgesetz, NuR 1995, 1-10

Küpper, Georg   Hinweise zum neuen Umwelthaftpflicht-Modell, VP 1992, 1-9

Kurth, Jürgen   Deutschland: Umwelthaftung und Versicherung, PHI 1992, 48-56.

Kretschmer, Friedrich/ Gansen, Georg Europäische Gemeinschaften - Mitteilungen der EG-Kommission zur Umwelthaftung, PHI 1992, 60-63

Krüger, Herbert   Neues zur Freiheit der Persönlichkeitsentfaltung und deren Schranken, NJW 1955, 201-204

Ladeur, Karl-Heinz Entschädigung für Waldsterben? - Die Grenzen des Haftungsrechts und die verfassungsrechtliche Institutsgarantie des Eigentums -, DÖV 1986, 445-454

Ladeur, Karl-Heinz Schadensersatzansprüche des Bundes für die durch den Sandoz-Unfall entstandenen "Ökologischen Schäden"?, NJW 1987, 1236-1241

Landmann/ Rohmer	Umweltrecht, Band III, Sonstiges Umweltrecht, Kommentar hrsg. von Klaus Hansmann, Loseblattsammlung. München: Stand 1999
Landsberg, Gerd	Das Deutsche Umwelthaftungsgesetz und der Konventionsentwurf des Europarats zur Umwelthaftung, Stadt und Gemeinde 1992, 225-227.
Landsberg, Gerd/ Lülling, Wilhelm	Umwelthaftungsrecht: Kommentar von Gerd Landsberg und Wilhelm Lülling, Köln u.a. 1991
Landsberg, Gerd/ Lülling, Wilhelm	Die Ursachenvermutung und die Auskunftsansprüche nach dem Umwelthaftungsgesetz, DB 1991, 479-484.
Lang, Eberhard	Grundfragen des privatrechtlichen Immissionsschutzes in rechtsvergleichender Sicht, AcP 174 (1974), 381-406
Lange, Hermann	Schadensersatz, Tübingen: 2. Auflage 1990
Larenz, Karl	Präventionsprinzip und Ausgleichsprinzip im Schadensersatzrecht (zum Urteil des BAG im Metallarbeiterstreit), NJW 1959, 865-866
Larenz, Karl	Die Schadenshaftung nach dem Wasserhaushaltsgesetz im System der zivilrechtlichen Haftungsgründe, VersR 1963, 593-605
Larenz, Karl	Die Prinzipien der Schadenszurechnung, JuS 1965, 373-379.
Larenz, Karl	Methodenlehre der Rechtswissenschaft, Berlin, u.a. 1991.
Larenz, Karl	Lehrbuch des Schuldrechts, Erster Band, Allgemeiner Teil, München: 14. Auflage 1987
Larenz, Karl	Lehrbuch des Schuldrechts, 2. Besonderer Teil, München: 12. Auflage 1981
Larenz/ Canaris	Lehrbuch des Schuldrechts, begründet von Karl Larenz, fortgeführt von Claus-Wilhelm Canaris, Zweiter Band, Besonderer Teil, 2. Halbband, München: 13. Auflage 1994
Larenz, Karl	Das "allgemeine Persönlichkeitsrecht" im Recht der unerlaubten Handlungen, NJW 1955, 521-525
Leibholz/ Rinck	Grundgesetz für die Bundesrepublik Deutschland: Kommentar anhand der Rechtsprechung des Bundesverfassungsgerichts von Gerhard Leibholz; Hans-Justus Rinck; Dieter Hessel-

	berger, Loseblattausgabe, Köln: Stand: August 1999
Leisner, Walter	Waldsterben - Öffentlich-rechtliche Ersatzansprüche, Köln 1983
Leßmann, H.	Gefährdungshaftung, JA 1989, 117-125
v.Liszt, Franz	Die Deliktsobligationen im System des Bürgerlichen Rechts - Kritische und dogmatische Randbemerkungen-, Berlin 1898
Lübbe-Wolf, Gertrude	Rechtsprobleme der behördlichen Umweltberatung, NJW 1987, 2705-2712.
Lukes, Rudolf	Das Schadensausgleichsrecht - Funktionen und Faktoren im Zeitalter der Technik, VersR 1983, 697-705
Lukes, Rudolf	Reform der Produkthaftung: Bestrebungen insbesondere auf europäischer Ebene und ihre Verwirklichung im deutschen Recht, Köln, u.a. 1979
Lummert, Rüdiger/ Thiem, Rüdiger	Rechte des Bürgers zur Verhütung und zum Ersatz von Umweltschäden, Berlin 1980 (Bericht 3/80 des Umweltbundesamts)
Maiwald, Beate	Anmerkung zum Entwurf eines Umweltgesetzbuches - Allgemeiner Teil - aus der Sicht kleiner und mittlerer Unternehmen, GewArch 1993, 318-320.
v. Mangoldt, Hermann	Grundrechte und Grundsatzfragen des Bonner Grundgesetzes, AöR 75 (1949), 273-290
v. Mangoldt/ Klein	Das Bonner Grundgesetz. Kommentar begründet von Hermann v. Mangoldt, fortgeführt von Friedrich Klein und Christian Starck: Bd. 1: Präambel, Art. 1-5, München 1985
Marburger, Peter	Die Regeln der Technik im Recht, Köln, u.a. 1979
Marburger, Peter	Die haftungs- und versicherungsrechtliche Bedeutung technischer Regeln, VersR 1983, 597-608
Marburger, Peter	Ausbau des Individualrechtsschutzes gegen Umweltbelastungen als Aufgabe des bürgerlichen und des öffentlichen Rechts, Gutachten C 1 - C 125, in: Verhandlungen des 56. Deutschen Juristentages, Band 1, Gutachten, München 1986

Marburger, Peter	Grundfragen des Haftungsrechts unter dem Einfluß der gesetzlichen Regelungen zur Produzenten- und zur Umwelthaftung, AcP 192 (1992), 1-34.
Marburger, Peter/ Hermann, Heinrich	Zur Verteilung der Darlegungs- und Beweislast bei der Haftung für Umweltschäden - BGHZ 92, 143 -, JuS 1986, 354-359.
Maunz, Theodor	Deutsches Staatsrecht: ein Studienbuch, München: 10.Aufl. 1961
Maunz/ Dürig	Grundgesetz. Kommentar von Theodor Maunz, Günther Dürig, u.a., München: Stand Feb. 1999
Medicus, Dieter	Bürgerliches Recht. Eine nach Anspruchsgrundlagen geornete Darstellung zur Examensvorbereitung, München: 18. Auflage 1999
Medicus, Dieter	Schuldrecht: ein Studienbuch, 2. Besonderer Teil, München: 9. Auflage 1999
Medicus, Dieter	Zivilrecht und Umweltschutz, JZ 1986, 778-785
Medicus, Dieter	Umweltschutz als Aufgabe des Zivilrechts- aus zivilrechtlicher Sicht, NuR 1990, 145-155.
Medicus, Dieter	Der Grundsatz der Verhältnismäßigkeit im Privatrecht, AcP 192 (1992), 35-70.
Merkel, Rudolf	Die Kollision rechtmäßiger Interessen und die Schadensersatzpflicht bei rechtmäßigen Handlungen, Straßburg 1885
Meyer-Cording, Ulrich	Die Rückwirkung von Gesetzen, JZ 1952, 161-167
Meyer-Kahlen, Walter	Deutschland: Vergleich der Deckung nach dem Haftpflicht-Modell mit den bisherigen Deckungen, PHI 1992, 126
Müller, Gebhard	Bundesverfassungsgericht und Wirtschaftsverfassungsrecht, Juristenjahrbuch, Bd. 2 (1961/62), 17-41.
v. Münch/ Kunig	Grundgesetz-Kommentar. Begründet von Ingo von Münch, hrsg. von Philip Kunig. Bd. 1: Präambel bis Art. 20, München: 4. Auflage 1992
Münchener Kommentar	Münchener Kommentar zum Bürgerlichen Gesetzbuch: Band 2, Schuldrecht, Allgemeiner Teil, §§ 241-432, München: 3. Auflage 1994

	Band 5, Schuldrecht, Besonderer Teil III, §§ 705-853, München: 3. Auflage 1997
Murswiek, Dietrich	Staatsziel Umweltschutz (Art. 20 a GG), Bedeutung für Rechtsetzung und Rechtsanwendung, NVwZ 1996, 222-230
Nickel, Friedhelm	Der Umweltschaden in der Betriebshaftpflichtversicherung: Keine Deckung für Daueremissionen, VersWirt 1987, 1170-1176
Nickel, Friedhelm	Störfall und Daueremission - Ein Abgrenzungsproblem und seine Lösung: named periods -, VersWirt 1988, 1311-1313
Nicklisch, Fritz	Umweltschutz und Haftungsrisiken, VersR 1991, 1093-1098.
Nicklisch, Fritz	Die Haftung für Risiken des Ungewissen in der jüngsten Gesetzgebung zur Produkt-, Gentechnik- und Umwelthaftung in: Festschrift für Hubert Niederländer zum 70. Geburtstag, Heidelberg 1991, S. 341-352
Nicklisch, Fritz	Zur Grundkonzeption der Technik- und Umweltgefährdungshaftung in Festschrift für Rolf Serick zum 70. Geburtstag, Heidelberg 1992, 301-311.
Nipperdey, Hans Carl	Freie Entfaltung der Persönlichkeit, in Bettermann/Nipperdey, Die Grundrechte, Handbuch der Theorie und Praxis der Grundrechte, hrsg. von Karl August Bettermann/ Hans Carl Nipperdey, Bd. IV/2, Berlin 1962, S. 741-909
Nipperdey, Hans Carl	Soziale Marktwirtschaft und Grundgesetz, Köln, u.a.: 3. Auflage 1965
Nipperdey, Hans Carl	Rechtswidrigkeit, Sozialadäquanz, Fahrlässigkeit, Schuld im Zivilrecht, NJW 1957, 1777-1782
Ossenbühl, Fritz	Die Freiheiten des Unternehmers nach dem Grundgesetz, AöR 115 (1990), 1-32.
Ossenbühl, Fritz	Verkehr, Ökonomie und Ökologie im verfassungsrechtlichen Spannungsfeld, NuR 1996, 53-64
Ott, Claus/Schäfer, Hans Bernd	Die ökonomische Analyse des Rechts - Irrweg oder Chance wissenschaftlicher Rechtserkenntnis?, JZ 1988, 213-223

Otto, Franz	Die Haftung des Kanalisationsbenutzers nach Inkrafttreten des Wasserhaushaltsgesetzes, DVBl 1963, 323-325
Palandt, Otto	Bürgerliches Gesetzbuch, Kommentar, München: 58. Auflage, 1999
Papier, Hans-Jürgen	Die wirtschaftlichen Freiheitsrechte der Landesverfassungen in der Rechtsprechung der Landesverfassungsgerichte, in: Landesverfassungsgerichtsbarkeit, Teilband III: Verfassungsauslegung, hrsg. von Christian Starck, Klaus Stern in Gemeinschaft mit Otto Bachof, Baden-Baden, 1983, S. 319-359
Papier, Hans-Jürgen	Unternehmen und Unternehmer in der verfassungsrechtlichen Ordnung der Wirtschaft, VVDStRL 35 (1977), 55-104
Papier, Hans-Jürgen	Art. 12 GG - Freiheit des Berufs und Grundrecht der Arbeit, DVBl 1984, 801-810.
Papier, Hans-Jürgen	Umwelthaftung, in: Koch (Hrsg.), Auf dem Weg zum Umweltgesetzbuch, Symposium über den Entwurf eines AT-UGB, Baden-Baden 1992, 148-156
Papier, Hans-Jürgen	Mehrwegkampagnen der Kommunen in öffentlich-rechtlicher Beurteilung, VerwArch 84 (1993), 417-440
Pappermann, Ernst	Grundfälle zum öffentlichen Sachenrecht, JuS 1979, 794-799
Paetow, Stefan	Naturschutzrecht und Eigentumsgarantie, VBlBW 1985, 3-9
Peine, Franz-Josef	Privatrechtsgestaltung durch Anlagengenehmigung, NJW 1990, 2442-2449.
Pernthaler, Peter	Qualifizierte Mitbestimmung und Verfassungsrecht, Berlin 1972
Peter, Jörg/ Salje, Peter	Haftpflichtversicherung und Deckungsvorsorge nach dem neuen Umwelthaftungsgesetz (UmweltHG), VP 1991, 5-14.
Peter, Jörg	Die Versicherung von Umweltrisiken, IUR 1992, 79-83
Peters, Sönke	Betriebswirtschaftslehre: Einführung, München, u.a.: 5. Auflage 1992
Petersen, Sönke	Deutsches Küstenrecht: eine systematische Darstellung, Baden-Baden 1989

Pieroth/ Schlink	Staatsrecht. 2. Grundrechte von Bodo Pieroth und Bernhard Schlink, Heidelberg: 15. Auflage 1999
Pietzcker, Jost	"Grundrechtsbetroffenheit" in der verwaltungsrechtlichen Dogmatik, in: Festschrift Otto Bachof zum 70. Geburtstag am 6. März 1984, hrsg. von Günter Püttner, München 1984, 131-149
Püttner, Günter	Unternehmen und Unternehmer in der verfassungsrechtlichen Ordnung der Wirtschaft, DÖV 1976, 433-436
Quentin, Andreas	Kausalität und deliktische Haftungsbegründung zugleich ein Beitrag zum Kausalitätsproblem bei Waldschadensfällen, Berlin 1994
Rahmsdorf, Detlef M.	Ökonomische Analyse des Rechts (ÖAR), Utilarismus und die klassische deutsche Philosophie, Rechtstheorie 18 (1987), 487-501
Ramsauer, Ulrich	Die Bestimmung des Schutzbereichs von Grundrechten nach dem Normzweck, VerwArch 72 (1981), S. 89-106
Redeker, Konrad	Grenzen des allgemeinen staatlichen Inquisitionsrechts, DÖV 1954, 109-111
Rehbinder, Eckard	Ersatz ökologischer Schäden - Begriff, Anspruchsberechtigung und Umfang des Ersatzes unter Berücksichtigung rechtsvergleichender Erfahrungen, NuR 1988, 105-115
Rehbinder, Eckard	Fortentwicklung des Umwelthaftungsrechts in der Bundesrepublik Deutschland, NuR 1989, 149-163.
Reichert/Ruder	Bernd Reichert, Karl Heinz Ruder, Oliver Fröhler, Polizeirecht, Baden-Baden: 5. Auflage 1997
Rest, Alfred	Neue Mechanismen der Zusammenarbeit und Sanktionierung im internationalen Umweltrecht - Gangbare Wege zur Verbesserung der Umwelt?-, NuR 1994, 271-277.
RGRK	Das Bürgerliche Gesetzbuch mit besonderer Berücksichtigung der Rechtsprechung des Reichsgerichts und des Bundesgerichtshofes. Kommentar hrsg. von Mitgliedern des Bundesgerichtshofs.

Bd. II, 1. Teil §§ 241-413 bearbeitet von Richard Alff, Werner Ballhaus und Reinhold Weber ` `

Bd. II, 5. Teil §§ 812-831 bearbeitet von Walter Dunz, Karl Nüßgens, Georg Heimann-Trosien, Erich Steffen, Berlin, u.a.: 12. Auflage 1989

Richter/ Schuppert — Casebook Verfassungsrecht von Ingo Richter und Gunnar Schuppert, München: 3. Auflage 1996

Robbers, Gerhard — Sicherheit als Menschenrecht: Aspekte der Geschichte, Begründung und Wertung einer Grundrechtsfunktion, Baden-Baden: 1. Auflage 1987

Rolland, Walter — Produkthaftungsrecht: Kommentar, München 1990

Roller, Gerhard — Die neuere Entwicklung des Umwelthaftungsrechts - Internationale, gemeinschaftsrechtliche und nationale Regelungen und Vorschläge, PHI 1990, 154-165.

Roller, Gerhard — Umwelthaftung - eine Herausforderung an die Gemeinschaft, in: Stellungnahme des EEB zum Grünbuch Umwelthaftung, 1993

Rosengarten, Joachim — Der Präventionsgedanke im Zivilrecht, NJW 1996, 1935-1938

Rüfner, Wolfgang — Unternehmen und Unternehmer in der verfassungsrechtlichen Ordnung der Wirtschaft, DVBl 1976, 689-695.

Rüfner, Wolfgang — Grundrechtskonflikte, in: Bundesverfassungsgericht und Grundgesetz. Festgabe aus Anlaß des 25jährigen Bestehens des Bundesverfassungsgerichts, hrsg. von Christian Starck, Tübingen 1976, Bd. 2 (Verfassungsauslegung), S. 453-479

Rümelin, Gustav — Culpahaftung und Causalhaftung. Vortrag, gehalten in der Juristischen Gesellschaft in Wien am 30. März 1898, AcP 88 (1898), 285-316

Rümelin, M. — Die Gründe der Schadenszurechnung und die Stellung des deutschen bürgerlichen Gesetzbuches zur objektiven Schadensersatzpflicht, Freiburg und Leipzig 1896

Rupp, Hans — Die verfassungsrechtliche Seite des Umweltschutzes, JZ 1971, 401-404

Sachs, Michael	Grundgesetz, hrsg. von Michael Sachs. Bearbeitet v. Ulrich Battis, Herberg Bethge, Heinz J. Bonk, u.a., München: 2. Auflage 1999
Salje, Peter	Umwelthaftungsgesetz: Kommentar, München 1993
Salje, Peter	Deutsche Umwelthaftung versus europäische Abfallhaftung, DB 1990, 2053-2057.
Salje, Peter	Verschärfung der Haftung für Umweltschäden? Zum Diskussionsentwurf eines Umwelthaftungsgesetzes, UPR 1990, 1-6
Salje, Peter	Europäisierung der Umwelt- und Abfallhaftung, IUR 1992, 66-72.
Salzwedel, Jürgen	Rechtsfragen der Gewässerverunreinigung durch Überdüngung, NuR 1983, 41-52
Schäfer, Hans-Bernd/ Ott, Claus	Lehrbuch der ökonomischen Analyse des Zivilrechts, Berlin 1986
Schäfer, Hans-Bernd/ Ott, Claus	Lehrbuch der ökonomischen Analyse des Zivilrechts, Berlin: 2. Auflage 1995
Scherzberg, Arno	Freedom of information - deutsch gewendet: Das neue Umweltinformationsgesetz, DVBl 1994, 733-745
Scheuner, Ulrich	Die Abgrenzung der Enteignung, DÖV 1954, 587-592
Scheuner, Ulrich	Einleitung, zu: Die staatliche Einwirkung auf die Wirtschaft: wirtschaftsrechtliche Aufsätze 1946-1970, hrsg. und eingeleitet von Ulrich Scheuner, Frankfurt/Main 1971
Schierenbeck, Henner	Grundzüge der Betriebswirtschaftslehre, München u.a.: 13. Auflage 1998
Schimikowski, Peter	Entwicklungstendenzen im Umwelthaftungsrecht, r+s 1992, 253-258.
Schlechtriem, Peter	Schuldrecht, Besonderer Teil, Tübingen: 5. Auflage 1999
Schlink, Berhard	Abwägung im Verfassungsrecht, Berlin 1976
Schmidt, Reiner	Wirtschatspolitik und Verfassung: Grundprobleme, Baden-Baden 1971
Schmidt-Aßmann, Eberhard	Besonderes Verwaltungsrecht, hrsg. von Eberhard Schmidt-Aßmann, Berlin u.a.: 11. Auflage 1998
Schmidt-Bleibtreu/ Klein	Kommentar zum Grundgesetz/ Bruno Schmidt-Bleibtreu; Franz Klein, Neuwied, u.a.: 9. Auflage 1999

Schmidt-Bleibtreu, Bruno; Schäfer, Hans-Jürgen Besteuerung und Eigentum - Zum zweiten Thema der Staatsrechtslehrertagung 1980 - DÖV 1980, 489-496

Schmidt-Salzer, Joachim Kommentar zum Umwelthaftungsrecht. Betriebliche Risiken und innerbetriebliche Verantwortung, Heidelberg 1992

Schmidt-Salzer, Joachim Individueller und kollektiver Schadensausgleich, in: Internationales Umwelthaftungsrecht: Tagung für Internationales Privatrecht und Rechtsvergleichung des Fachbereichs Rechtswissenschaft der Universität Osnabrück am 8. und 9. April 1994 in Osnabrück, hrsg. von Christian von Bar, Band 2, Köln 1995

Schnapp, Friedrich E. Die Verhältnismäßigkeit des Grundrechtseingriffs, JuS 1983, 850-855

Schneider, Harald Die Güterabwägung des Bundesverfassungsgerichts bei Grundrechtskonflikten: empirische Studie zu Methode und Kritik eines Konfliktlösungsmodells, Baden-Baden 1979

Scholz, Rupert Das Grundrecht der freien Entfaltung der Persönlichkeit in der Rechtsprechung des Bundesverfassungsgerichts, AÖR 100 (1975), 80-130

Schüle, Adolf Redebeitrag (Schlußwort), in: Die staatliche Intervention im Bereich der Wirtschaft, Rechtsformen und Rechtsschutz, VVDStRL 11 (1954), S. 143, 144

Schulte, Hans Zivilrechtdogmatische Probleme im Hinblick auf den Ersatz "ökologischer Schäden", JZ 1988, 278-286

Schulte, Martin Informales Verwaltungshandeln als Mittel staatlicher Umwelt- und Gesundheitspflege, DVBl 1988, 512-520

Schünemann, Wolfgang B. Der Homo Oeconomicus im Rechtsleben - Bemerkungen zur juristischen Bedeutung des Rationalprinzips, ARSP 72 (1986), 502-513

Schweikl, Rüdiger Umweltrecht aus einem Guß. Ein "Umweltgesetzbuch" statt vieler Fachgesetze, BB 1997, 2123-2126

Seetzen, Uwe Wirtschaftslenkende Steuern und Berufsfreiheit, NJW 1974, 1222-1226.

Seibt, Christoph H. Grünbuch der EG-Kommission zur zivilrechtlichen Umwelthaftung, PHI 1993, 124-130.

Selmer, Peter	Steuerinterventionismus und Verfassungsrecht, Frankfurt/Main 1972
Selmer, Peter	Finanzordnung und Grundgesetz? Die Rechtsprechung des Bundesverfassungsgerichts in Finanz- und Steuersachen, AöR 101 (1976), 238-269 und 399-462
Sendler, Horst	Umweltgesetzbuch und Umweltschutz, NJ 1997, 506-512
Shavell, Steven	Economic Analysis of Accident Law, Harvard University Press, Cambridge Massachusetts; London, England, 1987
Sieder/ Zeitler/ Dahme	Wasserhaushaltsgesetz. Abwasserabgabengesetz. Bd. 1. Mitbegründet von Frank Sieder. Erläutert von Herbert Zeitler, Heinz Dahme, Günther-Michael Knopp unter Mitarbeit von Thomas Gössl, Loseblattsammlung. München: März 1999
Sodan, Helge	Übungsklausur Öffentliches Recht: Das besorgte Bundesgesundheitsamt, Jura 1989, 662-667
Soergel	Bürgerliches Gesetzbuch: mit Einführungsgesetz und Nebengesetzen; begr.von Hans Theodor Soergel. Neu hrsg. von W. Siebert, u. a.; Bd. 2. - 1. Schuldrecht (§§ 241-432); Stuttgart, u.a. 12. Auflage 1990 Bd. 4. - Schuldrecht III, (§§ 705-853), Stuttgart, u.a.: 11. Auflage 1985
de Sola, Carlos	The Council of Europe Convention on Environmental Damage
Staudinger	J. von Staudingers Kommentar zum Bürgerlichen Gesetzbuch: mit Einführungsgesetz und Nebengesetzen Zweites Buch. Recht der Schuldverhältnisse §§ 243-254 erläutert von Karl Schäfer und Karsten Schmidt, Berlin: 12. Auflage 1983 Zweites Buch. Recht der Schuldverhältnisse §§ 823-832 erl. von Karl Schäfer, Berlin: 12. Auflage 1986
Steffen, Erich	Verschuldenshaftung und Gefährdungshaftung für Umweltschäden, NJW 1990, 1817-1822

Stein/ Jonas	Kommentar zur Zivilprozeßordung, bearbeitet von Richard Bork, u.a., Tübingen: 21. Auflage 1997
Steffen, Erich	Verkehrspflichten im Spannungsfeld von Bestandsschutz und Handlungsfreiheit, VersR 1980, 409-412.
Steffen, Erich	Verschuldenshaftung und Gefährdungshaftung für Umweltschäden, NJW 1990, 1817-1822
Steiner, Gert H.	Schadensverhütung als Alternative zum Schadensersatz, Köln, u.a. 1983
Stern, Klaus	Das Staatsrecht der Bundesrepublik Deutschland:
	Band III/1: Allgemeine Lehren der Grundrechte von Klaus Stern unter Mitwirkung von Michael Sachs, München 1988
	Band III/2: Allgemeine Lehren der Grundrechte von Klaus Stern unter Mitwirkung von Michael Sachs, München 1994
Stober, Rolf	Wirtschaftsverwaltungsrecht, Stuttgart, u.a.: 10. Auflage 1996
Stober, Rolf	Handbuch des Wirtschaftsverwaltungs- und Umweltrechts, Stuttgart, u. a.: 1989
Stoll, Hans	Das Handeln auf eigene Gefahr. Eine rechtsvergleichende Untersuchung. Berlin 1961
Stürner, Rolf	Die Gerechtigkeit richterlicher Schadenszuweisung, VersR 1984, 297-308
Taupitz, Jochen	Das Umwelthaftungsgesetz als Zwischenschritt auf dem Weg zu einem effektiven Umwelthaftungsrecht, Jura 1992, 113-120.
Taupitz, Joachim	Ökonomische Analyse und Haftungsrecht - Eine Zwischenbilanz -, AcP 196 (1996), 114-167
Tettinger, Peter J.	Neuer Streit um die "Wirtschaftsverfassung"?, BB 1977, 1617-1621
Tettinger, Peter J.	Das Grundrecht der Berufsfreiheit in der Rechtsprechung des Bundesverfassungsgerichts, AöR 108 (1983), 92-133
Tettinger, Peter J.	Fairness und Waffengleichheit: rechtsstaatliche Direktiven für Prozeß- und Verwaltungsverfahren, München 1984
Töpfer, Klaus	Die politische Verantwortung der Umweltpolitik für das Umwelthaftungsrecht, VersWirt 1988, 466-473

Turiaux, André	Das neue Umweltinformationsgesetz, NJW 1994, 2319-2324
Valentin, Kirsten	Die gemeinschaftsrechtliche Haftung der Mitgliedstaaten der EG für grenzüberschreitende Umweltschädigungen: zugleich ein Beitrag zur Entwicklung einer Theorie der Rechtsprinzipien des europäischen Gemeinschaftsrechts, Starnberg-Percha 1993
Vollkommer, Max	Der Grundsatz der Waffengleichheit im Zivilprozeß - eine neue Prozeßmaxime? in: Festschrift für Karl Heinz Schwab zum 70. Geburtstag 1990, hrsg. von Peter Gottwald, München 1990, S. 503-520

Wacker-Theodorakopoulos, Cora/ Kreienbaum,Christoph Das neue Umwelthaftungsgesetz - Eine Verbesserung des umweltpolitischen Gesamtkonzepts?-, Wirtschaftsdienst 1991, 423-428

Wagner, Gerhard	Die Aufgaben des Haftungsrechts - eine Untersuchung am Beispiel der Umwelthaftungsrechts-Reform, JZ 1991, 175-183
Wandt, Manfred	Deliktsstatut und Internationales Umwelthaftungsrecht, VersR 1998, 529-538

Wasielewski, Andreas Stand der Umsetzung der UVP-Änderungs und der IVU-Richtlinie, NVwZ 2000, 15-21

Weber, Harald/ Crezelius, Georg Die Rechtsprechung des Bundesverfassungsgerichts zum Verhältnis von Art. 12 GG und Besteuerung, in: Gedenkschrift Friedrich Klein, hrsg. von Dieter Wilke und Harald Weber, München 1977, S. 542-560

Weyers, Hans Leo	Unfallschäden. Praxis und Ziele von Haftpflicht- und Vorsorgesystemen. Frankfurt 1971
Wieacker, Franz	Das Bürgerliche Recht im Wandel der Gesellschaftsordnungen, in: Hundert Jahre dt. Rechtsleben. Festschrift zum hundertjährigen Bestehen des dt. Juristentages 1860-1960, hrsg. von Ernst v. Caemmerer, Ernst Friesenhahn und Richard Lange, Band II, Karlsruhe 1960, S. 1-18
Wilkinson, David	The Council of Europe Convention on Civil Liability for Damage Resulting from Activities Dangerous to the Environment: a Comparative

	Review, European Environmental Law Report (EELR), 1993, 130-134.
Will, Michael R.	Quellen erhöhter Gefahr: rechtsdogmatische Untersuchung zur Weiterentwicklung der deutschen Gefährdungshaftung durch richterliche Analogie oder durch gesetzliche Generalklausel, München 1980
Wilmowsky, Peter	Die Haftung des Abfallerzeugers. Bestandsaufnahme und rechtspolitische Leitlinien, NuR 1991, 253-267.
Wittig, Peter	Bundesverfassungsgericht und Grundrechtssystematik, in: Festschrift für Gebhard Müller zum 70. Geburtstag des Präsidenten des Bundesverfassungsgerichts, hrsg. von Theo Rittersbach, Tübingen 1970, S. 575-593
Wöhe, Günter	Einführung in die Allgemeine Betriebswirtschaftlehre, München: 19. Auflage 1996
Wolf, Rainer	Gehalt und Perspektiven des Art. 20 a GG, KritV 1997, 280-305
Wolff/ Bachof/ Stober	Verwaltungsrecht I. Ein Studienbuch, begründet von Hans J. Wolff, fortgeführt von Otto Bachof, neubearbeitet von Rolf Stober. München: 10. Auflage 1994.
Zacher, Hans F.	Aufgabe einer Theorie der Wirtschaftsverfassung, in: Wirtschaftsordnung und Rechtsordnung, Festschrift zum 70. Geburtstag von Franz Böhm am 16. Februar 1965, hrsg. von Helmut Coing, u.a., Karlsruhe 1965, S. 63-109
Zöller	Zivilprozeßordnung begr. von Richard Zöller, Köln: 21. Auflage 1999

Peter Lang · Europäischer Verlag der Wissenschaften

Annette Rosenkötter

Selbstverpflichtungsabsprachen der Industrie im Umweltrecht

Eine Untersuchung am Beispiel des Klimaschutzes

Frankfurt/M., Berlin, Bern, Bruxelles, New York, Oxford, Wien, 2001.
XVIII, 280 S., 1 Abb.
Europäische Hochschulschriften: Reihe 2, Rechtswissenschaft. Bd. 3284
ISBN 3-631-38436-X · br. • 45.50*

Der drohende Klimawandel ist seit Rio und Kyoto Bestandteil der Agenda der internationalen Politik: Die Entschließung verbindlicher Lösungsvorgaben gestaltet sich nach wie vor schwierig. Angesichts dieser unsicheren Rahmenbedingungen gewinnt die Suche nach flexiblen Modellen staatlichen Handelns auf nationaler Ebene Bedeutung. Eines der wichtigsten kooperativen Instrumente in Deutschland ist die Selbstverpflichtungsabsprache. Deren Möglichkeiten und Grenzen werden anhand konkreter Beispiele diskutiert. Dabei liegt der Schwerpunkt der Darstellung auf dem Bereich des Klimaschutzes. Insbesondere wird die Einfügung des Instruments in den gemeinschaftsrechtlichen Rahmen untersucht und unter Berücksichtigung der Modelle in anderen Ländern im internationalen Kontext die Perspektiven für einen zukünftigen Einsatz des Instruments der Selbstverpflichtung aufgezeigt.

Aus dem Inhalt: Das Problem der Terminologie · Genaueres zur Klimaproblematik · Einordnung des Instruments der Selbstverpflichtung unter ökonomischen Gesichtspunken · Internationale Rahmenbedingungen · Präzisierung des Untersuchungsgegenstandes innerhalb der Begriffsfelder von informalem und kooperativem Handeln · Zu den rechtlichen Grenzen (gemeinschaftrechtliche Vorgaben, kartellrechtliche Grenzen, verfassungsrechtliche Vorgaben)

Frankfurt/M · Berlin · Bern · Bruxelles · New York · Oxford · Wien
Auslieferung: Verlag Peter Lang AG
Moosstr. 1, CH-2542 Pieterlen
Telefax 00 41 (0) 32 / 376 17 27

*inklusive der in Deutschland gültigen Mehrwertsteuer
Preisänderungen vorbehalten
Homepage http://www.peterlang.de